Gerhard Trinkner

DR.-ING. F. BERGTOLD

Die große Elektro-Fibel

LEHRBUCH FÜR UNTERRICHT UND SELBSTSTUDIUM
Nachschlagewerk für Elektro- und Elektronik-Praktiker

Mit 505 Bildern und 94 Aufgaben
mit ausführlichen Lösungen

8. Auflage überarbeitet
von Ing. (grad.) Josef Eiselt

RICHARD PFLAUM VERLAG KG MÜNCHEN

ISBN 3-7905-0201-4

Druck: Buchdruckerei Holzer, Weiler im Allgäu

Vorwort

Die Fibel soll, ohne nennenswerte Voraussetzungen an die Vorkenntnisse des Lesers, einigermaßen tief in die Elektrotechnik einführen, die hierzu gehörenden Begriffe klären und die bestehenden Zusammenhänge aufdecken. Sie bringt zunächst das Wichtige über Strom und Spannung, über Widerstand und Leistung, über Induktivität und Kapazität sowie über elektrisches und magnetisches Feld. Weiter behandelt sie Stromquellen und Stromkreise. Daran anschließend kommen Aufbau und Wirkungsweise der elektrischen Transformatoren und Maschinen an die Reihe.

Wenn auch die Fibel in erster Linie die Grundlagen der allgemeinen Elektrotechnik vermitteln will, ist in ihr doch die Starkstromtechnik besonders beachtet. Ein Betonen der Starkstromtechnik dürfte den Schwachstromtechniker insofern nicht stören, als er um das Studium der Grundbegriffe der Starkstromtechnik und der elektrischen Maschine doch nicht herumkommen wird.

Mit der Fibel wurde der Versuch gewagt, einerseits dem Praktiker neben den für ihn schon oft behandelten Fragen auch die „Geheimnisse" der Elektrotechnik nahezubringen, die ihm bisher meist vorenthalten wurden, und andererseits dem Theoretiker zu zeigen, wie man mit einfachen Überlegungen und anschaulicher Darstellung auch solche Probleme meistern kann, die sonst erhebliche Schwierigkeiten bieten.

Die Fibel soll demgemäß dem Praktiker als treuer Freund und Helfer zur Seite stehen, dem Studierenden als lebendige Ergänzung zu den von ihm gehörten Vorlesungen das Studium erleichtern und dem Ingenieur die Anregung geben, sich bei der Beschäftigung mit der Elektrotechnik einmal jeden Ballastes zu entledigen.

Daß die Fibel sich leichter liest als manches andere für einen gleichen Leserkreis geschriebene Buch, darf nicht zu verminderter Aufmerksamkeit verleiten. Das Buch nützt nur solchen Lesern viel, die sich recht gründlich mit ihm beschäftigen, die vor allem auch die Zahlenbeispiele selbst durchrechnen und die die Kennlinien genau verfolgen. Sollte das Durcharbeiten gelegentlich Anstrengung und Zeit kosten, so ist es vielleicht nicht ungünstig, an die viele Mühe, Arbeit und Zeit zu denken, die der Verfasser dem Buch geopfert hat.

Möge die Fibel dazu beitragen, die berufliche Leistungsfähigkeit des einzelnen Lesers zu heben und damit zur weiteren Entwicklung der Technik beitragen.

F. Bergtold.

5

Vorwort des Bearbeiters

Die einfache und klare Darstellungsweise des Verfassers wurde weitgehend beibehalten. Änderungen gegenüber der 7. Auflage wurden nur dort vorgenommen, wo es der neueste Stand der Technik erforderte. Insbesondere wurde das ganze Buch auf die gesetzlichen Einheiten der Technik entsprechend dem Gesetz über Einheiten im Meßwesen vom 2. Juli 1969 und der Ausführungsverordnung zum Gesetz vom 26. Juni 1970 umgestellt. Soweit erforderlich wurden in den Bildern die neuesten Norm-Schaltzeichen verwendet. Damit ist auch die 8. Auflage der Elektro-Fibel ein ausgezeichnetes Lehr- und Nachschlagebuch über die Grundlagen der Elektrotechnik geblieben.

Herbst 1973   Josef Eiselt

Inhaltsverzeichnis

1. Der elektrische Strom

Elektrischer Strom und Elektronen

Wir schließen an eine Steckdose ein Bügeleisen an. Es wird heiß. Die Hitze entsteht in dem Heizdraht, der sich im Innern des Bügeleisens befindet. Der Heizdraht glüht. — Warum tut er das? — Weil er im angeschlossenen Bügeleisen von „e l e k t r i s c h e m   S t r o m" durchflossen wird.

Aus dem Ausdruck: „Ein Strom fließt" entnehmen wir, daß durch den Draht etwas hindurchgeht. Dieser Schluß entspricht den Tatsachen: In dem Heizdraht bewegen sich unglaublich kleine Körnchen. Ihre geordnete Bewegung ist das, was wir „Strom" nennen.

Strom? — Darunter versteht man doch bewegtes Wasser? — Meist schon — aber sprechen wir nicht auch von einem Menschenstrom, wenn viele Menschen in gleicher Richtung etwa eine Straße dahinziehen? Wie der Menschenstrom durch die gemeinsame, gleichgerichtete Bewegung einzelner Menschen gebildet wird, besteht der elektrische Strom in der gemeinsamen, gleichgerichteten Bewegung einzelner elektrischer Körnchen.

Diese Körnchen, die man „E l e k t r o n e n" nennt, sind derart klein, daß es niemals gelingen wird, sie sichtbar zu machen. Ihre geringen Abmessungen ermöglichen es ihnen, sich z. B. in Metalldrähten noch sehr viel leichter zu bewegen, als etwa Staub einen durchlässigen Stoff durchdringt.

Vorkommen und Beweglichkeit der Elektronen

Elektronen gibt es überall. Nur in völlig leergepumpten Räumen sind schließlich auch keine Elektronen mehr vorhanden. Überall — das bedeutet, daß die Elektronen durchaus nicht nur an den Oberflächen sitzen. Sie befinden sich vielmehr in den Dingen — in uns selbst, in der Luft, im Wasser, in der Erde, in den Metallen und Hölzern — kurz ausgedrückt: In allen Stoffen, die es gibt, sind Elektronen vorhanden. Wenn wir uns z. B. ein Stück Draht kaufen, erhalten wir den Draht mit seinem Elektronengehalt, den wir wohl ein wenig vermindern, aber niemals beseitigen können.

Leichtbewegliche Elektronen sind in Metallen außerordentlich zahlreich. So hat man es beispielsweise in 1 cm³ Kupfer mit $84 \cdot 10^{21}$ freien Elektronen zu tun. Würde man diese Zahl in der sonst üblichen Weise schreiben, so müßte man 21 Nullen an die 84 anhängen! Wegen der ungeheuren Zahlen der leichtbeweglichen Elektronen ist es nicht schwierig, auch in dünnen Metalldrähten erhebliche elektrische Ströme zustande zu bringen.

In salzhaltigen Flüssigkeiten und in vielen feuchten Stoffen, so z. B. in feuchter Erde und auch in unserm Körper, sind Ströme von beträchtlichem Ausmaß dadurch möglich, daß dort Atome wandern, die entweder einen Überschuß oder einen Mangel an Elektronen aufweisen. Solche Atome nennt man **Ionen**.

In den Stoffen, die man heute „elektrische Halbleiter" nennt, stehen weit weniger frei bewegliche Elektronen zur Verfügung als in Metallen. Deshalb erfordert es mehr Mühe, in den Halbleitern Ströme zu bewirken, als in den Metallen.

In vielen Stoffen, vor allem in zahlreichen Kunststoffen, in Gummi, Porzellan, Glimmer, Öl und trockenem Papier sind freie Elektronen kaum vorhanden. Die hierin enthaltenen Elektronen sind fest an die Atome gebunden. Ihnen fehlt also die Beweglichkeit, die die Voraussetzung für das Zustandekommen eines nennenswerten elektrischen Stromes ist.

Ganz im großen gesehen ist es für uns zunächst nur wichtig, ob in einem Stoff größere Zahlen von Elektronen mit guter Beweglichkeit vorhanden sind oder nicht. Demgemäß teilen wir sämtliche Stoffe in zwei Gruppen ein: in Stoffe, die größere Mengen gut beweglicher Elektronen enthalten, und in Stoffe, in denen so ziemlich alle Elektronen unbeweglich sind. Es hat sich eingebürgert, die Stoffe der einen Gruppe als (elektrische) „L e i t e r" und die Stoffe der anderen Gruppe als (elektrische) „N i c h t l e i t e r" oder „I s o l i e r s t o f f e" zu bezeichnen.

Leiter

Als wichtigste Leiter kommen die M e t a l l e in Betracht und unter diesen vor allem das Kupfer, das Aluminium und das Eisen. Einen Leiter bezeichnet man als gut, wenn in ihm z. B. je Kubikzentimeter viele leichtbewegliche Elektronen zur Verfügung stehen. In diesem Sinne ist unter den genannten Metallen das Kupfer der beste und das Eisen der schlechteste Leiter.

Salz- oder säurehaltiges Wasser und damit getränkte Stoffe (z. B. feuchtes Erdreich, feuchtes Papier sowie unser Körper) sind noch weit schlechtere Leiter als Eisen.

Kohle ist nicht allgemein, aber z. B. in der Art der Bogenlampenstifte und der Kohle-„Bürsten" der elektrischen Maschinen ein einigermaßen guter Leiter.

Nichtleiter

Zu den Nichtleitern, in denen sich die Elektronen nicht oder kaum bewegen können, gehören alle in der Elektrotechnik benutzten Isolierstoffe, deren Zahl sehr groß ist:

Als Rohre und Platten verwendet man vielfach Hartpapier (mehrere Schichten Papier, die mit künstlichem Harz getränkt und unter hohem Druck zusammengepreßt sind).

Formstücke (Schaltergehäuse, Isoliergriffe, Grundplatten) werden oft aus Bakelit hergestellt — einem kunstharzhaltigen Pulver, das man unter hohem Druck in elektrisch geheizten Stahlformen preßt. Das Porzellan, das lange Zeit der wichtigste keramische Isolierstoff war, wurde nach und nach in großem Umfang durch specksteinhaltige Isolierstoffe (z. B. Steatit) verdrängt. Die aus diesen Stoffen hergestellten Stücke werden zunächst in Formen gegossen oder gepreßt und dann gebrannt. Außerdem gibt es zahlreiche Isolierstoffe, die man formt, indem man sie in Formen spritzt.

Eine bedeutende Rolle spielen als Isolierstoffe auch Gummi, Papier und Kunststoffe. Luft ist für nicht allzu hohe Spannungen ein hervorragender Nichtleiter; schade, daß man die Drähte nicht in die Luft selbst einbauen kann, sondern sie zumindest mit Hilfe fester Isolierteile in ihr aufhängen muß!

Leitungen

Die Leitungen bestehen aus Metall und stellen deshalb Bahnen dar, in denen sich die Elektronen leicht bewegen können. Die Leitungsdrähte sind ringsum von Nichtleitern umgeben, womit die Elektronen gehindert werden, die durch die D r ä h t e vorgezeichneten Bahnen zu verlassen. Die nichtleitenden Umhüllungen bestehen z. B. aus Kunststoff oder aus einer Lackschicht. Bei „Freileitungen" wird als nichtleitende Umhüllung die Luft ausgenutzt.

Der Strom in der Leitung

Wir wissen schon, daß der elektrische Strom in einer Elektronenbewegung besteht. Diese Elektronenbewegung findet — von ziemlich seltenen Sonderfällen abgesehen — nicht auf der Oberfläche der Leitung, sondern in deren Innerem statt. Deshalb ist es für die Elektronen, die sich in einem Draht bewegen sollen, gleichgültig, ob der Draht blank geputzt ist oder dieser an seiner Oberfläche Grünspan angesetzt hat. Die Elektronen wandern natürlich in der Leitungsrichtung und nicht etwa quer dazu.

Die Bewegungsgeschwindigkeit ist auffallend gering. Vielfach herrscht die Meinung, die Bewegungsgeschwindigkeit der Elektronen sei gleich der Lichtgeschwindigkeit. Das trifft bei weitem nicht zu: Die Elektronen legen je Sekunde durchschnittlich Wege von nur Bruchteilen von Millimetern zurück!

Daß eine Lampe trotzdem sofort aufleuchtet, wenn der — vielleicht sogar ziemlich weit entfernte — Lichtschalter eingeschaltet wird, rührt von dem stets vorhandenen Elektroneninhalt der Drähte her: Sobald wir einschalten, beginnt mit einem Schlag die Elektronenbewegung nicht nur am Schalter, sondern längs des ganzen Drahtes. Für den, der es wissen möchte, sei erwähnt, daß der Bewegungsbeginn der Elektronen sich vom Schalter aus zwar noch nicht mit Lichtgeschwindigkeit, aber doch mit einer **Ausbreitungsgeschwindigkeit** von ganz ungefähr 100 000 km/s fortpflanzt. Die **Lichtgeschwindigkeit** beträgt 300 000 km/s.

Der Wert des Stromes

Der „Wert" eines Menschenstromes kann recht verschieden sein — verschieden nach Menschenzahl, nach durchschnittlichem Wert des einzelnen und verschieden sogar nach dem, was die Menschen mit sich tragen. Hier wollen wir die beiden letzten Gesichtspunkte außer acht lassen und alle Menschen als gleich betrachten, wie es für die Elektronen zutrifft.

Unter dieser Voraussetzung ist der Wert des Menschenstromes, der sich z. B. durch eine Straße bewegt, um so größer, je mehr Leute in einer bestimmten Zeit an einer Stelle der Straße durchkommen.

Wenn wir uns etwa in einen Hauseingang stellen und die Leute zählen, die je Minute an dem Hauseingang vorbei die Straße entlang gehen, haben wir mit dieser Zahl ein Maß für den Wert des Menschenstromes gewonnen. Statt dem Wert des Menschenstromes eine Minute zugrunde zu legen, könnten wir auch eine Sekunde oder eine Stunde wählen.

Wie sich der Wert des Menschenstromes durch die Zahl der z. B. je Minute vorbeikommenden Menschen ausdrücken läßt, so wäre es möglich, den Wert des elektrischen Stromes durch die je Minute oder Sekunde an einer Stelle einer Leitung durchkommenden Elektronen anzugeben. Die hierfür in Betracht kommenden Zahlen sind jedoch sehr groß und damit für den praktischen Gebrauch zu unhandlich. Überdies haben sie für den Elektrotechniker keine Bedeutung. Deshalb verzichtet man für Angaben des Stromwertes darauf, die Elektronenzahlen selbst zu nennen.

Das Ampere — das Maß für den Strom

Gehen irgendwo je Sekunde 6 300 000 000 000 000 000 Elektronen hindurch, so sagt man: „Hier fließt ein Strom von 1 Ampere." Man verwendet demgemäß das Ampere als willkürliche Maßeinheit für den Wert des Stromes — ebenso wie z. B. die Sekunde als Maßeinheit für die Zeit oder das Meter als Maßeinheit für die Länge. Die hier angegebene Elektronenzahl schreibt der Ingenieur so an: $6,3 \cdot 10^{18}$.

Das Wort „A m p e r e", das an einen verdienten Physiker „Ampère" erinnert, kürzt man mit einem großen lateinischen A ebenso ab, wie man Meter mit einem kleinen lateinischen m abkürzt. Das A schreibt man auch mit Federhalter oder Bleistift nach Art der Druckschrift, und zwar senkrecht.

Für Ströme mit geringen Werten ist das Ampere ein zu großes Maß so, wie für kleine Längen das Meter. Kleine Längen gibt man in Millimetern (abgekürzt mm) an – also in Tausendsteln eines Meters. Ströme mit niedrigen Werten werden demgemäß in Milliampere (abgekürzt mA) ausgedrückt. Wie 1 m 1000 mm hat, gehen auf 1 A 1000 mA.

B e i s p i e l e : 0,02 A = 1000 · 0,02 mA = 20 mA; 5 mA = 5 : 1000 A = 0,005 A; 0,1 A = 100 mA; 440 mA = 0,44 A.

Für Ströme mit sehr hohen Werten benutzt man an Stelle des Ampere das Kilo-Ampere (kA), das 1000 A bedeutet.

Strommessung

Der Strom, der in einem Gerät fließt, wird diesem z. B. von einer Steckdose aus zugeführt, wozu meist zwei, seltener drei oder vier Leitungen dienen. Diese Zuleitungen sind ebenso wie die im Gerät vorhandenen Stromwege mit Elektronen „gefüllt", wie schon erwähnt wurde. Fließt ein Strom, so bewegen sich die Elektronen nicht bloß im angeschlossenen Gerät, sondern auch in den beiden Leitungen.

Bild 1.01:
Ein Strommesser mit seinen zwei Klemmen. Der zu messende Strom muß durch den Strommesser hindurchfließen. Zu diesem Zweck fügt man den Strommesser in den Stromweg ein.

Schaltzeichen

Deshalb können wir den im Gerät fließenden Strom messen, indem wir gemäß Bild 1.01 (und 1.02) in eine der beiden Leitungen einen „Strommesser" (auch „Stromzeiger" oder „Amperemeter" genannt) einfügen. Das Einfügen geschieht, indem wir den Stromweg unterbrechen und die Unterbrechungsstelle mit dem Strommesser überbrücken. Der benutzte Strommesser muß zur Stromart passen, die wir

Bild 1.02:
Ein über einen Strommesser an eine Steckdose angeschlossenes Elektrogerät. Die gewählte Darstellungsweise entspricht einem Schaltplan. Die Leitungen sind durch gerade Striche und die zusammengeschalteten Teile durch einfache Zeichen veranschaulicht.

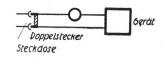

messen wollen, und muß für Gleichstrom richtig gepolt sein. Doch das sei vorerst außer acht gelassen. Um Stromart und Polung wollen wir uns erst später kümmern.

Die Bilder 1.01 und 1.02 führen uns nebenbei ein wenig in die übliche Darstellung der Schaltungen ein. Die Leitungen sind in ihnen als gerade Linien gezeichnet. Das Gerät ist durch ein Viereck und der Strommesser durch einen Kreis veranschaulicht.

Das Messen eines Stromes wird in den folgenden Zeilen als Beispiel näher erläutert. Wir nehmen an, der Wert des zu messenden Stromes könne mit etwa 4 A geschätzt werden. Der Strommesser muß diesen Strom nicht nur vertragen, sondern ihn auch anzeigen können. Demgemäß müssen die 4 A innerhalb seines „Meßbereiches" (Bild 1.03) liegen. Ein Strommesser mit einem Meßbereich von 5 A oder von 6 A (was bedeutet, daß man mit ihm Ströme bis 5 A oder 6 A messen kann) ist also brauchbar. Die 4 A liegen wohl auch innerhalb eines

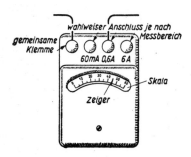

Bild 1.03:
Ein Strommesser mit drei Meßbereichen. Man schließt den Strommesser einerseits mit der linken Klemme und anderseits — je nach Meßbereich — mit einer der drei übrigen Klemmen an. Ein Skalenteil bedeutet hier — je nach Meßbereich — 1 mA, 10 mA und 100 mA.

Meßbereiches von 100 A. Man wird jedoch an einem Strommesser, der Ströme von 0 bis 100 A anzuzeigen vermag, Ströme von wenigen Ampere nur recht ungenau ablesen können.

Die „Skale" des Instrumentes ist oft nicht unmittelbar in Ampere eingeteilt, sondern weist vielfach nur Skalenteile auf. In solchen Fällen muß man den in Skalenteilen abgelesenen Ausschlag in A oder gegebenenfalls auch in mA umrechnen. Statt „Skale" sagt man auch noch „Skala".

1. B e i s p i e l : Der Strommesser hat einen Meßbereich von 7,5 A und insgesamt 150 Skalenteile. Der Ausschlag beträgt 38 Skalenteile. Auf 1 Skalenteil entfallen 7,5 A : 150, also auf 38 Skalenteile 38 · 7,5 A : 150 = 1,9 A.

2. B e i s p i e l : Mit Hilfe eines Strommessers, der einen Meßbereich von 30 mA und einen Vollausschlag von 120 Skalenteilen hat, ist ein Strom von 11 mA einzustellen. Zu 1 mA gehört ein Ausschlag von 120 Skt: (30 mA) = 4 Skalenteilen je mA. Das gibt zu 11 mA einen Ausschlag von 11 mA · 4 Skt/mA = 44 Skalenteilen.

Ein paar Fachausdrücke

Alles, was dem elektrischen Strom einen bestimmten Weg bietet, heißt **Leitung**. Da jede Leitung einen **Verbindungsweg** für den Strom herstellt, sagt man statt Leitung auch **Verbindung**.

Leitungen müssen mit den Teilen, die von Strom durchflossen werden sollen, verbunden werden. Die Verbindung muß so geschehen, daß zwischen dem anzuschließenden Teil und der Leitung eine leitende Berührung zustande kommt. Eine solche Verbindungsstelle wird allgemein **Kontakt** genannt. Mitunter verstehen wir unter Kontakten im besonderen auch solche Verbindungsstellen, an denen die gegenseitige Berührung der Metallteile wahlweise hergestellt und aufgehoben werden kann. Will man derartige Kontakte besonders benennen, so spricht man von **Schaltern,** von **Schaltkontakten** oder von **Steckkontakten.**

Feste Verbindungen werden vielfach durch Schrauben hergestellt. Das geschieht, indem man den Draht oder die aus dünnen Drähten nach Art eines Seiles verdrillte Litze durch Druck von Schrauben gegen eine metallische Unterlage preßt. Handelt es sich um feste Verbindungen im Innern von Geräten, so werden diese meist gelötet. Dafür hat man die L ö t ö s e n geschaffen. Manchmal wird statt zu löten auch geschweißt.

Lösbare Verbindungen stellt man häufig ebenfalls durch Schrauben her. So sind die **Klemmbretter** häufig mit Schraubkontakten versehen. Für lösbare Verbindungen zwischen zwei Klemmen eines Klemmbrettes hat man **Laschen,** die durch Schrauben angeschlossen werden. An Instrumenten sind **Schraubklemmen** vorgesehen, in die man die Drähte oder Litzen einklemmt. Für besonders gut lösbare Verbindungen verwendet man — vor allem in Meßschaltungen — **Bananenstecker** und dazu passende **Steckbuchsen.**

Gedruckte Schaltung

Gewissermaßen das Extrem der mechanischen Verbindung zwischen Leitern und Nichtleitern ist die gedruckte Schaltung. Eine solche Schaltung besteht aus Kupferbahnen, die sich auf der Oberfläche einer Isolierplatte befinden.

Die Bezeichnung „gedruckte Schaltung" gründet sich auf die Herstellungsweise. Man beschichtet die Kupferschicht, die sich auf einer Hartpapier- oder anderen Isolierplatte befindet, an den Stellen, die als Leitungen dienen sollen, mit einer widerstandsfähigen Farbe. Dann taucht man die Platte in ein Ätzbad. Hierin wird das Kupfer an den nicht bedeckten Flächen weggeätzt. Nach dem Spülen und Trocknen stanzt man in die Platte die Löcher, durch die die Anschlußdrähte der Bauelemente gesteckt werden. Die Bauelemente kommen auf die Gegenseite. Nach der so erfolgten Bestückung der „Printplatte" wird diese auf ihrer Leitungsseite von unten her mit flüssigem Zinn bespült. So entstehen sämtliche Lötungen gemeinsam.

Stromstärke oder Wert des Stromes bzw. Stromwert

Manche Fachleute haben die Untugend, „Stromstärke" zu sagen, wenn sie den Wert des Stromes (anders ausgedrückt, den Stromwert) meinen. Dieselben Leute sagen aber nie „Spannungshöhe", wenn sie den Wert der Spannung meinen, und reden auch nicht von „Augenblicksstärke" des Stromes, sondern ganz normal von „Augenblickswert". Wir wollen das Wort Stromstärke vermeiden, das nachgewiesenermaßen den Anfänger verwirren kann.

Das Formelzeichen für den Wert des Stromes

Für Größen-Werte, die man in Rechnungen und Formeln häufig anschreiben muß, verwendet man Formelzeichen. Das sind Abkürzungen. In der Elektrotechnik macht man von Formelzeichen sehr viel Gebrauch.

Das erste Formelzeichen, mit dem hier Bekanntschaft geschlossen werden muß, ist das des Stromwertes. Es besteht in dem Buchstaben I. Das I stellt den Anfangsbuchstaben des Wortes „Intensität" dar. Üblicherweise wird dieses I wie eine römische Eins geschrieben. Wie alle Formelzeichen, schreibt und druckt man auch das I in Schrägschrift.

Das Formelzeichen I deutet nicht den Strom als Begriff schlechthin, sondern stets einen Stromwert an. Dieser ist, wenn im Einzelfall nicht etwa ausdrücklich etwas anderes angegeben wird, in Ampere einzusetzen. Wir wollen jetzt schon zur Kenntnis nehmen, daß zum Stromwert auch eine Stromrichtung gehört. Darüber brauchen wir uns allerdings vorerst noch keine Gedanken zu machen, da wir uns mit den Problemen, die mit der Stromrichtung zusammenhängen, später noch eingehend befassen werden.

Zum Abschluß noch die Halbleiter

Zwischen den Leitern und Nichtleitern gibt es noch die Halbleiter. Als solche bezeichnet man die Stoffe, die zwar beim **absoluten Nullpunkt der Temperatur** ($= -273\,°C$) ideale Nichtleiter wären, in denen aber bei Zimmertemperatur immerhin schon so viele Elektronen beweglich sind, daß sie sich bei dieser Temperatur als schlechte Leiter verhalten. Die für die Elektrotechnik z. Z. wichtigsten Halbleitermaterialien sind in dieser Reihenfolge die chemischen Elemente Silizium, Germanium und Selen. Außerdem verwendet man in der Elektrotechnik als Halbleitermaterialien auch noch intermetallische Verbindungen. Das sind Legierungen z. B. von Indium und Antimon oder von Gallium und Arsen mit jeweils gleichen Atomzahlen beider Metalle.

Das Wichtigste

1. Der elektrische Strom besteht in einer Bewegung äußerst kleiner Teilchen.

2. Diese Elektrizitätsteilchen werden allgemein „Elektronen" genannt.

3. Elektronen befinden sich in allen Stoffen. Sie sind darin teils frei beweglich, teils an die Atome bzw. Moleküle gebunden.

4. Bewegliche Elektronen sind in vielen Stoffen enthalten (z. B. in allen Metallen). Solche Stoffe nennt man „Leiter".

5. In anderen Stoffen sind frei bewegliche Elektronen kaum enthalten. Diese Stoffe nennt man „Nichtleiter" oder „Isolierstoffe".

6. Zwischen den Leitern und den Nichtleitern stehen die Halbleiter, die sich bei sehr tiefen Temperaturen wie Isolierstoffe verhalten.

7. Der Wert des Stromes ist um so höher, je mehr Elektronen je Sekunde an einer Stelle durchkommen.

8. Der Stromwert wird in Ampere (abgekürzt A) angegeben. Für geringe Ströme verwendet man an Stelle des Ampere seinen tausendsten Teil — das Milliampere (mA), für hohe Ströme das Kiloampere (kA).

9. Der Strom wird mit Strommessern gemessen. Hierfür fügt man den Strommesser so in eine der Zuleitungen ein, daß der zu messende Strom durch ihn hindurchgeht.

10. Als Formelzeichen für den Wert des elektrischen Stromes hat man das große lateinische I, das in Schrägschrift wie eine römische Zahl I geschrieben wird.

Drei Fragen:

1. Ein Strommesser hat einen Meßbereich von 6 A und eine Skale mit 120 Teilstrichen. Bei einer Messung ergibt sich ein Zeigerausschlag von 67 Skalenteilen. Welchen Strom bedeutet das?

2. Bei einer Strommessung geht der Zeiger noch über den Vollausschlag des Strommessers hinaus. Was ist da zu tun?

3. Das Wievielfache von 5 mA sind 20 kA? Die Antwort soll einmal mit einer Zahl gegeben werden. Ein zweitesmal ist zu versuchen, diese Zahl unter Verwenden einer Zehnerpotenz anzuschreiben. **Zehnerpotenz** heißt, daß man an die Zahl 10 oben rechts die Zahl hinschreibt, die angibt, wieviel mal die Zahl hintereinander mit der Zahl 10 zu multiplizieren ist (Beispiel: $1000 = 10^3$).

2. Die Stromarten

Überblick

Fließt ein elektrischer Strom durch einen Draht, so bewegen sich die Elektronen im Draht. Die Bewegung erfolgt längs des Drahtes in einer der beiden Richtungen.

Wie die Bezeichnungen „G l e i c h s t r o m" und „W e c h s e l - s t r o m" andeuten, bleibt die Bewegungsrichtung auf lange Zeit oder dauernd dieselbe (Gleichstrom) oder aber sie wechselt ständig (Wechselstrom).

Die beiden Stromarten kann man mit einfachen Zeichen kennzeichnen: den Gleichstrom mit einem waagerechten Strich, den Wechselstrom mit einer wellenförmigen Linie und die Möglichkeit der Verwendung beider Stromarten mit einem Strich und darübergestellter wellenförmiger Linie (Bild 2.01).

Bild 2.01:

Das Allstromzeichen. Ein mit diesem Zeichen versehenes Gerät kann sowohl an Gleichstrom wie an Wechselstrom betrieben werden. Das Allstromzeichen ist aus dem Wechselstromzeichen und dem darunter gestellten Gleichstromzeichen zusammengesetzt.

Allstromzeichen

Bild 2.02:

Links: Wechselstrombeleuchtung (am besten mit Glimmlampe). Den hin und her bewegten Bleistift kann das Auge wegen der stark schwankenden Beleuchtung in einzelnen Stellungen erkennen. Rechts: Gleichstrombeleuchtung. Man sieht hier einen einheitlichen Schimmer.

Wechselstromzeichen   *Gleichstromzeichen*

Bei Beleuchtung mit „schwachen" Lampen (z. B. 25 Watt) oder mit Glimmlampen bzw. mit Leuchtstofflampen läßt sich die Frage, ob Gleich- oder Wechselstrom verfügbar ist, auch mit Hilfe eines glänzenden Stabes oder mit Hilfe eines Bleistiftes klären (Bild 2.02).

Gleichstrom

Das Wort „Gleichstrom" bezeichnet eine Elektronenbewegung in gleicher Richtung. Doch meint man mit Gleichstrom nicht immer dasselbe. Wenn man es genau nimmt, versteht man unter Gleichstrom einen Strom, der nicht nur ständig in derselben Richtung fließt, sondern der auch für längere Zeit den gleichen Wert aufweist. Bei einem

2*

solchen Gleichstrom ziehen in jeder Sekunde gleich viel Elektronen vorbei, und zwar mit stets gleicher Geschwindigkeit.

Der aus Batterien stammende Gleichstrom ist im allgemeinen ein derartiger „reiner" Gleichstrom.

Durch Gleichrichtergeräte aus Wechselstrom erzeugter Gleichstrom kann ebenso wie der Strom von Gleichstromgeneratoren als „unrein" bezeichnet werden, weil dabei die Elektronen zwar in gleicher Richtung, aber mit wechselnder Geschwindigkeit dahinziehen. Der Wert des Gleichstromes schwankt somit in rascher Folge mehr oder weniger. Bei diesem (unreinen) Gleichstrom ist, wie wir später leicht einsehen werden, dem reinen Gleichstrom ein Wechselstrom von meist wesentlich geringerem Wert überlagert.

Jetzt wollen wir den reinen und auch den unreinen Gleichstrom im Bild betrachten. Hierzu müssen wir uns mit dem Aufbau eines solchen Bildes befassen. Ein darin eingetragener Linienzug zeigt, in welcher Weise zwei Größen voneinander abhängen. Uns interessiert der zeitliche Verlauf des Stromwertes — d. h. die Abhängigkeit des Stromes von der Zeit.

Wir müssen also den Strom abhängig von der Zeit auftragen. Dazu brauchen wir einen Maßstab für den Strom und einen für die Zeit. So stellen wir z. B. 1 A durch 5 mm und 1 min ebenfalls durch 5 mm dar. Es ist üblich, die beiden Maßstäbe (Achsen) senkrecht zueinander anzuordnen und hiervon die Zeitachse waagerecht zu legen.

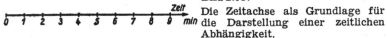

Bild 2.03:
Die Zeitachse als Grundlage für die Darstellung einer zeitlichen Abhängigkeit.

Wir ziehen zunächst eine waagerechte Linie. Diese versehen wir mit der Zeitteilung: Wir machen — vereinbarungsgemäß — je 5 mm einen Strich und schreiben an die einzelnen Striche Minutenzahlen hin. Dabei beginnen wir mit der Zahl Null und zählen — wie üblich —

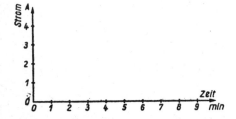

Bild 2.04:
Zu der Zeitachse ist nun die Stromachse hinzugekommen. Dadurch wird die Möglichkeit gegeben, den zeitlichen Verlauf eines Stromwertes in Form eines Linienzuges darzustellen.

von links nach rechts (Bild 2.03). Dann legen wir durch den Nullpunkt die senkrechte „Achse" und versehen sie gemäß Bild 2.04 mit der Stromteilung (5 mm ≙ 1 A). Das aus beiden Achsen bestehende Bild ergänzen wir durch ein Liniennetz (Bild 2.05). Um den Linienzug nun zeichnen zu können, brauchen wir die zugehörigen Zahlenwerte. Dabei bilden immer ein Zeitwert und ein Stromwert ein „Wertepaar".

Bild 2.05:

Strom- und Zeitachse sind hier ergänzt durch ein Liniennetz. Dieses Liniennetz erleichtert das Eintragen der Punkte, deren jeder jeweils durch eine Zeitangabe und eine Angabe des Stromwertes festgelegt ist.

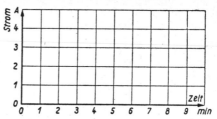

Die Wertepaare seien beispielsweise folgendermaßen durch Messungen gewonnen:

Zeit (min)	0	1	2	3	4	5	6	7	8	9	10
Strom (A)	4	4	3,5	4	4,5	4,8	5	4,7	4,6	4,5	4,4

Jedes dieser Wertepaare bestimmt einen Punkt des späteren Linienzuges. Wir tragen also an Hand der elf Wertepaare die zugehörigen elf Punkte ein und legen durch diese Punkte den hieraus folgenden Linienzug (Bild 2.06). Er zeigt anschaulich, wie der Stromwert im Laufe der Zeit erst ein wenig abnimmt, dann ansteigt und schließlich wieder sinkt, ohne dabei aber den Anfangswert zu erreichen. Ein solcher Strom kann als reiner Gleichstrom angesehen werden, wenn sich sein Wert auch im Laufe der Zeit ändert. Das Ändern geschieht nämlich langsam. Allerdings:

Bild 2.06:

Hier sehen wir in Form kleiner Kreise die Punkte, die der obenstehenden Tabelle entsprechen. Die kleinen Kreise sind durch eine zügige Linie miteinander verbunden. Die Linie stellt den zeitlichen Verlauf des Stromes so dar, wie er sich auf Grund der Meßpunkte ergibt.

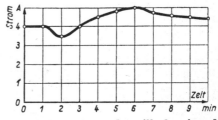

Beim Zeichnen des Linienzuges in Bild 2.06 wurde stillschweigend vorausgesetzt, daß die gemessenen Wertepaare zum Festlegen des zeitlichen Stromverlaufes genügen und daß sie außerdem passend ausgewählt sind. Es wurde also angenommen: Zwischen je zwei gemessenen Wertepaaren liegen keine Wertepaare mit stark abweichenden Stromwerten. Mit erheblich abweichenden Zwischenwerten für den Strom kann ein ganz anderer Linienverlauf herauskommen! Hierzu ein Beispiel: Außer den in der obenstehenden Tabelle enthaltenen Wertepaaren mögen zusätzlich folgende Wertepaare gelten:

Zeit (min)	0,5	1,5	2,5	3,5	4,5	5,5	6,5
Strom (A)	3,5	4,4	2,9	4,6	4,6	5,0	4,9

Mit beiden Tabellen zusammen erhalten wir das Bild 2.07. Es sieht ganz anders aus als das Bild 2.06. Weitere Zwischenwerte könnten neue Überraschungen bringen. Also: Beim Zeichnen der Kennlinien ist Vorsicht geboten! Man sollte dabei stets überlegen, ob die Unterlagen ausreichen, um den Kennlinienverlauf hinreichend zu bestimmen.

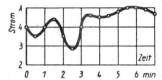

Bild 2.07:

Aus dem Verlauf, der in Bild 2.06 veranschaulicht ist, wird dieser Verlauf, wenn außer der ersten Tabelle auch die zweite Tabelle berücksichtigt ist.

Das Bild 2.07 soll uns nebenbei eine andere Art der Kennliniendarstellung vor Augen führen: Die Darstellung mit **unterdrücktem Nullpunkt** einer Skale: In Bild 2.07 beginnt die Teilung der senkrechten Achse mit der Zahl 2 und nicht, wie in Bild 2.06, mit der Zahl 0. Der Nullpunkt der senkrechten Skale ist somit unterdrückt. Das geschieht häufig, wenn der untere Teil des Bildes keine Kennlinie enthält, und zwar insbesondere dann, wenn zu den mit der Kennlinie dargestellten Schwankungen lediglich ein kleiner Teil der senkrechten Skale gehört (Beispiel: Darstellung der Netzspannungsschwankungen abhängig von der Zeit).

Den zeitlichen Verlauf eines völlig reinen Gleichstromes veranschaulicht das Bild 2.08.

Bild 2.08:

Die bildliche Darstellung eines reinen Gleichstromes mit einem Wert von 4 A. Für ihn ergibt sich als Kennlinie eine waagerechte Gerade auch mit einem stark gedehnten Zeitmaßstab (z. B. 1 s ≙ 50 cm).

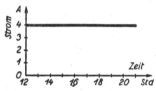

Jetzt wenden wir uns dem unreinen Gleichstrom zu. Die Verunreinigungen bestehen hier in Stromschwankungen, von denen meist recht viele auf jede Sekunde entfallen. Daher können wir für den verunreinigten Gleichstrom die den Bildern 2.06 und 2.08 zugrunde gelegten Zeitmaßstäbe nicht verwenden, sondern müssen einen Zeit-

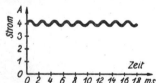

Bild 2.09:

Die bildliche Darstellung des zeitlichen Verlaufes eines mit Wechselstrom „verunreinigten" Gleichstromes. Wir können erkennen, daß der Anteil des reinen Gleichstromes 4 A beträgt.

maßstab wählen, wie er z. B. in Bild 2.09 unten zu sehen ist. Den Strommaßstab können wir hingegen beibehalten. Die gewellte Linie in Bild 2.09 zeigt, wie der Stromwert schwankt. Eine jede der einzelnen Stromschwankungen dauert hier jeweils zwei Millisekunden (abgekürzt ms). Eine Millisekunde bedeutet ein Tausendstel einer Sekunde.

Bei Gleichstrom bewegen sich die Elektronen in stets gleicher Rich-

22

tung. Für ein mit einem Stecker an eine Steckdose angeschlossenes Gerät kann man diese Richtung wechseln, indem man den Stecker aus der Steckdose herauszieht und mit vertauschten Stiften (also nach einer halben Umdrehung) wieder einsteckt. Hat man die Richtung der Elektronenbewegung im ersten Fall als positiv vorausgesetzt, so muß man sie im zweiten Fall — zum Unterschied gegen den ersten — als negativ bezeichnen. Man nennt das „Umpolen". Dies führt uns zum

Wechselstrom

Wie der Name sagt, wechseln bei Wechselstrom die Elektronen andauernd ihre Bewegungsrichtung. Sie wandern während eines Augenblicks längs des Drahtes vorwärts und im nächsten Augenblick wieder um dasselbe Stück rückwärts. Blicken wir auf den Draht, so erfolgt die Bewegung, von uns aus gesehen, hin und her. In jeder Sekunde gehen die Elektronen oftmals hin und her, beim Netzwechselstrom fünfzigmal hin und fünfzigmal her, bei Hochfrequenz sogar viele hunderttausend- und millionenmal.

Die Zeitdauer einer Hin- und Herbewegung je Sekunde heißt „eine Periode". Die Zahl der Hin- und Herbewegungen je Sekunde wird demgemäß auch Periodenzahl je Sekunde genannt. Gehen die Elektronen z. B. fünfzigmal in der Sekunde hin und fünfzigmal in der Sekunde her, so sagt man, der Wechselstrom habe 50 Perioden je Sekunde, wobei man die Angabe „je Sekunde" vielfach wegläßt.

Statt von „Perioden je Sekunde" oder „Perioden" spricht man auch von „Frequenz", was allgemein „Häufigkeit" oder hier „Häufigkeit der Perioden je Sekunde" bedeutet. Der Wechselstrom mit 50 Perioden je Sekunde hat also „die Frequenz 50".

Schließlich verwendet man als Bezeichnung der Zahl der Perioden je Sekunde auch das „Hertz" (abgekürzt Hz). Dabei sind 50 Hz wieder 50 Perioden je Sekunde oder fünfzigmal hin und fünfzigmal her in jeder Sekunde. Der für elektrische Bahnen benutzte Wechselstrom hat $16^2/_3$ Hz. Das bedeutet z. B. fünfzigmal hin und fünfzigmal her in jeweils 3 Sekunden ($3 \cdot 16^2/_3 = 50$).

Nun möge auch der zeitliche Verlauf eines Wechselstromes dargestellt werden. Für die waagerechte Achse wählen wir zu einer Millisekunde (ms) 2 mm. Weil sich beim Wechselstrom die Stromrichtung und damit das Stromvorzeichen ständig ändern, haben wir für ihn nicht nur positive, sondern auch negative Werte aufzutragen. Wie beim Thermometer (Bild 2.10) die positiven Temperaturen nach oben und die negativen Temperaturen nach unten gezählt werden, so wollen wir das hier auch mit den Stromwerten tun. Der Zusammenhang zwischen Strom und Zeit sei mit folgender Tabelle gegeben:

Zeit (ms)	0	2,5	5	7,5	10	12,5	15	17,5	20	22,5	25	27,5	30
Strom (A)	0	2	3	2	0	−2	−3	−2	0	2	3	2	0

23

Bild 2.11 zeigt die diesen Zahlenwerten entsprechende Kennlinie. Die zu den einzelnen Wertepaaren gehörigen Kennlinienpunkte sind dort eingetragen. Wir sehen, wie der Augenblickswert des Stromes zunächst von Null aus ansteigt, nach Ablauf von fünf tausendstel Sekunden seinen **Scheitelwert** erreicht, um dann wieder abzunehmen. Nach wieder fünf tausendstel Sekunden ist er von neuem auf

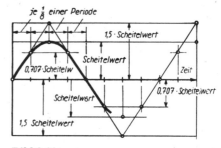

Bild 2.10:

Ein Thermometer, auf dessen Skale die positiven Temperaturen nach oben und die negativen Temperaturen nach unten eingetragen sind.

Bild 2.11:

Der zeitliche Stromverlauf eines Wechselstromes. Der Verlauf ist, wie wir später erkennen werden, zeitlich sinusförmig. Die Hilfslinien erleichtern es, die Sinusform ausreichend getreu darzustellen.

den Wert Null gekommen und beginnt nun mit entgegengesetzter Bewegungsrichtung der Elektronen wieder anzuwachsen. Wir hatten die Werte für die anfängliche Richtung als positiv gerechnet und nach oben aufgetragen. Daher müssen wir die Stromwerte für die neue Richtung als negativ ansehen und in dem Bild nach unten auftragen. In der neuen Richtung erreicht der Strom nach nochmals fünf tausendstel Sekunden seinen (negativen) **Scheitelwert,** um — nach wieder fünf tausendstel Sekunden — abermals den Wert Null anzunehmen. Von diesem Wert aus beginnt das Spiel von neuem. Was wir eben betrachtet haben, ist eine Periode, wozu hier zwanzig tausendstel Sekunden gehören. Diese Zeitspanne von 0,02 s für eine Periode

bedeutet eine Frequenz von $\dfrac{1}{0,02\,\text{s}}$ oder $\dfrac{100}{2\,\text{s}} = 50\,\dfrac{1}{\text{s}} = 50\,\text{Hz}.$

In Bild 2.11 ist nicht ganz eine Periode dargestellt. Deren jede besteht aus einer positiven und einer negativen Halbwelle. Während einer Periode steigt der Strom von Null aus erst in einer Richtung an, sinkt dann, geht zurück auf Null, ändert sein Vorzeichen, nimmt in der dem neuen Vorzeichen entsprechenden Richtung zu und geht wieder auf Null zurück. Dann wächst er in der ursprünglichen Richtung von neuem an usw. Während jeder Periode erreicht der Strom einen positiven Scheitelwert und einen negativen Scheitelwert.

Der sinusförmige Verlauf

Der Wechselstrom ändert seinen Augenblickswert abhängig von der Zeit im Idealfall so, wie das mit Bild 2.11 veranschaulicht ist. Einen solchen zeitlichen Verlauf nennt man sinusförmig. Woher diese Bezeichnung stammt, werden wir später erfahren. Damit wir aber auch jetzt schon in die Lage kommen, ordentliche Sinuslinien zustande zu bringen, hier einige Anhaltspunkte dafür: Ein Achtel einer Periode vor und hinter dem Zeitpunkt, der zu einem Scheitelwert gehört, beträgt der Augenblickswert das 0,707fache des Scheitelwertes. Im Scheitelwert verläuft die Sinuslinie waagerecht. Die schrägliegenden Teile der Sinuslinie bekommen wir gemäß Bild 2.11 am besten, indem wir zu dem Zeitpunkt eines jeden Scheitelwertes dessen 1,5fachen Wert auftragen und die so erhaltenen Punkte (siehe Bild 2.11) miteinander verbinden. Dann ziehen wir in der Höhe der Scheitelwerte waagerechte Striche und können jetzt mühelos die Sinuslinie eintragen.

Wert des Wechselstromes, wirksamer Wert = Effektivwert

Bei einem Wechselstrom schwankt der Augenblickswert ständig zwischen einem positiven und einem negativen Scheitelwert und nimmt zwischendurch immer wieder den Wert Null an. Wie sollen wir bei diesem ständigen Wechsel des Augenblickswertes den für die Praxis wichtigen w i r k s a m e n W e r t angeben, den Wert, den wir in Rechnung zu setzen haben, wenn wir mit dem Wechselstrom Motoren betreiben oder Wärme erzeugen wollen? — Die Antwort hierauf ergibt sich von selbst: Wir müssen uns an die W i r k u n g des Stromes halten. Wir vergleichen somit die Wirkung des Wechselstromes mit der eines bekannten Gleichstromes. Wenn ein Wechselstrom in einem elektrischen Kocher 1 Liter Wasser in 10 Minuten zum Kochen bringt und ein Gleichstrom von 4 A dasselbe in der gleichen Zeit fertigbringt, so hat der Wechselstrom einen w i r k - s a m e n W e r t von 4 A.

Wir haben uns an die hierfür eingebürgerten Fremdwörter zu gewöhnen! Man sagt statt „wirksamer Wert" meist „Effektivwert". Mitunter drückt man sich auch so aus: „Der Wechselstrom hat soundso viel Ampere effektiv". Bei einem Wechselstrom mit einem zeitlichen Verlauf gemäß Bild 2.11 ist der Effektivwert, also sein wirksamer Mittelwert, etwa gleich dem 0,707fachen des Scheitelwertes. Niemals kann der Effektivwert größer ausfallen als der Scheitelwert.

Bei Wechselstrommeßwerten und Wechselstromangaben handelt es sich, wenn nichts anderes besonders bemerkt wird, um Effektivwerte (wirksame Werte).

Zu dem Wechselstromwert gehört, genau genommen, auch die Phasenlage des Wechselstromes. So unterscheiden sich z. B. in Bild 2.13 die drei Ströme allein bezüglich ihrer Phasenlagen. Will man betonen, daß nur die Anzahl der Ampere gemeint ist und daß die Phasenlage außer acht bleiben soll, so spricht man besser nicht von Effektivwert, sondern von **Effektivbetrag** des Wechselstromes.

Drehstrom oder Dreiphasenstrom

Für Drehstrom sind drei Leitungen notwendig. Nicht selten werden für ihn vier Leitungen benutzt. Da wir zu einem einzigen Strom lediglich zwei Leitungen brauchen (siehe z. B. Bild 1.02), dürfen wir annehmen, daß bei Drehstrom mehrere Ströme zusammenwirken. Die Bezeichnung „D r e i p h a s e n s y s t e m", die anschaulicher ist als die Bezeichnung „Drehstromsystem", gibt zu erkennen, daß es sich

Bild 2.12:

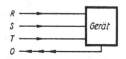

Ein mit Dreiphasenstrom gespeistes, über vier Leitungen angeschlossenes Gerät. Der Mittelleiter ist stets von der Summe der Augenblickswerte der drei in den anderen Leitern auftretenden Ströme durchflossen.

hier um drei Ströme handelt. Wie diese Ströme in den Leitungen fließen, verstehen wir am besten, wenn wir vier Leitungen voraussetzen, von denen eine die gemeinsame Rückleitung darstellt (Bild 2.12). Die in diesem Bild eingetragenen Pfeile sollen hier Hin- und Rückleitung kennzeichnen. Die drei Einzelströme des „**Dreiphasensystems**" stehen zueinander natürlich in ganz bestimmten Beziehungen. Diese sind:

1. Die drei Ströme haben dieselbe Frequenz,
2. die drei Ströme sind im Idealfall um jeweils ein Drittel einer Periode gegeneinander verschoben,
3. die drei Ströme haben im Idealfall gleiche Scheitelwerte.

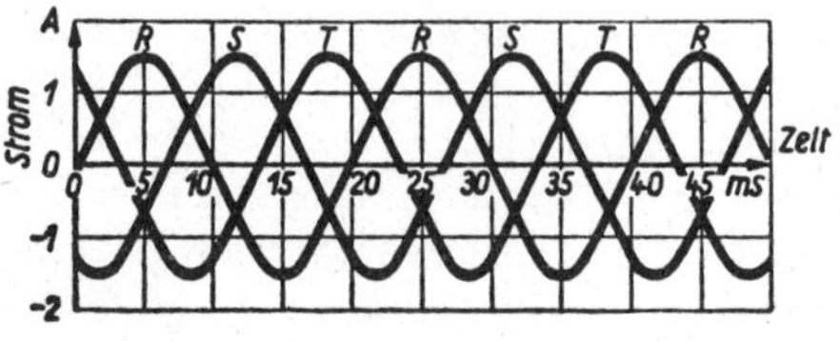

Bild 2.13:

Die drei Ströme (R, S und T) eines Dreiphasensystems, das „symmetrisch belastet" ist. Eigentlich müßten wir die Ströme I_R, I_S und I_T nennen. Der Kürze halber bezeichnen wir sie (wie auch im Text) nur mit R, S und T.

Die drei Phasen und damit die zu ihnen gehörenden drei Ströme werden mit R, S und T (neuerdings auch mit $L1$, $L2$, $L3$) gekennzeichnet.

Haben die Ströme gleiche Beträge und gegenseitige Phasenverschiebungen von jeweils einem Drittel einer Periode, so spricht man von „Symmetrie". Das obenstehende Bild bezieht sich auf den Symmetriefall.

In Bild 2.13 sind die drei Ströme des Dreiphasensystems nach **Art** des Bildes 2.11 dargestellt. Wir erkennen in diesem Bild, daß der

Strom S erst ein Drittel einer Periode später vom Wert Null aus anzusteigen beginnt als der Strom R und daß der Strom T dem Strom S wieder um ein Drittel einer Periode nacheilt. Wir betrachten noch einzelne Augenblickswerte der drei Ströme. Zur Zeit Null, also ganz links in Bild 2.13, hat der Strom der Phase R den Wert Null, während der Strom der Phase S rund $-1,3$ A und der Strom der Phase T rund $+1,3$ A aufweisen. Zum Zeitpunkt 5 ms hat der Strom der Phase R seinen Scheitelwert von 1,5 A erreicht. Die beiden anderen Ströme sind einander gleich (je $-0,75$ A). Zum Zeitpunkt 10 ms ist der Augenblickswert des Stromes R wieder zu Null geworden. Der Strom S hat jetzt $+1,3$ A und der Strom T $-1,3$ A. Die genannten Zahlen geben uns zu erkennen, daß die Summe der drei Strom-Augenblickswerte stets den Wert Null hat. Daraus kann folgender Schluß gezogen werden: Falls das Gerät in Bild 2.12 die drei Phasen gleich belastet, falls also die drei Ströme untereinander gleiche Werte haben und um je ein Drittel einer Periode gegeneinander verschoben sind, fließt in dem gemeinsamen Mittelleiter kein Strom. Einen stromlosen Leiter aber kann man ohne Schaden weglassen. Das ist der Grund, warum Dreiphasenstrom oft in nur drei statt in vier Leitungen übertragen wird.

Im Gegensatz zum Dreiphasenstrom bezeichnet man den einfachen Wechselstrom als **Einphasenstrom.** Auch am Drehstromnetz ist Einphasenwechselstrom verfügbar, und zwar, wenn der Anschluß nur an zwei der drei oder vier Leitungen vorgenommen wird.

Die Elektronenbewegungen bei Wechselstrom

Wir haben auf Seite 11 erfahren, daß die Elektronen bei Gleichstrom im allgemeinen lediglich Bruchteile von mm an Weg zurücklegen. Bei Wechselstrom mit einer Frequenz von 50 Hz steht für jede Bewegungsrichtung nur jeweils $^1/_{100}$ Sekunde zur Verfügung. Daraus folgt, daß die Elektronen bei Wechselstrom höchstens einige Tausendstel Millimeter vor- und zurückgehen. Anders ausgedrückt heißt das: Sie entfernen sich von ihrer Ruhelage nach beiden Richtungen nur recht wenig. Sie pendeln an Ort und Stelle hin und her. Dies wollen wir uns merken, da uns die Vorstellung von den kurzen Elektronenwegen bei Wechselstrom das Verständnis des Kondensators wesentlich erleichtern wird.

Gibt es „pulsierenden Gleichstrom"?

Der Ausdruck „pulsierender Gleichstrom" ist abwegig. „Pulsierend" heißt, daß etwas ruckweise strömt, genau so, wie unser Blut in einzelnen Stößen durch die Adern „pulst". Unter „Gleichstrom" aber verstehen wir eine g l e i c h m ä ß i g e — natürlich in stets gleicher Richtung erfolgende — Elektronenbewegung. Demzufolge ist ein

„pulsierender Gleichstrom" ebenso unmöglich wie ein „ebenes Gebirge".

Nun gibt es in „Gleichstromnetzen", die über Gleichrichter gespeist werden, Ströme, die zwar in dauernd derselben Richtung fließen, deren Wert aber viele Male in jeder Sekunde zu einem Höchstwert und ebensooft zu einem Mindestwert wird. Solche Ströme darf man nicht als Gleichströme bezeichnen. Sie sind „p u l s i e r e n d e S t r ö m e", die man auch als Strom-Impulsfolgen bezeichnet — aber niemals „pulsierende G l e i c h ströme nennen darf.

Das Wichtigste

1. Reiner Gleichstrom hat gleichbleibende Richtung und gleichbleibenden Wert.
2. Oft ist der Gleichstrom nicht völlig rein. Wohl bleibt seine Richtung ständig gleich, sein Wert aber schwankt viele Male in jeder Sekunde.
3. Der Wechselstrom ändert sein Vorzeichen in stets gleichem Takt oftmals in jeder Sekunde.
4. Die Zeit, die während einer Hin- und Herbewegung verstreicht, nennt man eine Periode.
5. Die „Frequenz" bedeutet hier die Zahl der Perioden je Sekunde. Statt „Periode je Sekunde" sagt man auch Hertz (abgekürzt Hz). Die Frequenz des Netzwechselstromes beträgt bei uns üblicherweise 50 Hz.
6. In der Praxis wird beim Wechselstrom der wirksame Wert (der Effektivwert) gemessen und angegeben. Dieser Wert bezieht sich auf die durchschnittliche Wirkung des Wechselstromes im Vergleich zur Wirkung des Gleichstromes.
7. Im Dreiphasen- oder Drehstromsystem hat man es mit drei Wechselströmen gleicher Frequenz zu tun. Im Idealfall haben diese gleiche Werte und sind gegeneinander um jeweils ein Drittel einer Periode verschoben.

Einige Fragen:

1. Wozu dient der vierte Leiter im Drehstrom-Vierleitersystem?
2. Wie oft wechselt ein Wechselstrom in einer Sekunde seine Richtung, wenn seine Frequenz $16^2/_3$ Hz beträgt?
3. Von einem Wechselstrom wird ein Wert von 6 A angegeben. Welcher Wert ist damit gemeint?
4. Wie lange dauert eine Periode eines Wechselstromes mit 200 Hz?
5. Ein Gleichstrom soll gemessen werden. Man schaltet zu diesem Zweck einen Strommesser in die Leitung. Beim Einschalten geht der Zeiger von Null aus etwas nach links, und zwar bis an seinen Anschlag, statt nach rechts auszuschlagen. Was ist daraus zu schließen?

3. Die elektrische Spannung

Netzspannung im Niederspannungsnetz

In jeder Gebrauchsanweisung eines Elektrogerätes steht, für welche Netzspannung es gebaut ist oder in welcher Weise es der jeweils vorhandenen Netzspannung angepaßt werden muß.

Der Wert der Netzspannung ist auf dem Elektrizitätszähler angegeben, über den das Gerät angeschlossen werden soll. Steht dort z. B. „220 V", so ist ein Gerät für 220 V anzuschließen oder das für verschiedene Netzspannungen vorgesehene Gerät auf 220 V einzustellen.

Liegt die Netzspannung unter der Spannung, für die das Gerät gebaut oder eingestellt ist, so arbeitet es nicht richtig, erleidet aber hierdurch im allgemeinen keinen Schaden. Schlimmer ist es, wenn die Spannung, für die das Gerät bemessen oder eingestellt wurde, geringer ist als die Netzspannung. In diesem Fall läßt das Gerät nämlich einen zu hohen Strom durch, der zumindest eine Sicherung zum Ansprechen bringt, aber auch sonst Schaden stiften kann. Um dies zu vermeiden, stellt man Geräte, die an einer vorerst noch nicht bekannten Spannung betrieben werden sollen, vorsichtshalber entweder auf die höchste vorgesehene Spannungsstufe oder auf 220 V ein.

Eine Vorstellung von der elektrischen Spannung

Wir haben erfahren, daß der elektrische Strom in einer Elektronenbewegung besteht. Die Elektronenbewegung wird durch die elektrische Spannung bewirkt. Die Spannung ist mit einem Druck zu vergleichen, der auf die Elektronen wirkt und sie in Bewegung setzt. Daraus, daß zum Anschluß an das Netz stets zwei Leitungen benötigt werden, entnehmen wir, daß die S p a n n u n g als D r u c k u n t e r s c h i e d zwischen den Elektroneninhalten der beiden Anschlußleitungen auftritt.

Das gestörte Gleichgewicht der Elektronen

Uns ist bekannt, daß in allen Stoffen Elektronen vorhanden sind. Meist merken wir davon nichts, weil deren Elektronenbesetzungen sich mit denen der Umgebung im Gleichgewicht befinden und weil deshalb kein Ausgleichbestreben vorhanden ist.

Wir machen in Gedanken einen Versuch: Wir denken uns, ein Stück Draht werde in der Mitte durchgeschnitten. Damit ist auch der Elektroneninhalt des Drahtes halbiert. Berühren wir ein Ende der einen Drahthälfte mit einem Ende der anderen Drahthälfte, so geschieht nichts, weil zwischen den zwei Elektroneninhalten Gleichgewicht herrscht. Anders ist es, wenn wir die Elektroneninhalte ungleich machen, etwa dadurch, daß wir auf irgendeine Weise von dem einen Drahtstück Elektronen wegnehmen und auf das andere Drahtstück schaffen. Bringen wir jetzt die ungleich besetzten Drahthälften miteinander in metallische Berührung, so gehen so lange Elektronen von dem stärker besetzten Teil nach dem schwächer besetzten Teil über, bis das Gleichgewicht wiederhergestellt ist.

Jede Störung des Elektronengleichgewichtes schafft eine „gespannte Lage", die nach Entspannung drängt. Die elektrische Spannung ist somit nicht nur dem Wort nach, sondern tatsächlich ein Spannungszustand!

In grober Weise können wir uns die Spannung demgemäß so vorstellen: Die Elektronen haben stets das Bestreben, sich überall gleichmäßig zu verteilen. Ist die gleichmäßige Verteilung erreicht, so bleiben sie in Ruhe und sind zufrieden. Ein gestörtes Gleichgewicht aber suchen sie wiederherzustellen. Dieses Ausgleichbestreben entspricht dem, was wir als elektrische Spannung bezeichnen.

Die Spannung hat ihren Sitz im Nichtleiter

Die soeben entwickelte einfache Vorstellung von der Spannung ist zwar einleuchtend und paßt sich den tatsächlichen Verhältnissen im großen und ganzen an. Aber sie geht doch von der unrichtigen Voraussetzung aus, die Elektronen selbst hätten das Bestreben, sich gleichmäßig zu verteilen. Der Spannungszustand, der zum gestörten Gleichgewicht gehört, hat seinen Sitz aber nicht in den Elektronen, sondern in der nichtleitenden Umgebung der zugehörigen Leiter.

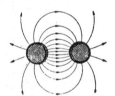

Bild 3.01:
Die Verschiebung, die entsteht, wenn zwischen den Leitern eine Spannung bewirkt wird. Die beiden Leiter sind im Querschnitt gezeichnet (siehe Bild 5.07). Die Verschiebung ist durch Linien dargestellt, die mit Pfeilen versehen sind. Die Schraffuren deuten die Elektronenbesetzungen an.

Wenn wir Elektronen von der einen der oben erwähnten Drahthälften auf die andere Drahthälfte bringen, wird durch die nun größere Elektronenbesetzung der einen Drahthälfte etwas in dem die Drähte umgebenden nichtleitenden Raum verdrängt. Dieses „Etwas" kann bei der anderen Drahthälfte, deren Elektroneninhalt abgenommen hat, nachrücken. Die im Nichtleiter stattfindende Verschiebung veranschaulicht Bild 3.01.

Was wird da verschoben? — Nun, falls die beiden Drähte z. B. in (nichtleitendem) Preßstoff eingebettet sind, werden in erster Linie die in diesem Stoff elastisch gehaltenen Elektronen verschoben: Die im Nichtleiter befindlichen Elektronen hängen gewissermaßen an elastischen Fäden. Bei der Verschiebung der Elektronen des Nichtleiters spannen sich diese Fäden. Das gibt uns eine unmittelbare Vorstellung von dem Wesen der elektrischen Spannung. Wenn aber zwischen den beiden Leitern nichts als „leerer" Raum vorhanden ist? — Leider weiß man das nicht! Viele Physiker meinen, die Verschiebung im leeren Raum sei nur eine, allerdings sehr fruchtbare, Hilfsvorstellung!

Jede Spannung herrscht stets zwischen zwei Punkten

Der einzelne Punkt, die einzelne Klemme oder das einzelne Stückchen eines Drahtes haben jeweils einen bestimmten Elektroneninhalt. Wie es mit dessen Ausgleichsbestreben bestellt ist, läßt sich nur angeben, wenn irgendein zweiter Gegenstand zum Vergleich herangezogen wird. Ihm gegenüber hat der erste Gegenstand zuviel oder zuwenig Elektronen.

Hieraus folgt, daß es sinnlos ist, die Spannung eines einzelnen Punktes ohne Bezug auf einen zweiten Punkt festlegen zu wollen.

J e d e   S p a n n u n g   „ h e r r s c h t "   a l s o   s t e t s   z w i s c h e n   z w e i   P u n k t e n.

Dem könnte entgegengehalten werden, daß man in der Elektrotechnik vielfach Spannungen einzelner Punkte oder einzelner Klemmen nennt. In allen diesen Fällen handelt es sich jedoch nicht um eine Spannung des einzelnen Gegenstandes, sondern um dessen Spannung gegenüber einer bestimmten Bezugsstelle. Hierfür dient meist die Erde (der Erdball) oder auch das Gerätegestell.

Das Maß für die Spannung

Der Sitz des Spannungszustandes ist, wie erwähnt, der Nichtleiter. Die Spannung wird also nicht unmittelbar durch das gestörte Gleichgewicht der Elektronenbesetzungen dargestellt, weshalb wir den Unterschied der Elektronenzahlen jeweils nur in gegebenen Anordnungen als Maß für die Spannung verwerten dürften.

Darum hat man als Maß für die Spannung eine willkürliche Einheit, das **Volt**, gewählt. Diese Maßeinheit bezieht sich unmittelbar auf den Spannungszustand, der die Elektronen bei gegebener Gelegenheit veranlaßt, das Gleichgewicht wiederherzustellen.

Für geringe Spannungen verwendet man an Stelle des Volt (V) das Millivolt (mV), wobei 1000 mV ein Volt bedeuten. Für noch geringere Spannungen ist das Mikrovolt (abgekürzt µV) gebräuchlich, das ein millionstel Volt bedeutet. Hohe Spannungen werden in Kilovolt (kV) angegeben. Ein Kilovolt umfaßt 1000 Volt.

Übliche Netzspannung ist **220** V, im Ausland auch **110** V und **127** V.

Die Spannungsvorzeichen

Stets ist eine der beiden Stellen, zwischen denen eine Spannung herrscht, stärker mit Elektronen besetzt als die andere. Demgemäß findet der Ausgleich zwischen beiden Stellen immer in einer ganz bestimmten Richtung statt, nämlich von der stärker besetzten Stelle nach der schwächer besetzten Stelle. Also muß man irgendwie angeben, welche der beiden Stellen den größeren und welche den geringeren Elektroneninhalt hat. Das geschieht mit den Vorzeichen + (Plus) und — (Minus).

Zählrichtung der Spannung

Wenn wir sagen, es herrsche eine Spannung zwischen zwei Punkten A und B, so geben wir damit noch nicht an, ob uns nur der Betrag dieser Spannung interessieren soll bzw. ob die Spannung des Punktes A gegen den Punkt B oder die Spannung des Punktes B gegen den Punkt A gemeint ist.

Daß es hierbei um Verschiedenes geht, sehen wir sofort ein, wenn wir den Fall einer Gleichspannung betrachten. Wir nehmen als Beispiel an, es handle sich um die Spannung eines 12-V-Akkumulators und damit um eine Spannung mit einem Betrag von 12 V. Die Akkumulator-Klemmen seien nicht nur mit den die Polung angebenden Zeichen Plus und Minus, sondern außerdem mit A und B bezeichnet, und zwar die Plusklemme mit A und die Minusklemme mit B. Hiermit gilt:

Betrag der Spannung zwischen A und B 12 V
Wert der Spannung der Klemme A gegen die Klemme B — 12 V
Wert der Spannung der Klemme B gegen die Klemme A + 12 V
Statt + 12 V können wir auch nur 12 V schreiben.

Das Wort „gegen" stellen wir im Schaltplan mit einem Pfeil dar (siehe Bild 3.02). Ein solcher Pfeil darf natürlich nur eine Spitze haben. Hätte er an jedem Ende eine Spitze, so gäbe er damit nicht zu erkennen, was gegen was gelten soll.

Bedeutung der Vorzeichen Plus und Minus

Diese Vorzeichen setzte man fest, als man vom Wesen der Spannung noch nicht viel wußte und mit den Elektronen noch keine Bekanntschaft geschlossen hatte, und traf daneben: Man gab das positive Vorzeichen der Stelle mit dem geringeren Elektroneninhalt und das negative Vorzeichen der Stelle mit dem größeren Elektroneninhalt. (Eigentlich hätte man die stärker mit Elektronen besetzte Stelle als positiv bezeichnen müssen.)

Als man die Elektronen entdeckte, wäre es noch leicht möglich gewesen, den Vorzeichen-Irrtum wiedergutzumachen. Damals fehlte jedoch die hierzu nötige Entschlußkraft. Mit der wachsenden Ausbreitung der Elektrotechnik wurde das Richtigstellen der Vorzeichen immer schwieriger, und die Entschlußkraft ist leider nicht stärker gewachsen als die Schwierigkeiten. So kommt es, daß wir uns mit den verkehrten Vorzeichen abfinden müssen und die Stelle als positiv zu bezeichnen haben, die den kleineren Elektroneninhalt aufweist.

Zwei Stellen (z. B. Klemmen, Drähte oder Steckbuchsen), zwischen denen eine Spannung herrscht, nennt man auch „Pole". Dabei ist der stärker besetzte Pol der „Minuspol" und der schwächer besetzte Pol der „Pluspol".

Spannungen zwischen mehr als zwei Stellen

Da eine Spannung eines Punktes stets gegen einen weiteren Punkt gilt, kann es vorkommen, daß ein Punkt gegen einen zweiten Punkt eine positive und gleichzeitig gegen einen dritten Punkt eine negative Spannung hat.

B e i s p i e l : In einem Gleichstrom-Dreileiternetz haben die beiden „Außen"leiter gegeneinander z. B. 440 V und gegen den „Mittel"leiter 220 V. Dies ist nur möglich, wenn der eine Außenleiter gegen den Mittelleiter + 220 V und der andere Außenleiter, ebenfalls gegen den Mittelleiter, — 220 V aufweist. Der Mittelleiter selbst ist in diesem Fall gegen den ersten Leiter negativ (— 220 V) und gegen den zweiten positiv (+ 220 V) (Bild 3.02).

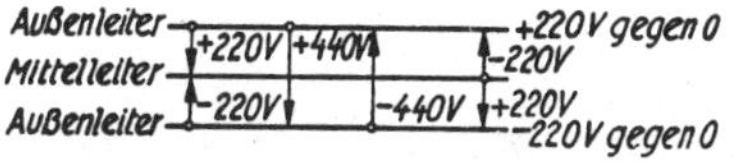

Bild 3.02:

Die einzelnen Spannungen, die in einem Gleichstrom-Dreileiternetz bei einer Gesamtspannung von 440 V auftreten.

Man beachte die Spannungspfeile, die die für die eingetragenen Zahlenwerte geltenden **Zählrichtungen** angeben. Den Pfeil, der, wie schon bemerkt, deshalb nur eine Spitze hat, liest man gewissermaßen als „gegen". Beispiel: Spannung des in Bild 3.02 oben eingetragenen Außenleiters **gegen** den Mittelleiter gleich + 220 V.

Feststellen der Pole

Eine für die Praxis wichtige Frage: Wie erkennt man, wenn + und — nicht angegeben sind, welcher von zwei Punkten gegenüber dem anderen positiv oder negativ ist? Nun, dafür gibt es mehrere Anhaltspunkte: In einem **Blei-Akkumulator** z. B. sind die dunklen Platten positiv gegenüber den hellen Platten. Bei **Taschenlampenbatterien** (flache Form) ist d e r Blechstreifen positiv, der sich vom Rand etwas weiter weg befindet; er ist der kürzere der beiden Streifen. Bei Elementen oder bei Batterie-Zellen ist der mittlere Pol positiv. In Rundfunkgeräten und Fernsehempfängern ist das Gestell (Chassis — sprich „Schassi" mit der Betonung auf der letzten Silbe), also die Blechkonstruktion, auf der die Einzelteile aufgebaut sind, oft negativ gegen die meisten übrigen Teile und Leitungen. Bei

Bahnen, die mit Gleichstrom betrieben werden, ist der Fahrdraht fast immer positiv gegen die Erde, die hier als zweiter Leiter dient.

Fehlen besondere Anhaltspunkte, so können wir uns mit einem geeigneten Spannungsmesser helfen: Wir schalten ihn zwischen die beiden Spannungspole. Schlägt der Spannungsmesser nach der richtigen Seite aus, so ist derjenige der beiden Spannungspole positiv, der mit der als + bezeichneten Klemme des Instrumentes Verbindung hat (Bilder 3.03, 3.04 und 3.05).

Bild 3.03:
Schaltplan zum Spannungsmessen mittels eines Spannungszeigers. Der Spannungsmesser schlägt hier richtig aus.

Bild 3.04:
Der Spannungsmesser ist hier mit falscher Polung angeschlossen und schlägt infolgedessen nach der verkehrten Seite (d. h. „negativ") aus.

Bild 3.05:
Auch hier ist die Polung des Spannungsmessers falsch, weshalb sich hier ebenfalls ein „negativer" Ausschlag ergibt.

Schließlich läßt sich die „Polung" auch z. B. mit angesäuertem Wasser, mit einer rohen Kartoffel oder — besser — mit Pol-Reagenzpapier feststellen. Wir schalten zunächst einmal eine Lampe so ein, daß ein Spannungspol über die Lampe zur Verfügung steht. Den anderen Pol verbinden wir mit einem isolierten Draht (Bild 3.06). Wir tauchen die zwei Drahtenden in ein Glas mit angesäuertem Wasser. An dem negativen Drahtende bilden sich mehr Gasbläschen als am andern. Wir stecken die beiden Drahtenden in die Kartoffel. Sie wird in der Umgebung des positiven Drahtes grün (Bild 3.06). Das Pol-Reagenzpapier wird angefeuchtet und an zwei benachbarten Stellen mit den beiden Drahtenden berührt. Der negative Pol zeigt sich durch Rotfärbung des Papiers an. Vorsicht bei hohen Spannungen!

Bild 3.06:
So kann man die Polung bei Gleichstrom ermitteln. Der Pluspol färbt das Fleisch der Kartoffel grün. Die Lampe, über die der Stromweg von der einen Leitung nach der Kartoffel führt, dient hier nur der Sicherheit. Die Lampe soll einen zu hohen Strom verhindern.

Wie bei der Gleichspannungsmessung hat man auch bei der Gleichstrommessung die Polung zu beachten. Ein mit falscher Polung angeschlossener Gleichstromzeiger schlägt nach der unrichtigen Seite aus.

Spannungsvorzeichen und Stromrichtung

Wir haben erfahren, daß bei Gleichstrom zwei verschiedene Richtungen zu unterscheiden sind, und daß die Richtung bei Wechselstrom einem ständigen Wechsel unterworfen ist.

Man könnte annehmen, die Stromrichtung stimme mit der Richtung der Elektronenbewegung überein, weshalb jede Unterhaltung hierüber unnötig sei. Leider aber pfuschen uns da die Spannungsvorzeichen hinein. Es hat nämlich etwas für sich, die Richtung eines von einer Gleichspannung bewirkten Stromes vom Pluspol nach dem Minuspol dieser Spannung positiv zu rechnen. So ist es auch in der Elektrotechnik festgelegt.

Die Elektronen aber bewegen sich, getrieben durch die Spannung, stets von der stärker besetzten Stelle nach der schwächer besetzten Stelle, d. h. vom Minuspol nach dem Pluspol.

Hieraus folgt: Die tatsächliche Elektronenbewegung und die festgelegte Stromrichtung sind einander entgegengesetzt!

Statt „festgelegte Stromrichtung" sagt man auch „rechnerische Stromrichtung" oder neuerdings ziemlich häufig „konventionelle Stromrichtung". Konventionell bedeutet „nach Übereinkunft".

In der Starkstromtechnik macht dieser Gegensatz im allgemeinen wenig aus, weil wir uns hier mehr für die Wirkungen des gesamten Stromes als für die Bewegungen der einzelnen Elektronen interessieren. Dabei brauchen wir nur auf die festgelegte Stromrichtung zu achten — ohne Rücksicht auf die ihr entgegengesetzte Elektronenbewegung nehmen zu müssen.

Wo man es aber — wie z. B. in der Funktechnik — neben dem Strom auch mit der eigentlichen Elektronenbewegung zu tun hat, muß man ihr die konventionelle Stromrichtung gegenüberstellen. Durch die Bezeichnung „konventionell" wird angedeutet, daß die Stromrichtung nicht wirklich in der gegebenen Weise festliegt.

Gleichspannung und Wechselspannung

Die Spannung ist die Ursache des Stromes. Da es Gleich- und Wechselstrom gibt, müssen demgemäß auch Gleich- und Wechselspannung vorkommen.

Bei reiner Gleichspannung bleiben Wert und Vorzeichen stets gleich. Der Unterschied der Elektroneninhalte der Stellen, zwischen denen die betrachtete Spannung herrscht, ändert sich nicht, solange man diese Stellen (und auch den zugehörigen Zwischenraum) in Ruhe läßt.

Bei Wechselspannung sind sowohl Betrag wie Vorzeichen der Spannung einem ständigen Wechsel unterworfen. Hier ist also abwechselnd der eine oder der andere Elektroneninhalt größer.

Bei unreiner Gleichspannung hat gewöhnlich die Wechselspannung wesentlich kleinere Werte als die Gleichspannung. In diesem Falle bleibt wohl das Vorzeichen immer gleich, während der Wert der Spannung ständigen Schwankungen unterworfen ist.

Wert der Wechselspannung: wirksamer Wert = Effektivwert

Die Wechselspannung schwankt nach Wert und Vorzeichen ständig. Die einzelnen Augenblickswerte der Wechselspannung und auch ihre Scheitelwerte kann man in derselben Weise angeben wie die Werte der Gleichspannung. Für die Wirkung der Wechselspannung sind aber weder die Augenblickswerte noch die Scheitelwerte maßgebend. Hierfür hat lediglich der „wirksame Wert" der Spannung Bedeutung. Er ist im allgemeinen geringer als der Scheitelwert. Bei zeitlich sinusförmigem Spannungsverlauf (siehe eine der drei Spannungen von Bild 3.07) gilt: Wirksamer Wert = 0,707 × Scheitelwert.

Hierzu zwei Beispiele: Zu einem wirksamen Wert von 220 V gehört ein Scheitelwert von $\frac{220\,V}{0,707}$ = rund 310 V. Zu einem Scheitelwert von 156 V ergibt sich ein wirksamer Wert von 156 V · 0,707 = rund 110 V.

Falls nichts anderes ausgemacht ist, handelt es sich bei Wechselspannungsangaben — entsprechend dem, was wir über den Strom erfahren haben — stets um wirksame Werte (Effektivwerte).

Beispiel: Eine Wechselspannung hat einen wirksamen Wert von 220 V, wenn an ihr der Glühdraht einer für diese Spannung gebauten Lampe ebenso hell glüht wie an 220 V Gleichspannung.

Zu dem Wechselspannungswert gehört, genau genommen, auch die Phasenlage der Spannung. So sind z. B. die drei in Bild 3.07 aufgetragenen Spannungen einander bis auf ihre unterschiedlichen Phasenlagen gleich. Die Phasenlage kann somit von Bedeutung sein. Will man betonen, daß von einer Wechselspannung nur die Anzahl von Volt gemeint ist und daß die Phasenlage nicht betrachtet werden soll, so spricht man nicht vom Effektivwert, sondern vom Effektivbetrag der Wechselspannung.

Dreiphasenspannungen

Im „Drehstromnetz" hat man es jeweils mit drei Wechselspannungen zu tun. Diese haben untereinander gleiche Werte und sind gegen-

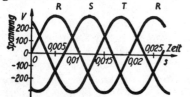

Bild 3.07:
Die drei Spannungen eines Dreiphasennetzes. Die Frequenz beträgt hier 50 Hz, da jede Periode 0,02 s = $\frac{1}{50}$ Sekunden umfaßt.

einander um ein Drittel einer Periode phasenverschoben (Bild 3.07, das wir mit Bild 2.13 vergleichen). In Bild 3.07 sind die drei Spannungen aufgetragen, die in dem Bild 2.12 die Leiter R, S und T gegen den Leiter O haben mögen. Zunächst wollen wir das Bild 3.07 lesen: Es sagt uns, daß in dem Zeitpunkt, in dem wir die Beobachtung beginnen (Zeit Null), die Spannung des Leiters R gegen den Leiter O gerade durch Null geht, daß die Spannung des Leiters S gegen den Leiter O in diesem Augenblick — 260 V hat und daß die Spannung des Leiters T gegen den Leiter O den Wert + 260 V hat. Vom Zeitpunkt Null aus steigt die Spannung des Leiters R gegen den Leiter O an, um nach 0,005 Sekunden mit 300 V ihren Scheitelwert zu erreichen, während die beiden anderen Spannungen je — 150 V annehmen. So zeigt das Bild, wie jede der drei Spannungen ständig Wert und Vorzeichen wechselt. Die gleichmäßige Verteilung der drei Linienzüge gibt die Gleichheit der gegenseitigen Phasenverschiebungen schon beim ersten Blick zu erkennen.

Wir wollen nun ergründen, welcher zeitliche Spannungsverlauf sich aus Bild 3.07 z. B. für die Spannung des Leiters R gegen den Leiter S ergibt. Um diese Spannung zu gewinnen, müssen wir von den Spannungen der Leiter R und S gegen den Leiter O ausgehen. Wie Bild 3.08 erkennen läßt, wird für jeden Augenblick die Spannung des Leiters R gegen den Leiter S durch Zusammenzählen der Spannung des Leiters R gegen den Leiter O zu der des Leiters O gegen den Leiter S erhalten. Am besten machen wir uns dies an einem Zahlenbeispiel klar: Die Spannung des Leiters R gegen den Leiter O möge in einem bestimmten Augenblick + 212 V und die Spannung des Leiters S gegen den Leiter O im selben Augenblick + 70 V betragen. Letzteres bedeutet: Der Leiter O hat gegen den Leiter S die Spannung — 70 V. Um vom Leiter R nach dem Leiter S zu kommen, müssen wir daher erst + 212 V und dann — 70 V durchschreiten. 212 V mit dem einen und dazu 70 V mit dem anderen Vorzeichen gibt 212 V — 70 V = 142 V für die Spannung des Leiters R gegen den Leiter S.

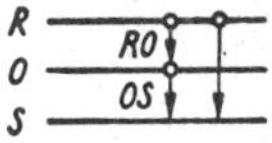

Bild 3.08:
Die Spannung U_{RS} (Pfeil rechts) ergibt sich in jedem Augenblick als Summe der Spannungen U_{RO} und U_{OS}. Die Pfeilrichtungen zeigen Zählrichtungen der Spannungen an. Der Buchstabe U ist das „Formelzeichen" für die elektrische Spannung.

Um nun den zeitlichen Verlauf der Spannung des Leiters R gegen den Leiter S zu gewinnen, übertragen wir also in Bild 3.09 aus Bild 3.07 die dort unmittelbar enthaltene Spannung des Leiters R gegen den Leiter O und außerdem — indem wir die Vorzeichen der Spannung des Leiters S gegen den Leiter O umkehren — die Spannung des Leiters O gegen den Leiter S und zählen die Augenblickswerte zusammen.

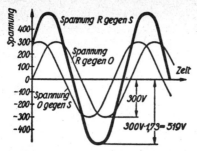

Bild 3.09:

Die Spannung U_{RS} als Summe der Spannungen U_{RO} und U_{OS}. Der Buchstabe U ist das Formelzeichen für die elektrische Spannung. Hier im Bild wurden Scheitelwerte eingetragen, während im Text weiter unten Effektivwerte (wirksame Werte) gemeint sind.

Die Spannungen zwischen R und S, S und T sowie T und R werden im Gegensatz zu den „Sternspannungen" oder „Phasenspannungen" der Leiter R, S und T gegen den Leiter O „Dreieckspannungen" oder „verkettete Spannungen" genannt. An Hand des Bildes 3.09 können wir uns überzeugen, daß die verkettete Spannung 1,73mal so hoch ist wie die Phasenspannung. Die Angabe 380/220 V für die Spannung eines Dreiphasennetzes besagt, daß die verkettete Spannung 380 V und die Phasenspannung 220 V betragen (Bild 3.09). Wir rechnen nach: 220 V · 1,73 = 380,6 V oder rund 380 V. Statt 380/220 V findet man gelegentlich 220/127 V und selten auch 190/110 V in Dreiphasennetzen vor.

Bild 3.10:

Zwei Einphasenanschlüsse an ein Dreiphasennetz. Die beiden Einphasenanschlüsse arbeiten mit verschieden hohen Spannungen. Beim rechten Anschluß ist die Spannung 1,73mal so hoch wie beim linken Anschluß (z. B. rechts 380 V und links 220 V).

Messen des Spannungswertes

Zum Spannungsmessen dienen Spannungsmesser, die, an die zu messende Spannung angeschlossen, den Spannungswert mit einem Zeigerausschlag angeben. Es gibt Spannungsmesser für Gleichspannungen und für Wechselspannungen sowie solche, die für beide Spannungsarten verwendbar sind.

Statt „Spannungsmesser" sagte man früher oft „Voltmeter".

Bild 3.11:

Ein Spannungsmesser, dessen beide Klemmen an die zwei Stellen angeschlossen sind, zwischen denen die zu messende Spannung herrscht.

Bild 3.12:

Ein Spannungsmesser (von oben gesehen), der drei Meßbereiche hat. Zum Anschluß wird einerseits stets die linke Klemme und anderseits — je nach dem zu verwendenden Meßbereich — eine der drei weiteren Klemmen benutzt. Ein Skalenteil bedeutet — je nach Meßbereich — 0,5 V, 1 V und 2 V.

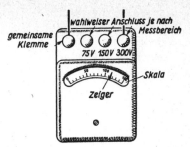

Da jede Spannung stets zwischen zwei Punkten herrscht, müssen wir den Spannungsmesser mit Hilfe zweier Leitungen an die beiden Punkte anschließen, zwischen denen die zu messende Spannung besteht (Bilder 3.03 und 3.11). Dabei ist zu beachten:

1. Der Spannungsmesser muß für die Art der zu messenden Spannung geeignet sein (d. h. für Gleichspannung oder für Wechselspannung).

2. Der Meßbereich des Spannungsmessers (Bild 3.12) muß so gewählt werden, daß er den Wert der zu messenden Spannung einschließt, ihn aber nicht zu sehr übersteigt.

3. Bei Messungen mit Gleichspannungsmessern ergibt sich für falsche Polung des Anschlusses ein verkehrter Ausschlag. Verkehrter Ausschlag verlangt somit Umpolung des Anschlusses (Bilder 3.03, 3.04 und 3.05).

4. Fast jeder Spannungsmesser läßt bei der Messung Strom durch sich hindurch. Dieser Strom, der die Meßspannung „belastet", darf nicht zu groß sein, da sonst möglicherweise eine zu geringe Spannung angezeigt wird.

5. Bei Wechselspannungsmessungen wird von den üblichen Spannungsmessern jeweils der Effektivwert angezeigt.

Zu 4 ist zu bemerken: Man gibt in den Spannungsmesserlisten häufig den Spannungsmesserstrom für Vollausschlag an. Ein gebräuchlicher Wert ist 2 mA für Vollausschlag. Diese Angabe soll nicht bedeuten, daß alle Spannungsmesser bei Vollausschlag so wenig Strom durchlassen. Es sind vielfach Spannungsmesser im Gebrauch, bei denen zum Vollausschlag 20 und 30 mA, ja sogar 100 bis etwa 200 mA gehören. Anderseits gibt es auch Spannungsmesser, für die zum Vollausschlag nur 40 µA, 50 µA oder 100 µA gehören. Statt z. B. 100 µA für Vollausschlag sagt man auch 10 000 Ohm je Volt.

Wenn ein Spannungsmesser 150 mA für Vollausschlag durchläßt und dazu 6 V gehören, so beträgt der Spannungsmesserstrom für 4 V nur 150 mA · 4 : 6 = 100 mA.

Beispiel für eine Spannungsmessung: Die zu messende Spannung wird auf 220 V geschätzt. Wir verwenden einen Spannungszeiger mit einem Meßbereich von 300 V. Er habe 150 Skalenteile. Der Ausschlag betrage 115 Skalenteile. Zu einem Skalenteil gehören 300 V : 150 = 2 V.

115 Skalenteile bedeuten somit 115 · 2 V = 230 V.

Das „Netz" stellt Spannung zur Verfügung

Man spricht zwar immer von Gleich-, Wechsel- und Dreh s t r o m -netzen. In Wirklichkeit aber stellen uns die Elektrizitätswerke in ihren Netzen zunächst gar keinen Strom zur Verfügung, sondern erzeugen Spannung und ermöglichen dadurch die Stromentnahme. Würde keiner der an das Elektrizitätswerk angeschlossenen Verbraucher etwas einschalten, so würde kein Strom fließen. Das Werk müßte lediglich im Betrieb bleiben, um die Spannung aufrechtzuerhalten. Diese muß nämlich für den Fall, daß irgend etwas eingeschaltet wird, zur Verfügung stehen, um den Betriebsstrom durch das eingeschaltete Gerät hindurchzutreiben.

Wir haben uns schon beim Strom Gedanken darüber gemacht, weshalb zum Anschluß eines jeden Gerätes an das Netz zwei Netzleitungen nötig sind. Bei Gleichstrom lernten wir diese zwei Leitungen als Hin- und Rückleitung kennen, und auch bei Wechselstrom konnten wir ihre Notwendigkeit bis zu einem gewissen Grade einsehen.

Weil jede Spannung, also auch die Netzspannung, nur zwischen zwei Punkten auftritt, besteht für Wechselstrombetrieb ebenfalls die Notwendigkeit der zwei Verbindungsleitungen.

Die modernen Stromversorgungsnetze sind für Drehstrom gebaut. Ein Grund dafür liegt in folgendem: Bei Drehstrom wie bei Wechselstrom hat man die Möglichkeit, die Höhe der Spannung ohne Schwierigkeit fast beliebig zu wandeln. Man braucht dazu lediglich einen Umspanner, der für die Wandlung einer Spannung jeweils aus zwei Wicklungen und einem gemeinsam von ihnen umschlossenen Eisenkern besteht.

Formelzeichen für den Wert der elektrischen Spannung

Statt zu schreiben, eine Spannung habe einen Wert von 230 V, schreiben wir kurz:

$$U = 230 \text{ V}$$

Der schräg gedruckte (oder geschriebene) lateinische Buchstabe U ist das übliche Formelzeichen für den Wert der elektrischen Spannung. Da die Spannung eines Punktes stets gegen einen anderen Punkt gilt, ist es oft notwendig, zu kennzeichnen, zu welchem Punkt (Meßpunkt) die Spannung gehört und welcher Punkt als Bezugspunkt in Frage kommt. Angenommen, es handle sich um die Spannung des Punktes C gegen den Punkt E, so haben wir es mit der Spannung C

gegen E zu tun. Für sie schreiben wir U_{CE}. Nehmen wir an, es gelte für eine Gleichspannung

$$U_{AB} = 0,1 \text{ V},$$

so besagt dies, daß der Punkt A gegen den Punkt B eine positive Spannung von 0,1 V = 100 mV hat. Hierbei sind der Punkt A der Meßpunkt und der Punkt B der Bezugspunkt.

Statt des großen Buchstabens U verwendet man oft auch den kleinen Buchstaben u. Dieser bedeutet dann im allgemeinen einen Wechselspannungs-Augenblickswert, d. h. ein Wert, der nur in einem ganz kurzen Augenblick auftritt.

Die Zählrichtung für den Strom

Die Richtung, für die ein Strom-Formelzeichen oder ein Strom-Zahlenwert gelten soll, legt man häufig in Schaltplänen fest, indem man dort in den für den Strom in Betracht kommenden Leitungsstrich eine Pfeilspitze einträgt und neben die Pfeilspitze das Strom-Formelzeichen oder den Strom-Zahlenwert schreibt. Formelzeichen und Zahlenwert gelten dann für die mit der Pfeilspitze festgelegte Richtung.

Hat man es an ein und demselben Stromzweig mit einer Spannung und mit dem von dieser Spannung bewirkten Strom zu tun, so wählt man die Zählrichtung für den Strom in Übereinstimmung mit der Zählrichtung für die Spannung.

Potential und Potentialdifferenz

„Elektrisches Potential" ist die Bezeichnung einer Spannung gegen eine festgelegte Bezugsstelle. Wenn man sagt, die Punkte A und B lägen auf gleichem (elektrischen) Potential, so meint man damit: Die (elektrische) Spannung zwischen A und B hat den Wert Null.

Potentialdifferenz ist eine andere (schlechte) Bezeichnung für die Spannung.

Das Wichtigste

1. Elektrische Spannungen herrschen überall, wo Elektronenbesetzungen aus dem Gleichgewicht gebracht sind. Jede elektrische Spannung besteht demnach stets zwischen zwei Punkten.

2. Die Spannung ist die Ursache des Stromes. Bei gegebener Gelegenheit gehen die Elektronen von der Stelle mit der stärkeren Elektronenbesetzung nach der Stelle mit der schwächeren Elektronenbesetzung über.

3. Der Spannungszustand selbst hat seinen Sitz in dem nichtleitenden Zwischenraum und der nichtleitenden Umgebung der Teile, zwischen denen die Spannung herrscht.

4. Der Wert der Spannung wird in Volt (V) angegeben. An Stelle des Volt verwendet man für niedrige Spannungen dessen tau-

sendsten Teil — das Millivolt (mV) — und für hohe Spannungen das Tausendfache des Volt — das Kilovolt (kV).

5. Bei Wechselspannungen bezieht sich die Wertangabe, wenn nichts anderes angegeben ist, auf den wirksamen Wert (den „Effektivwert").

6. Die Spannungsvorzeichen sind so festgelegt, daß die schwächer besetzte Stelle als positiv und die stärker besetzte Stelle als negativ gilt.

7. Dieser Festlegung der Spannungsvorzeichen gemäß wird die Stromrichtung rechnerisch von + nach — gezählt, was der tatsächlichen Elektronenbewegung entgegengesetzt ist.

8. Den Stromarten entsprechend gibt es: Gleichspannung, Wechselspannung und, zusammengesetzt aus Gleich- und Wechselspannung, auch pulsierende Spannung.

9. Im „Drehstromnetz" hat man es jeweils mit drei Wechselspannungen gleicher Frequenz und gegenseitigen Phasenverschiebungen um jeweils ein Drittel einer Periode zu tun. Man unterscheidet dabei die drei „verketteten" Spannungen von den drei „Phasenspannungen".

10. Die Spannungen zwischen je zweien der Leiter R, S und T heißen „Dreieckspannungen" oder „verkettete Spannungen".

11. Die Spannungen jeweils eines der Leiter R, S und T gegen den Leiter O heißen „Phasenspannungen" oder „Sternspannungen".

12. Die verkettete Spannung ist 1,73mal so hoch wie die Phasenspannung.

Vier Fragen:

1. Wir wollen eine Spannung messen, deren Wert voraussichtlich ganz ungefähr 200 V beträgt. Wir verwenden dazu einen Spannungsmesser mit einem Meßbereich von 300 V. Wir schließen ihn ordnungsgemäß an und haben uns zuvor erkundigt, ob der Spannungsmesser in Ordnung sei, was uns versichert wurde. Dennoch kommt kein Ausschlag zustande. Woran könnte das liegen?

2. An ein Drehstromnetz ist ein Elektrogerät mittels zweier Leitungen angeschlossen. Fließt in dem Elektrogerät Drehstrom?

3. Wie groß ist der Scheitelwert einer Wechselspannung, die einen Effektivwert von 220 V aufweist?

4. Drei einzelne Wicklungen lassen sich an die Leitungen eines Dreiphasensystems wahlweise in Stern und in Dreieck anschließen. Die Sternspannung des Dreiphasensystems beträgt 380 V. Welche Spannung gilt für die einzelne Wicklung bei Sternschaltung, bzw. bei Dreieckschaltung?

4. Stromkreise und Widerstände

Der Kreislauf der Elektronenbewegung

Eine einfache Klingelanlage besteht aus der Klingel, einem Element, den Leitungen und einem Drücker (Bild 4.01). Der Schaltplan der Anlage wird in Bild 4.02 gezeigt. Drücken wir auf den Drücker, so ist die dort sonst vorhandene Unterbrechungsstelle beseitigt und der „S t r o m k r e i s" geschlossen:

Bild 4.01:
Ein Stromkreis, der aus einem Element als Stromquelle, einem Drücker als Schalter und einer elektrischen Klingel als Belastung besteht.

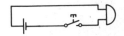

Bild 4.02:
Der Stromkreis von Bild 4.01 als Schaltplan gezeichnet. Element, Drücker und elektrische Klingel sind hier durch einfache Schaltzeichen veranschaulicht.

Die Elektronen können nun vom negativen Pol des Elementes durch die daran angeschlossene Leitung zur Klingel wandern, durch diese hindurch nach der anderen Leitung übergehen und über den Drücker nach dem positiven Pol des Elementes zurückgelangen. In dem Element steckt offenbar eine Kraft, die die am positiven Pol ankommenden Elektronen durch das Element hindurch wieder nach dem negativen Pol befördert, von wo sie ihren Kreislauf von neuem beginnen.

Dieses Beispiel zeigt, daß der Strom in einem g e s c h l o s s e n e n S t r o m k r e i s fließt. B e i G l e i c h s t r o m muß der Stromkreis d u r c h w e g a u s l e i t e n d e m W e r k s t o f f bestehen.

Bei Wechselstrom ist ebenfalls ein in sich geschlossener Stromkreis nötig. Der Wechselstromkreis darf aber beispielsweise auch dünne, großflächige Isolierschichten enthalten, da die Elektronen sich bei Wechselstrom nur auf ganz kurze Entfernungen vor- und zurückbewegen.

Die Teile des Stromkreises

Wie das Beispiel zeigt, muß jeder Stromkreis vor allem eine Einrichtung enthalten, die eine die Elektronen bewegende Kraft in sich birgt. Diese Einrichtung nennt man allgemein „Stromquelle". In unserem Beispiel ist dies das Element.

Außerdem muß jeder nutzbare Stromkreis eine Anordnung aufweisen, die mit Hilfe des elektrischen Stromes betrieben wird. Diese Anordnung, in unserem Beispiel die Klingel, „belastet" die Stromquelle.

Weiter brauchen wir die Leitungen, die die Verbindung zwischen Stromquelle und Belastung herstellen.

Schließlich benötigen wir meist auch noch einen Schalter, der es ermöglicht, den Stromkreis nach Belieben zu öffnen oder zu schließen. Die Hauptteile des Stromkreises sind also die Stromquelle, die Belastung sowie nebenbei auch die zwischen Stromquelle und Belastung vorhandenen Verbindungsleitungen und der Schalter.

Die Stromquelle muß aufweisen:

1. Wenigstens zwei Klemmen, zwischen denen eine Spannung besteht und auch bei „Stromentnahme" bestehen bleibt,
2. die schon erwähnte Kraft, die die Elektronen im Innern der Stromquelle von der positiven (schwächer besetzten) Klemme nach der negativen (stärker besetzten) Klemme hinübertreibt,
3. einen Stromweg, auf dem die Verschiebung der Elektronen im Inneren der Stromquelle vor sich gehen kann.

Die Belastung bremst die Elektronenbewegung. Verbindet man die Stromquellenklemmen ohne Belastung miteinander, so stellt man hiermit einen Kurzschluß her. Dabei gleicht sich der Unterschied der Elektroneninhalte beider Klemmen völlig aus. Die Spannung zwischen den Klemmen verschwindet. Der Kurzschlußstrom erreicht einen meist unzulässig hohen Wert.

Überlegungen an einer Steckdose

Auch die Steckdose ist eine Stromquelle. Bei ihr sitzen auf der negativen Buchse mehr Elektronen als auf der positiven. Wir schalten an die Steckdose etwa eine Stehlampe an. Sofort wandern Elektronen von der negativen Buchse durch die Lampe hindurch und nach der positiven Buchse. Würden die Elektronen, die hierbei von der negativen Buchse wegwandern, nicht ständig durch neu ankommende Elektronen ersetzt und würden die an der positiven Buchse ankommenden Elektronen nicht veranlaßt, diese Buchse sofort wieder zu verlassen, so wäre nach ganz kurzer Zeit der Unterschied der beiden Elektronenbesetzungen ausgeglichen und ein weiterer Strom dadurch unmöglich.

In Wahrheit ist es aber so, daß die Elektronen von der positiven Steckdosenbuchse weg durch die Maschine des Elektrizitätswerkes angesaugt und durch diese hindurch nach der negativen Steckdosenbuchse zurückgetrieben werden, womit sich der Stromkreis auch für die Steckdose völlig schließt.

Der Widerstand

Oben wurde erwähnt, daß die Belastung die Elektronenbewegung b r e m s t. Anders ausgedrückt heißt das: Die Belastung setzt der Elektronenbewegung einen W i d e r s t a n d entgegen. Diese Tatsache, daß der Elektronenbewegung Widerstände entgegenwirken, ist für die gesamte Elektrotechnik von größter Bedeutung. Deshalb müssen wir sie von verschiedenen Gesichtspunkten aus betrachten.

Durch ein an das Netz angeschlossenes Gerät fließt ein Strom. Welchen Wert dieser Strom annimmt, richtet sich nach der Geräteart. Der Stromwert fällt um so höher aus, je geringer die Bremswirkung des Gerätes ist. Das Gerät mit dem geringsten Stromverbrauch bremst die Elektronen am stärksten ab, während das Gerät, durch das der höchste Strom hindurchgeht, auf die Elektronen die kleinste Bremskraft ausübt. Also:

Das Gerät, das den geringsten Strom durchläßt, setzt dem Strom den größten Widerstand entgegen, während das Gerät mit dem größten Stromverbrauch dem Strom den kleinsten Widerstand bietet.

Wir erkennen hieraus, daß Strom und Widerstand bei gleicher Spannung im umgekehrten Verhältnis zueinander stehen.

Wir betrachten nun folgenden Fall: Eine elektrische Glühlampe werde an eine Steckdose angeschlossen. Die an der Dose vorhandene Spannung treibt Elektronen durch die Lampe hindurch. Bei Gleichstrom wandern die Elektronen von dem negativen Steckdosenpol durch die an ihn angeschlossene Litzenader und den Glühdraht der Lampe und gelangen über die andere Litzenader nach dem positiven Steckdosenpol zurück.

Die Elektronen r e i b e n sich gewissermaßen beim Durchgang durch den dünnen Glühdraht an dessen Metallatomen. So erzeugen sie die Erwärmung, die den Draht zum Glühen bringt. Natürlich „reiben" sich die Elektronen auch an den Metallatomen der Litzenadern. Da diese dicker sind und besser leiten, ist die Reibung in ihnen gegen die im Glühdraht gering. Bei unmittelbarem Anschluß der Lampe an die Steckdose (ohne die Litze) nähme deshalb die Elektronenbewegung so ziemlich denselben Wert an wie bei dem Anschluß über die Litze. Ließen wir die Lampe weg und brächten die beiden Litzenadern dort, wo vorher die Lampe angeschlossen war, miteinander in Verbindung, so ginge, bei der in diesem Stromweg für die Elektronenbewegung geringen Reibung, der Elektronenausgleich sehr heftig vor sich. Ein hoher Strom entstünde. Die Sicherungen „sprächen an". Kurz und gut, wir hätten einen „Kurzschluß gemacht" und müßten nach Beseitigung des Kurzschlusses — d. h. nach Lösen der Verbindung zwischen den Litzenadern — neue Sicherungen einsetzen bzw. den oder die Automaten wieder einschalten.

Wir stellten im Verlauf unserer Betrachtungen fest, daß die Reibung in dem Glühdraht größer ist als in den Litzenadern. Dies läßt sich auch so ausdrücken: Der Glühdraht weist für die Elektronenbewegung (d. h. für den Strom) einen höheren Widerstand auf als die Litzenadern.

Zahlenmäßige Beziehung

Zwei verschiedene elektrische Kocher mögen an die ihnen zukommende Spannung von 220 V angeschlossen sein. Dabei lasse der eine 5 A und der andere 10 A Strom durch. Der erste Kocher hat hierbei einen doppelt so hohen Widerstandswert wie der zweite Kocher, da der zweite einen doppelt so hohen Strom durchläßt wie der erste.

Wir entnehmen hieraus: B e i g l e i c h e n S p a n n u n g e n s t e h e n d i e W e r t e d e r W i d e r s t ä n d e i m u m g e k e h r ten V e r h ä l t n i s z u d e n W e r t e n d e r S t r ö m e.

Wenn wir durch zwei Stromwege jeweils 2 A durchschicken und für den einen eine Spannung von 6 V, für den anderen eine Spannung von 24 V brauchen, rührt das daher, daß der Widerstandswert des zweiten Stromzweiges viermal so hoch ist wie der des ersten Stromzweiges. Zum vierfachen Widerstandswert benötigen wir für gleichen Wert des Stromes die vierfache Spannung.

Allgemein ausgedrückt: B e i g l e i c h e n S t r o m w e r t e n v e r h a l t e n s i c h d i e W e r t e d e r W i d e r s t ä n d e z u e i n a n d e r w i e d i e d e r S p a n n u n g e n.

Dieser zuletzt gewonnene Zusammenhang gibt uns eine einfache Möglichkeit zum Kennzeichnen der Widerstände, die für den elektrischen Strom vorhanden sind: Wir verwenden als Maße für die Widerstandswerte die auf einen einheitlich festgelegten Strom bezogenen Spannungen. Es liegt nahe, als den den Spannungsangaben einheitlich zugrunde zu legenden Wert 1 A zu verwenden. Das tut man auch allgemein. Man bezieht also alle die Widerstände kennzeichnenden Spannungsangaben auf 1 A. Um den Widerstandswert irgendeines Stromzweiges festzustellen, ist es natürlich nicht notwendig, durch diesen Stromzweig 1 A durchzuschicken. Wir legen — was einfacher und sogar, wie wir später einsehen werden, richtiger ist — den Stromzweig an die Spannung, für die er gebaut ist oder mit der er benutzt werden soll, bestimmen den Wert des sich hierbei ergebenden Stromes und rechnen die Spannung schließlich auf 1 A um.

1. B e i s p i e l : Ein Stromzweig führt bei 110 V einen Strom von 5 A. Das gibt, umgerechnet auf einen Strom von 1 A, eine Spannung von 110 V : (5 A) = 22 V : A oder 22 V je A.

2. B e i s p i e l : Ein Stromzweig läßt bei 220 V einen Strom von 0,3 A durch. Hierfür ergibt sich, bezogen auf 1 A, eine Spannung von 220 V : (0,3 A) $\approx$ 735 V : A, d. h. 735 V je A.

Das Maß für den Widerstandswert

Der vorstehende Abschnitt hat uns gezeigt, daß man die auf 1 A bezogene Spannung als Maß für den Widerstandswert verwenden und die Widerstandsberechnungen in entsprechender Weise ausführen kann. Somit ergäbe sich als Maß für den Widerstand das „V je A".

Wir könnten z. B. als Ergebnis der letzten Rechnung sagen, der Widerstand des Gerätes habe einen Wert von 735 V je A.

Es ist jedoch üblich, elektrische Maßeinheiten nach Männern zu benennen, die sich um die Physik besonders verdient gemacht haben. In diesem Sinne ersetzte man „Volt je Ampere" durch „Ohm" zu Ehren des bekannten deutschen Physikers dieses Namens. Die Maßeinheit des Widerstandswertes ist demnach das **Ohm**. Während man „Volt" mit V und „Ampere" mit A abkürzt, kann man für „Ohm" die Abkürzung O nicht gebrauchen, da O mit Null zu verwechseln ist. Statt O verwendet man das Ω. Das ist ein großer griechischer Buchstabe, und zwar der, der „Omega" genannt wird.

Für Widerstände mit hohen Werten nimmt man an Stelle des Ohm auch größere Widerstandseinheiten. Diese sind das Kiloohm (kΩ), das 1000 Ohm bedeutet, und das Megohm (MΩ), das eine Million Ohm umfaßt.

Widerstand und Widerstandswert

Wir haben uns den Begriff des Widerstandes teils an einem beliebigen Stromzweig, teils an elektrotechnischen Geräten klargemacht. In Übereinstimmung mit unserem Vorgehen kann man für jedes elektrotechnische Gerät und für jeden Teil davon den Widerstand ermitteln und angeben. Der Widerstand ist in diesem Sinne eine Eigenschaft, die man zweckmäßig „W i d e r s t a n d s w e r t" nennt.

Es gibt auch Anordnungen, deren Widerstandswert ihre einzig wichtige Eigenschaft darstellt und die deshalb selbst „Widerstände" heißen.

Wenn wir zwischen dem Widerstand als Bauteil und dem Widerstand als Wert oder Eigenschaft nicht klar unterscheiden, können störende Verwechslungen vorkommen. Aus diesem Grunde empfiehlt es sich, die Eigenschaft zumindest in Zweifelsfällen als Widerstandswert zu bezeichnen.

Die Beziehungen zwischen Spannung, Strom und Widerstand

Die Werte von Spannung, Strom und Widerstand hängen, wie wir nun wissen, eng miteinander zusammen. Da es sich hierbei um die Werte dreier Größen handelt, kann man diesen Zusammenhang in dreierlei Weise zum Ausdruck bringen. Alle diese Ausdrucksweisen sind in der Praxis gebräuchlich, weshalb sie hier angefügt werden:

1. Widerstandswert in Ohm $= \dfrac{\text{Spannungswert in Volt}}{\text{Stromwert in Ampere}}$

2. Stromwert in Ampere $= \dfrac{\text{Spannungswert in Volt}}{\text{Widerstandswert in Ohm}}$

3. Spannungswert in Volt $=$ Stromwert in Ampere $\times$ Widerstandswert in Ohm.

Man lerne diese drei Beziehungen nicht auswendig! Man stelle sich die Zusammenhänge vielmehr jedesmal lebendig vor! Man denke für die Beziehung 1 stets daran, daß der Widerstandswert um so größer ist, je mehr Spannung man im Verhältnis zum Strom benötigt. Man sage sich für die Beziehung 2, daß der Stromwert um so größer ausfällt, je höher die Spannung im Verhältnis zum Widerstandswert gewählt wird. Und man beachte für die Beziehung 3, daß die Spannung selbstverständlich um so größer sein muß, je größer der Wert des gewünschten Stromes ist und je höher der Wert des Widerstandes ist, der überwunden werden muß.

Buchstabenformeln

Wenn es auch für die gute Anschaulichkeit und für die lebendige Vorstellung sehr nützlich wäre, die allgemeinen Beziehungen so, wie wir das oben gesehen haben, in Worten anzuschreiben, tut man das nur selten. Um Platz und Arbeit zu sparen, verwendet man, wie schon erwähnt, statt der einzelnen Wörter Abkürzungen. Diese sind die Formelzeichen:

I (großes lateinisches I in schräger Druckschrift) für den Stromwert,

U (großes lateinisches U in schräger Druckschrift) für den Spannungswert und

R (großes lateinisches R in schräger Druckschrift) für den Widerstandswert.

Hiermit lauten die erwähnten Beziehungen:

$$R = \frac{U}{I} \qquad I = \frac{U}{R} \qquad U = I \cdot R.$$

Bei dieser Schreibweise ist vorausgesetzt, daß man mit den Maßeinheiten schon Bescheid weiß und daran denkt, daß die drei „Formeln" in der vorliegenden Gestalt z. B. für Ω, V und A gelten. Wer sich mit MΩ, mA usw. nicht sicher genug fühlt, rechne die Zahlenwerte zunächst stets in Ω, V und A um, bevor er sie in die Formel einsetzt.

Rechenbeispiele:

Um uns mit den oben angeschriebenen drei Beziehungen noch vertrauter zu machen, rechnen wir einige Beispiele durch:

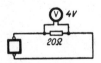

Bild 4.03:

Eine Stromquelle, an die ein 20-Ohm-Widerstand angeschlossen ist. Der Spannungsmesser mißt die Spannung an diesem Widerstand und damit auch die Spannung, die zwischen den Klemmen der Stromquelle herrscht.

1. Beispiel: Ein Widerstand mit 20 Ω liegt an einer Spannung von 4 V (Bild 4.03). Der durch diesen Widerstand fließende Strom ist zu ermitteln. Er ergibt sich zu $\dfrac{4\,V}{20\,\Omega} = 0{,}2\,A.$

2. Beispiel: In einem Widerstand mit 0,3 MΩ fließt ein Strom von 0,2 mA (Bild 4.04). Die Spannung, die an dem Widerstand liegt, ist zu bestimmen. Wir erhalten sie, wenn wir den Widerstand in Ohm ausdrücken und statt 0,2 mA den Ausdruck $\dfrac{0{,}2}{1000}\,A$ anschreiben wie folgt:

$$\text{Spannung} = \frac{300\,000\,\Omega \cdot 0{,}2\,A}{1000} = 60\,V.$$

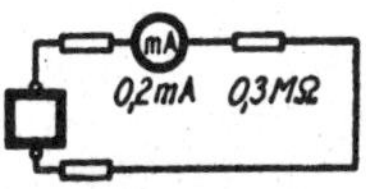

Bild 4.04:
Ein Stromkreis, der aus einer Stromquelle und drei in Reihenschaltung an die Stromquelle angeschlossenen Widerständen besteht. Im Stromweg liegt ein Strommesser.

Wir wollen dieses Beispiel dazu ausnutzen, um unsere Bekanntschaft mit den Zehnerpotenzen zu erneuern:

$0{,}3\,M\Omega = 0{,}3 \cdot 10^6\,\Omega = 3 \cdot 10^5\,\Omega$; $0{,}2\,mA = 0{,}2 \cdot 10^{-3}\,A = 2 \cdot 10^{-4}\,A$.

Daraus folgt: $3 \cdot 10^5\,\Omega \cdot 2 \cdot 10^{-4}\,A = 6 \cdot 10^{5-4}\,V = 60\,V.$

An den beiden anderen Widerständen, die hier ebenfalls von den 0,2 mA durchflossen sind, werden weitere Spannungen benötigt. Die Stromquelle muß somit mehr als 60 V zur Verfügung stellen, wenn 0,2 mA fließen sollen.

3. Beispiel: Ein Gerät ist für 220 V gebaut und nimmt einen Strom von 4 A auf. Die vorhandene Netzspannung beträgt aber 240 V.

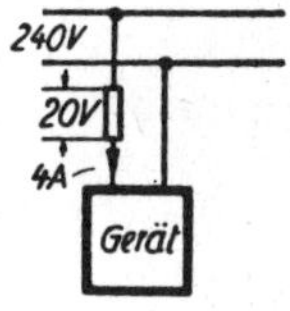

Bild 4.05:
Ein für 220 Volt gebautes Gerät liegt über einen Vorwiderstand an einem Netz mit einer Spannung von 240 V. Der Vorwiderstand verbraucht die überschüssigen 20 V. Hier kommt es nur auf die Beträge der Spannungen und des Stromes an. Deshalb sind für die Spannungen keine Zählrichtungen festgelegt. Die Pfeilspitze für den Strom hätte auch wegbleiben können.

Die überschüssige Spannung soll in einem Widerstand „vernichtet" werden. An dem Widerstand, der nach Bild 4.05 eingefügt wird, muß eine Spannung von 240 V — 220 V = 20 V bei dem Durchgang eines Stromes von 4 A auftreten. Am Widerstand herrscht somit eine Spannung von 20 V, während 4 A durch ihn fließen. Dazu gehört ein Widerstandwert von $\dfrac{20\,V}{4\,A} = 5\,\Omega$. So rechnet man für Gleichstrom immer.

(Für Wechselstrom muß man häufig, und zwar bei Phasenverschiebung zwischen Spannung und Strom, anders rechnen! Darauf kommen wir noch.)

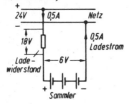

Bild 4.06:
Ein 6-Volt-Akkumulator wird an einer Spannung von 24 Volt über einen Vorwiderstand geladen. Der Vorwiderstand „verbraucht" die überschüssige Spannung und ermöglicht das Einstellen des richtigen Ladestromwertes. Dieser Schaltplan enthält das Schaltzeichen einer B a t t e r i e, die aus drei Z e l l e n besteht.

4. B e i s p i e l: Ein Akkumulator, der eine Spannung von 6 V hat, soll an einer Spannung von 24 V mit 0,5 A aufgeladen werden (Bild 4.06). Von den 24 V sind 24 V — 6 V = 18 V überflüssig. Diese Spannung muß an einem vorgeschalteten Widerstand auftreten, wozu ein Strom von 0,5 A zur Verfügung steht. Der Widerstand ergibt sich

aus Spannung und Strom zu $\dfrac{18\ V}{0,5\ A} = 36\ \Omega$.

Das Ohmsche Gesetz

Den im vorigen Abschnitt behandelten Zusammenhang zwischen Spannung, Strom und Widerstand bezeichnet man häufig als „Ohmsches Gesetz". Ihn „Gesetz" zu nennen, ist nur bedingt richtig: Dieser Zusammenhang stellt an sich noch lange kein Gesetz dar. Daß wir die Spannung durch den Strom teilen, um mit dem Ergebnis den Wert der auf die Elektronen ausgeübten Bremswirkung zu kennzeichnen, ist eine — übrigens ziemlich selbstverständliche — Festlegung. Und daß wir statt „Volt je Ampere" „Ohm" sagen, hat mit einem Naturgesetz auch nichts zu tun.

D a s O h m s c h e G e s e t z b e s a g t v i e l m e h r, d a ß d a s V e r h ä l t n i s z w i s c h e n S p a n n u n g u n d S t r o m u n t e r b e s t i m m t e n V o r a u s s e t z u n g e n u n a b h ä n g i g v o m W e r t d e s S t r o m e s o d e r v o n d e m W e r t d e r S p a n - n u n g i s t.

1. B e i s p i e l : Für einen Stromzweig sollen folgende Zusammenhänge gelten:

Spannungswert	110 V	220 V	380 V	500 V
Stromwert	5 A	10 A	17,27 A	22,7 A
Verhältnis	22 V:A	22 V:A	22 V:A	22 V:A

Es ergibt sich in allen vier Fällen derselbe Wert des Spannungs-Strom-Verhältnisses. Damit ist das Ohmsche Gesetz erfüllt.

2. Beispiel: Für einen anderen Stromzweig möge sich ergeben haben:

Spannungswert	80 V	90 V	120 V	180 V
Stromwert	0,8 A	1 A	1,5 A	2,8 A
Verhältnis	100 V:A	90 V:A	80 V:A	64,3 V:A

Hier ist das Verhältnis zwischen Spannung und Strom im Gegensatz zum 1. Beispiel strom- bzw. spannungsabhängig. Dieser Stromzweig erfüllt das·Ohmsche Gesetz nicht.

Ohmsche Widerstände und andere Widerstände

Ohmsche Widerstände sind Widerstände, für die das Ohmsche Gesetz gilt, für die also das Verhältnis zwischen Spannung und Strom unabhängig vom Strom und unabhängig von der Spannung ist. Ein Beispiel dafür gibt Bild 4.07.

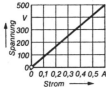

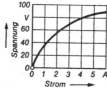

Bild 4.07:
Spannungs-Strom-Kennlinie eines Stromzweiges, auf den das Ohmsche Gesetz zutrifft. Es handelt sich um einen ohmschen Widerstand von rund 833 Ω.

Bild 4.08:
Spannungs-Strom-Kennlinie eines Stromzweiges, dessen Widerstandswert mit zunehmenden Werten von Spannung und Strom absinkt. Hier gilt das Ohmsche Gesetz nicht.

Diese Widerstände haben somit **gleichbleibende Werte**. Zu den ohmschen Widerständen gehören viele der Anordnungen, die man als „Widerstände" bezeichnet — also z. B. die Vorschaltwiderstände der Spannungsmesser oder die kleinen Widerstandsstäbe, die sich in den Rundfunkgeräten finden.

Ob ein Widerstand ein ohmscher Widerstand ist, erkennen wir an der **Wertangabe**, die er trägt. Eine aufgedruckte Angabe des Widerstandswertes·hat nämlich nur einen Sinn, wenn dieser Wert — innerhalb vernünftig gezogener Grenzen — für alle möglichen Betriebsfälle gilt. Widerstände mit nicht besonders eingeschränkter Wertangabe stellen somit ohmsche Widerstände dar.

Es gibt. viele Widerstände, die **keine** ohmschen Widerstände sind. Hierzu gehören beispielsweise die **Glühlampen**, deren Widerstandswerte im kalten Zustand nur etwa ein Zehntel der für den üblichen Betrieb geltenden Werte betragen (Kaltleiter) und Heißleiter, die im heißen Zustand einen geringen Widerstand aufweisen.

Die Bilder 4.08 und 4.09 betreffen Stromzweige, für die das Ohmsche Gesetz nicht gilt.

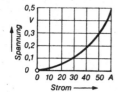

Bild 4.09:
Spannungs-Strom-Kennlinie eines Stromzweiges, dessen Widerstandswert mit zunehmenden Werten von Spannung und Strom ansteigt. Hier gilt das Ohmsche Gesetz nicht.

Der auf Seite 47 behandelte Zusammenhang zwischen Spannung, Strom und Widerstand gilt in allen drei Ausdrucksweisen für alle Stromzweige, also nicht nur für ohmsche Widerstände. Doch führt man solche Rechnungen, wie sie auf Seite 49 als Beispiele gebracht wurden, meist nur für ohmsche Widerstände durch.

Elektrische Widerstände, überall — zum Teil unerwünscht, zum Teil erwünscht

Wie die einen Wagen treibende Kraft (etwa die Motorkraft) die Reibungswiderstände zu überwinden hat, die sich der Bewegung des Wagens entgegenstellen, muß auch die elektrische Spannung als Ursache elektrischen Stromes die (elektrischen) Widerstände überwinden, die die Elektronenbewegung hemmen.

Jeder Draht, und mag er auch noch so dick sein, hat seinen elektrischen Widerstand. Jedes Elektrogerät ist mit einem Widerstand behaftet. Diese Widerstände erweisen sich in sehr vielen Fällen als notwendiges Übel. Als Übel, weil man jeweils Spannung aufwenden muß, um diese Widerstände zu überwinden. Als notwendig aus denselben Gründen, aus denen wir auch die Reibung nicht vermissen können. Gäbe es keine Reibung, so könnten wir einen Wagen niemals durch Bremsen zum Stehen bringen.

Einen kleinen Vorgeschmack von dem Zustand, der ohne Reibung vorhanden wäre, gibt uns das Glatteis. Bei Glatteis ist die Reibung zwar nicht vollständig beseitigt; aber schon eine solche Verminderung der Reibung nimmt uns jede Herrschaft über die Bewegung, so daß wir ausgleiten und unser Wagen weder der Triebkraft, noch der Steuerung, noch den Bremsen gehorcht.

Wie die Reibung die mechanische Bewegung bremst, so bremst der elektrische Widerstand die Elektronenbewegung. Diese bremsende Eigenschaft des Widerstandes ist vielfach notwendig. Nur dadurch, daß die Elektronenbewegung nicht ungehemmt vor sich gehen kann, wird es möglich, sie zu beherrschen und zu lenken.

Wir erkennen, daß Widerstände nicht bloß ein notwendiges Übel darstellen. Man braucht sie im Gegenteil häufig so dringend, daß man sie künstlich in den Weg des Stromes legt, z. B. um den Strom auf einen bestimmten Wert herabzudrücken. Man braucht Widerstände weiter, um die Verteilung der Ströme genau einzustellen, wie man für das Zähmen von Wasserläufen Wehre, Staumauern und Schleusen benötigt.

Wie Widerstände aufgebaut sein können

Das, was den eigentlichen Widerstand ausmacht, wird durch Widerstandsdraht oder durch eine Schicht aus kohlehaltigem Werkstoff dargestellt. Der Draht besteht aus einer Metallegierung, z. B. aus Nickelin, das die Elektronen rund 30mal so schlecht durchläßt wie Kupfer, oder aus Chromnickel, das noch einmal soviel Widerstand aufweist wie Nickelin und verhältnismäßig hohe Temperatur verträgt. Der Draht wird entweder zu Wendeln gewickelt oder einfach geradlinig frei ausgespannt oder auf Isolierrohre aus keramischen Stoffen einlagig aufgewickelt.

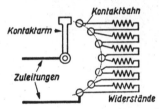

Bild 4.10:
Die Schaltung eines Stell- oder Anlaß-Widerstandes. Die Widerstandsänderung geschieht hier „in Stufen" — also „stufenweise".

Soll der Widerstandswert einstellbar sein, so führt man z. B. einzelne Punkte des Drahtwiderstandes an Kontakte, die von einem drehbaren Kontaktarm wahlweise „abgegriffen" werden können (Bild 4.10). Vielfach verwendet man auch einen auf ein Isolierstoffrohr einlagig aufgewickelten Widerstandsdraht mit einem Schleifkontakt (Bild 4.11). Einen Widerstand, dessen Wert man mechanisch verstellen kann, wie es hier z. B. zutrifft, bezeichnet man allgemein als S t e l l w i d e r s t a n d.

Bild 4.11:
Ein „Schiebewiderstand" (für nahezu stetige — d. h. stufenlose Regelung). Der Stromweg geht von der oberen Klemme über die Führungsschiene nach dem Schleifkontakt, von diesem auf den einlagig aufgewickelten Widerstandsdraht und von dessen einem Ende auf die untere Klemme.

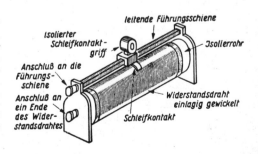

Kennlinien

Die Bilder 4.07 ... 4.09 sind Kennlinien: Sie lassen erkennen, wie eine Eigenschaft eines Bauteiles (oder allgemein einer Anordnung) von dem Wert einer dafür in Frage kommenden Größe (zahlenmäßig) abhängt.

Das Wichtigste

1. Der elektrische Strom fließt stets in geschlossenem Stromkreis.

2. Bei Gleichstrom muß der Stromkreis längs des ganzen Stromweges aus leitendem Werkstoff bestehen.

3. Bei Wechselstrom darf der Stromweg gegebenenfalls auch (z. B. auf sehr kurze Längen bei erheblichen Querschnitten) Nichtleiter enthalten.

4. Jeder Stromkreis umfaßt wenigstens: eine Stromquelle, eine von dieser gespeiste Belastung sowie die zugehörigen Verbindungsleitungen und meist auch einen Schalter.

5. Jeder Stromweg setzt dem elektrischen Strom einen Widerstand entgegen.

6. Der Widerstand ist um so größer, je mehr Spannung im Verhältnis zum Strom aufgewendet werden muß.

7. Als Maß des Widerstandswertes verwendet man das Ohm (Ω), das als Abkürzung für V je A oder V/A aufzufassen ist.

8. Der Widerstand ergibt sich in Ohm, wenn man die Spannung in Volt durch den Strom in Ampere teilt.

9. Aus dem Ohm abgeleitete Maße für den Widerstand sind: das Kiloohm (kΩ), das gleich 1000 Ω ist, und das Megohm (MΩ), das eine Million Ohm umfaßt.

10. Widerstände mit strom- und spannungsunabhängigen Werten bezeichnet man als ohmsche Widerstände.

11. Das Ohmsche Gesetz besagt: Der Widerstandswert ist in vielen Fällen (vor allem bei gleichgehaltener Temperatur des Leitermaterials) unabhängig von den Werten des Stromes und der Spannung.

12. Man kann das Ohmsche Gesetz auch damit ausdrücken, daß man sagt: In vielen Fällen sind die Werte des Stromes und der diesen Strom bewirkenden Spannung einander proportional.

Sechs Fragen:

1. Unter welchen Bedingungen könnte eine Glühlampe einen ohmschen Widerstand darstellen?

2. Wir finden die Angabe 15 mΩ. Was ist hierunter zu verstehen?

3. Eine Spannung von etwa 5 kV soll gemessen werden. Dazu steht uns ein Spannungsmesser zur Verfügung, dessen höchster Meßbereich 600 V beträgt. Auf dem Spannungsmesser finden wir die Angabe 2000 Ω/V. Was brauchen wir zusätzlich zu unserem Spannungsmesser, um die Messung durchführen zu können?

4. Einer der beiden Punkte, zwischen denen wir die Spannung von etwa 5 kV zu messen haben, sei geerdet. Inwiefern ist dies für unsere Meßschaltung zu beachten?

5. Am Anfang einer Doppelleitung ist zwischen den zwei Einzelleitern eine Spannung von 240 V vorhanden. Am Ende der Doppelleitung herrscht, wenn dort die vorgesehene Belastung eingeschaltet ist, so daß ein Strom von z. B. 50 A fließt, lediglich eine Spannung von 215 V. Welchen Wert hat der Widerstand der Doppelleitung?

6. Ein Gleichstrom soll gemessen werden. Dazu steht ein Spannungsmesser mit einem Meßbereich von 60 mV zur Verfügung. Für die Strommessung kommt ein Meßbereich von 300 A in Frage. Außer dem Spannungsmesser ist eine Meßanordnung vorhanden, die es gestattet, Widerstände von sehr kleinem Wert mit großer Genauigkeit abzugleichen. Statt also den Strom zu messen, messen wir die Spannung an einem Widerstand, der von dem zu messenden Strom durchflossen wird. Welchen Wert muß der Widerstand aufweisen?

5. Widerstandsschaltungen, Leitungswiderstände

Hintereinanderschaltung

Wir betrachten nochmals das Bild 4.05. Dort werden Widerstand und Gerät von demselben Strom durchflossen. Widerstand und Gerät liegen im Stromweg h i n t e r e i n a n d e r. Sie bilden zusammen eine „H i n t e r e i n a n d e r s c h a l t u n g".

Die Hintereinanderschaltung (Reihenschaltung oder Serienschaltung) zweier oder mehrerer Widerstände besteht darin, daß immer das Ende des einen Widerstandes mit dem Anfang des nächsten ver-

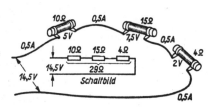

Bild 5.01:

Drei in Reihe geschaltete Widerstände. Der Stromwert ist für die gesamte Reihenschaltung derselbe (hier: 0,5 A). Die Schaltung ist einmal so dargestellt, wie sie in Wirklichkeit aussieht, und einmal mit einem Schaltplan veranschaulicht, in dem die Zufälligkeiten des Aussehens der Widerstände und der Krümmungen der Leitungen vernachlässigt sind.

bunden ist (Bild 5.01). Hierbei wird jeder der in Reihe liegenden Widerstände v o n d e m s e l b e n S t r o m durchflossen. In Bild 5.01 sind für die Spannung Pfeile mit zwei Spitzen verwendet und für den Strom kleine Pfeilspitzen eingetragen. Das ist in diesem Fall zulässig, weil von Spannung und Strom hier nur die Beträge interessieren.

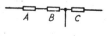

Bild 5.02:

Hier liegen nur die Widerstände *A* und *B* in Reihe. Der Widerstand *C* befindet sich außerhalb der Reihenschaltung, da zwischen den Widerständen *B* und *C* eine Leitung abzweigt.

Zweigt von einer Widerstandskette irgendwo ein Stromweg ab, so ist die Hintereinanderschaltung der in der Kette angeordneten Widerstände stets nur bis zur Abzweigung zu rechnen (Bild 5.02) — es sei denn, der abzweigende Strom ist Null oder kann wegen seines im Verhältnis geringen Wertes vernachlässigt werden.

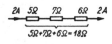

Bild 5.03:

Drei hintereinanderliegende Widerstände. Die Widerstände sind sämtlich von demselben Strom durchflossen. Der Gesamtwiderstand ist gleich der Summe der Einzelwiderstände.

Der Wert der G e s a m t s p a n n u n g, die an einer Hintereinanderschaltung zweier oder mehrerer Widerstände auftritt, i s t g l e i c h d e r S u m m e d e r W e r t e d e r e i n z e l n e n S p a n n u n g e n. Ebenso ist der Wert des Gesamtwiderstandes der Hinter-

56

einanderschaltung gleich der Summe der Werte der Einzelwiderstände (siehe Bilder 5.01 und 5.03).

B e i s p i e l : 8 Ω, 10 Ω und 100 Ω liegen in Reihe. Der Gesamtwiderstand beträgt 8 Ω + 10 Ω + 100 Ω = 118 Ω.

Bei gleichen Werten der Einzelwiderstände ist der Wert des Gesamtwiderstandes gleich dem mit der Zahl der Widerstände vervielfachten Wert des Einzelwiderstandes.

B e i s p i e l : Fünf Widerstände von je 8 Ω sind hintereinanderzuschalten und an eine Spannung von 220 V zu legen. Welchen Wert hat der Strom? — Der Wert des Gesamtwiderstandes ergibt sich zu 8 Ω · 5 = 40 Ω. Der Stromwert wird aus den Werten von Spannung und Widerstand so berechnet: Stromwert = 220 V : (40 Ω) = 5,5 A.

Nebeneinanderschaltung

Die N e b e n e i n a n d e r s c h a l t u n g (Parallelschaltung) zweier oder mehrerer Widerstände besteht darin, daß einerseits die Anfänge

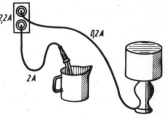

Bild 5.04:

Hier liegen Tauchsieder und eine Tischlampe parallel an einer Doppelsteckdose. Man nennt das Nebeneinanderschaltung oder Parallelschaltung. Bei dieser Schaltung hat jeder Zweig dieselbe Spannung. Der Gesamtstrom ist gleich der Summe der Einzelströme.

der Widerstände und anderseits die Enden dieser Widerstände miteinander verbunden sind (Bilder 5.04, 5.05 und 5.06). Hierbei liegen alle Widerstände der Nebeneinanderschaltung a n d e r s e l b e n Spannung. Der Gesamtstrom der Nebeneinanderschaltung ist gleich der Summe der Einzelströme (siehe Bild 5.05).

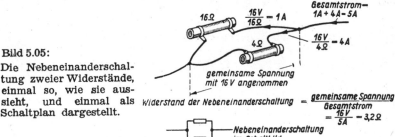

Bild 5.05:

Die Nebeneinanderschaltung zweier Widerstände, einmal so, wie sie aussieht, und einmal als Schaltplan dargestellt.

Der Wert des Gesamtwiderstandes ist stets g e r i n g e r als der kleinste Wert eines jeden Einzelwiderstandes.

B e i s p i e l : Drei Widerstände mit 5 Ω, 4 Ω und 1 Ω liegen nebeneinander. Der Widerstand der ganzen Schaltung ist kleiner als 1 Ω.

Besteht die Nebeneinanderschaltung aus gleichen Einzelwiderständen, so erhalten wir den Wert des Gesamtwiderstandes, indem wir den Wert des Einzelwiderstandes durch die Zahl der Einzelwiderstände teilen.

B e i s p i e l : Vier Widerstände mit je 10 Ω sind nebeneinandergeschaltet. Der Widerstand dieser Schaltung beträgt 10 Ω : 4 = 2,5 Ω.

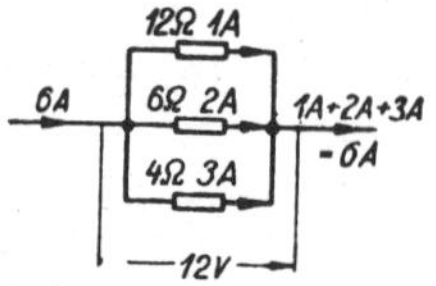

Bild 5.06:

Eine aus drei Widerständen bestehende Nebeneinanderschaltung. Die drei Widerstände liegen sämtlich an derselben Spannung. Der Gesamtstrom ist gleich der Summe der Einzelströme.

Bei ungleichen Werten der Einzelwiderstände können wir den Wert des Gesamtwiderstandes einer Nebeneinanderschaltung folgendermaßen berechnen: Wir nehmen an der Nebeneinanderschaltung eine Spannung an, deren Wert durch die gegebenen Widerstandswerte möglichst teilbar ist. Aus der angenommenen Spannung und den einzelnen Widerstandswerten bestimmen wir die einzelnen Ströme. Diese zählen wir zusammen und erhalten so den zu der angenommenen Spannung gehörenden Gesamtstrom. Der Gesamtwiderstand folgt daraus, daß wir die angenommene Spannung durch diesen berechneten Gesamtstrom teilen.

B e i s p i e l : Drei Widerstände von 1000 Ω, 2000 Ω und 2500 Ω sind nebeneinandergeschaltet. Der Widerstandswert dieser Schaltung ist zu ermitteln. Nehmen wir als Spannung 5000 V an, so erhalten wir folgende Einzelströme: 5000 V : (1000 Ω) = 5 A, 5000 V : (2000 Ω) = 2,5 A und 5000 V : (2500 Ω) = 2 A. Der Gesamtstrom beträgt somit 5 A + 2,5 A + 2 A = 9,5 A und der Widerstandswert der Nebeneinanderschaltung   5000 V : (9,5 A) = rund 530 Ω.

Widerstände und Leitwerte

Bei Hintereinanderschaltungen rechnet man mit Widerständen, da sich der Gesamtwiderstand durch Zusammenzählen der Einzelwiderstände ergibt. Nennen wir von zwei hintereinandergeschalteten Widerständen den einen R_1, den anderen R_2 und den Gesamtwiderstand R_{gr}, so ist:

$$R_{gr} = R_1 + R_2.$$

Bei Nebeneinanderschaltung wäre der Widerstandswert R_{gp} der aus den Einzelwiderständen R_1 und R_2 bestehenden Schaltung mit der Beziehung gegeben:

$$R_{gp} = \frac{R_1 \cdot R_2}{R_1 + R_2}.$$

Diese Beziehung gilt nur für zwei nebeneinanderliegende Widerstände. Sie ist wesentlich umständlicher auszurechnen als die zur

Hintereinanderschaltung gehörende. Der für Nebeneinanderschaltung geltende Widerstands-Zusammenhang läßt sich jedoch ebenso einfach darstellen wie der für die Hintereinanderschaltung, wenn wir die Widerstandswerte durch die zugehörigen Leitwerte ersetzen. Damit hat es folgende Bewandtnis:

Jeder Stromzweig vermag den Strom irgendwie zu „leiten", da er ja aus leitenden Werkstoffen besteht und demgemäß leitend ist.

Der Leitwert eines Stromzweiges ist um so größer, je höher der Wert des Stromes bei gegebener Spannung ausfällt. So besitzt z. B. ein Stromzweig, der bei 110 V einen Strom von 5 A durchläßt, einen doppelt so hohen Leitwert wie ein Stromzweig, der bei ebenfalls 110 V nur 2,5 A durchläßt. Die Leitwerte zu 5 A bei 220 V, zu 2,5 A bei 110 V und zu 10 A bei 440 V sind einander gleich. Denken wir das gründlich durch, so fällt uns auf, daß der Leitwert mit dem Widerstandswert auf folgende einfache Weise zusammenhängt:

$$\text{Leitwert} = \frac{1}{\text{Widerstandswert}}$$

oder — was dasselbe bedeutet:

$$\text{Widerstandswert} = \frac{1}{\text{Leitwert}},$$

was wir auch aus folgenden Beziehungen entnehmen können:

$$\text{Leitwert} = \frac{\text{Strom}}{\text{Spannung}}$$

$$\text{Widerstandswert} = \frac{\text{Spannung}}{\text{Strom}}$$

Drücken wir den Strom in A und die Spannung in V aus, so erhalten wir als Einheit des Leitwertes von selbst A/V oder 1/Ω, da V/A = Ω ist. Statt A/V und damit statt 1/Ω verwenden wir bei gleicher Bedeutung die Einheit „Siemens" (abgekürzt S). Geringe Leitwerte geben wir natürlich nicht in Siemens, sondern in „Millisiemens" (1 mS = $^1/_{1000}$ S) an. Die oben angeschriebene Beziehung lautet also mit den Maßeinheiten:

$$\text{Leitwert in S} = \frac{\text{Strom in A}}{\text{Spannung in V}}$$

Bezeichnen wir den Leitwert mit G, so nehmen die für ihn maßgebenden Zusammenhänge — ausgedrückt in Formelzeichen — folgende Gestalt an:

$$G = \frac{1}{R} \quad \text{und} \quad G = \frac{I}{U}$$

1. **Beispiel**: Strom 10 A, Spannung 4 V. Leitwert $= \dfrac{10\,A}{4\,V} = 2,5$ S.

2. **Beispiel**:

Strom 0,2 A, Spannung 220 V. Leitwert $\dfrac{0,2\,A}{220\,V} = 0,00091$ S $= 0,91$ mS.

3. **Beispiel** Widerstand 0,2 Ω. Leitwert $= \dfrac{1}{0,2\,\Omega} = 5$ S.

4. **Beispiel**:

Widerstand 100 Ω. Leitwert $= \dfrac{1}{100\,\Omega} = 0,01$ S oder $\dfrac{1000}{100\,\Omega} = 10$ mS.

5. **Beispiel**

Leitwert 20 S. Widerstand $= \dfrac{1}{20\,S} = 0,05\,\Omega$ oder $\dfrac{1000}{20\,S} = 50$ mΩ.

Nun kehren wir mit unseren neuen Kenntnissen zur Parallel-schaltung zurück: Bei ihr erhalten wir den Gesamtstrom, indem wir die (zur selben Spannung gehörenden) Einzelströme zusammen-zählen. Demgemäß brauchen wir, um den Gesamtleitwert zu gewinnen, lediglich die Einzelleitwerte zusammenzuzählen, was sich für zwei bzw. drei Einzelleitwerte mit Buchstaben so ausdrücken läßt:

$$G_g = G_1 + G_2 \ \text{bzw.} \ G_g = G_1 + G_2 + G_3$$

Zum Schluß sei erwähnt, daß man mit Leitwerten nur vereinzelt rechnet, weil man das so gewohnt ist und mit Widerständen allein durchkommt.

Widerstand und Drahtlänge

Wir gehen von einem Draht aus, der eine Länge von 1 m hat. Sollen wir den Widerstand eines 10 m langen, sonst gleichen Drahtes aus dem Widerstand des 1 m langen Drahtes ermitteln, so denken wir daran, daß die 10 m Draht als Reihenschaltung aus 10 Drähten von je 1 m Länge aufgefaßt werden können und daß demgemäß der Widerstand für die 10 m zehnmal so hoch ist wie für das eine Meter. Allgemein ausgedrückt heißt das:

Der Widerstand eines Drahtes von beliebiger Länge ist gleich dem Widerstand eines sonst gleichen Drahtes von 1 m Länge, vervielfacht mit der in m ausgedrückten Länge.

1. **Beispiel**: 1 m eines Drahtes hat einen Widerstand von 4 Ω. 5 m desselben Drahtes haben also einen Widerstand von 4 Ω · 5 = 20 Ω.

2. Beispiel: 1 m eines Drahtes hat einen Widerstand von 6 Ω.

5 cm desselben Drahtes haben (weil 5 cm = $\dfrac{5}{100}$ m sind)

$$6\,\Omega \cdot \frac{5}{100} = \frac{30\,\Omega}{100} = 0,3\,\Omega \quad \text{oder:} \quad \frac{6\,\Omega}{1\,\text{m}} \cdot 5\,\text{cm} = \frac{6\,\Omega}{100\,\text{cm}} \cdot 5\,\text{cm} = 0,3\,\Omega$$

Widerstand und Drahtquerschnitt

Je dicker ein Draht, desto besser geht — unter sonst gleichen Umständen — der Strom durch ihn hindurch, desto geringer ist demgemäß sein Widerstand. Um nun genauer einzusehen, wie man den Querschnitt (Bild 5.07) bei der Widerstandsberechnung zu berücksichtigen hat, betrachten wir zwei Beispiele:

Bild 5.07:
Der Drahtquerschnitt oder Leiterquerschnitt.

1. **Beispiel:** Ein Draht mit 3 mm² Querschnitt kann als Nebeneinanderschaltung dreier Drähte mit je 1 mm² Querschnitt aufgefaßt werden und hat demzufolge ein Drittel des Widerstandswertes eines einzelnen Drahtes.

2. **Beispiel:** Hat ein Draht nur 0,2 mm² Querschnitt, so müßte man fünf (nämlich 1 : 0,2) solcher Drähte nebeneinanderschalten, um dadurch einen Draht von 1 mm² Querschnitt vollwertig zu ersetzen. Hierbei ist unser Draht der Einzeldraht, der 1 : 0,2 = 5mal soviel Widerstand hat wie ein Draht mit 1 mm² Querschnitt.

Allgemein folgt hieraus:

Wir erhalten den Widerstand eines Drahtes mit gegebenem Querschnitt, indem wir den für 1 mm² geltenden Widerstand durch den gegebenen, in Quadratmillimetern ausgedrückten Querschnitt teilen.

1. **Beispiel:** Ein Draht hat 0,25 mm² Querschnitt; für 1 mm² Querschnitt wäre sein Widerstand 80 Ω. Für 0,25 mm² erhalten wir 80 Ω : 0,25 = 320 Ω.

2. **Beispiel:** Ein Draht hat 16 mm² Querschnitt; für 1 mm² wäre sein Widerstand 1,8 Ω. Für 16 mm² ist er daher 1,8 Ω : 16 = rund 0,112 Ω.

Der spezifische Widerstand

Drahtlängen werden in Metern und Drahtquerschnitte in Quadratmillimetern gemessen. Somit ist es naheliegend, ein Drahtstück von 1 m Länge und 1 mm² Querschnitt als „Normaldraht" zu betrachten, was man auch tut: Um zu kennzeichnen, welchen Einfluß die Wahl des leitenden Werkstoffes auf die Widerstandswerte hat, nennt man zu den einzelnen in Betracht kommenden Werkstoffen die Widerstandswerte, die sich für die aus diesen Werkstoffen gefertigten Normaldrähte ergeben. So hat z. B. ein Aluminium-Normaldraht (1 m Länge, 1 mm² Querschnitt) einen Widerstand von 0,028 Ω.

Man sagt aber nicht „Widerstandswert des Normaldrahtes", sondern „spezifischer Widerstand". „Spezifisch" heißt, daß dieser Widerstand lediglich von dem Werkstoff abhängt, was durch die einheitliche Festlegung der Länge und des Querschnittes erreicht ist. Unter dem spezifischen Widerstand eines leitenden Werkstoffes haben wir daher den Widerstand zu verstehen, den ein aus diesem Werkstoff bestehender Draht von 1 m Länge und 1 mm² Querschnitt aufweist. Da der spezifische Widerstand für die Widerstands- und Querschnittsberechnung der Leitungen sehr häufig gebraucht wird, hat man für ihn ein besonderes Formelzeichen festgelegt, das ϱ (ein kleiner griechischer Buchstabe, den man „ro" spricht). Für Aluminium gilt nach dem oben Erwähnten: $\varrho = 0{,}028\ \Omega$ je m Länge und bei 1 mm² Querschnitt. Oft sagt man statt dessen nur „$\varrho = 0{,}028$". Wir wollen uns aber stets daran erinnern, daß ϱ keine reine — d. h. unbenannte — Zahl ist,

sondern die Einheit $\Omega \cdot \dfrac{mm^2}{m}$ hat. Das $\dfrac{mm^2}{m}$ soll uns stets darauf hinweisen, daß der spezifische Widerstand auf 1 m Länge und 1 mm² Querschnitt bezogen ist.

Die Einheit $\Omega \cdot \dfrac{mm^2}{m}$ ergibt sich folgendermaßen: Wir bestimmen den spezifischen Widerstand eines Drahtmaterials, indem wir den Drahtwiderstand in Ohm messen. Um diesen gemessenen Widerstand auf eine Drahtlänge von einem Meter zu beziehen, teilen wir ihn durch die Länge des gemessenen Drahtes. Das gibt $\dfrac{\Omega}{m}$. Um den gemessenen Widerstand außerdem auf einen Drahtquerschnitt von 1 mm² zu beziehen, müssen wir ihn noch mit dem Querschnitt des gemessenen Drahtes vervielfachen.

Die für uns wichtigen spezifischen Widerstände (jeweils angegeben in $\Omega \cdot \dfrac{mm^2}{m}$!) sind:

Kupfer	0,0175	Nickelin	0,4
Aluminium	0,028	Manganin	0,42
Messing	0,07 ... 0,09	Resistin	0,475
Eisen, Stahl	0,1 ... 0,2	Chromnickel	0,9 ... 1,7
Blei	0,2	Chromaluminiumeisen	1,1 ... 1,7

Hiervon merken wir uns Kupfer 0,0175, Aluminium 0,028, Material, aus dem Widerstandsdrähte bestehen (0,4 bis 1,7) jeweils mit der Einheit $\Omega \cdot \dfrac{mm^2}{m}$.

Elektrische Leitfähigkeit

Da sich der Leitwert als Umkehrung des Widerstandswertes darstellt, können wir für unseren „Normaldraht" von 1 m Länge und 1 mm² Querschnitt statt des Widerstandes den Leitwert angeben. Dieser Leitwert ließe sich „spezifischer Leitwert" nennen. Das ist jedoch nicht üblich. Statt dessen sagt man vielmehr treffend „Leitfähigkeit". Diese Bezeichnung deutet unmißverständlich an, daß darunter die Fähigkeit des Werkstoffes, den elektrischen Strom zu leiten, verstanden werden soll.

Die beiden für uns wichtigsten Leitfähigkeiten sind:

$$\text{zu Kupfer} \quad \frac{1}{0,0175} \; \Omega \cdot \frac{mm^2}{m} = \text{rund } 57 \, S \cdot \frac{m}{mm^2} \text{ und}$$

$$\text{zu Aluminium} \quad \frac{1}{0,028} \; \Omega \cdot \frac{mm^2}{m} = \text{rund } 36 \, S \cdot \frac{m}{mm^2}$$

Das Formelzeichen der Leitfähigkeit ist das $\varkappa$, ein kleiner griechischer Buchstabe, der „Kappa" heißt. Die Leitfähigkeit kann aus dem spezifischen Widerstand als dessen Kehrwert ermittelt werden.

Beispiel: Zu $\varrho = 0,028 \, \Omega \cdot \dfrac{mm^2}{m}$ gehört ein $\varkappa$ von $1 : 0,028 =$

rund $36 \, S \cdot \dfrac{m}{mm^2}$.

Andere Abmessungen für spezifischen Widerstand und Leitfähigkeit

Beispielsweise für Halbleiter sind das Meter für die Länge und das Quadratmillimeter für den Querschnitt nicht zweckmäßig. Dafür eignen sich das Zentimeter als Längenmaß und das Quadratzentimeter als Querschnittsmaß besser. Hiermit ergeben sich

für den spezifischen Widerstand $\Omega \cdot cm^2 : cm = \Omega \cdot cm$ und
für die Leitfähigkeit $\quad\quad S \cdot cm : cm^2 = S : cm$.

Vorstehende Tabelle gibt mit diesen Maßen einen Überblick über die spezifischen Widerstände und Leitfähigkeiten vieler Materalien.

Übrigens: Manche Leute rechnen mit $\Omega \cdot m$ und mit $S : m$!

Zusammenhang zwischen Abmessungen, spezifischem Widerstand und Widerstandswert

Wir haben gesehen: Der Widerstand wächst mit der Länge und steht im umgekehrten Verhältnis zum Querschnitt. Wählen wir als Ausgangspunkt den spezifischen Widerstand, der für 1 m Länge und 1 mm² Querschnitt gilt, so ist:

Widerstand in $\Omega =$

$$\frac{\text{Länge (in m)} \times \text{spezifischer Widerstand (in } \Omega \times mm^2 : m)}{\text{Querschnitt (in } mm^2)}$$

Diese Beziehung wird folgendermaßen auch oft mit Formelzeichen angeschrieben:

$$R = \frac{l \cdot \varrho}{A}$$

Wir betrachten nun nochmals die obenstehende Beziehung. Sie sagt uns, daß wir — um den Widerstand in Ω zu erhalten — den spezifischen Widerstand mit der Länge in m vervielfachen und durch den Querschnitt in mm² teilen müssen. Wäre der spezifische Widerstand eine reine Zahl, so kämen dabei niemals Ω, sondern $\dfrac{m}{mm^2}$ heraus. Der spezifische Widerstand hat aber das Maß $\Omega \cdot \dfrac{mm^2}{m}$. Wird dieses Maß mit $\dfrac{m}{mm^2}$ vervielfacht, so gibt das $\Omega \cdot \dfrac{m \cdot mm^2}{mm^2 \cdot m}$, worin sich die m und die mm² wegkürzen und, wie es sein soll, allein die Ω übrigbleiben.

1. Beispiel: Länge 10 m, spezifischer Widerstand $0,028 \, \Omega \cdot \dfrac{mm^2}{m}$ (Aluminium), Querschnitt 1,5 mm²;

$$\text{Widerstandswert} = \frac{10 \, m \cdot 0,028 \, \Omega \cdot mm^2 : m}{1,5 \, mm^2} = 0,187 \, \Omega.$$

2. Beispiel: Länge 250 m, spezifischer Widerstand $0,5 \, \Omega \cdot \dfrac{mm^2}{m}$ Querschnitt 0,3 mm²;

$$\text{Widerstandswert} = \frac{250 \, m \cdot 0,5 \, \Omega \cdot mm^2 : m}{0,3 \, mm^2} \approx 420 \, \Omega.$$

Normquerschnitt, Durchmesser, Widerstand und Gewicht von Kupferleitungen

mm²	mm	Ω/km	kg/km	mm²	mm	Ω/km	kg/km
0,75	0,98	23,3	6,6	25	5,65	0,7	220
1	1,13	17,5	8,8	35	6,67	0,5	304
1,5	1,38	11,7	13,2	50	7,98	0,35	440
2,5	1,79	7	22	70	9,44	0,25	620
4	2,26	4,4	35	95	11,0	0,184	840
6	2,75	2,9	53	120	12,4	0,146	1060
10	3,55	1,8	88	150	13,8	0,117	1320
16	4,5	1,1	141	185	10,3	0,095	1630

Die Widerstandsformeln

Die eben behandelte Beziehung zwischen Widerstand, Länge, spezifischem Widerstand und Querschnitt wird in vier Varianten gebraucht:

1. zum Berechnen des Widerstandes
$$R = \frac{l \cdot \varrho}{A}$$

2. zum Berechnen des Querschnittes
$$A = \frac{l \cdot \varrho}{R}$$

3. zum Berechnen der Länge
$$l = \frac{R \cdot A}{\varrho}$$

4. zum Berechnen des spez. Widerstandes
$$\varrho = \frac{R \cdot A}{l}$$

Es genügt, diese Beziehung in ihrer ersten Gestalt zu merken. Man kann aus einer ihrer Gestalten leicht die anderen ableiten. Wie dies vor sich geht, soll nun ganz ausführlich erläutert werden. Wer das Verständnis für die hier gezeigte Ableitung erringt, hat damit erfaßt, auf welche Weise man jede solche Umwandlung vornehmen kann.

Wir gehen von der Beziehung in ihrer ersten Gestalt aus:

$$R = \frac{l \cdot \varrho}{A}$$

Das, was hier steht, ist eine Gleichung. Das Gleichheitszeichen sagt uns, daß das links stehende R denselben Wert bedeutet wie der rechts stehende Ausdruck. Bei allem, was wir mit der Gleichung vornehmen, darf die Gleichheit der beiden Gleichungsseiten nicht zerstört werden. Wir sehen leicht ein, daß die Gleichung erhalten bleibt, wenn wir jeweils auf beiden Seiten der Gleichung gleiche Veränderungen vornehmen. Wir dürfen also beide Seiten einer Gleichung mit gleichen Größen vervielfachen oder durch gleiche Größen teilen.

Wir wollen die Beziehung nun von ihrer ersten Gestalt in die zweite überführen. Zu diesem Zweck müssen wir A allein auf die linke Seite

der Gleichung bekommen. Wir vervielfachen zunächst beide Seiten
mit A:

$$R \cdot A = \frac{l \cdot \varrho \cdot A}{A}$$

und können sofort das A auf der rechten Gleichungsseite wegkürzen:

$$R \cdot A = l \cdot \varrho.$$

Um jetzt das R von der linken Gleichungsseite wegzubekommen, teilen
wir beide Seiten der Gleichung durch R:

$$\frac{R \cdot A}{R} = \frac{l \cdot \varrho}{R}$$

und können danach auf der linken Seite das R kürzen, womit wir die
Umformung schon abgeschlossen haben.

$$A = \frac{l \cdot \varrho}{R}$$

Solche Beziehungen (Formeln) erleichtern das Rechnen sehr. Sie
haben aber den schwerwiegenden Nachteil, daß man über ihrem Gebrauch das Nachdenken vergißt. Deshalb wird im folgenden gezeigt,
wie wir uns den Zusammenhang zwischen R, l, ϱ und A immer und
immer wieder lebendig vorstellen sollen:

1. Der Widerstand fällt um so höher aus, je größer die Länge
   und der spezifische Widerstand im Verhältnis zum Querschnitt
   gewählt werden. Also: Große Länge, hoher spezifischer Widerstand und geringer Querschnitt ergeben hohen Widerstand.

2. Der Querschnitt muß um so größer gewählt werden, je größer
   die Länge und der spezifische Widerstand im Verhältnis zum
   gewünschten Widerstandswert sind. Also: Große Länge, hoher
   spezifischer Widerstand und geringer Widerstandswert zwingen
   zur Wahl eines großen Querschnittes.

3. Die Länge muß um so größer sein, je höher der Widerstand
   sein soll und je größer der Querschnitt im Verhältnis zum spezifischen Widerstand gewählt wird. Also: Hoher Widerstand,
   großer Querschnitt und geringer spezifischer Widerstand
   machen eine große Drahtlänge erforderlich.

4. Der spezifische Widerstand eines Werkstoffes ist um so höher,
   je größer der Widerstand und der Querschnitt im Vergleich zu
   der Drahtlänge sind. Also: Ist bei großem Querschnitt und geringer Länge der Widerstand hoch, so hat der Werkstoff des
   Drahtes einen großen spezifischen Widerstand.

Es ist zweckmäßig, die vorstehenden vier Formen des Zusammenhanges zwischen Widerstand, Länge, spezifischem Widerstand und
Querschnitt mehrmals genau zu überdenken und sich beim Lösen

entsprechender Aufgaben immer wieder eine klare, den gegebenen Verhältnissen angepaßte Vorstellung von diesem Zusammenhang zu bilden.

Zum Abschluß ein paar Rechenbeispiele:

1. B e i s p i e l : Ein Draht hat eine Länge von 100 m, einen spezifischen Widerstand von $0{,}028\ \Omega \cdot \dfrac{mm^2}{m}$ und einen Querschnitt von 16 mm². Der Widerstand berechnet sich so:

$$R = \frac{l \cdot \varrho}{A} = \frac{100\ m \cdot 0{,}028\ \Omega \cdot mm^2 : m}{16\ mm^2} = 0{,}175\ \Omega.$$

2. B e i s p i e l : Eine Doppelleitung soll verlegt werden. Die am Ende dieser Doppelleitung angeschlossene Einrichtung benötigt eine Spannung von 220 V und „verbraucht" dabei einen Strom von 20 A. Die Spannung beträgt am Anfang der Doppelleitung 230 V. Anfang und Ende der Doppelleitung sind 50 m voneinander entfernt. Der Querschnitt der benötigten Aluminiumleitung soll berechnet werden. Wir ermitteln zunächst den Widerstand der Leitung aus dem zugelassenen Spannungsunterschied von 230 V — 220 V = 10 V und dem Strom von 20 A. Der Widerstand beträgt 10 V : (20 A) = 0,5 Ω. Dann überlegen wir uns, daß wir Hin- und Rückleitung brauchen und demgemäß bei 50 m Entfernung 2 · 50 m = 100 m Draht benötigen. Weiterhin schlagen wir den spezifischen Widerstand des Aluminiums nach und finden hierfür $0{,}028\ \Omega \cdot \dfrac{mm^2}{m}$. Damit rechnen wir nun so:

$$A = \frac{l \cdot \varrho}{R} = \frac{100\ m \cdot 0{,}028\ \Omega \cdot mm^2 : m}{0{,}5\ \Omega} = \frac{2{,}8}{0{,}5}\ mm^2 = 5{,}6\ mm^2.$$

Gewählt wird statt 5,6 mm² der Normquerschnitt 6 mm² (siehe Zahlentafel Seite 65).

3. B e i s p i e l : Für ein Gerät werden 100 V benötigt, wobei es 10 A aufnimmt. Zur Verfügung stehen 127 V. Die überschüssige Spannung soll in einem Vorwiderstand „vernichtet" werden, für den ein Draht mit 1 mm² Querschnitt und $0{,}5\ \Omega \cdot \dfrac{mm^2}{m}$ zur Verfügung steht. Die benötigte Drahtlänge ist zu berechnen. Wir gehen von der zu vernichtenden Spannung von 127 V — 100 V = 27 V aus, berechnen aus Spannung und Strom den Widerstand zu 27 V : (10 A) = 2,7 Ω und wenden nun die dritte der oben angeschriebenen Formeln an, in die wir die gegebenen Werte einsetzen:

$$l = \frac{R \cdot A}{\varrho} = \frac{2{,}7\ \Omega \cdot 1\ mm^2}{0{,}5\ \Omega \cdot mm^2 : m} = 5{,}4\ m.$$

4. B e i s p i e l : Ein Draht hat eine Länge von 2,5 m, einen Querschnitt von 0,5 mm² und einen Widerstand von 2 Ω. Der spezifische Widerstand soll bestimmt werden:

$$\varrho = \frac{R \cdot A}{l} = \frac{2\,\Omega \cdot 0,5\,\text{mm}^2}{2,5\,\text{m}} = 0,4\,\Omega \cdot \frac{\text{mm}^2}{\text{m}}$$

Wir ersehen aus dieser Rechnung deutlich, daß das Maß des spezifischen Widerstandes Ω · mm² : m sein muß, da wir ja den Widerstand in Ω mit dem Querschnitt in mm² vervielfachten und durch die Länge in m teilten.

Drahtquerschnitt und Drahtdicke

Für Leitungen werden meist die Drahtquerschnitte unmittelbar angegeben, für Widerstandsdrähte hingegen häufig die Durchmesser. Daraus folgt, daß wir uns mit dem Zusammenhang zwischen Drahtquerschnitt und Drahtdurchmesser (oder Drahtdicke, was dasselbe ist) zu beschäftigen haben. Dieser Zusammenhang ist für Drähte mit kreisförmigem Querschnitt (siehe auch die Tabelle „Normquerschnitte" auf Seite 65) durch folgende Beziehungen gegeben:

Drahtquerschnitt in mm² =

3,14 × Drahtdurchmesser in mm × Drahtdurchmesser in mm : 4

oder mit Formelzeichen:

$$A = \frac{\pi \cdot d \cdot d}{4}$$

oder, da man statt $d \cdot d$ auch d^2 schreibt:

$$A = \frac{\pi \cdot d^2}{4}$$

(π ist ein kleiner griechischer Buchstabe, der „pi" gesprochen wird.)

Wie man statt „$d \cdot d$" meist „d^2" schreibt, ist es üblich geworden, statt „qmm" „mm²" zu schreiben. Man spricht: „Millimeter im Quadrat" und „Durchmesser im Quadrat" oder „Millimeter hoch zwei" und „Durchmesser hoch zwei".

1. B e i s p i e l : Durchmesser 1 mm. Der Querschnitt soll berechnet werden. Er ist gegeben durch

$$q = \frac{\pi \cdot d^2}{4} = \frac{3,14 \cdot 1^2}{4}\,\text{mm}^2 = \frac{3,14}{4}\,\text{mm}^2 = 0,785\,\text{mm}^2.$$

2. B e i s p i e l : Durchmesser 0,2 mm. Querschnitt =
3,14 · 0,2² mm² : 4 = 3,14 · 0,04 mm² : 4 = 3,14 mm² · 0,01
= 0,0314 mm².

3. **Beispiel**: Querschnitt 16 mm². Der zugehörige Durchmesser ist zu berechnen. Es gilt:

$$16 \text{ mm}^2 = \frac{\pi \cdot d^2}{4} = \frac{3{,}14}{4} \cdot d^2 = 0{,}785 \cdot d^2 \text{ oder}$$

$$d^2 = 16 \text{ mm}^2 : 0{,}785 = 20{,}4 \text{ mm}^2.$$

Wir müssen als d die Zahl suchen, die mit sich selbst vervielfacht 20,4 ergibt. Es ist $4 \times 4 = 16$ sowie $5 \times 5 = 25$. Also liegt d zwischen 4 und 5. Wir probieren mit 4,5. $4{,}5 \times 4{,}5 = 20{,}2$. Das ist genau genug. Also $d = 4{,}5$ mm.

Widerstand und Temperatur

Mit zunehmender Temperatur wächst der spezifische Widerstand der meisten reinen Metalle, und zwar innerhalb des üblicherweise in Betracht kommenden Temperaturbereiches (0 °C bis 100 °C) um ungefähr 4 % je 10 °C Temperaturerhöhung.

Beispiel: Eine Kupferwicklung hat, bevor sie eingeschaltet wird, einen Widerstandswert von 200 Ohm. Nach einer längeren Einschaltzeit beträgt der Widerstandswert 240 Ohm. 40 Ohm bezogen auf 200 Ohm sind 20 %. Daraus folgt die Temperaturerhöhung zu

$$(20 : 4) \times 10 \text{ °C} = 50 \text{ °C}$$

Die Widerstandszunahme von einem Ohm bei einem Grad Celsius Temperaturerhöhung nennt man den „Widerstands-Temperaturkoeffizienten" des zugehörigen Materials. 4 % je 10 °C Temperaturerhöhung sind gleichbedeutend mit einem Widerstands-Temperaturkoeffizienten von $+ 0{,}04/°\text{C}$.

Der Widerstands-Temperaturkoeffizient ist selbst nicht ganz unabhängig von der jeweiligen Temperatur. Deshalb muß man für genauere Temperaturermittlungen etwas umständlicher rechnen, und zwar für Kupfer so: Temperaturerhöhung = Übertemperatur =

$$\frac{\text{Widerstand warm} - \text{Widerstand kalt}}{\text{Widerstand kalt}} \times (235 \text{ °C} + \text{Temperatur kalt})$$

Hierzu ist eine Zwischenbemerkung fällig: Wäre der Widerstandswert der absoluten Temperatur genau proportional, so ergäben sich mit den absoluten Temperaturen recht gut zu durchschauende Rechnungen. Der absolute Nullpunkt der Temperatur ist mit rund — 273 °C gegeben. Die absolute Temperatur gibt man häufig nicht in Grad Celsius, sondern in Kelvin an. Dabei stimmen als Temperaturspannen ein Grad Celsius und ein Kelvin überein, nur rechnen die Kelvin vom absoluten Nullpunkt aus, während der Nullpunkt für die Celsius-Grade mit der Temperatur des schmelzenden Eises gegeben ist. Daß in der Formel nicht 273 °C, sondern 235 °C stehen, hängt mit der nur ungefähren Proportionalität zwischen Widerstandswert und absoluter Temperatur zusammen. Für andere Metalle als Kupfer gelten statt 235 etwas andere Werte.

Beispiel: Die Raumtemperatur betrage 20 °C. Die Erwärmung einer aus Kupferdraht gewickelten Spule ist zu kontrollieren. Die Spule habe im kalten Zustand einen Widerstand von 5100 Ohm. Der Widerstand erhöht sich nach längerer Einschaltzeit auf 6050 Ohm, um diesen Wert dann beizubehalten. Welche Temperatur und Übertemperatur erreicht die Spule? Wir rechnen so:

$$\text{Übertemperatur} = \left(\frac{6050\ \Omega - 5100\ \Omega}{5100\ \Omega}\right) \times (235\ °C + 20\ °C) = 47{,}5\ °C.$$

Das ist die Übertemperatur. Die zugehörige tatsächliche Temperatur beträgt bei einer Raumtemperatur von 20 °C also 47,5 °C + 20 °C = 67,5 °C.

Für Aluminiumwicklungen hat man den Wert 235° C durch 245° C zu ersetzen.

Beispiel: Bei einer Raumtemperatur von 15 °C werden für eine Aluminiumwicklung im kalten Zustand 450 Ω und im warmen Zustand 520 Ω gemessen. Wir rechnen so:

$$\text{Übertemperatur} = \left(\frac{520\ \Omega - 450\ \Omega}{450\ \Omega}\right) \times (245\ °C + 15\ °C) = 40{,}5\ °C.$$

Die von der Temperaturerhöhung bewirkte Widerstandssteigerung wirkt sich bei Glühlampen recht erheblich aus: Metalldrahtlampen haben im normalen Betriebszustand etwa das Zehnfache der Widerstandswerte, die sie im kalten Zustand aufweisen. Dies hat zwei Folgen: eine ungünstige, die in dem hohen Einschaltstromstoß besteht, und eine günstige, die darin zu sehen ist, daß die Widerstandsänderung die Stromschwankungen gegenüber den Spannungsschwankungen herabsetzt. (Höhere Spannung läßt den Strom zunehmen. Die damit verbundene Temperaturzunahme erhöht den Widerstand, womit die Stromzunahme geringer ausfällt als für gleichbleibenden Widerstand.)

Außer den positiven Temperaturkoeffizienten, wie wir sie eben für reine Metalle kennengelernt haben, kommen auch negative Temperaturkoeffizienten vor und solche, die um Null herum schwanken.

Negative Temperaturkoeffizienten haben in der Regel die Halbleitermaterialien, also z. B. Silizium, Germanium, Selen, Kohle und auch die Elektrolyte. Widerstandsbauelemente mit großen negativen Widerstands-Temperaturkoeffizienten nennt man auch „Heißleiter", weil deren Leitwerte im heißen Zustand erheblich größer sind als im kalten Zustand: Negativer Widerstands-Temperaturkoeffizient bedeutet, daß der Widerstand bei steigender Temperatur sinkt.

Temperaturkoeffizienten um Null herum haben Legierungen, die für Widerstandsdrähte verwendet werden — insbesondere für solche, aus denen man „Präzisionswiderstände" fertigt.

Im vorliegenden Zusammenhang gebräuchliche Formelzeichen sind:

α (kleiner griechischer Buchstabe „Alpha") Temperaturkoeffizient (Temperaturbeiwert)

t Temperatur, Δt Temperaturerhöhung, t_w Warmtemperatur, t_k Kalttemperatur

ϑ (kleiner griechischer Buchstabe „Theta") Temperatur dort, wo t eine Verwechslung mit der Zeit möglich machen würde.

$\Delta t = t_w - t_k$, zu t_w gehört R_w, zu t_k gehört R_k

$$\Delta t = \frac{R_u - R_l}{R_k} \cdot (235\ °C + t_k)\ \text{für Kupfer}$$

Δ ist der große griechische Buchstabe Delta und bedeutet Differenz.

Wir wollen für ein Ermitteln der Übertemperaturen dicker Wicklungen aus der Widerstandszunahme beachten, daß die Temperatur im Innern der Wicklung höher ist als in den äußeren Lagen. Aus der Widerstandszunahme ergibt sich deshalb hierbei nur ein Durchschnittswert.

Das Wichtigste

1. Hintereinander- oder in Reihe oder in Serie schalten heißt: Das Ende eines Stromzweiges mit dem Anfang des nächsten leitend verbinden.

2. Sämtliche hintereinandergeschalteten Stromzweige sind von demselben Strom durchflossen.

3. Bei Hintereinanderschaltung ist der Wert des Gesamtwiderstandes gleich der Summe der Werte der Einzelwiderstände und der Wert der Gesamtspannung gleich der Summe der Werte der Einzelspannungen.

4. Nebeneinander oder parallel schalten heißt: Einerseits die Anfänge der Stromzweige und anderseits die Enden der Stromzweige untereinander leitend verbinden, wobei die zusammengefaßten Anfänge den einen und die zusammengefaßten Enden den anderen Anschluß bilden.

5. Sämtliche nebeneinandergeschalteten Stromzweige liegen an derselben Spannung.

6. Bei Nebeneinanderschaltung ist der Gesamtleitwert gleich der Summe der Einzelleitwerte und der Wert des Gesamtstromes gleich der Summe der Werte der Einzelströme.

7. Der spezifische Widerstand ist der Widerstand eines Drahtes von 1 m Länge und 1 mm² Querschnitt aus einheitlichem Werkstoff. Sein Wert hängt von der Werkstoffart ab, und sein Maß ist $\dfrac{\Omega \cdot \text{mm}^2}{\text{m}}$.

8. Es gilt: Widerstand in Ω =

$$\dfrac{\text{Länge in m}}{\text{Querschnitt in mm}^2} \times \text{spezifischer Widerstand in } \Omega \cdot \dfrac{\text{mm}^2}{\text{m}}.$$

9. Der Widerstand ändert sich mit der Temperatur. Für reine Metalle steigt er um etwa 4 % je 10 °C Temperaturerhöhung.

10. Der Leitwert ist der Kehrwert des Widerstandswertes.

11. Die Leitfähigkeit ist der Kehrwert des spezifischen Widerstandes.

Vier leichtere Fragen und eine schwierige Frage

1. Mit welchem Widerstandswert haben wir es zu tun, wenn angegeben ist, der Leitwert betrage 12,5 mS?

2. Welchen Widerstand hat ein Kupferrohr mit einer Länge von 12 m, einem Außendurchmesser von 5 mm und einer Wandstärke von 0,2 mm?

3. Eine Kupferwicklung soll 1000 Windungen bekommen. Die mittlere Windungslänge dürfen wir mit 6 cm ansetzen. Die Wicklung soll bei einer Temperatur von 80 °C einen Widerstand von 200 Ω aufweisen. Welchen Drahtquerschnitt haben wir zu wählen?

4. Eine Doppelleitung ist als Freileitung ausgeführt. Die Entfernung zwischen Leitungsanfang und Leitungsende beträgt, längs der Leitung gemessen, 500 m. Der Leiterquerschnitt ist mit 25 mm² gegeben. Welche Spannungen ergeben sich für die Leitung bei einem Belastungsstrom von 50 A einmal bei — 20 °C und einmal bei + 40 °C?

5. Ein Chromnickelband soll zu Heizzwecken z. B. auf einer Glimmerscheibe aufgewickelt werden. Bei 220 V soll durch das Chromnickelband ($\varrho = 1,2\ \Omega\ \text{mm}^2/\text{m}$, Dicke 0,2 mm) ein Strom von 15 A fließen. Die Oberfläche des Chromnickelbandes soll einseitig 200 cm² betragen. Welche Länge und welche Breite muß das Band aufweisen?

6. Arbeit und Leistung allgemein sowie bei Gleichstrom

Arbeit

Geistige Arbeit läßt sich kaum messen. Das ist ein Glück und ein Unglück zugleich — ein Glück für die, die sie vortäuschen und ein Unglück für die, die sie leisten ohne dafür gebührend anerkannt zu werden.

Materielle Arbeit aber kann man durch Maß und Zahl festlegen. Damit hängt zusammen, daß wir sie vielfach besser zu beurteilen vermögen als geistige Arbeit.

Am anschaulichsten ist für uns die **mechanische Arbeit,** die zum Beispiel beim Heben eines Gegenstandes geleistet wird.

Außer der mechanischen Arbeit interessiert uns hier vorwiegend die elektrische Arbeit und auch die Wärmearbeit.

Die mechanische Arbeit

Heben wir einen Gegenstand mit einer Masse von 7,5 kg einen Meter hoch, so leisten wir eine A r b e i t. Dabei bleibt es für die geleistete Arbeit gleichgültig, ob wir diese Masse im Verlauf einer kurzen oder einer langen Zeit einen Meter höher schaffen. Auch spielt es für die geleistete Arbeit keine Rolle, ob wir 7,5 kg auf einmal oder ob wir etwa mehrere Teile mit zusammen 7,5 kg nacheinander heben.

Beim Heben des Gegenstandes um einen Meter bewegen wir den Gegenstand um diesen Meter entgegen der Schwerkraft. Wir überwinden also die Kraft, die den Gegenstand auf Grund seiner Masse infolge der Erdanziehung nach unten drückt, auf die Wegstrecke von einem Meter. Hieraus entnehmen wir:

Die Arbeit erhält man, indem man die aufgewandte Kraft mit dem in ihre Richtung fallenden Weg, auf dem die Kraft ausgeübt wird, vervielfacht.

Die Kraft und ein Maß für sie

Früher benutzte man als Maßeinheit für die Kraft das Gramm bzw. das Kilogramm. Kraft und Masse stimmen jedoch nicht überein. Um das zu erkennen, machen wir folgendes Gedankenexperiment:

Wir denken uns, wir wollten zwei Tage hintereinander jeweils 1 kg Äpfel kaufen. Am ersten Tag sei die Erdanziehung normal, am zweiten Tag weise sie aber das Doppelte des Normalwertes auf. Der Verkäufer habe eine Federwaage. Am zweiten Tag braucht er nur halb soviel Äpfel in die Waagschale zu legen als zuvor, um dieselbe Gewichtsanzeige zu bekommen. Die Federwaage mißt nämlich die auf ihre Schale ausgeübte Kraft. Hätte der Verkäufer eine Balkenwaage benutzt, so wären in die eine Waagschale die Äpfel und in die andere z. B. ein Messingstück mit einer Masse von 1 kg gekommen. Hierbei hätte der Verkäufer unabhängig von der Veränderung der Schwerkraft eine gleiche Menge Äpfel in die Waagschale legen müssen wie am vorhergehenden Tag.

Wenn wir Äpfel kaufen, interessiert uns — abgesehen von der Qualität — die Masse und nicht etwa der Druck, den diese Masse auf die Unterlage ausübt. Das Wort „Masse" wird in diesem Sinn so gebraucht, wie das in der Physik üblich ist. Der Physiker verwendet das Gramm und das **Kilogramm** als Maß für die Masse. Eine Masse von einem Kilogramm stellt für ihn z. B. ein Liter Wasser bei einer Temperatur von + 4 °C dar. Dabei ist es völlig belanglos, welcher **Schwerkraft** etwa dieses Liter Wasser unterworfen ist.

Zum **Maß für die Schwerkraft** gehört die „**Beschleunigung**", die eine bestimmte Masse unter der Einwirkung einer Kraft erfährt. Die Beschleunigung wird in Meter pro Sekunde im Quadrat (m/s^2) und die Kraft in **Newton** (N), sprich njutn, ausgedrückt.

Ein Newton ist die Kraft, die einer Masse von 1 kg eine Beschleunigung von $1\ m/s^2$ erteilen kann. $1\ N = 1\ kg \cdot m/s^2$. Kraft = Masse × Beschleunigung.

Die Beschleunigung auf der Erdoberfläche (Erdbeschleunigung) beträgt $9,81\ m/s^2$. Eine alte Einheit für die Kraft ist das „**Kilopond**". Ein Kilopond ist die Kraft, die einer Masse von 1 kg die Beschleunigung von $9,81\ m/s^2$ erteilt.

Auf der Erdoberfläche drückt eine Masse von 1 kg mit einer Kraft von 9,81 Newton bzw. 1 Kilopond auf ihre Unterlage. 1 kp = 9,81 N.

Um z.B., wie im vorhergehenden Abschnitt beschrieben, eine Masse von 7,5 kg einen Meter hoch heben zu können, muß eine bestimmte Arbeit in **Newtonmeter** (Nm) geleistet werden. Die Kraft, um die 7,5 kg heben zu können, beträgt auf der Erdoberfläche $7,5\ kg \times 9,81\ m/s^2$ = 73,6 N. Bei einer Hubhöhe von 1 m ist also die zugehörige Arbeit 73,6 N × 1 m = 73,6 Nm.

Anstelle des Newtonmeter wird als Einheit für die Arbeit das **Joule** (J), sprich tschaul, verwendet. $1\ J = 1\ N \cdot m$. 1 Joule ist gleich der Arbeit, die verrichtet wird, wenn der Angriffspunkt der Kraft 1 N in der Richtung der Kraft um 1 m verschoben wird.

Nochmal der Weg

Vom Weg gilt nur der Anteil, in dessen Richtung die zu überwindende Kraft wirksam ist. So spielt es z. B. für die geleistete Hubarbeit selbst keine Rolle, ob der Gegenstand senkrecht nach oben gehoben wurde oder ob man ihn etwa über eine Wendeltreppe hinaufgetragen hat, falls es sich beidemale um dieselbe Hubhöhe handelt.

B e i s p i e l e h i e r z u :

1. Ein Wagen mit einer Gesamtmasse von 4000 kg fährt auf einer Straße mit 8 % Steigung 2 km weit. 2 km sind 2000 m. 8 % davon bedeutet $\dfrac{2000\ m \cdot 8}{100}$ = 160 m. Die hierbei geleistete Hubarbeit beträgt

$160\ m \cdot 4000\ kg \cdot 9,81\ m/s^2 = 6278400\ kg\ m^2/s^2 = 6278400\ Nm = 6278400\ J.$

2. Wir halten einen Gegenstand von 1 kg in einer Höhe von 1,5 m über dem Boden mit ausgestrecktem Arm. Es läßt sich nicht leugnen, daß wir dabei rasch müde werden. Arbeit leisten wir jedoch nicht. Wohl überwinden wir die Schwerkraft, die auf den Gegenstand wirkt. Es wird aber kein Weg zurückgelegt.

3. Wir schieben einen Wagen auf einer waagerechten Straße. Hubarbeit leisten wir dabei nicht. Und doch müssen wir eine Arbeit aufbringen, um den Wagen zu bewegen: Wir haben die Reibung zu überwinden, die sich der Bewegung entgegensetzt. Ist die Summe der die Bewegung des Wagens auf der Straße bremsenden Reibungskräfte mit 300 N gegeben, so müssen wir für jedes Meter des Weges eine Arbeit von $300 \, N \cdot m = 300 \, J$ leisten.

Mechanischer Arbeitsinhalt

In einem hochgehobenen Gegenstand steckt die für das Heben geleistete Arbeit. Das hochgehobene Gewicht hat einen „Arbeitsinhalt", was man deutlich spürt, wenn einem der Gegenstand auf den Fuß fällt. Man nutzt den Arbeitsinhalt eines hochgezogenen Gegenstandes, z. B. zum Antrieb von Standuhren, aus.

Auch eine gespannte Feder hat einen Arbeitsinhalt. Das wird für Uhren mit Federwerk ausgenutzt. Die Arbeit wird beim „Aufziehen" der Federn in diese Uhren hineingesteckt. Beides bedeutet einen **Arbeitsinhalt der Lage (potentielle Energie).**

Schließlich weist ein in Bewegung befindlicher Gegenstand ebenfalls einen Arbeitsinhalt auf — so ein Hammer, mit dem man zuschlägt, ein geworfener Stein im Flug, ein fahrender Kraftwagen oder ein rotierendes Schwungrad. Die Arbeit wird frei, wenn der Hammer den Nagel ins Holz treibt, wenn der Stein eine Vase zertrümmert, wenn der Kraftwagen bei einem Zusammenstoß Schaden leidet oder wenn die Antriebsmaschine nachläßt und währenddem von der im Schwungrad gespeicherten Arbeit etwas an die angetriebene Anordnung weitergegeben wird. Das ist **Arbeitsinhalt der Bewegung (kinetische Energie).**

B e i s p i e l e für den mechanischen Arbeitsinhalt:

1. Ein Stausee habe eine (mittlere) Oberfläche von 2,1 m². Der Wasserspiegel könne um 9 m (zwischen Höchst- und Mindeststand) schwanken. Die (mittlere) Fallhöhe des Wassers betrage 80 m. Wieviel verwertbare Arbeit steckt bei höchstem Wasserstand in dem Stausee? Die Wassermenge, die sich ausnutzen läßt, beträgt 2,1 km² $\times$ 9 m $= 2\,100\,000$ m² $\times$ 9 m $= 18\,900\,000$ m³. Das entspricht 18 900 000 Tonnen Wasser oder $18,9 \cdot 10^6$ Tonnen oder $18,9 \cdot 10^9$ kg. Dazu gehört eine Kraft von $18,9 \cdot 10^9$ kg $\cdot$ 9,81 m/s² $= 185,4 \cdot 10^9$ N. Die verwertbare Wassermasse liegt im Mittel 80 m über dem Unterwasser. Hieraus folgt der Arbeitsinhalt zu: 80 m $\cdot$ $185,4 \cdot 10^9$ N $= 14\,832 \cdot 10^9$ J.

2. Wir spannen einen Bogen. Die Kraft möge verhältnisgleich dem Spannweg anwachsen. Der Spannweg betrage 50 cm. Der hierzu gehörende Endwert der Kraft sei mit 80 N gegeben. Im Durchschnitt haben wir mit der Hälfte davon zu rechnen. Das gibt mit 50 cm = 0,5 m einen Arbeitsinhalt von 0,5 m $\times$ 40 N = 20 N $\cdot$ m = 20 J.

Von der Arbeit zur Leistung

Leistung bedeutet Arbeit je Zeiteinheit. Heben wir eine Masse von 7,5 kg je Sekunde um ein Meter, so vollbringen wir eine doppelt so hohe Leistung, wie wenn wir zwei Sekunden für jeweils 7,5 kg und einen Meter benötigen. Im ersten Fall ist die Leistung 73,6 N $\cdot$ m je Sekunde, während sie im zweiten Fall nur 73,6 N $\cdot$ m: (2 s) = 36,8 N $\cdot$ m/s = 36,8 J je Sekunde beträgt. Allgemein heißt das:

$$\text{Leistung} = \text{Arbeit je Zeiteinheit.}$$

Für Arbeit galt: Arbeit = Kraft $\times$ Weg.

Nun ist aber der Weg je Zeiteinheit gleichbedeutend mit der Geschwindigkeit. Damit erhalten wir auch:

$$\text{Leistung} = \text{Kraft} \times \text{Geschwindigkeit.}$$

Für Weg und Geschwindigkeit gilt, wie wir schon erfahren haben, nur der Anteil, der mit der zu überwindenden Kraft übereinstimmt.

Ein Maß für die (mechanische) Leistung ist das Newtonmeter je Sekunde, was gleichbedeutend ist mit Joule je Sekunde.

Als Einheit für die Leistung wird heute allgemein das **Watt** (W) verwendet.

1 Watt = 1 Newtonmeter je Sekunde = 1 Joule je Sekunde. Eine ganz alte Einheit der Leistung ist die Pferdestärke (PS). 1 PS = 736 W.

B e i s p i e l e :

1. Ein Kraftwagen mit insgesamt 1500 kg Masse fährt mit 36 km je Stunde eine Straße mit 8 % Steigung hinauf. Welche Hubleistung kommt dabei heraus?

Eine Stunde hat 3600 Sekunden. Der Wagen legt je Stunde 36 km oder 36 000 m zurück — also je Sekunde 10 m. Auf diesen 10 m wird er um $8 \cdot \dfrac{10 \text{ m}}{100} = 0,8$ m gehoben. Das bedeutet bei 1500 kg

eine Hubleistung von

$$0,8 \ \frac{\text{m}}{\text{s}} \cdot 1500 \ \text{kg} \cdot 9,81 \ \text{m/s}^2 = 11\,772 \ \frac{\text{N} \cdot \text{m}}{\text{s}} = 11\,772 \ \text{W}.$$

2. Die 11 772 W sind 11 772 W : 736 W/PS = 16 PS.

3. Der Stausee von Seite 75 möge für 500 Betriebsstunden als Reserve dienen. Die zugehörige Leistung soll in W ausgerechnet werden.

Eine Stunde hat 60 Minuten und jede Minute wieder 60 Sekunden. Also haben 500 Stunden 500 × 60 × 60 Sekunden = 1 800 000 s = $1{,}8 \cdot 10^6$ s. Damit ergibt sich die (durchschnittliche) Leistung zu

$$\frac{14\,832 \cdot 10^9 \text{ Nm}}{1{,}8 \cdot 10^6 \text{ s}} = 8240 \cdot 10^3 \text{ W} = 8240 \text{ kW}.$$

4. Der Bogen von Seite 76 entspanne sich bei Abschluß des Pfeiles innerhalb 0,05 s. Das gibt bei einem Arbeitsinhalt von 20 N · m eine Leistung von 20 N · m : (0,05 s) = 400 W.

5. Ein Motor von 12 PS (abgegebener) Leistung soll einen Gegenstand von 10 t Masse heben. Mit welcher Geschwindigkeit würde das geschehen können, wenn dabei keine Verluste aufträten?

12 PS sind ebensoviel wie 12 PS · 736 W/PS = 8832 W. Zum Heben von 10 t = 10 000 kg sind nötig: 10 000 kg · 9,81 m/s² = 98 100 N. Da $8832 \text{ W} = 8832 \dfrac{\text{N} \cdot \text{m}}{\text{s}}$ sind, entspricht dem eine Geschwindigkeit von

$8832 \dfrac{\text{N} \cdot \text{m}}{\text{s}}$: 98 100 N = 0,09 m/s = 9 cm/s.

Leistung und Drehmoment

Wir betrachten Bild 6.01. Dort wird ein „Gewicht" an einem Seil

Bild 6.01:

Zur Erklärung des Drehmomentes. Hier ist es gleich „Gewicht" × Halbmesser der Seiltrommel. Der Seiltrommel-Halbmesser ist hier der zum Drehmoment gehörende **H e b e l a r m.**

hochgezogen. Das Seil wickelt sich dabei auf der Seiltrommel auf. Gemäß dem vorigen Abschnitt gilt:

Leistung = „Gewicht" × Hubgeschwindigkeit.

Wir wollen uns mit der Hubgeschwindigkeit befassen. Der Umfang der Seiltrommel errechnet sich zu:

Umfang = 3,14 × Durchmesser = 2 × 3,14 × Halbmesser.

Die Hubgeschwindigkeit folgt daraus, daß man den Umfang — das heißt den für eine Umdrehung zurückgelegten Weg — mit der Zahl der Umdrehungen je Sekunde vervielfacht. Also zurück zur Leistung:

Leistung in W =

Kraft in N × 2 × 3,14 × Halbmesser in m × Umdrehungszahl je s. Mit folgenden Formelzeiten:

P Leistung
M_d Drehmoment
F Umfangskraft
r Halbmesser
ω Winkelgeschwindigkeit (je s) $= 2 \cdot \pi \cdot n : 60$
n Umlaufgeschwindigkeit (je min) erhalten wir die Beziehungen:

$$P = M_d \cdot \omega = F \cdot r \cdot \omega = F \cdot r \cdot 2 \cdot \pi \cdot n : 60 \approx F \cdot r \cdot n \cdot 0{,}104$$

Wir überlegen uns, welches „Gewicht" zu derselben Leistung, zu derselben Drehgeschwindigkeit, aber zu dem doppelten Halbmesser der Seiltrommel gehören würde. Doppelter Halbmesser der Seiltrommel bei gleicher Drehzahl je min bedeutet doppelte Hubgeschwindigkeit. Gleichbleibende Leistung heißt, daß sich das Produkt aus Hubgeschwindigkeit und „Gewicht" nicht ändern darf. Das tut es nicht, wenn das „Gewicht" bei doppelter Hubgeschwindigkeit halb so groß ausfällt. Gehen wir von stets gleicher Drehgeschwindigkeit aus, so muß für dieselbe Leistung immer dasselbe Produkt aus „Gewicht" und Seiltrommel-Halbmesser herauskommen. Dieses Produkt ist somit eine wichtige Größe, der man demgemäß einen eigenen Namen gibt: Man nennt es „Drehmoment". Im Zusammenhang mit dem Drehmoment spricht man allerdings meist nicht von dem Gewicht, sondern von der „Umfangskraft", die an der Trommel wirksam wird. Also:

Drehmoment in Nm = Umfangskraft in N × Halbmesser in m.

Hier wurde wie schon im vorangegangenen Abschnitt das Wort „Gewicht" so verwendet, wie man das für einen solchen Zusammenhang in der Praxis gewöhnt ist. Es wurde aber deshalb zwischen Anführungszeichen gesetzt, weil das Gewicht eine Masse ist. Es wird aber hier die **„Gewichtskraft"** benötigt, d.h. die Kraft, die nötig ist, um das „Gewicht" zu heben. Das Gewicht wird stets in Kilogramm und die Gewichtskraft in Newton angegeben. Es ist also auch hier stets eine Umrechnung erforderlich.

Auf der Erdoberfläche ist:
Gewichtskraft (Kraft) in Newton = Gewicht in kg × Erdbeschleunigung (9,81 m/s²).

1. B e i s p i e l : Riemenscheibendurchmesser 200 mm, Umfangskraft 20 N. Daraus Halbmesser = 200 mm : 2 = 100 mm oder 100 mm : 1000 mm = 0,1 m. Also:

$$\text{Drehmoment} = 0,1 \text{ m} \cdot 20 \text{ N} = 2 \text{ Nm}$$

2. B e i s p i e l : Abgegebene Motorleistung 400 W, Drehzahl je Minute 3000, d. h. 3000 : min.

Wir rechnen um:

a) die Motorleistung 400 W $= 400 \dfrac{\text{N} \cdot \text{m}}{\text{s}}$

b) die Winkelgeschwindigkeit in 1 : s. Da 1 s = (1 : 60) min und ein voller Winkel $= 2 \cdot \pi \approx 6{,}28$ gilt:

$$\text{Winkelgeschwindigkeit} = 2 \cdot \pi \cdot n : 60 \approx (6{,}28 \cdot 3000 : 60)\frac{1}{\text{s}} = 314\frac{1}{\text{s}}$$

Weil die Motorleistung mit dem Produkt aus Drehmoment und Umlaufgeschwindigkeit gegeben ist, erhalten wir das Drehmoment, indem wir die Leistung durch die Winkelgeschwindigkeit teilen:

$$\text{Drehmoment} = 400 \frac{\text{N} \cdot \text{m}}{\text{s}} : 314/\text{s} = 1{,}27 \text{ N} \cdot \text{m}.$$

Bild 6.02:

Beispiel für die Bestimmung eines Drehmomentes. Die Umfangskraft der Maschine wird mittels eines über die Riemenscheibe aufgelegten Bremsbandes bestimmt. Das Bremsband ist auf beiden Seiten belastet. Einseitig muß ein „Übergewicht" herrschen, durch das die Mitnahme des Bremsbandes beim Umlaufen der Riemenscheibe verhindert wird. Das „Übergewicht" beträgt hier beispielsweise 20 kg.

Bild 6.02 zeigt, wie auf diesem Wege die abgegebene Motorleistung unter Verwendung einer Bremsscheibe und eines Bremsbandes in der Praxis bestimmt wird.

Elektrische Leistung und Watt

Schalten wir einen elektrischen Heizkörper ein, so verbraucht dieser Heizkörper eine gewisse Leistung. Legen wir an dieselbe Spannung einen zweiten gleichen Heizkörper, so werden dadurch der Strom und der Leistungsverbrauch verdoppelt (Bild 6.03).

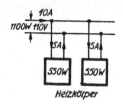

Bild 6.03:

Zwei elektrische Heizkörper liegen gemeinsam an derselben Spannung. Da hier nur die Beträge der Spannungen (und der Ströme) interessieren, darf man, wie es hier geschehen ist, an Stelle eines Spannungs-Pfeiles mit nur einer Spitze zwei Pfeile eintragen.

Schließen wir beide Heizkörper in Reihenschaltung an die doppelte Spannung an (Bild 6.04), so wird — bei gleichem Strom wie zuerst — die Leistung ebenfalls verdoppelt. Das heißt: Die Leistung ist sowohl dem Strom wie auch der Spannung verhältnisgleich. Das besagt, die elektrische Leistung ist durch das Produkt aus Strom und Spannung bestimmt.

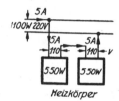

Bild 6.04:

Die beiden Heizkörper von Bild 6.03 sind hier in Reihe an die doppelte Spannung angeschlossen. Bezüglich der zum Eintragen der Spannungen verwendeten Pfeile gilt auch hier das, was im Text zu Bild 6.03 steht.

Den Zusammenhang zwischen Spannung, Strom und Leistung wollen wir nun unter Berücksichtigung der Elektronen für den Fall des Gleichstromes betrachten:

Jedes Elektron, das durch ein Elektrogerät geht, folgt dem Druck der Netzspannung und muß im Elektrizitätswerk — dem Druck der Spannung entgegen — von dem schwächer mit Elektronen besetzten Pol auf den stärker besetzten Pol zurückbefördert werden. Das Elektrizitätswerk hat somit für jedes einzelne dieser Elektronen eine Arbeit zu leisten, die der Höhe der Netzspannung entspricht. Also bedeutet doppelte Spannung für jedes einzelne Elektron die doppelte Arbeit. Das ist so wie beim Heben eines bestimmten Gegenstandes: Doppelte Hubhöhe erfordert die zweifache Anstrengung.

Die Arbeit ist für jedes einzelne Elektron zu leisten, wie jeder einzelne Gegenstand hochgehoben werden muß. Die im Elektrogerät verbrauchte elektrische Leistung wird somit dargestellt durch den mit der Elektronenzahl je Sekunde vervielfachten Spannungswert.

Wir rechnen meist nicht mit Elektronen, sondern mit Ampere, wobei ein Ampere eine bestimmte Elektronenzahl je Sekunde bedeutet. Wenn wir also die Spannung — statt mit der Elektronenzahl — mit dem Strom vervielfachen, ist das Ergebnis der Rechnung ein Maß für die in einer Sekunde geleistete Arbeit. Diese auf eine Sekunde entfallende Arbeit nennt man „Leistung". Daraus folgt wieder der oben auf andere Weise abgeleitete Zusammenhang:

Der Wert der in einem Gerät verbrauchten Leistung ist gleich dem Produkt aus Stromwert und Spannungswert.

Das trifft zunächst einmal für jeden einzelnen Augenblick zu:

Der Augenblickswert der Leistung ist also gleich dem Produkt aus den zu diesem Zeitpunkt vorhandenen Augenblickswerten des Stromes und der zu ihm gehörenden Spannung.

Hieraus würde als Maß für die Leistung das V · A — das Voltampere — folgen. Dieses Maß könnte jedoch, wie wir später sehen werden, bei Wechselstrom zu Mißverständnissen führen. Deshalb hat man statt dessen auch hier, wie bei der mechanischen Leistung (siehe Seite 76) — in Erinnerung an den Erfinder der Dampfmaschine — das **Watt** (abgekürzt W) als Leistungsmaß eingeführt. Mit ihm gilt für jeden Augenblick:

Leistung in W = Spannung in V × Strom in A

oder in Buchstaben mit dem Formelzeichen P für die Leistung:

$$P = U \cdot I$$

Da sich bei Gleichstrom die Augenblickswerte des Stromes und auch der Spannung nicht ändern, gilt die eben angeschriebene Beziehung bei Gleichstrom nicht nur für den einzelnen Augenblick, sondern allgemein.

Man benutzt an Stelle des Watt für große Leistungen das Kilowatt (abgekürzt kW), das 1000 Watt bedeutet, und für kleinere Leistungen das Milliwatt (abgekürzt mW), das $^1/_{1000}$ Watt gleichkommt.

Hierzu nun einige Beispiele:

1. B e i s p i e l : Gleichspannung 220 V, Gleichstrom 5 A. Leistung $P = U \cdot I = 220\,V \cdot 5\,A = 1100\,W$ oder 1,1 kW.

2. B e i s p i e l : Gleichspannung 110 V, Gleichstrom 200 mA. Leistung = 110 V · 200 mA = 22 000 mW oder 22 W.

3. B e i s p i e l : Augenblickswert eines Wechselstromes 12 A, zugehöriger Augenblickswert der Wechselspannung 200 V. Daraus Augenblickswert der Leistung 12 A · 200 V = 2400 W = 2,4 kW.

4. B e i s p i e l : Augenblickswert einer Wechselspannung 300 V, zugehöriger Augenblickswert des Wechselstromes 0 A. Daraus Augenblickswert der Leistung 0 W.

Die folgenden beiden Abschnitte sind nur sinnvoll für ohmsche Widerstände!

Elektrische Leistung, Strom und Widerstand

Dieser Abschnitt bezieht sich — wie der folgende — zunächst auf Gleichstrom und Gleichspannung sowie auf die zusammengehörenden Augenblickswerte einer Wechselspannung und des von ihr in einem

Wirkwiderstand bewirkten Wechselstromes. Doch gilt er darüber hinaus auch (bei ohmschen Wirkwiderständen) für die wirksamen Werte (Effektivwerte) des Wechselstromes und der Wechselspannung.

Wir haben festgestellt: Leistung = Strom × Spannung.

Von früher her wissen wir, daß für eine an einem Widerstand auftretende Spannung die Beziehung gilt:

$$\text{Spannung} = \text{Strom} \times \text{Widerstand.}$$

Daraus erhalten wir:

Leistung = Strom × Strom × Widerstand = Strom² × Widerstand

oder in Buchstaben:

$$P = I^2 \cdot R$$

Diese Fassung wird viel verwendet, wenn der Strom den Ausgangspunkt der Betrachtungen bildet. Z. B. berechnet man die in Leitungen verlorengehende Leistung auf diese Weise. Dabei wird es offensichtlich, daß zum doppelten Strom die 4fache Verlustleistung oder zum 10fachen Strom die 100fache Verlustleistung gehören.

B e i s p i e l: Durch einen Widerstand von 5 Ω geht ein Strom von 10 A. Die Leistung beträgt 10^2 A² · 5 Ω = 100 A² · 5 Ω = 500 W. Steigt der Stromwert auf das 3fache, so ergibt sich eine 3^2fache = 9fache Leistung. Das sind hier 4,5 kW.

Elektrische Leistung, Spannung und Widerstand

Gehen wir wieder von der Beziehung aus

$$\text{Leistung} = \text{Strom} \times \text{Spannung}$$

und ersetzen darin den Strom durch

$$\frac{\text{Spannung}}{\text{Widerstand}},$$

so gewinnen wir folgenden Zusammenhang:

$$\text{Leistung} = \frac{\text{Spannung} \times \text{Spannung}}{\text{Widerstand}} = \frac{\text{Spannung}^2}{\text{Widerstand}}$$

oder in Buchstaben (mit Formelzeichen):

$$P = \frac{U^2}{R}$$

Diese Fassung ist in den Fällen vorteilhaft, in denen die Spannung vom Wert des Widerstandes weitgehend unabhängig ist.

1. B e i s p i e l: Ein Heizkörper, der für 110 V gebaut ist und dabei eine Leistung von 500 W aufnimmt, wird beim versehentlichen An-

schluß an eine Spannung von 220 V aus dem Netz nicht die doppelte, sondern die vierfache Leistung wie an 110 V (2000 W statt 500 W) bekommen.

2. Beispiel : Ein Widerstand von 2 Ω wird an eine Spannung von 4 V gelegt. Das gibt eine Leistung von

$$4^2 \, V^2 : (2 \, \Omega) = 16 \, V^2 : (2 \, \Omega) = 8 \, W.$$

Messen der Gleichstromleistung und des Gleichstromwiderstandes

Bei Gleichstrom folgt die Leistung sehr einfach daraus, daß man Strom- und Spannungswert miteinander vervielfacht. Daher macht es keine Mühe, an Stelle einer unmittelbaren Leistungsmessung, die bei Gleichstrommeßgeräten technisch ihre Nachteile hat, eine Strom- und eine Spannungsmessung durchzuführen und die Leistung aus den zugehörigen Meßergebnissen zu berechnen.

Bild 6.05 und 6.06:

Die beiden Möglichkeiten für den Anschluß der zur Gleichstrom-Leistungs- und Widerstands-Bestimmung nötigen Spannungs- und Strommesser.

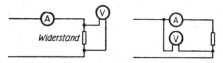

Die Bilder 6.05 und 6.06 zeigen die beiden Schaltmöglichkeiten, die bestehen, wenn die in einem Widerstand verbrauchte Gleichstromleistung mit Strom- und Spannungsmesser bestimmt werden soll.

In dem Fall des Bildes 6.05 sehen wir den Spannungsmesser unmittelbar am Widerstand angeschlossen. Er mißt somit die Spannung, die am Widerstand herrscht. Durch den Strommesser geht in diesem Fall allerdings außer dem Strom, der im Widerstand fließt, auch der zum Spannungsmesser gehörende Strom. Wir messen in der links dargestellten Schaltung die Spannung richtig, aber etwas zuviel Strom.

In dem Fall des Bildes 6.06 wird hingegen ausschließlich der Strom gemessen, der durch den Widerstand geht. Dafür aber messen wir in diesem Fall mit dem Spannungsmesser außer der Spannung am Widerstand noch die Spannung mit, die gebraucht wird, um den Strom durch den Strommesser hindurchzutreiben.

In beiden Fällen wird somit ein Fehler gemacht. Diese Fehler lassen sich, wenn die Instrumentenwiderstände bekannt sind, rechnerisch feststellen und demgemäß auch berücksichtigen. Da Strom- und Spannungsmesser selten Leistungen von mehr als wenigen Watt (meist sogar bei weitem nicht so viel) verbrauchen, können die eben angedeuteten Fehler in der Regel unbeachtet bleiben, wenn die zu messende Leistung etwa 100 W übersteigt.

1. Beispiel : Gemessen wird an einem Heizkörper: Spannung 110 V, Strom 5,2 A. Die Leistung beträgt 110 V · 5,2 A = 572 W. Hier-

6*

bei brauchen wir nicht zu berücksichtigen, ob nach Bild 6.05 oder nach
Bild 6.06 gemessen wurde, da der Instrumenten-Eigenverbrauch
gegenüber den 572 W außer acht bleiben darf.

2. B e i s p i e l : Ein Widerstand von ungefähr 1 Ω ist nachzu-
messen. Welche Schaltung soll benutzt werden? Wir messen ihn in
der Schaltung nach Bild 6.05, weil der Widerstand des Strommessers
gegenüber dem 1 Ω immerhin schon eine Rolle spielen kann.

3. B e i s p i e l : Ein Widerstand von schätzungsweise 20 kΩ soll
gemessen werden. Welche Schaltung ist zu wählen? Wir messen ihn
in der Schaltung nach Bild 6.06. Der ihm vorgeschaltete Strommesser-
widerstand spielt im Vergleich zu den 20 kΩ wohl keine nennenswerte
Rolle. In der Schaltung nach Bild 6.05 würde der Spannungsmesserstrom wahrscheinlich ins Gewicht fallen.

4. B e i s p i e l : Wir messen in der Schaltung nach Bild 6.05. Der
Strommesser hat einen Meßbereich von 0,5 A und 100 Skalenteile.
Sein Ausschlag beträgt 11,5 Skalenteile. Der Spannungsmesser-Meß-
bereich beträgt 30 V bei 150 Skalenteilen. Der Spannungsmesser weist
einen Ausschlag von 40 Skalenteilen auf. Der Strom, der bei Vollausschlag des Spannungsmessers den Spannungsmesser durchfließt, beträgt 3 mA. Die in dem Widerstand verbrauchte Leistung ist anzugeben. Wir rechnen so:

Strom für 1 Skalenteil = 0,5 A : 100 = 0,005 A; Strom für 11,5 Skalenteile 11,5 · 0,005 A = 0,0575 A.

Spannung für 1 Skalenteil = 30 V : 150 = 0,2 V; Spannung für
40 Skalenteile 40 · 0,2 V = 8 V.

Widerstand des Spannungsmessers = Spannung für Vollausschlag :
Strom für Vollausschlag = 30 V : (0,003 A) = 10 000 Ω.

Strom im Spannungsmesser bei 8 V = 8 V : (10 000 Ω) = 0,0008 A.

Strom im Widerstand = gemessener Strom — Strom im Spannungsmesser = 0,0575 A — 0,0008 A = 0,0567 A.

Gesuchter Wert der Leistung = Strom × Spannung = 0,0567 A · 8 V
= 0,4536 W.

Hätten wir den Spannungsmesserstrom, der hier nur unbedeutend
ist, außer acht gelassen, so wären als Leistung 0,0575 A · 8 V = 0,46 W
herausgekommen.

Widerstandsbestimmungen können in derselben Weise durchgeführt
werden wie die Leistungsbestimmungen. Der einzige Unterschied besteht darin, daß für die Widerstandsbestimmung der Spannungswert
durch den Stromwert geteilt werden muß, während für die Leistungs-
bestimmung beide Werte miteinander zu vervielfachen sind. Auch
hier müssen die Einflüsse des Eigenverbrauchs gegebenenfalls beachtet werden.

Elektrische und mechanische Leistung

Elektrische Leistung mißt man, wie wir nun wissen, in Watt oder z. B. auch in Kilowatt. Mechanische Leistung gibt man, wie uns gleichfalls bekannt ist, ebenfalls in Watt an.

Mechanische Leistung läßt sich in elektrische und elektrische Leistung in mechanische umwandeln. Damit werden wir uns noch beschäftigen.

Aus der Möglichkeit solcher Umwandlungen schließen wir mit Recht, daß man eine in Watt gegebene elektrische Leistung ebenfalls ohne Schwierigkeiten in die alte, aber noch oft verwendete Einheit Pferdestärken umrechnen kann. Zwischen PS und Watt besteht folgende Beziehung: 1 W = $^1/_{736}$ PS oder 1 PS = 736 W.

Beispiele: 1. Eine Leistung von 2800 W ist gleichbedeutend mit einer Leistung von $\dfrac{2800\ \text{W}}{736\ \text{W}:\text{PS}} = \dfrac{2800}{736}$ PS $\approx$ 3,8 PS.

2. Eine Leistung von 8 PS läßt sich auf Watt so umrechnen: 8 PS · 736 W : PS $\approx$ 6000 W oder 6 kW.

Elektrische Arbeit

Wir haben die Leistung als die auf die Zeiteinheit (z. B. auf eine Sekunde) entfallende Arbeit kennengelernt. Der Schritt von der Leistung zur Arbeit ist demnach sehr einfach, falls wir voraussetzen dürfen, daß die Leistung ihren Wert ständig beibehält:

Um aus der Betriebszeit und der während dieser Zeit gleichmäßig verbrauchten Leistung die Arbeit zu erhalten, brauchen wir nur Leistung und Betriebszeit miteinander zu vervielfachen.

Setzen wir die Betriebszeiten in Sekunden ein, so erhalten wir als Einheit der elektrischen Arbeit die W a t t s e k u n d e. Für längere Zeiten benötigen wir jedoch als Zeiteinheit statt der Sekunde die Stunde. Dementsprechend wird an Stelle der Wattsekunde meist die W a t t s t u n d e verwendet, wobei eine Wattstunde natürlich 3600 Wattsekunden bedeutet. Es gibt also für ständig gleichbleibende Leistung:

Arbeit in Wattstunden = Leistung in Watt × Zeit in Std.

oder mit den Formelzeichen W für die Arbeit, P für die Leistung und t für die Zeit:

$$W = P \cdot t$$

Eine solche Formel gilt übrigens ganz allgemein: Wir dürfen z. B. für die Leistung ebenso Wattsekunden wie auch Kilowattstunden einsetzen, müssen aber daraus natürlich die Konsequenzen ziehen!

B e i s p i e l : Die Leistung betrage 75 W und die Betriebszeit 4 Stunden. Die verbrauchte Arbeit ergibt sich unter diesen Verhältnissen zu 75 W · 4 h = 300 Wattstunden.

Auch die Wattstunde ist für die elektrische Arbeit vielfach ein zu kleines Maß. Infolgedessen gebraucht man an ihrer Stelle häufig die K i l o w a t t s t u n d e , die selbstverständlich 1000 Wattstunden umfaßt. „Kilowattstunde" kürzt man ab mit „kW · h" (h ist der Anfangsbuchstabe von „hora", dem lateinischen Wort für „Stunde").

Die Umrechnung der mechanischen in die elektrische Arbeit ist ganz einfach: $1 N · m = 1 J = 1 W · s$.

Elektronenvolt

Heute, im Zeitalter der Kernphysik, betrachtet man die Vorgänge vielfach nicht nur wie früher im großen, sondern auch vom Standpunkt der einzelnen Atome und Elektronen. Daraus hat sich ergeben, daß man als Maß für die elektrische Arbeit auch das Elektronenvolt benutzt. Das einzelne Elektron hat eine Ladung von $1,59 · 10^{-19}$ Amperesekunden. Multipliziert man diese Ladung mit einem Volt, so gibt das $1,59 · 10^{-19}$ Wattsekunden. D. h.: $1 eV = 1,59 · 10^{-19} W · s$.

Messen der elektrischen Arbeit

Das Elektrizitätswerk stellt uns in der Wohnung die Netzspannung zur Verfügung. Solange nun eine Lampe oder ein Gerät in der Wohnung eingeschaltet ist, fließt ein Strom. Es wird elektrische Arbeit verbraucht, und das Werk muß diese Arbeit liefern.

Als Grundlage des Verrechnens der Arbeit muß diese gemessen werden. Das geschieht mit Hilfe des Elektrizitätszählers, der fast immer elektromechanisch arbeitet.

Der elektromechanische Zähler hat einen „Anker" (meist eine Scheibe). Die Ankerdrehgeschwindigkeit entspricht der jeweils entnommenen Leistung, die Zahl der Ankerumdrehungen der entnommenen Arbeit.

Die Betriebskosten

Die Elektrizitätswerke verrechnen die Arbeit in Kilowattstunden. Dabei schwankt der Preis der Kilowattstunde — je nach den örtlichen Verhältnissen sowie manchmal auch je nach den Betriebszeiten und Abnahmebedingungen — ganz erheblich: Für Haushalte hat man mit Kilowattstundenpreisen von etwa 5 Pfennig bis 50 Pfennig zu rechnen.

Bei bekanntem Kilowattstundenpreis und gegebenen Werten der Leistungsaufnahme sowie der Betriebszeit können wir die Betriebskosten eines Elektrogerätes, soweit sie durch die Leistungsentnahme aus dem Netz bedingt sind, berechnen.

1. B e i s p i e l : Ein Gerät nimmt eine Leistung von 20 W auf und ist täglich schätzungsweise etwas mehr als 3 Stunden in Betrieb. Der Preis der Kilowattstunde beträgt 30 Pfennig. Die monatlichen Betriebskosten sind zu ermitteln. Die monatliche Betriebszeit ergibt sich bei etwas mehr als 3 Stunden täglich und bei 30 Tagen zu rund 100 Stunden. Hieraus erhalten wir zusammen mit der gegebenen Leistung (20 W) eine Arbeit von 100 h · 20 W = 2000 Wattstunden oder 2000 W · h : 1000 = 2 Kilowattstunden. Bei 30 Pfennig je Kilowattstunde macht das im Monat 60 Pfennig aus.

2. B e i s p i e l : Ein Elektrowärmegerät braucht an 220 V Gleichspannung einen Strom von 2 A. Das Gerät ist monatlich etwa 150 Stunden in Betrieb. Die Kilowattstunde kostet 20 Pfennig. Mit 220 V bedeuten die 2 A eine Leistung von 2 A · 220 V = 440 W. Für 150 Stunden erhalten wir hieraus eine elektrische Arbeit von 150 h · 440 W = 66 000 Wattstunden oder 66 Kilowattstunden. Das ergibt an monatlichen Betriebskosten einen Betrag von (66 · 20 = 1320) Pfennig oder 13,20 DM.

3. B e i s p i e l : Ein Rundfunkgerät verbrauche 48 W. Wie lange kann man das Gerät bei einem Kilowattstundenpreis von 20 Pfennig für eine Mark betreiben? Zu einer Mark gehören bei 20 Pfennig je Kilowattstunde 100 Pf : (20 Pf je kW · h) = 5 Kilowattstunden oder 5000 Wattstunden. Die Betriebsstundenzahl, die dem entspricht, erhalten wir, indem wir die 5000 Wattstunden durch die gegebene Leistung teilen. 5000 W · h : (48 W) = 104 Betriebsstunden. Rechnen wir 100 Stunden je Monat, so bedeutet das eine Zeitspanne von etwa einem Monat.

Noch eine oft erörterte Frage: Wie steht es mit der **Grundgebühr,** die bezahlt werden muß — auch wenn keine Arbeit entnommen wird? Nun, wer einen Anschluß an das Netz innehat, beansprucht damit, daß ihm das Kraftwerk Leistung zur Verfügung stellt. Ein Teil der Maschinen, der Kraftwerks-Einrichtungen, der Leitungen und auch des Personals müssen für den einzelnen Teilnehmer vorgesehen sein — und zwar nach Maßgabe der von ihm möglicherweise beanspruchten Leistung. Dafür wird die Grundgebühr erhoben, die natürlich auch die — meist geringe — Zählermiete in sich einschließt.

Elektrische Arbeit und Wärme

Geht ein Strom durch einen Widerstand, so verwandelt sich die dabei verbrauchte elektrische Arbeit in Wärme.

Die so entstehende Wärme erwärmt den Widerstand und „fließt" von ihm in dessen Umgebung ab.

Der zwischen der elektrischen Arbeit und der aus ihr sich bildenden Wärmemenge bestehende Zusammenhang ist ganz einfach, da für die gleiche Einheit Wattsekunden bzw. Joule gilt. Früher wählte man als Einheit der Wärmemenge die Wärme, die ein Kilogramm Wasser um einen Grad Celsius wärmer macht. Man nannte diese Einheit eine „Kilokalorie" (Abkürzung kcal).

Es gilt: $1 \, kW \cdot h = 860 \, kcal$. Weiteres und Beispiele hierzu finden sich auf Seite 146.

Arbeit aus Masse

Elektrische Arbeit gewinnt man mit Hilfe von Generatoren, die mit Wasser- oder Wärmekraftmaschinen angetrieben werden. Die für den Betrieb der Wärmekraftmaschinen benötigte Wärme wird auf herkömmliche Weise mit chemischer Verbrennung (meist Kohle in Luftsauerstoff zu Kohlensäure) gewonnen. Neuerdings erzielt man sie in Kernreaktoren durch Spalten von Uran. Indem sich das Uranatom in andere Atome aufspaltet, geht insgesamt ein kleiner Teil seiner Masse verloren und tritt als Wärme auf. Aus 1 kg Uran erhält man in einem der heutigen Reaktoren etwa $1\,000\,000 \, kW \cdot h$. Aus 1 kg Kohle kann man durch Verbrennung ca. 10 kWh gewinnen. In bezug auf die erzielbare Wärmearbeit bedeuten somit 10 mg Uran ebensoviel wie 1 kg Kohle, wobei aber auch vom Uran noch lange nicht diese ganze Masse in Arbeit umgesetzt wird!

Hier taucht die Frage auf, woher die Verbrennungswärme stammt, die beim Verbrennen von Kohle frei wird. Mit der Antwort, sie ergäbe sich aus der Verbrennung, ist wenig erklärt. Schon etwas befriedigender ist der Hinweis darauf, daß im Kohlenstoff und im Sauerstoff insgesamt mehr Arbeit gespeichert ist als in der beim Verbrennen daraus gebildeten Kohlensäure. Auch hier handelt es sich letzten Endes um ein Umwandeln von Masse in Wärmearbeit:

Die Masse der Kohlensäure ist ein klein wenig geringer als die Summe der Massen von Kohlenstoff und Sauerstoff, die zusammen die Kohlensäure bilden. Daß dieser Massenunterschied noch nie jemandem aufgefallen ist, erklärt sich aus seiner Kleinheit: Das, was hier an Masse verlorengeht, verhält sich zu der Kohlensäuremenge wie etwa eine Sekunde zu hundert Jahren.

Das Wichtigste

1. Die elektrische Leistung hängt in jedem Augenblick mit den zu diesem Augenblick gehörenden Werten des Stromes und der Spannung so zusammen:

   Leistung = Strom × Spannung.

2. Diese Beziehung gilt für Gleichstrom und Gleichspannung nicht nur in den einzelnen Zeitpunkten, sondern über die gesamten Betriebszeiten.

3. Die Einheit der Leistung ist das Watt (W), statt dessen man für größere Leistungen das Kilowatt (1 kW = 1000 W) verwendet.

4. Mit den Einheiten läßt sich in jedem Augenblick für die zugehörigen „Augenblickswerte" sowie für Gleichstrom allgemein folgende Beziehung aufstellen:

   Leistung in W = Strom in A × Spannung in V.

5. Statt dieser Beziehung können wir für Gleichstrom und ohmsche Widerstände auch schreiben:

   Leistung in W = (Strom in A)^2 × Widerstand in Ω oder

   $$\text{Leistung in W} = \frac{(\text{Spannung in V})^2}{\text{Widerstand in } \Omega}$$

6. Die elektrische Arbeit ist für gleichbleibenden Wert der Leistung oder für den Durchschnittswert der Leistung gegeben mit:

   Elektrische Arbeit = elektrische Leistung × Zeit.

7. Als Arbeitseinheiten verwendet man die Wattsekunde, die Wattstunde und — in der Starkstromtechnik meist — die Kilowattstunde, die 1000 Wattstunden oder 3 600 000 Wattsekunden umfaßt.

Sechs Fragen

1. Ein Gegenstand von einer Tonne ist in 25 s um 10 m zu heben. Das soll mit Hilfe eines Elektromotors geschehen. Hierzu sei angenommen, daß der Motor wegen der unvermeidlichen Verluste doppelt soviel Leistung aufweisen muß, wie zum Heben des Gegenstandes benötigt wird. Für welche Leistung muß der Motor bemessen sein?

2. Ein Bügeleisen, das für 110 V gebaut ist, wird versehentlich an 220 V angeschlossen. Das Wievielfache der Normalleistung wird hierbei in Wärme umgesetzt?

3. Bei 220 V Verbrauchernetzspannung fließen an Verbrauchswirk-strom während 20 min 10 A, anschließend während 50 min 8 A und hieran anschließend während 30 min 12 A. Wie groß ist der Wert der vom Verbraucher entnommenen Arbeit?

4. Ein Widerstand von 100 Ω soll von Strömen bis zu 12 A durch-flossen werden. Für welche Leistung müssen wir diesen Wider-stand bemessen?

5. Die Leitung, die von einem Speisepunkt zu dem in Frage 3 er-wähnten Verbraucher führt, habe einen Widerstand von 0,9 Ω. Welche Arbeit geht in diesen 0,9 Ω bei den unter 3 angegebenen Belastungen verloren?

6. Die Werte sämtlicher drei Belastungsströme, die in Frage 3 er-wähnt sind, mögen verdoppelt werden. Welche verbrauchte Ar-beit und welche Verlustarbeit folgen daraus?

7. Elektrische Leistung und Arbeit bei Ein- und Dreiphasenstrom

Einphasen- und Dreiphasenstrom

Einphasenwechselstrom ist der gewöhnliche Wechselstrom, für den zwei Leitungen zum Anschluß nötig sind. Zu Dreiphasenwechselstrom gehören drei oder vier Anschlußleitungen. Verwenden wir zum Anschluß an ein Dreiphasennetz nur zwei Leitungen, so haben wir in unserem Anschluß Einphasenwechselstrom. Schon aus dieser Tatsache folgt, daß alle Überlegungen, die wir beim Einphasenwechselstrom anstellen, grundsätzlich auch für Dreiphasenanschlüsse gelten und daß für diese Anschlüsse nur einige ergänzende Betrachtungen nötig sind. In den folgenden Abschnitten ist, wie üblich, der Einphasenwechselstrom kurz als „Wechselstrom" bezeichnet.

Wechselstromleistung für Phasengleichheit zwischen Strom und Spannung

Bild 7.01 zeigt den zeitlichen Verlauf einer Wechselspannung und eines dazugehörigen Wechselstromes. Die Spannung hat einen Scheitelwert von etwa 300 V, während der Scheitelwert des Stromes ungefähr 1,5 A beträgt. Wie wir aus den Zeitangaben entnehmen können, handelt es sich dabei um eine Frequenz von 50 Hz. Eine Periode erstreckt sich nämlich über 0,02 s oder, was dasselbe heißt, über ¹/₅₀ Sekunde.

Bild 7.01:
Eine Wechselspannung mit einem ihr phasengleichen Wechselstrom. Die wirksamen Werte betragen für die Spannung 212 V und für den Strom 1,06 A. Der Zeitmaßstab läßt eine Frequenz von 50 Hz erkennen.

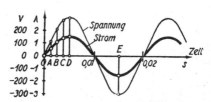

Zwischen Spannung und Strom besteht hier Phasengleichheit. Das bedeutet: Spannung und Strom sind z. B. im Zeitpunkt O beide gleich Null, wachsen dann bis zum Zeitpunkt D an, um in diesem Zeitpunkt beide ihre Scheitelwerte zu erreichen, gehen wieder zusammen durch O und erreichen im Zeitpunkt E wiederum miteinander ihre negativen Scheitelwerte.

Man sagt hierzu: Spannung und Strom befinden sich miteinander in Phase oder zwischen Spannung und Strom herrscht Phasengleichheit. Das trifft für Bild 7.01 zu.

Bei Wechselstrom ändern Strom und Spannung ständig Wert und Vorzeichen. Daher kann auch der Wert der Wechselstromleistung nicht gleichbleiben. Wir betrachten das an einigen Beispielen: Bild 7.01

zeigt eine Wechselspannung und den dazugehörigen Wechselstrom. Spannung und Strom haben für jeden Augenblick andere Werte. Vervielfachen wir einen Stromwert mit dem zum selben Augenblick gehörenden Spannungswert, so erhalten wir die in diesem Zeitpunkt verbrauchte Leistung. Wir stellen im Bild die Strom- und Spannungswerte für die Zeitpunkte O, A, B, C, D und E fest, vervielfachen die beiden zu einem jeden Zeitpunkt gehörenden Werte miteinander und schreiben die gefundenen Zahlen folgendermaßen zusammen:

Zeitpunkt	O	A	B	C	D	E
Strom A	0	0,58	1,06	1,39	1,5	—1,5
Spannung V	0	116	212	278	300	—300
Leistung W	0	67	225	386	450	450

Tragen wir die berechneten Werte abhängig von der Zeit auf, so erhalten wir Bild 7.02. Dieses Bild zeigt, daß die Leistung zwischen

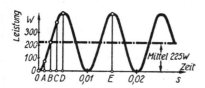

Bild 7.02:

Zeitlicher Verlauf der Wechselstromleistung zu Bild 7.01. Für die Arbeit maßgebender Leistungsmittelwert 225 W. Leistungs-Scheitelwert hier gleich Strom-Scheitelwert × Spannungs-Scheitelwert = 1,5 A × 300 V = 450 W. 225 W ist die Hälfte davon.

dem mit den Scheitelwerten des Stromes und der Spannung gegebenen Wert und dem Wert Null schwankt. Der Scheitelwert der Leistung beträgt in unserem Beispiel 1,5 A · 300 V = 450 W. Dazu gehören als Mittelwert 450 W : 2 = 225 W. In der Praxis kommt es fast immer nur auf den Leistungsmittelwert — d. h. auf die durchschnittliche Leistung an. Für einen zeitlichen Leistungsverlauf nach Bild 7.02 gilt:
Durchschnittliche Leistung =

$$\frac{1}{2} \times \text{Stromscheitelwert} \times \text{Spannungsscheitelwert}$$

Über diese Leistungs-Gleichung kommen wir nun zum Verständnis der wirksamen Werte: Die wirksamen Werte (Effektivwerte) sind die Werte, die unmittelbar zur Leistung führen:

Durchschnittliche Leistung =

wirksamer Stromwert × wirksamer Spannungswert

Das stimmt mit dem Faktor 0,707 (s. Seiten 26 und 36) überein. Es ist nämlich $\qquad 0,707 \times 0,707 \approx 0,5 = \dfrac{1}{2}$

Beispiel : Der wirksame Wert des Stromes mit dem Scheitelwert von 1,5 A beläuft sich auf 1,5 A · 0,707 = 1,06 A und der wirksame Wert der Spannung mit dem Scheitelwert von 300 V auf 212 V. Vervielfachen wir die beiden wirksamen Werte miteinander, so erhalten wir 1,06 A · 212 V ≈ 225 W. Für den in Bild 7.01 gezeigten Fall gewinnen wir also die mittlere — für die Arbeit maßgebende — Leistung, indem wir die wirksamen Werte des Stromes und der Spannung miteinander vervielfachen.

Wir wollen den Zusammenhang zwischen Scheitelwert und Effektivwert eines Stromes noch einmal betrachten. Der Strom durchfließe einen Wirkwiderstand von 200 Ω und habe einen Scheitelwert von 1,5 Ampere. Die Leistung ergibt sich in jedem Augenblick als Strom × Strom × Widerstand $(P = I^2 \cdot R)$, wozu — wegen der entsprechend gewählten Zahlenwerte — der zeitliche Leistungsverlauf nach Bild 7.02 gehört.

Die Scheitelwerte der Leistungskurve betragen $1,5^2 \cdot 200$ Watt. Der Durchschnittswert beläuft sich auf $0,5 \cdot 1,5^2 \cdot 200$ Watt. Wir teilen den Faktor 0,5 auf, indem wir an seiner Stelle 0,707 × 0,707 schreiben. Damit wird der Durchschnittswert der Leistung $(0,707 \cdot 1,5 \text{ A})^2 \cdot R$ $= I^2 \cdot R,$ wenn man unter I — wie üblich — den wirksamen Wert (den Effektivwert) versteht. Also

$$I \approx I_{\text{max}} \cdot 0,707.$$

Statt 0,707 schreibt der Mathematiker genauer $\dfrac{1}{\sqrt{2}}$. Hierin ist $\sqrt{2}$,

gesprochen **Wurzel aus zwei** oder **zweite Wurzel aus Zwei** oder **Quadratwurzel aus Zwei,** die Zahl, die mit sich selbst vervielfacht die Zahl Zwei ergibt. Bitte, probieren Sie das mit: 1 : 0,707 ≈ 1,414! Es ist 1,414 · 1,414 ≈ 2   aber $\sqrt{2} \cdot \sqrt{2} = 2$ und

$$0,707 \cdot 0,707 \approx 0,5, \text{ aber } \frac{1}{\sqrt{2}} \cdot \frac{1}{\sqrt{2}} = 0,5.$$

Beispiele für Phasenverschiebungen

In Bild 7.01 „herrscht" zwischen Strom und Spannung **Phasengleichheit,** was man auch dadurch ausdrückt, daß man sagt: Strom und Spannung sind hier „phasengleich" oder „(miteinander) in Phase".

Spannung und Strom können aber auch, wie in Bild 7.03 dargestellt, gegeneinander phasenverschoben sein. Das mutet uns zunächst nicht ganz glaubhaft an. Doch läßt sich die grundsätzliche Möglichkeit solcher Phasenverschiebungen an ein paar einfachen Beispielen aus der Mechanik leicht einsehen:

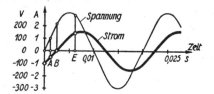

Bild 7.03:

Hier eilt der Wechselstrom der zugehörigen Wechselspannung um $1/8$ Periode nach. Der Strom steigt vom Wert 0 (Zeitpunkt B) aus erst an, wenn die Spannung schon einen Wert von 212 V erreicht hat.

Als erstes Beispiel denken wir uns einen Gummistrang, der zwischen Decke und Boden eines Raumes senkrecht ausgespannt sei. In der Mitte des Gummistranges möge sich ein Griff befinden. Diesen fassen wir an, um ihn waagerecht hin und her zu bewegen. Die Bewegung verlangt einen Kraftaufwand. Die Kraft, die wir benötigen, wächst in dem Maß, in dem wir den Gummistrang spannen, das heißt in dem Maß, in dem wir den Griff aus seiner Ruhelage entfernen. Geschieht die Bewegung aus der Mittellage heraus z. B. von links nach rechts, so wächst damit die Kraft, die wir nach rechts auf den Griff ausüben müssen. Sie erreicht ihren Scheitelwert für den Punkt, in dem wir diese Bewegung in der einen Richtung beenden. Um den Griff nun wieder in die Ruhelage zurückgehen zu lassen, müssen wir die — immer noch in der ursprünglichen Richtung — wirkende Kraft vermindern. Die Kraft wird zu Null, während der Griff die Ruhelage passiert, und wächst dann in umgekehrter Richtung an, bis die andere Endstellung erreicht ist. Zwischen Kraft und Bewegung besteht hier eine Phasenverschiebung: Die Kraft hat ihren Scheitelwert jeweils dann, wenn sich die Bewegungsrichtung umkehrt, wenn die Bewegung also einen Augenblick aufhört bzw. damit zu Null wird. Wir können dieses Beispiel noch weiter durchdenken und kommen so darauf, daß die zur Spannung des Gummistranges aufgewandte Kraft und die Bewegungsgeschwindigkeit des Griffes gegeneinander um ein Viertel einer Periode verschoben sind.

Als zweites Beispiel denken wir uns einen sehr schweren Wagen, der mit Kugellagern ausgerüstet sei, so daß er auf dafür vorgesehenen Schienen fast ohne jede Reibung zu laufen vermag. Wir wollen diesen Wagen hin und her bewegen. Der Wagen stehe zu Beginn an dem einen Ende der Bahn. Um ihn in Schwung zu bringen, müssen wir zunächst eine große Kraft aufwenden. Ist der Wagen dann in Schwung, so kann die auf ihn ausgeübte Kraft mehr und mehr abnehmen. Hat der Wagen die Mitte seines Weges überschritten, so müssen wir eine seiner Bewegung entgegengesetzt wirkenden Kraft aufwenden, um ihn wieder zum Stillstand zu bringen. Diese Kraft lassen wir mehr und mehr anwachsen. Wir üben sie auf den Wagen auch dann weiter aus, wenn er zum Stillstand gekommen ist. Wir wollen den Wagen nämlich wieder nach seinem Ausgangspunkt hin befördern, was mit Hilfe dieser Kraft zu geschehen hat. Überlegen wir uns auch dieses Beispiel im einzelnen, so erkennen wir, daß — wie im vorhergehenden Fall — eine Phasenverschiebung von einem Viertel einer Periode auftritt. Während im ersten Beispiel für die Bewegung gegenüber der Kraft ein Voreilen von einem Viertel einer Periode galt, handelt es sich im zweiten Fall um eine Bewegung, die der Kraft um ein Viertel einer Periode nacheilt.

Ein entsprechendes Beispiel zu der Phasengleichheit zwischen Spannung und Strom wäre etwa mit der Bewegung einer Feile auf einem Eisenstück gegeben. Hier folgt die Bewegung der Feile der auf sie ausgeübten Kraft genau. Wollen wir die Feile von links nach rechts bewegen, so ist es dafür notwendig, sie auch von links nach rechts zu schieben. Üben wir auf die Feile keine Kraft aus, so bleibt sie in ihrer jeweiligen Stellung stehen. Wirkt die Kraft auf sie von rechts nach links, so bewegt sie sich ebenfalls in dieser Richtung.

Wechselstromleistung und Phasenverschiebung

In Bild 7.03 eilt der Strom der Spannung um ein Achtel einer Periode nach. Bei Vorhandensein einer Phasenverschiebung fällt der Nullwert des Stromes nicht mit dem Nullwert der Spannung zusammen. Die Leistung erreicht den Wert Null jedesmal, wenn Strom oder Spannung Null werden. Wir rechnen wieder für die einzelnen Zeitpunkte die Leistungen aus: Wir erhalten sie, wenn wir jeweils einen Stromwert mit dem zum selben Zeitpunkt gehörenden Spannungswert vervielfachen. Dies wird in folgender Zusammenstellung beispielsweise für die Zeitpunkte O, A, B und E im Bild 7.03 durchgeführt:

Zeitpunkt	O	A	B	E
Strom A	— 1	— 0,5	0	1,4
Spannung V	0	100	210	280
Leistung W	0	— 50	0	392

Nach Durchrechnen weiterer Punkte gewinnen wir als Ergebnis den in Bild 7.04 veranschaulichten Zusammenhang. Die Leistungswerte fallen zeitweise — z. B. in der zwischen den Zeitpunkten O und B liegenden Zeitspanne — negativ aus. Hierbei geht Leistung an das Netz oder an die Wechselstromquelle zurück, während sonst natürlich Leistung aus dem Netz bezogen wird. Insgesamt zeigt Bild 7.04 denselben zeitlichen Leistungsverlauf wie Bild 7.02 — mit dem einen, allerdings wesentlichen Unterschied, daß der Mittelwert in

Bild 7.04 tiefer liegt als in Bild 7.02. Hier ist die mittlere Leistung geringer als der Wert, der sich ergibt, wenn die wirksamen Werte des Stromes und der Spannung miteinander vervielfacht werden. Da Phasenverschiebungen zwischen Spannung und Strom ziemlich häufig vorkommen, ist die Leistung bei Wechselstrom im allgemeinen kleiner als der Wert, der sich mit dem Vervielfachen der wirksamen Werte der Spannung und des Stromes ergibt. Anders ausgedrückt heißt das: Die Wechselstromgeräte und Wechselstrommotoren lassen vielfach mehr Strom durch, als es der aufgenommenen Leistung entspricht.

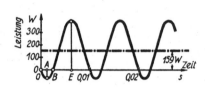

Bild 7.04:
Der zu Bild 7.03 gehörende zeitliche Verlauf der Leistung und der daraus folgende Mittelwert, der hier wegen der zwischen Strom und Spannung vorhandenen Phasenverschiebung nur 159 W — statt 225 W bei Phasengleichheit — beträgt.

Der Leistungsfaktor

Um bei Wechselstrom trotz der Möglichkeit der Phasenverschiebung die Beziehung zwischen der mittleren Leistung und den wirksamen Werten des Stromes und der Spannung stets beibehalten zu können, hat man den „Leistungsfaktor" eingeführt. Dieser besteht in einer Zahl, die zwischen Null und Eins liegt, und ist mit folgenden Zusammenhang gegeben:

Mittlere Wechselstromleistung = Wirkleistung =

= Strom-Effektivwert $\times$ Spannungs-Effektivwert $\times$ Leistungsfaktor

oder, wenn wir beide Seiten der Gleichung durch den Ausdruck Strom-Effektivwert $\times$ Spannungs-Effektivwert teilen und die Seiten der Gleichung miteinander vertauschen:

$$\text{Leistungsfaktor} = \frac{\text{Wirkleistung}}{\text{Strom-Effektivwert} \times \text{Spannungs-Effektivwert}}$$

Für den Leistungsfaktor hat man das Formelzeichen λ (kleiner griechischer Buchstabe Lambda). Eigentlich gehört zum Leistungsfaktor die Einheit W : (V · A). Meistens betrachtet man den Leistungsfaktor aber, wie oben angedeutet, als reine Zahl.

Der Winkel φ (Phi)

Eine Periode können wir, was aus dem späteren Kapitel 8 besonders klar wird, als vollen Winkel (360°) auffassen (Bild 7.05). Damit

96

gewinnen wir die Möglichkeit, die Phasenverschiebung zwischen Strom und Spannung durch Angabe eines W i n k e l s zu kennzeichnen. Ein Achtel Periode ist z. B. einem Winkel von 360° : 8 = 45° gleichwertig. In Bild 7.03 beträgt die Phasenverschiebung demgemäß 45°. Da der Strom der Spannung nacheilt, handelt es sich hier um 45° Stromnacheilen.

Der Winkel, der die Phasenverschiebung zwischen Strom und Spannung angibt, wird allgemein „Phi" genannt und mit dem so

Bild 7.05:
Der zeitliche Verlauf eines Wechselstromes ist hier so dargestellt, daß die Zeitachse eine Winkelteilung trägt. Zu einer Periode gehört ein voller Winkel.

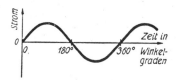

ausgesprochenen kleinen griechischen Buchstaben φ bezeichnet. Für Bild 7.03 gilt somit: $\varphi = 45°$.

Das Zerlegen des Stromes bei Phasenverschiebung

Bevor wir uns mit dem Winkel weiter beschäftigen, wenden wir uns den Bildern 7.06 ... 7.08 zu. In Bild 7.06 ist der tatsächlich fließende Strom, der Gesamtstrom, in zwei Ströme zerlegt, von denen der eine **Wirkstrom** und der andere **Blindstrom** heißt.

Der Wirkstrom ist mit der Spannung in Phase, der Blindstrom weist gegen sie eine Verschiebung um ein Viertel einer Periode auf.

Wir verstehen die Zerlegung am besten, wenn wir zunächst die beiden Teilströme (den Wirkstrom und den Blindstrom) als gegeben ansehen und die Augenblickswerte des Gesamtstromes aus den

Bild 7.06:
Das Zerlegen des Stromes in den Wirkstrom, der der Spannung phasengleich ist, und in den Blindstrom, der gegen die Spannung um ¼ Periode phasenverschoben ist.

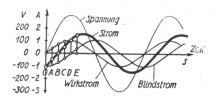

Augenblickswerten des Wirkstromes und des Blindstromes ermitteln. Im Zeitpunkt O hat der Wirkstrom den Wert Null. Hierbei muß der Augenblickswert des Gesamtstromes mit dem des Blindstromes übereinstimmen: $0\,A + (-1\,A) = 0\,A - 1\,A = -1\,A$. Im Zeitpunkt A hat der Wirkstrom einen Wert von etwa 0,4 A, während der des Blindstromes ungefähr — 0,9 A beträgt. Das gibt für den Gesamtstrom $0,4\,A - 0,9\,A = -0,5\,A$. Diese beiden Rechnungen sind mit weiteren Rechnungen in folgender Zusammenstellung vereinigt:

Zeitpunkt	Berechnung des Gesamt-stromaugenblickswertes	Gesamtstrom-augenblickswert
O	0 A und dazu $-1,0$ A $=$	$-1,0$ A
A	0,4 A und dazu $-0,9$ A $=$	$-0,5$ A
B	0,75 A und dazu $-0,75$ A $=$	0 A
C	0,9 A und dazu $-0,4$ A $=$	$+0,5$ A
D	1,0 A und dazu 0 A $=$	$+1,0$ A
E	0,9 A und dazu $+0,4$ A $=$	$+1,3$ A

Die hier für den Gesamtstrom gefundenen Augenblickswerte finden sich in Bild 7.06. Die dort eingezeichnete Gesamtstromlinie verbindet sie miteinander.

Wir beachten, daß die Zerlegung des tatsächlich fließenden Gesamtstromes in Wirkstrom und Blindstrom hier nur in der Rechnung oder in der zeichnerischen Darstellung durchgeführt wird. Wirk- und Blindstrom fließen im allgemeinen nicht getrennt, sondern bilden Anteile des Gesamtstromes. Hierauf kommen wir noch zurück. Statt „Anteile" sagt man auch „Komponenten".

Wirk- und Blindleistung

Von der Stromzerlegung wollen wir nun wieder zur Leistung übergehen. Wir berechnen getrennt die Leistungen, die zu Spannung und Wirkstrom sowie zu Spannung und Blindstrom gehören: Die Spannungs- und Strom-Augenblickswerte entnehmen wir aus Bild 7.06. Das gibt:

Zeit-punkt	Spannung $\times$ Wirkstrom = Wirkleistung	Spannung $\times$ Blindstrom = Blindleistung
O	$0\,V \cdot 0$ A $=$ 0 W	$0\,V \cdot -1,0$ A $=$ 0 VA
A	$100\,V \cdot 0,4$ A $=$ 40 W	$100\,V \cdot -0,9$ A $= -$ 90 VA
B	$200\,V \cdot 0,795$ A $=$ 159 W	$200\,V \cdot -0,795$ A $= -159$ VA
C	$250\,V \cdot 0,9$ A $=$ 225 W	$250\,V \cdot -0,4$ A $= -100$ VA
D	$300\,V \cdot 1,06$ A $=$ 318 W	$300\,V \cdot 0$ A $=$ 0 VA
E	$250\,V \cdot 0,9$ A $=$ 225 W	$250\,V \cdot +0,4$ A $= +100$ VA

In Bild 7.07 ist die aus Spannung und Wirkstrom berechnete **Wirkleistung** abhängig von der Zeit aufgetragen. Bild 7.08 zeigt die aus Spannung und Blindstrom berechnete **Blindleistung** in ihrem zeitlichen Verlauf.

Bild 7.07:

Der zeitliche Verlauf der Wirkleistung, die zu der Spannung und dem Wirkstrom von Bild 7.06 gehört. Der Mittelwert der Wirkleistung beträgt 159 W.

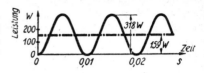

Bild 7.08:

Der zeitliche Verlauf der Blindleistung, die zu der Spannung und zu dem Blindstrom von Bild 7.06 gehört. Der Mittelwert der Blindleistung ist Null.

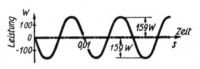

In Bild 7.07 ist der für die Arbeit maßgebliche Leistungsmittelwert gleich 159 W und damit ebenso groß wie der Leistungsmittelwert, der sich ergibt, wenn wir der Rechnung die Spannung und den Gesamtstrom zugrunde legen (Bilder 7.03 und 7.04). Hieraus schließen wir, daß im Verein mit der Spannung zur mittleren Leistung lediglich der Wirkstrom etwas beiträgt, während der Blindstrom für die mittlere Leistung keine Rolle spielt. Das wird durch Bild 7.08 bestätigt, in dem der zum Blindstrom gehörende Leistungsmittelwert tatsächlich gleich Null ist. Wir prüfen dies noch mit Hilfe der wirksamen Werte nach. Den wirksamen Wert der Spannung, deren Scheitelwert 300 V beträgt, haben wir schon zu 300 V · 0,707 = 212 V berechnet. Der wirksame Wert des Wirkstromes, der einen Scheitelwert von 1,06 A aufweist, beträgt 1,06 A · 0,707 = 0,75 A. Die Wirkleistung berechnet sich mit diesen Zahlenwerten zu 212 V · 0,75 A = 159 W.

Nun begreifen wir zunächst einmal die Bezeichnungen „Wirk" und „Blind". „Wirkstrom" bedeutet, daß zu diesem Strom die mittlere, für die Arbeit maßgebende Leistung — die „Wirkleistung" — gehört. „Blindstrom" sagt uns, daß dieser Strom zur mittleren Leistung nichts beiträgt (vgl. den Ausdruck „Blindstrom" mit „Blindgänger"!).

cos φ (Cosinus Phi, Kosinus Phi)

Die eben angestellten Überlegungen führen uns auf den Phasenverschiebungswinkel φ zurück: Sie geben die Erklärung dafür, daß die Phasenverschiebung φ auf die Wirkleistung von Einfluß ist. Für Phasengleichheit ($\varphi = 0$) ist der Wert der mittleren Leistung mit dem Ausdruck Strom × Spannung gegeben. Für Phasenverschiebung um ein Viertel Periode ($\varphi = 90°$) ist der Wert der mittleren Leistung gleich Null. Für Phasenverschiebungen zwischen 0° und 90° ergibt sich eine mittlere Leistung, deren Wert zwischen dem 1fachen und dem 0fachen des Produktes aus den Effektivwerten von Strom und Spannung liegt.

Die Abhängigkeit der mittleren Leistung von dem Phasenverschiebungswinkel φ wird (für zeitlichen Sinusverlauf von Spannung und Strom) so ausgedrückt:

Mittlere Leistung = Wirkleistung

= Strom-Effektivwert $\times$ Spannungs-Effektivwert $\times$ cos φ.

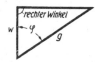

Bild 7.09:

Der Wirkanteil w, der Phasenwinkel φ und der Gesamtwert g sind entsprechend einem rechtwinkligen Dreieck miteinander verknüpft.

Was cos φ (sprich „Kosinus Phi") bedeutet, machen wir uns an Bild 7.09 klar. Dort sehen wir in einem rechtwinkligen Dreieck den Winkel φ. Der Kosinus des Winkels φ ist das Verhältnis der Seiten w und g:

$$\cos \varphi = \frac{w}{g}$$

Da in Bild 7.09 die Strecke g 1,8mal so lang ist wie die Strecke w, beträgt der zugehörige cos φ hier 1 : 1,8 $\approx$ 0,55. Wir überzeugen uns an Hand des Bildes 7.09 davon, daß der Kosinus des Winkels 0° gleich 1 und der Kosinus des Winkels 90° gleich Null sein muß. Wie sich der Kosinus abhängig von dem zugehörigen Winkel ändert, erkennen wir deutlich aus Bild 7.10. In diesem sind drei rechtwinklige Dreiecke eingetragen, deren Seiten g gleiche Längen haben, wobei sich die Kosinuswerte unmittelbar durch die Längen der Seiten w zu erkennen geben.

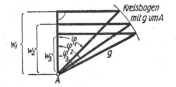

Bild 7.10:

Zu gleich großem Gesamtwert g gehören bei verschiedenen Phasenverschiebungen, d. h. zu verschiedenen Werten des Winkels φ, verschiedene Werte des Wirkanteils w.

Der oben auf dieser Seite für die mittlere Leistung (den Durchschnittswert der Leistung) angegebene Zusammenhang kann auf beiden Seiten durch den Ausdruck „Strom-Effektivwert $\times$ Spannungs-Effektivwert" geteilt werden.

So ergibt sich nach Vertauschen der beiden Gleichungsseiten:

$$\cos \varphi = \frac{\text{Wirkleistung}}{\text{Strom-Effektivwert} \times \text{Spannungs-Effektivwert}}$$

Diese Beziehung erinnert uns an die Gleichung für den Leistungsfaktor (s. S. 96). Offenbar werden Leistungsfaktor und cos φ in derselben Weise berechnet. So können wir vermuten, cos φ und Leistungsfaktor seien Bezeichnungen für dasselbe.

Doch ist diese Vermutung nicht ganz zutreffend: Der „Leistungsfaktor" stellt den allgemeinen Begriff dar, der cos φ den durch die Phasenverschiebung gegebenen Sonderfall des Leistungsfaktors. Der Ausdruck „Leistungsfaktor" trifft in der Beziehung zwischen Leistungsmittelwert, Effektivwert des Stromes und Effektivwert der Spannung immer zu. Sagen wir cos φ, so drücken wir damit aus, daß wir sowohl für den Strom wie für die Spannung einen zeitlich sinusförmigen Verlauf voraussetzen und dabei auf den Einfluß der Phasenverschiebung φ zwischen Spannung und Strom hinweisen wollen.

Wirkleistung

Die Wirkleistung ist die Leistung, die zur Arbeit gehört. Mittlere Leistung und durchschnittliche Leistung sind hiermit gleichbedeutend. Für zeitlich sinusförmigen Verlauf von Strom und Spannung gilt, wie schon erwähnt:

1. Wirkleistung =
Effektivwert des Stromes $\times$ Effektivwert der Spannung $\times$ cos φ.

Hierzu gehören:

2. Wirkleistung =
Effektivwert des Wirkstromes $\times$ Effektivwert der Spannung.

3. Wirkleistung =
Effektivwert des Stromes $\times$ Effektivwert der Wirkspannung.

Darin sind:

Wirkstrom = Gesamtstrom $\times$ cos φ bzw.

Wirkspannung = Gesamtspannung $\times$ cos φ.

Der dritte Ausdruck für die Wirkleistung kommt nur selten in Betracht, weil wir an unseren Netzen mit gegebenen Spannungen arbeiten, deren Zerlegen in Wirk- und Blindanteil meist unzweckmäßig ist. Hiermit schließen wir die Betrachtung der Wirkleistung zunächst ab.

Die Blindleistung

Die Blindleistung stellt eine reine **Rechengröße** dar! Während wir im Zusammenhang mit der Wirkleistung den cos φ zu betrachten hatten, gehört zur Blindleistung der sin φ (sprich „Sinus Phi"). Das ist z. B. im Bild 7.09 das Verhältnis der oberen (dort waagerechten) Dreieckseite zur Seite g. sin φ wird für $\varphi = 0°$ ebenfalls gleich 0 und für $\varphi = 90°$ gleich 1.

1. Blindleistung = Effektivwert des Stromes × Effektivwert der Spannung × sin φ.

2. Blindleistung = Effektivwert des Blindstromes × Effektivwert der Spannung,

wobei die Blindleistung jedoch nicht in Watt (und in Kilowatt), sondern in **Voltampere reaktiv (var)** bzw. in **Kilovoltampere reaktiv (kvar)** selten auch in **Blindwatt** (und in **Blindkilowatt**) angegeben wird.

Der Begriff der Blindleistung bereitet den Elektrotechnikern manche Schwierigkeiten. Um solche Schwierigkeiten auszuschließen, wollen wir ein für allemal zur Kenntnis nehmen, daß die B l i n d l e i s t u n g l e d i g l i c h e i n e R e c h e n g r ö ß e i s t !

Der Leistungs-Durchschnittswert oder Mittelwert ist für die Blindleistung stets gleich Null, womit feststeht, daß die Blindleistung im eigentlichen Sinn nicht tatsächlich vorhanden sein kann. Die Rechengröße „Blindleistung" hat man in Anlehnung an den Blindstrom in die Welt gesetzt.

Scheinleistung

Auch die Scheinleistung ist nur eine Rechengröße. Für sie gilt zwar die Beziehung:

Scheinleistung = Strom-Effektivwert × Spannungs-Effektivwert,

aber sie besteht in Wirklichkeit nicht. Die Scheinleistung ist die Leistung, die dazusein s c h e i n t , wenn ein bestimmter Strom bei einer bestimmten Spannung fließt. Um anzudeuten, daß es sich hierbei um keine wirkliche Leistung handelt, verwendet man als Maß für die Scheinleistung statt des Watt das **Voltampere** (abgekürzt VA) und statt des Kilowatt das **Kilovoltampere** (abgekürzt kVA).

Die Scheinleistung hat insofern eine nicht unerhebliche Bedeutung, als viele elektrische Einrichtungen und die Mehrzahl der elektrischen Maschinen für die höchste Spannung und für den höchsten Strom unabhängig davon bemessen werden müssen, ob beide Höchstwerte gemeinsam auftreten oder nicht und hiermit auch unabhängig davon, wie groß die Phasenverschiebung zwischen Strom und Spannung ist.

Wirk, Blind und Schein

Den drei Leistungsgrößen: Wirkleistung, Blindleistung und Scheinleistung gemäß wird von Wirkstrom, Blindstrom und — glücklicherweise nur sehr selten — auch Scheinstrom gesprochen.

Gegen die beiden Bezeichnungen „Wirkstrom" und „Blindstrom" ist **nichts** einzuwenden. Der Gebrauch der Bezeichnung „Scheinstrom" aber zeugt von Gedankenlosigkeit. Der Wechselstrom, der tatsächlich fließt, der als einziger der drei genannten Ströme wirklich vorhanden ist, stellt den „Gesamtstrom" dar. Er hat mit „Schein" nicht das geringste zu tun. Es wäre für ihn beleidigend, „Scheinstrom" genannt zu werden.

B e i s p i e l : Ein Einphasenmotor für 220 V gibt eine Leistung von 7,36 kW ab und hat einen Wirkungsgrad von 0,88 sowie einen cos φ von 0,8. Wieviel Gesamt-, Wirk- und Blindstrom nimmt der Motor auf?

Wegen des Wirkungsgrades 0,88 beträgt die aufgenommene Leistung

$$7360 \text{ W} : 0,88 = 8370 \text{ W}$$

Dazu gehört bei 220 V ein Wirkstrom von 8370 W : 220 V = 38 A. Der Gesamtstrom ergibt sich hieraus mit dem cos φ von 0,8 zu

$$38 \text{ A} : 0,8 = 47,5 \text{ A}$$

Der Blindstrom kann aus Gesamt- und Wirkstrom über das zugehörige rechtwinklige Dreieck gewonnen werden. Er läßt sich aber auch so ausrechnen:

Blindstrom $= \sqrt{\text{Gesamtstrom}^2 - \text{Wirkstrom}^2}$, also hier:

Blindstrom $= \sqrt{47{,}5^2 \text{ A}^2 - 38^2 \text{ A}^2} = \sqrt{2250 \text{ A}^2 - 1440 \text{ A}^2} = \sqrt{810} \text{ A}$

Der Ausdruck $\sqrt{810}$ besagt, daß wir als Zahlenwert des Blindstromes die Zahl zu suchen haben, die mit sich selbst vervielfacht die Zahl 810 ergibt. Wir probieren: $20 \times 20 = 400$. Das ist zuwenig. $30 \times 30 = 900$. Das ist zuviel. $28 \times 28 = 784$. Das ist wieder etwas zuwenig. $28,5 \times 28,5 \approx 810$. Also gilt:

$$\text{Blindstrom} \approx 28,5 \text{ A}.$$

Formelzeichen und Formeln

Mit Hilfe folgender Formelzeichen stellen wir die Leistungsbeziehungen zusammen, wofür die angegebenen Einheiten nur als beispielsweise anzusehen sind:

p Augenblickswert der Leistung in W
i Augenblickswert des Stromes in A
u Augenblickswert der Spannung in V
P Wirkleistung (kürzer ausgedrückt: Leistung) in W
I Wirksamer Wert des Gesamtstromes (kürzer ausgedrückt: des Stromes) in A
U Wirksamer Wert der Spannung in V
Q Blindleistung in var
S Scheinleistung in VA
I_w Wirksamer Wert des Wirkstromes in A
I_b Wirksamer Wert des Blindstromes in A
λ Leistungsfaktor

$p = i \cdot u$	allgemein für jede Stromart in jedem Augenblick gültiger Zusammenhang
$P = I_w \cdot U$ $P = I \cdot U_w$ $P = I \cdot U \cdot \cos \varphi$ $P = I \cdot U \cdot \lambda$	Zusammenhänge der Wirkleistung mit Wirkstrom und Spannung oder mit Strom und Wirkspannung oder mit Strom, Spannung und $\cos \varphi$ bzw. mit Strom, Spannung und Leistungsfaktor
$Q = I_b \cdot U$ $Q = I \cdot U_b$ $Q = I \cdot U \cdot \sin \varphi$	Zusammenhänge der Blindleistung mit Blindstrom und Spannung oder mit Strom und Blindspannung oder mit Strom, Spannung und $\sin \varphi$ (Sinus Phi) Q besteht nur als Rechengröße
$S = I \cdot U$	Zusammenhang zwischen Scheinleistung und Strom sowie Spannung S besteht nur als Rechengröße

Leistung bei Dreiphasenstrom

Bild 7.11 zeigt vier Leitungen eines Dreiphasennetzes und eine daran angeschlossene Belastung. Wir nehmen hier an:

1. die drei Spannungen U_{RO}, U_{SO} und U_{TO} seien gegeneinander um genau 120° phasenverschoben;

2. die Beträge der drei Spannungen seien einander gleich;

3. die drei Belastungen seien gleich — d. h. die drei in Bild 7.11 rechts unten angedeuteten Wicklungen mögen gleiche (Wechselstrom-)Widerstände aufweisen.

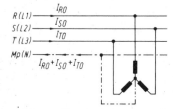

Bild 7.11:

Eine an ein Drehstrom-Vierleiternetz angeschlossene Sternschaltung. Der Nullleiter bildet den gemeinsamen Rückleiter der drei Phasen.

Unter diesen Annahmen sind auch die Beträge der drei Ströme I_{RO}, I_{SO} und I_{TO} einander gleich und die gegenseitigen Phasenverschiebungen je 120° (Bild 7.12). Dabei wird die Stromsumme $I_{RO} + I_{SO} + I_{TO}$, die zum Mittelleiter gehört, gleich Null. Das erkennen wir in Bild 7.12 z. B. für die Zeitpunkte C und D: Die drei Augenblickswerte sind für den Zeitpunkt $C + 1,4$ A, $-0,2$ A und $-1,2$ A sowie für den

Zeitpunkt D + 1,5 A, — 0,75 A und — 0,75 A, was beide Male die Summe 0 ergibt.

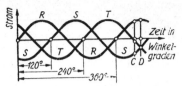

Bild 7.12:

Der zeitliche Verlauf der drei Ströme eines gleichseitigen und gleichseitig belasteten Dreiphasenanschlusses.

Für Gleichseitigkeit (Symmetrie) der Spannungen und Belastungen kann somit der Mittelleiter wegbleiben (Bild 7.13). Wenn der Mittelleiter aber fehlt, dürfen wir statt der in Bild 7.13 gezeigten „Sternschaltung" für die Belastung auch eine „Dreieckschaltung" (Bild 7.14) wählen. Sind diese Schaltungen in verschlossenen Kästen untergebracht, so können wir nicht unterscheiden, ob es sich um eine Schaltung nach Bild 7.13 oder um eine Schaltung nach Bild 7.14 handelt, falls am Kasten für die Sternschaltung die Klemme für den Mittelleiter weggelassen ist.

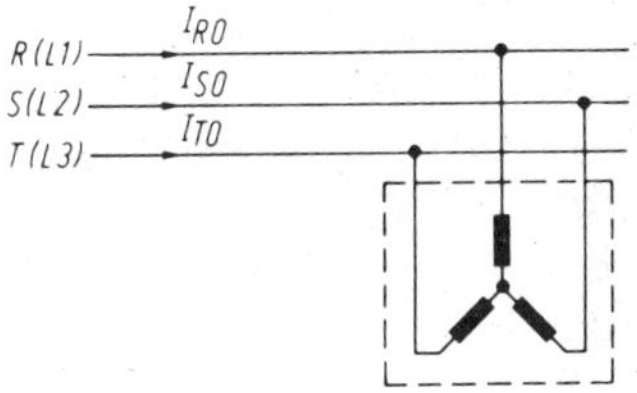

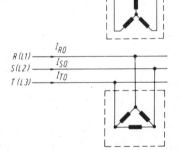

Bild 7.13:

Eine an ein Drehstrom-Dreileiternetz (ohne Mittelleiter angeschlossene Sternschaltung.

Bild 7.14:

Eine an ein Drehstrom-Dreileiternetz (ohne Mittelleiter) angeschlossene Dreieckschaltung.

Bei Beschränkung auf gleichseitige Dreiphasensysteme können wir somit der Betrachtung der Leistung stets den in Bild 7.13 gezeigten Fall zugrunde legen. Hierbei läßt sich jeder der drei Verbraucherteile˙ gesondert betrachten. Wir erhalten daher die Gesamtleistung, indem wir die Leistung eines Zweiges mit der Zahl der Zweige, also mit 3, vervielfachen. Es gilt mit den Effektivwerten:
Gesamt-Wirkleistung

$$= 3 \times \text{Phasenspannung} \times \text{Phasenstrom} \times \cos \varphi.$$

In den Schaltungen nach den Bildern 7.13 und 7.14 fehlt der „Mittelleiter", gegen den wir sonst die Spannung einer Phase messen könnten. Deshalb sind dort nur die „verketteten Spannungen" zugänglich: die Spannung des Leiters R gegen den Leiter S, die Spannung des Leiters S gegen den Leiter T und die Spannung des Lei-

105

ters T gegen den Leiter R. Jede dieser drei verketteten Spannungen hat, wie wir das aus Bild 3.09 ersehen können, einen 1,73mal so hohen Betrag wie jede der drei ebenfalls untereinander gleichen „Phasenspannungen". Wollen wir den Betrag der Phasenspannung durch den Betrag der verketteten Spannung ersetzen, so müssen wir aber φ in seiner ursprünglichen Bedeutung beibehalten und den Ausdruck für die Leistung durch 1,73 teilen:

Gesamt-Wirkleistung
$$= 3 \times \text{verkettete Spannung} \times \text{Phasenstrom} \times \cos \varphi : 1,73.$$

Da aber $3 : 1,73 \approx 1,73$ ist, gilt:

Gesamt-Wirkleistung in W
$$= 1,73 \times \text{verkettete Spannung in V} \times \text{Phasenstrom in A} \times \cos \varphi.$$

Diese Beziehung wollen wir uns merken, da mit ihr in der Praxis viel gerechnet wird. Hierbei müssen wir beachten, daß die Phasenverschiebung φ zwischen Spannung am einzelnen Wicklungsteil und Strom in diesem Wicklungsteil und deshalb **nicht** zwischen verketteter Spannung und Phasenstrom gilt!

An jedem Zweig der Sternschaltung liegt eine Phasenspannung, weshalb man die Phasenspannung oft auch als „**Sternspannung**" bezeichnet. An jedem Zweig der Dreieckschaltung herrscht eine verkettete Spannung, weshalb diese auch „**Dreieckspannung**" heißt.

B e i s p i e l : Wir messen in einer der drei von einem Drehstromgenerator kommenden Leitungen einen Strom von 120 A und zwischen zwei der drei Leitungen eine Spannung von 220 V. Der Drehstromgenerator sei symmetrisch belastet, der $\cos \varphi$ betrage 0,8. Wie groß ist die abgegebene elektrische Leistung?

Bei den gemessenen Werten handelt es sich um den Phasenstrom und um die verkettete Spannung. Letztere ist 1,73mal so groß wie die Phasenspannung. Die Gesamtleistung ergibt sich somit zu: Gesamtleistung $= 1,73 \times 120$ A $\times 220$ V $\cdot 0,8 = 36\,600$ W $= 36,6$ kW. 1,73 ist der ungefähre Wert von $\sqrt{3}$. Das liest man **Wurzel aus Drei** oder **zweite Wurzel aus Drei** oder **Quadratwurzel aus Drei**. Während $1,73 \cdot 1,73 \approx 3$, gilt $\sqrt{3} \cdot \sqrt{3} = 3$.

Wechselstrom-Leistungsmessung

Die in Bild 6.04 gezeigten Schaltungen lassen sich, natürlich mit passendem Strom- und Spannungsmesser, für Wechselstromleistungsmessungen nur verwenden, wenn Strom und Spannung phasengleich sind. Bei Vorhandensein oder Möglichkeit einer Phasenverschiebung muß mit einem **Leistungsmesser** gearbeitet werden, der unmittelbar die Wirkleistung anzeigt. Ein solcher Leistungsmesser hat eine Strom- und eine Spannungsspule, die aufeinander einwirken und so den Ausschlag des Zeigers hervorrufen. Statt Leistungsmesser sagte man früher **Wattmeter.**

Bild 7.15:
Die Schaltung eines Wechselstrom-Leistungsmessers, mit dem die von dem Widerstand aufgenommene Leistung gemessen werden soll. Der Leistungsverbrauch der Leistungsmesserstromspule wird in dieser Schaltung mitgemessen.

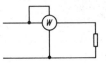

Bild 7.15 zeigt, wie die beiden Spulen des Leistungsmessers geschaltet werden. Die eine liegt wie ein Strommesser im Zuge der Leitung und die andere wie ein Spannungsmesser zwischen den Leitungen. Für die Schaltung und den Eigenverbrauch der zwei Spulen des Leistungsmessers gilt demgemäß dasselbe wie für die Schaltung und den Eigenverbrauch des Strom- und Spannungsmessers bei Gleichstrommessungen (siehe Seite 83).

Während ein Strommesser einen Strommeßbereich und ein Spannungsmesser einen Spannungsmeßbereich aufweisen, ist der Meßbereich des Leistungsmessers nicht durch einen Leistungswert, sondern durch einen Stromwert und einen Spannungswert festgelegt. Die Stromspule verträgt nämlich nur einen begrenzten Strom und die Spannungsspule nur eine begrenzte Spannung. Verwenden wir statt der zulässigen Spannung nur den halben Wert, so zeigen die üblichen Leistungszeiger bei dem höchstzulässigen Strom erst den halben Ausschlag. Schließen wir den Verbraucher kurz, so zeigt der Leistungsmesser, dem hierbei die Spannung fehlt, keine Leistung an, während seine Stromspule wahrscheinlich an Überbelastung zugrunde geht. Deshalb und weil es auch sonst günstig ist, außer der Leistung die Werte des Stromes und der Spannung kennenzulernen, verwendet man die Leistungsmesser meist gemeinsam mit Strom- und Spannungsmessern (Bilder 7.16 und 7.17).

Bild 7.16:
Die mit Strom- und Spannungsmesser vervollständigte Schaltung von Bild 7.15. Hier werden vom S p a n n u n g s m e s s e r die für die Leistungsmesserstromspule und für den Strommesser verbrauchten Spannungen und vom L e i s t u n g s m e s s e r die von den beiden genannten Teilen verbrauchten Leistungen mitgemessen.

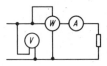

Bild 7.17:
In dieser Schaltung werden vom S t r o m m e s s e r die in der Leistungsmesserspannungsspule und im Spannungsmesser fließenden Ströme sowie von dem L e i s t u n g s m e s s e r die in den beiden genannten Teilen verbrauchten Leistungen mitgemessen.

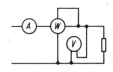

In der Schaltung nach Bild 7.16 werden vom Spannungsmesser und vom Leistungsmesser die Spannungen an der Leistungsmesserstromspule und am Strommesser sowie die darin verbrauchten Leistungen mitgemessen. In der Schaltung nach Bild 7.17 werden, außerdem, was für die Belastung gilt, vom Strommesser und vom Leistungsmesser der Strom bzw. die Leistung, die zur Spannungsspule des Leistungsmessers und zum Spannungsmesser gehören, mitgemessen.

Beispiel für eine Leistungsmessung:
Es mögen betragen:

Instrument	Meßbereich	Vollausschlag	tatsächlicher Ausschlag
Leistungsmesser	5 A, 450 V	150 Skalenteile	60 Skalenteile
Strommesser	6 A	120 Skalenteile	80 Skalenteile
Spannungsmesser	500 V	100 Skalenteile	60 Skalenteile

Es werden gesucht: Leistung und Leistungsfaktor.

Der höchste meßbare Leistungswert beträgt 5 A · 450 V = 2250 W. Davon treffen bei 150 Skalenteilen auf jeden einzelnen Skalenteil 2250 W : 150 = 15 W, weshalb die 60 Skalenteile **900 Watt** bedeuten.

Der Strommesser zeigt einen Strom von (6 A : 120) · 80 = 6 A · 80 : 120 = 4 A und der Spannungsmesser eine Spannung von 500 V · 60 : 100 = 300 V an. Aus Strom, Spannung und Leistung erhalten wir den Leistungsfaktor mit der Bezeichnung:

$$\text{Leistungsfaktor} = \frac{\text{(Wirk-)Leistung}}{\text{Strom(-Effektivwert)} \times \text{Spannung(s-Effektivwert)}}$$

$$= \frac{900 \text{ W}}{4 \text{ A} \cdot 300 \text{ V}} = 0{,}75 \; \frac{\text{W}}{\text{V} \cdot \text{A}}$$

Die heutigen Leistungsmesser sind so gebaut, daß beim richtigen Anschluß der Belastungsstrom und der durch die Spannungsspule fließende Strom beide von der linken zur rechten Klemme oder beide von der rechten zur linken Klemme fließen. Bilder 7.18, 7.20 und 7.21 zeigen richtige Anschlüsse, während Bild 7.19 einen falschen Anschluß veranschaulicht.

Polen wir eine Spule — die Stromspule oder die Spannungsspule — des Leistungsmessers um, so ändert sich seine Ausschlagrichtung. Hat der Leistungsmesser vorher richtig ausgeschlagen, so weist er nach dem Umpolen den verkehrten (negativen) Ausschlag auf. Polen wir auch die andere Spule um, so ergibt sich wieder ein positiver Ausschlag.

Bild 7.18:

Ein Leistungsmesser mit seinen vier Klemmen. Der Leistungsmesser ist so angeschlossen, daß für die (inneren) Stromklemmen dieselbe Richtung gilt wie für die (äußeren) Spannungsklemmen. Der Leistungsmesser schlägt dabei richtig aus.

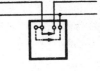

Bild 7.19:

In dieser Schaltung stimmen die beiden Richtungen nicht miteinander überein, womit sich hier ein negativer Ausschlag ergibt.

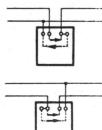

Bild 7.20:

Bei diesem Anschluß hat der Ausschlag wieder das richtige Vorzeichen. Die Richtungen der beiden Ströme stimmen miteinander überein. Hier ist die untere Leitung als Hinleitung angenommen.

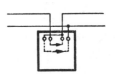

Bild 7.21:

Auch hier erhalten wir einen positiven Ausschlag, was aus den miteinander übereinstimmenden Richtungen zu erkennen ist.

Statt Stromspule und Spannungsspule sagt man in Zusammenhängen, wie sie hier gelten, auch **Strompfad** und **Spannungspfad**. Der Ausdruck „Spannungspfad" ist insofern berechtigt, als mit der Spannungsspule in Reihe und mitunter auch noch parallel zu ihr Widerstände liegen.

Leistungsmessung bei Dreiphasenstrom

Bei Gleichseitigkeit der Spannungen und der Belastungen brauchen wir lediglich die Leistung für eine Phase zu messen und das Meßergebnis zu verdreifachen. Das Messen der Phasenleistung ist bei Vorhandensein eines Mittelleiters besonders einfach: Wir haben hierbei außer den Phasenströmen nämlich auch die Phasenspannungen zur Verfügung. Die Schaltung ist durch Bild 7.22 veranschaulicht. Statt Gleichseitigkeit sagt man in solchen Fällen auch **Symmetrie**.

Bild 7.22:

Die Leistungsmessung bei gleichseitiger Dreiphasenbelastung mit Verwenden des Mittelleiters. Die Angaben des Leistungsmessers, der nur in einer der drei Phasen liegt, sind zu verdreifachen.

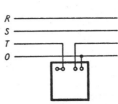

Fehlt der Mittelleiter, so müssen wir uns zum Gewinnen der Phasenspannung einen „künstlichen Mittelpunkt" schaffen. Das geschieht so: Wir schalten den Spannungszweig unseres Leistungsmessers mit zwei anderen Stromzweigen gemäß Bild 7.23 zusammen. Jeder der beiden zusätzlichen Stromzweige muß ebensoviel Widerstand aufweisen wie der Spannungszweig des Leistungszeigers. Die Schaltung dieser drei Zweige bildet dabei eine gleichseitige Sternschaltung, deren Sternpunkt den Spannungsnullpunkt darstellt und deshalb hinsichtlich der Spannungen dieselbe Rolle spielt wie der Mittelleiter.

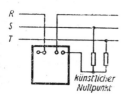

Bild 7.23:

Die Leistungsmessung bei gleichseitiger Dreiphasenbelastung unter Verwendung eines künstlichen Mittelpunktes, der durch den Spannungszweig des Leistungsmessers gemeinsam mit zwei ihm gleichwertigen Widerständen gebildet wird. Auch hier sind die Leistungsmesserangaben mit 3 zu vervielfachen.

Bei Ungleichseitigkeit (Asymmetrie) der Belastung oder der Spannungen muß die Gesamtleistung gemessen werden. Hierfür braucht man an Leistungsmessern stets um einen weniger, als Leitungen für den Verbraucheranschluß benutzt sind. Dies stimmt damit überein, daß für die zwei Leitungen des Einphasenanschlusses ein Leistungsmesser genügt (Bild 7.15). Bei dem Verwenden des Mittelleiters als gemeinsame Rückleitung für den Dreiphasenanschluß sind somit drei Leistungszeiger erforderlich (Bild 7.24), während man beim

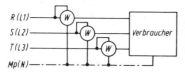

Bild 7.24:

Die Messung einer beliebigen Belastung eines Dreiphasen - Vierleiteranschlusses.

Dreiphasen-Dreileiteranschluß mit nur zwei Leistungszeigern auskommt (Bild 7.25). Die letztgenannte Schaltung (Zwei-Wattmeter-Methode) hat allerdings ihre Besonderheiten: In den Leitungen R S und T fließen die Phasenströme. Zwischen diesen Leitungen aber herrschen nicht die Phasenspannungen, sondern die verketteten Spannungen, die gegenüber den Phasenspannungen verschoben sind.

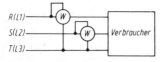

Bild 7.25:

Die Messung einer beliebigen Belastung eines Dreiphasen - Dreileiteranschlusses.

Daraus folgt, daß die beiden Leistungsmesserausschläge auch bei gleichseitiger Belastung ungleich sein und sogar verschiedene Vorzeichen haben können. Im letzten Fall muß die Spannungsspule oder

110

die Stromspule des Leistungszeigers, dessen Ausschlag negativ wird, umgepolt werden, wobei der nun abzulesende Ausschlag negativ in Rechnung zu setzen ist. Die Ausschläge beider Leistungszeiger ergeben zusammen den Wert der verbrauchten Leistung.

B e i s p i e l : Leistungsmesser-Meßbereiche 10 A, 300 V, Vollausschlag 150 Skalenteile. Tatsächliche Ausschläge 120 Skalenteile und — 30 Skalenteile. Für die Gesamtleistung gilt somit ein Ausschlag von (120 — 30 = 90) Skalenteilen. 150 Skalenteile bedeuten 10 A · 300 V = 3000 W. Also entfallen auf 1 Skalenteil 3000 W : 150 = 20 W. Das gibt für 90 Skalenteile 20 W · 90 = 1800 W.

Begründung der Zwei-Wattmeter-Methode

Wer gerne genauer verfolgen möchte, inwiefern man in der Schaltung nach Bild 7.25 die Drehstromleistung richtig mißt, kann das an Hand der folgenden Zeilen tun.

Das in Bild 7.25 oben dargestellte Wattmeter mißt in jedem Augenblick das Produkt aus dem Sternstrom i_{RO} und der verketteten Spannung u_{RT}. Letztere ist gegeben durch $u_{RT} = u_{RO} + u_{OT}$ (siehe Seite 37). Also ist das, was wir am oberen Wattmeter bekommen, gleichbedeutend mit $i_{RO} \cdot u_{RO} + i_{RO} \cdot u_{OT}$. Entsprechend gilt für das in Bild 7.25 untere Wattmeter $i_{SO} \cdot u_{SO} + i_{SO} \cdot u_{OT}$.

$i_{RO} \cdot u_{RO}$ und $i_{SO} \cdot u_{SO}$ sind schon zwei der drei Phasenleistungen. Die dritte Phasenleistung muß also durch $i_{RO} \cdot u_{OT} + i_{SO} \cdot u_{OT}$ gegeben sein. Da der Mittelleiter fehlt, ist $i_{RO} + i_{SO} + i_{TO} = 0$ (siehe Seite 90) und demgemäß $i_{RO} + i_{SO} = -i_{TO}$. Statt $i_{RO} \cdot u_{OT} + i_{SO} \cdot u_{OT}$ oder $(i_{RO} + i_{SO}) \cdot u_{OT}$ können wir auch schreiben $-i_{TO} \cdot u_{OT}$. Nun ist aber $u_{OT} = -u_{TO}$ (siehe Seite 37) und damit $-i_{TO} \cdot u_{OT} = i_{TO} \cdot u_{TO}$. Das stellt die dritte Phasenleistung tatsächlich dar.

Zeitlich konstante Leistung

Die Bilder 7.02 und 7.07 zeigten uns, daß die Wechselstromleistung zwischen einem Mindest- und einem Höchstwert schwankt, wobei der Mindestwert für reine Wirkleistung gleich Null wird, während er für ein Gemisch aus Wirk- und Blindleistung oder für reine Blindleistung

Bild 7.26: Spannungen und Ströme eines symmetrischen und symmetrisch belasteten Zweiphasensystems; hierbei ist Wirkbelastung angenommen.

Bild 7.27: Die Einzelleistungen und die konstante Gesamtleistung zu Bild 7.26.

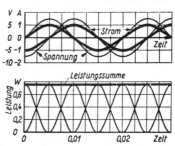

negativ ausfällt. Diese Leistungsschwankungen, die mit der doppelten Frequenz des Wechselstromes oder der Wechselspannung erfolgen, sind mitunter unangenehm.

Man kann die Leistungsschwankungen dadurch umgehen, daß man an Stelle eines Einphasenwechselstromes einen Zwei- oder Dreiphasenwechselstrom verwendet.

So zeigt Bild 7.26 die beiden Spannungen und Ströme eines mit gleichen Wirkbelastungen arbeitenden Wechselstrom-Zweiphasensystems, bei dem die beiden Phasen um ein Viertel einer Periode gegeneinander verschoben sind. Hierzu sind in Bild 7.27 die zugehörigen Leistungskurven eingetragen. Als Summe der beiden Teilleistungen ergibt sich eine zeitlich gleichbleibende Gesamtleistung.

In Bild 7.28 sehen wir oben die drei Spannungen und Ströme eines symmetrischen Dreiphasensystems mit symmetrischer Wirkbelastung. Darunter sind wiederum die „pulsierenden" Einzel-

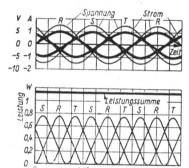

Bild 7.28: Spannung und Ströme eines symmetrisch belasteten Dreiphasensystems. Auch hier ist Wirkbelastung angenommen.

Bild 7.29: Die Gesamtleistung, die sich im Falle des Bildes 7.28 als Summe aus den drei Einphasenleistungen R, S und T zusammensetzt, ist zeitlich konstant.

leistungen nebst der zugehörigen, zeitlich gleichbleibenden Gesamtleistung aufgetragen.

An Stelle der Wirkbelastungen hätten wir auch gemischte Belastungen oder Blindbelastungen zugrunde legen können. Bei völliger Symmetrie wären auch damit nicht schwankende Summenleistungen herausgekommen! (Der Wert der Gesamtleistung ist bei reiner Blindleistung durchweg gleich Null.)

Elektrische Arbeit bei Einphasen- und Dreiphasenanschluß

Aus dem Wert der mittleren Leistung und der Zeit folgt die Arbeit ebenso wie aus der Gleichstromleistung und der Zeit.

1. B e i s p i e l : Einphasenanschluß, Leistung 500 W während 3,5 Stunden, gibt 500 W · 3,5 h = 1750 W · h oder 1,75 kW · h.

2. B e i s p i e l : Gleichseitig belasteter Dreiphasenanschluß, Leistung für eine Phase 420 W, Betriebszeit 36 Minuten. Die Gesamtleistung beträgt 420 W · 3 = 1260 W. Die Betriebszeit rechnen wir in

Stunden um: 36 Minuten sind 36 min : 60 = 0,6 h. Die Arbeit beträgt somit 1260 W · 0,6 h = 756 W · h.

Die Wechsel- und Drehstromzähler arbeiten durchweg elektromechanisch. Sie sind für die Messung der (Wirk-)Arbeit meist ebenso geschaltet wie die Leistungsmesser. So ist für Drehstrom-Dreileiteranschlüsse meist eine Schaltung nach Bild 7.25 in Gebrauch. Für Drehstrom-Vierleiteranschlüsse verwendet man jedoch auch Zähler mit nur zwei Meßsystemen, deren jedes zwei Stromspulen aufweist.

Blindverbrauch

Verhältnismäßig einfach ist es, bei Drehstrom den „Blindverbrauch" zu messen. Man braucht dazu nur statt der für die normale Arbeitsmessung verwendeten Spannungen die dagegen um 90° nacheilenden Spannungen zu verwenden. Hierbei tritt an Stelle einer verketteten Spannung eine Phasenspannung bzw. an Stelle einer Phasenspannung eine verkettete Spannung, was hinsichtlich der Spannungsbeträge jeweils berücksichtigt werden muß.

Der „Blindverbrauch" ist, wie mehrfach betont, nur eine Rechengröße. Eine solche aber benötigt man, wenn die durch Blindbelastungen verursachten zusätzlichen Verluste erfaßt werden sollen.

Ein Blindstrom, der beim Verbraucher fließt, setzt sich mit dem vom Verbraucher entnommenen Wirkstrom zusammen und ergibt einen Gesamtstrom, der den Wirkstromwert übersteigt. Maßgebend für die Verluste in den Leitungen und Wicklungen ist aber nicht etwa nur der Verbraucher-Wirkstrom, sondern der tatsächlich in den Leitungen und Wicklungen fließende Gesamtstrom. Selbst eine reine Blindstrom-„Entnahme" beim Verbraucher verursacht in den vorgeschalteten Leitungen und Wicklungen mit ihren Wirkwiderständen echte Wirkverluste!

B e i s p i e l : Ein Verbraucher entnimmt eine Leistung von 2,2 kW aus einem 220-V-Einphasennetz. Die Verbraucher-Zuleitungen mögen einen Wirkwiderstand von 2 Ω aufweisen. Zunächst handle es sich um eine reine Wirkbelastung (cos φ = 1). Der Strom beträgt dabei 2200 W : 220 V = 10 A. Die Leitungsverluste betragen: $I^2 \cdot R$ = 10 A × 10 A × 2 Ω = 200 W. Nun gelte cos φ = 0,5. Das bedeutet für dieselbe Wirkleistung wie zuerst einen Gesamtstrom vom doppelten Wert des Wirkstromes. Damit ergeben sich die Leitungsverluste zu $I^2 \cdot R$ = 20 A × 20 A × 2 Ω = 800 W!

Das Wichtigste

1. Für Wechselstrom gilt in jedem Augenblick wie für Gleichstrom über längere Zeiten: Augenblickswert des Stromes × Augenblickswert der Spannung = Augenblickswert der Leistung.

2. Diese Beziehung ist ganz unabhängig von der Phasenverschiebung.

3. In der Praxis rechnet man aber nur selten mit Augenblickswerten. Viel häufiger verwendet man die Effektivwerte des Stromes und der Spannung.

4. Hiermit gilt für Einphasenwechselstrom: Mittlere Leistung = Wirkleistung in W = Strom in A × Spannung in V × Leistungsfaktor.

5. Für Dreiphasenstrom gilt bei Symmetrie: Mittlere Leistung = Wirkleistung = 3 × Strom × Spannung × Leistungsfaktor, wobei Phasenstrom und Phasenspannung gemeint sind.

6. Bei Symmetrie gilt ebenso: Mittlere Leistung = Wirkleistung = 1,73 × Phasenstrom × verkettete Spannung × Leistungsfaktor.

7. Sofern der Leistungsfaktor durch die Phasenverschiebung zwischen Spannung und Strom allein bestimmt ist, kann man ihn auch als cos φ bezeichnen.

8. Außer der Wirkleistung, die für die geleistete Arbeit dieselbe Bedeutung hat wie die Gleichstromleistung, gibt es als Rechengrößen die „Blindleistung" und die „Scheinleistung".

9. Weil Blind- und Scheinleistung keine tatsächlichen Leistungen sind, benutzt man für sie als Einheit nicht das Watt, sondern für die Blindleistung das Voltampere reaktiv (abgekürzt var) und für die Scheinleistung das Voltampere (VA).

10. Der Wert der Scheinleistung ist gegeben als Produkt aus den Effektivwerten von Strom und Spannung.

11. Die Blindleistung bestimmt sich als Produkt aus Blindstrom und Spannung. Der Blindstrom ist für zeitlich sinusförmigen Verlauf = Strom · sin φ.

12. Es ist ein Zeichen von Unüberlegtheit, wenn man den tatsächlich fließenden Wechselstrom Scheinstrom nennt.

Fünf Fragen

1. Die Leistungsaufnahme einer mit Einphasenwechselstrom betriebenen Anordnung soll bestimmt werden. Dazu wird der Elektrizitätszähler benutzt. Auf dem Zählerschild steht: 1200 Umläufe je kW · h. Wir zählen während drei Minuten 94 Umläufe. Die Netzspannung beträgt 220 V. Wie groß sind Leistung und Strom?

2. In jeder Leitung eines Drehstrom-Dreileiteranschlusses (220/380 V) fließen 22 A. Die bei dieser symmetrischen Belastung während 2 min entnommene Arbeit beträgt 380 W · h. Welche Werte ergeben sich für Leistung und Leistungsfaktor?

3. Die Wirkleistung beträgt 4,5 kW bei 220/380 V. Der Strom wird in jeder der drei Leitungen R, S und T mit 8 A gemessen. Welche Werte haben Wirk-, Schein- und Blindleistung je Phase?

4. Die Meßbereiche eines Leistungsmessers sind 10 A, 300 V. Zum Vollausschlag gehören 150 Skalenteile. Mit welchem Ausschlag beginnt die Überlastung der Stromspule, wenn bei 220 V gemessen wird und ein Leistungsfaktor von ungefähr 0,6 in Frage kommt?

5. An einem Drehstrom-Dreileiteranschluß (220/380 V) wird mit zwei Wattmetern gemessen. Deren Meßbereiche betragen 20 A, 600 V. Zum Vollausschlag gehören jeweils 150 Skalenteile. Es ergeben sich die Ausschläge mit + 80 und — 20 Skalenteilen. Welchen Wert hat die entnommene Leistung?

8. Zeiger und Zeigerbilder

Der Zweck

Die Wechselströme, die Wechselspannungen und auch die Wechselfelder, die wir später kennenlernen werden, sowie darüber hinaus sehr viele in der Technik — insbesondere in der Elektrotechnik übliche Wechselgrößen — lassen sich mit Zeigern besonders bequem und anschaulich darstellen. Aus diesem Grunde werden Zeiger und Zeigerbilder (Zeigerdiagramme) oft benutzt.

Ja, man verwendet sogar losgelöst von den Zeigerbildern in der Wechselstromtechnik Ausdrucksweisen, die aus der Vorstellung der Zeigerbilder entstanden sind. Deshalb ist es gut, sich ein wenig mit den Zeigerbildern vertraut zu machen — gleichgültig, ob man sie später verwenden möchte oder nicht.

Hier haben die Zeiger und Zeigerbilder die besondere Bedeutung, daß sie uns die Phasenverschiebung, den $\cos \varphi$ sowie die Zusammenhänge zwischen Wirk- sowie Blindanteilen und der Gesamtgröße recht anschaulich näherbringen.

Zeitlich sinusförmig verlaufende Wechselgrößen

Bevor wir auf die Zeiger eingehen, betrachten wir noch einmal den zeitlichen Verlauf der Wechselströme und Wechselspannungen.

Die bis hierher in diesem Buche von Wechselspannungen wie von Wechselströmen gebrachten Bilder zeigen stets denselben glatten, harmonisch anmutenden Verlauf. Einen solchen Verlauf nennt man Sinusverlauf. Dieser wird in der Praxis für technische Wechselspannungen und Wechselströme fast immer angestrebt. Zumindest in der Starkstromtechnik haben wir es ziemlich überall mit zeitlich sinusförmig verlaufenden Wechselgrößen zu tun.

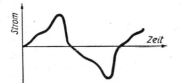

Bild 8.01:

Der zeitliche, nicht sinusförmige, aber doch periodische Verlauf eines Wechselstromes.

Aber auch ein Strom nach Bild 8.01 ist ein Wechselstrom. Sein zeitlicher Verlauf ist allerdings weniger zügig als der in den anderen Bildern. Seine „verzerrte" Kurve zeigt, daß es sich dabei um einen zeitlich nicht sinusverlaufenden Wechselstrom handelt. Wenn auch nicht sinusförmig, so ist der zeitliche Verlauf dieses Wechselstromes doch noch periodisch. Das heißt, der zeitliche Verlauf seiner beiden Halbwellen wiederholt sich in stets gleicher Weise.

Sind die Abweichungen von der Sinusform nur gering, so behandelt und betrachtet man die Wechselströme und Wechselspannungen trotzdem als sinusförmig. Man vernachlässigt die „Verunreinigungen", wo man es nur kann, weil man damit einfachere und übersichtlichere Verhältnisse bekommt. Vor allem setzt die Zeigerdarstellung den zeitlich sinusförmigen Verlauf voraus!

Zeitlich sinusförmiger Verlauf und gleichmäßig umlaufender Zeiger

Wir betrachten eine Uhr mit Sekundenzeiger. Der Sekundenzeiger dreht sich mit gleichbleibender Geschwindigkeit in jeder Minute einmal herum. Wir denken uns, die Zeigerachse würde aus der Uhr etwas herausstehen, so daß wir den Sekundenzeiger bequem von der Seite, also gemäß Bild 8.02 senkrecht zu seiner Achse beobachten könnten.

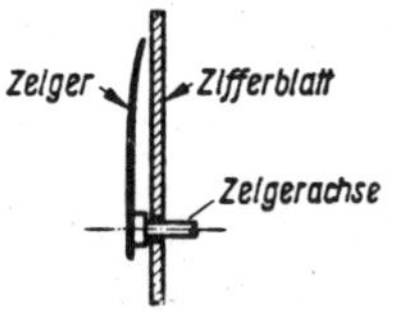

Bild 8.02:
Ein Uhrzeiger senkrecht zur Zeigerachse gesehen.

Wir sähen nun den Zeiger während eines jeden Umlaufes einmal in seiner vollen Größe nach oben weisend. Dann käme er uns — erst langsam und dann schneller abnehmend — immer kleiner vor. Seine scheinbare Größe würde auf Null zusammenschrumpfen, um jetzt nach unten wieder anzuwachsen. Dabei nähme die scheinbare Zeigerlänge erst rascher und dann immer langsamer zu, bis wir ihn wieder in seiner ganzen Länge — aber diesmal nicht nach oben, sondern nach unten weisend sähen. Weiterhin würde die scheinbare Länge neuerdings erst langsam und dann schneller abnehmen, um für unsere Blickrichtung ein zweites Mal zu Null zusammenzuschrumpfen. In Bild 8.03 ist das noch einmal, und zwar etwas schematischer als zuvor und in anderer Ansicht dargestellt.

Bild 8.03:
Der zeitlich sinusförmige Verlauf läßt sich mit der scheinbaren Länge eines gleichmäßig umlaufenden Zeigers veranschaulichen.

Bild 8.04 zeigt uns zum drittenmal den Zusammenhang zwischen der scheinbaren Zeigerlänge a, der tatsächlichen Länge b des umlaufenden Zeigers und dem Winkel α, den der Zeiger mit der Blickrichtung einschließt. In der Mathematik ist es üblich, das Verhältnis der beiden in dem Bild mit a und b bezeichneten Längen den Sinus des zugehörigen Winkels zu nennen. Daher kommt der Ausdruck: sinusförmiger Verlauf. Man schreibt diesen Zusammenhang so an:

$$a : b = sin\ α$$ (gesprochen „Sinus Alpha"). Darin ist α der kleine griechische Buchstabe „Alpha".

Aus unseren Betrachtungen folgt allgemein: Zeiger, die mit gleichbleibender Winkelgeschwindigkeit umlaufen, veranschaulichen zeitlich sinusförmig veränderliche Wechselgrößen. Hierbei ist die Zeigerlänge ein Maß z. B. für den Scheitelwert der Wechselgröße, während die Zeigerdrehzahl je Sekunde mit der Frequenz der Wechselgröße übereinstimmt.

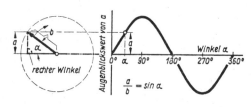

Bild 8.04:
Der zeitlich sinusförmige Verlauf einer Wechselgröße. Links: der gleichmäßig umlaufende Zeiger, dessen scheinbare Länge, die sich bei Betrachtung senkrecht zu seiner Drehachse ergibt, zeitlich sinusförmig verläuft. Rechts: die Sinuslinie.

Umlaufende Zeiger lassen sich nicht zeichnen. Wir müssen uns darauf beschränken, jeden Zeiger in einer Stellung abzubilden. Um das Umlaufen des Zeigers anzudeuten, können wir in das Bild die Umlauffrequenz eintragen und die Richtung des Umlaufes durch einen Drehpfeil kennzeichnen (Bild 8.05).

Bild 8.05:
Ein Zeiger, der eine Wechselgröße mit einer Frequenz von 50 Hz veranschaulicht.

Eigentlich müßte die Länge des Zeigers dem Scheitelwert der hiermit dargestellten Wechselgröße angepaßt sein. Wir rechnen jedoch meistens mit den Effektivwerten der Wechselgrößen. Deshalb bemessen wir die Zeigerlängen nach diesen Werten.

B e i s p i e l für das Darstellen einer Wechselgröße mit einem Zeiger: Ein Wechselstrom mit einem Effektivwert von 10 A und einer Frequenz von 50 Hz ist darzustellen. Ein Ampere soll durch eine Länge von 1,2 mm ausgedrückt werden. Wir machen also den Zeiger (10 · 1,2 =) 12 mm lang. Der Winkel, unter dem wir den Zeiger hinzeichnen, ist beliebig (Bild 8.03), da wir uns ja nicht auf einen bestimmten Augenblick festlegen wollen, sondern den gesamten zeitlichen Verlauf darzustellen haben. Bild 8.05 enthält den Zeiger. Der so dargestellte Strom hat einen Scheitelwert von 10 A : 0,707 = rund 14 A. Die Länge des dem Scheitelwert entsprechenden Zeigers wäre rund 17 mm.

Der oben erwähnte Drehwinkel α wird in der Regel als Produkt der Umlaufgeschwindigkeit des Zeigers und der zu α gehörenden Zeit dargestellt. Die Umlaufgeschwindigkeit oder, was dasselbe heißt, die Drehgeschwindigkeit oder die Winkelgeschwindigkeit wird dabei durch den kleinen griechischen Buchstaben ω (Omega) ausge-

drückt und die Zeit durch ein kleines lateinisches t. Damit ist z. B.
der Augenblickswert zum Zeitpunkt t für einen sinusförmig verlaufenden Strom mit dem Scheitelwert I gegeben durch: $I \sin (\omega \cdot t)$.

Phasenverschiebung im Zeigerbild

Wir schließen an eine Wechselspannung verschiedene Stromzweige — etwa einen Heizofen und mehrere Motoren — an. Die in diesen Stromzweigen fließenden Ströme haben sämtlich die Frequenz der Spannung. Sie unterscheiden sich untereinander in ihren Beträgen und in ihren gegen die Spannung vorhandenen Phasenverschiebungen. Dabei können alle Phasenverschiebungen auftreten, die zwischen einem Viertel einer Periode Voreilung und einem Viertel einer Periode Nacheilung liegen.

Ein Beispiel: In Bild 7.03 sind eine Wechselspannung und ein ihr um ein Achtel einer Periode nacheilender Strom zu sehen. Wir können Strom und Spannung je durch einen Zeiger darstellen. Wollen wir beide Zeiger in ein gemeinsames Bild eintragen, so muß darin auch die Phasenverschiebung berücksichtigt werden. Das geschieht mit einem gegenseitigen Verdrehen der Zeiger: Ein Zeiger-Umlauf (360 Winkelgrade für den vollen Winkel) bedeutet eine Periode. Im Zeigerbild stellen somit 360° eine Periode dar. In unserem Beispiel eilt der Strom ein Achtel Periode oder 360°/8 = 45° nach. Dies ist in Bild 8.06 mit zwei Zeigern dargestellt. Das Bild 8.06 macht recht deutlich, warum man die Phasenverschiebung zwischen Spannung und Strom meist in Winkelgraden angibt.

Bild 8.06:
Eine Wechselspannung und ein ihr um $1/8$ Periode nacheilender Strom in Zeigerdarstellung. Dieses Bild zeigt dasselbe wie das Bild 7.03. Der Vergleich beider Bilder läßt die Einfachheit der Zeigerdarstellung erkennen.

Als weiteres Beispiel der Phasenverschiebung im Zeigerbild zeigt Bild 8.07 die drei um je ein Drittel Periode gegeneinander verschobenen Spannungen eines gleichseitigen Dreiphasennetzes.

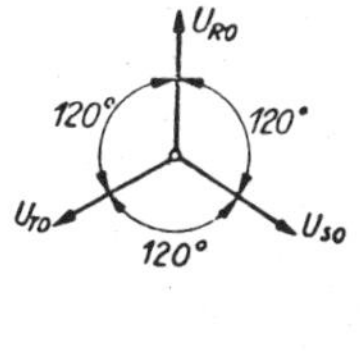

Bild 8.07:
Die drei Spannungen eines gleichseitigen Dreiphasensystems in Zeigerdarstellung. Dieses Bild zeigt das gleiche wie Bild 3.07.

Die Phasenverschiebungswinkel werden zu Phasenverschiebungen zwischen Spannung und Strom üblicherweise für Nacheilen des

Stromes positiv und für Voreilen des Stromes negativ gerechnet. Fehlende Phasenverschiebung bezeichnet man als P h a s e n g l e i c h - h e i t.

Wirk- und Blindstrom als Zeiger

Vielfach ist es günstig, beliebige Phasenverschiebungen auf Phasengleichheit und auf ± 90° Phasenverschiebung zurückzuführen. Dieses Zurückführen geschieht fast immer mit einem gedachten Z e r l e g e n d e s S t r o m e s, wie wir es schon an Hand des Bildes 7.06 kennengelernt haben. Wie einfach sich der Strom im Zeigerbild zerlegen läßt, zeigt Bild 8.08. Wir sehen in ihm, daß wir lediglich den Gesamtstromzeiger durch zwei weitere Zeiger zu dem r e c h t w i n k l i g e n D r e i e c k zu ergänzen brauchen, dessen eine Seite mit dem Spannungszeiger gleichläuft und dessen andere Seite demgemäß senkrecht zum Spannungszeiger steht. Beide in Bild 8.08 gezeigten Darstellungsweisen sind gleich richtig.

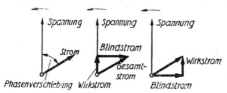

Bild 8.08:
Eine Spannung und ein ihr nacheilender Strom. Dieser (Gesamt-)Strom kann in einen Wirk- und einen Blindstrom zerlegt werden (vgl. Bild 7.08).

Über das rechtwinklige Stromdreieck kommen wir nun zu der eigentlichen Bedeutung des $\cos \varphi$: Wenn in einem rechtwinkligen Dreieck einer der beiden spitzen Winkel mit φ (Bild 8.09) bezeichnet wird, nennt man in der Sprache des Mathematikers das Verhältnis der kürzeren zur längeren der beiden zu φ gehörenden Dreieckseiten „$\cos \varphi$" (sprich: Kosinus Phi).

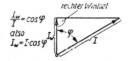

Bild 8.09:
Der Zusammenhang zwischen Gesamtstrom und Wirkstrom ist durch die Phasenverschiebung φ gegeben.

Das Leistungsdreieck

Wir haben erfahren, daß zwischen den Leistungswerten sowie den Spannungs- und Strom-Effektivwerten folgende Beziehungen bestehen:

Wirkleistung = Spannung × Wirkstrom,

Blindleistung = Spannung × Blindstrom,

Scheinleistung = Spannung × Gesamtstrom.

Wir wissen auch, daß man den Zusammenhang zwischen Wirk-, Blind- und Scheinleistung in Form eines rechtwinkligen Dreiecks darstellen kann. Wir wollen uns hier um die Begründung dieser Darstellungsweise kümmern.

Wirk-, Blind- und Gesamtstromzeiger bilden gemeinsam ein rechtwinkliges Dreieck. Vervielfachen wir alle drei Seiten eines Dreiecks mit demselben Wert, so ändert sich wohl das Ausmaß des Dreiecks. Seine mit den Winkeln festgelegte Gestalt jedoch bleibt. Übertragen auf die Ströme und „Leistungen" heißt das: Wenn die drei Stromzeiger gemeinsam ein rechtwinkliges Dreieck bilden, muß sich zu den drei „Leistungen" ein dem S t r o m d r e i e c k ähnliches L e i s t u n g s d r e i e c k ergeben (Bild 8.10).

Bild 8.10:

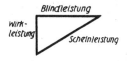

Wirkleistung, Blindleistung und Scheinleistung können gemeinsam mit einem rechtwinkligen Dreieck veranschaulicht werden.
Dieses Leistungsdreieck paßt zu dem Stromdreieck in Bild 8.08 Mitte. Es ist diesem Dreieck „ähnlich", hat also gleiche Winkel.

1. B e i s p i e l : Gegeben sind: Die Wirkleistung mit 500 W, die Spannung mit 220 V und der Strom mit 4 A. Schein- und Blindleistung sind zu ermitteln. Die Scheinleistung ergibt sich zu 220 V · 4 A = 880 VA. Wir zeichnen gemäß Bild 8.11 einen rechten Winkel, machen bei einem Maßstab 1 cm ≙ 60 W den einen Schenkel (500 : 60 =) 8,33 mm lang, schlagen um das freie Ende dieses Schenkels mit (880 : 60 =) 14,67 mm einen Kreisbogen, der den anderen Schenkel schneidet, und verbinden diesen Schnittpunkt mit dem freien Ende des anderen Schenkels. Die Strecken, die zur Blindleistung und Scheinleistung gehören, verhalten sich zueinander wie 12,03 mm zu 14,67 mm oder wie 0,82 : 1. Folglich beträgt die Blindleistung 880 VA · 0,82 = 722 var.

Bild 8.11:

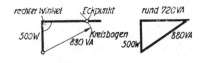

Das Gewinnen des Wertes der Blindleistung aus den Werten der Wirkleistung und Scheinleistung mit Hilfe eines rechtwinkligen Dreiecks.

2. B e i s p i e l : Es betragen: Der $\cos \varphi$ 0,8, die Spannung 220 V und die Wirkleistung 1,5 kW. Wie groß sind Scheinleistung, Strom und Blindleistung? Wir verwenden folgende Beziehung zwischen dem Wert der Wirkleistung und den Effektivwerten des Stromes sowie der Spannung:

$$\text{Wirkleistung} = \text{Strom} \times \text{Spannung} \times \cos \varphi$$

Wenn wir beide Seiten dieser Gleichung durch $\cos \varphi$ teilen und miteinander vertauschen, erhalten wir:

$$\text{Strom} \times \text{Spannung} = \frac{\text{Wirkleistung}}{\cos \varphi}$$

Da Strom × Spannung die Scheinleistung bedeutet, gilt auch:

$$\text{Scheinleistung} = \frac{\text{Wirkleistung}}{\cos \varphi}$$

Der Wert der Scheinleistung beträgt somit $\dfrac{1,5 \text{ kW}}{0,8} = 1,88 \text{ kVA}$

Weil Strom × Spannung = Scheinleistung ist, gilt auch:

$$\text{Strom} = \frac{\text{Scheinleistung}}{\text{Spannung}} \quad \text{oder hier} \quad \frac{1880 \text{ VA}}{220 \text{ V}} = \text{rund } 8,55 \text{ A}$$

Um die Blindleistung zu finden, zeichnen wir wieder ein rechtwinkliges Dreieck. Wir tragen auf einem Schenkel eines rechten Winkels eine die Wirkleistung darstellende Strecke ab, schlagen um das freie Ende dieser Strecke einen Kreisbogen mit einem der Scheinleistung entsprechenden Halbmesser und erhalten so auf dem noch unbenutzten Schenkel des rechten Winkels einen Schnittpunkt, der das Ende der zur Blindleistung gehörenden Strecke darstellt (vgl. Bild 8.11).

Die Blindleistung folgt aus dem Leistungsdreieck mit 1,5 kW Wirkleistung und 1,88 kVA Scheinleistung zu 1,12 kvar.

Wirkleitwert, Blindleitwert, Gesamtleitwert

Ausgehend von der Gesamtspannung einerseits und jeweils einem der Ströme (Wirkstrom, Blindstrom und Gesamtstrom) anderseits kommen wir zu Wirk-, Blind- und Gesamtleitwert, wobei die Parallelschaltung der beiden ersten den Gesamtleitwert ergibt. Es gilt:

$$\text{Wirkleitwert} = \frac{\text{Wirkstrom}}{\text{Spannung}} \qquad \text{Blindleitwert} = \frac{\text{Blindstrom}}{\text{Spannung}} \qquad \text{Gesamtleitwert} = \frac{\text{Gesamtstrom}}{\text{Spannung}}$$

Statt „Gesamtleitwert" sagt man auch „Wechselstromleitwert" oder, was aber recht ungünstig ist, „Scheinleitwert" oder aber, was sich in der Praxis immer mehr einführt „Admittanz".

Bild 8.12:
Wirkleitwert, Blindleitwert und Gesamtleitwert lassen sich gemeinsam durch ein rechtwinkliges Dreieck veranschaulichen.

Der Zusammenhang zwischen Wirk-, Blind- und Gesamtleitwert ist auch wieder durch ein dem Stromdreieck ähnliches Dreieck gegeben (Bild 8.12) („ähnlich" heißt: winkelgleich).

Wie es Wirk-, Blind- und Gesamtleitwerte gibt, so hat man es gelegentlich auch mit Wirk-, Blind- und Gesamtwiderständen zu tun.

Dabei gilt ganz allgemein die uns schon bekannte, hier aber mit einiger Vorsicht zu verwendende Beziehung:

$$\text{Widerstand in } \Omega = \frac{1}{\text{Leitwert in S}}$$

Beispiel: Ein Wirkwiderstand von $5\,\Omega$ und ein Blindwiderstand von $4\,\Omega$ sind nebeneinandergeschaltet. Wie groß ist der Wert des Gesamtwiderstandes? Bei Nebeneinanderschaltung rechnet man besser mit den Leitwerten als mit den Widerständen. Der Wirkleitwert beträgt $\frac{1}{5\,\Omega} = 0{,}2\,\text{S}$, der Blindleitwert $\frac{1}{4\,\Omega} = 0{,}25\,\text{S}$. Um den Gesamtleitwert der Nebeneinanderschaltung zu finden, nehmen wir

Bild 8.13:
Gewinnen des Gesamtleitwertes aus Wirk- und Blindleitwert. Hier sind 0,1 S durch 5 mm dargestellt.

wieder ein rechtwinkliges Dreieck zu Hilfe (Bild 8.13). Die zum Gesamtleitwert gehörende Dreieckseite ist 1,28mal so lang wie die zum Blindleitwert gehörende Seite. Daher beträgt der Gesamtleitwert $1{,}28 \cdot 0{,}25\,\text{S} = 0{,}32\,\text{S}$. Das bedeutet einen Wechselstromwiderstand von $\frac{1}{0{,}32\,\text{S}} = \text{rund } 3{,}1\,\Omega$.

Zeigersummen

Bild 8.08 zeigte uns eine Stromzerlegung: Der Gesamtstrom wurde dort in einen Wirk- und einen Blindanteil aufgeteilt.

Betrachten wir diesen Vorgang von rückwärts, so können wir Bild 8.08 auch als Beispiel für das Zusammenzählen eines Wirkstromes und eines zugehörigen Blindstromes auffassen, wobei sich der Gesamtstrom als Summe der beiden Teilströme ergibt.

Allgemein entnehmen wir so aus Bild 8.08, daß man im Zeigerbild zwei Wechselgrößen addiert, indem man den ersten Zeiger hinzeichnet und an seinen Endpunkt (also an seine Spitze) den zweiten Zeiger in der richtigen Phasenlage anfügt. Der Zeiger der Summe ist dabei als Verbindung des Anfangspunktes vom ersten Zeiger mit dem Ende des letzten Zeigers gegeben. Hierbei ist die Reihenfolge des Aneinanderfügens der Zeiger beliebig.

Bild 8.14 stellt die drei Sternspannungen eines Dreiphasensystems dar. Mit den Sternspannungen sind auch die verketteten Spannungen festgelegt. Wir interessieren uns zum Beispiel für die verkettete

Spannung U_{RS}, d. h. um die Spannung, die der Leiter R gegen den Leiter S hat. Es geht uns daher um die Spannung, die beim Übergang vom Leiter R nach dem Leiter S durchschritten wird. Um unter Vermittlung des Mittelleiters O von R nach S zu gelangen, müssen wir von R nach O und weiter von O nach S gehen. Wir durchschreiten dabei die Spannungen U_{RO} und U_{OS}. Das heißt: Die Spannung U_{RS} ist als Summe der Spannungen U_{RO} und U_{OS} gegeben. Die Spannung U_{OS} ist der Spannung U_{SO} entgegengesetzt gleich. Der im Zeigerbild gegebene Zusammenhang ist (in Einklang mit Bild 8.07) in Bild 8.14 gezeigt.

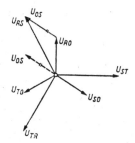

Bild 8.14:

Entstehen des Zeigers einer verketteten Spannung aus den Zeigern von jeweils zwei Phasenspannungen. Ausgegangen wird von den Phasenspannungen U_{RO} und U_{SO}. Aus dem Zeiger U_{SO} gewinnen wir den Zeiger U_{OS} und verschieben diesen Spannungszeiger dann parallel zu sich selbst, so daß er an den Zeiger U_{RO} anschließt.

In Bild 8.15 sehen wir links die Zeiger der drei Leiterströme eines gleichseitigen Dreiphasensystems. Rechts sind die Stromzeiger so aneinandergereiht, wie man das macht, um die Summe zu bilden.

Bild 8.15:

Die Summe der drei Ströme eines symmetrisch belasteten Dreiphasensystems ist, wie deren Zeigerdarstellung leicht erkennen läßt, Null.

An das Ende des ersten Zeigers schließt sich der Anfang des zweiten Zeigers an und an dessen Ende wieder der Anfang des dritten. Das Ende des dritten Zeigers trifft hierbei auf den Anfang des ersten Zeigers. Das heißt, daß die Summe der drei Zeiger in diesem Fall gleich Null ist.

Bild 8.16:

Ein Gesamtstrom als Summe dreier Einzelströme in Zeigerdarstellung.

Als **weiteres Beispiel** betrachten wir die Gesamtbelastung eines Wechselstromanschlusses mit drei Einzelbelastungen. Bild 8.16 enthält links die Zeigerbilder zu den Einzelbelastungen und rechts das **Gesamtbild mit der Stromsumme.** Da eine der drei Belastungen

„voreilend" und eine zweite „nacheilend" ist, heben sich die Blind-anteile großenteils auf, so daß die Gesamtbelastung nahezu eine Wirkbelastung ist.

Schließlich bringt Bild 8.17 noch eine Spannungssumme: Bei einem Verbraucher steht eine Spannung von 220 V zur Verfügung. Der Verbraucher entnimmt einen reinen (nacheilenden) Blindstrom von 30 A. Die Zuleitung hat einen Wirkwiderstand von 2 Ω. Folglich werden zusätzlich zu den 220 V beim Verbraucher selbst noch 2 Ω × 30 A = 60 V für die Zuleitung verbraucht. Diese 60 V sind in Phase mit dem Belastungsstrom. Die Spannung am Leitungsanfang beträgt, wie sich aus dem Zeigerbild abmessen läßt, 228 V.

Bild 8.17:
Gesamtspannung etwa 228 V, für die Lei-tung gebrauchte Spannung 60 V, Ver-braucherspannung 220 V, Belastung (beim Verbraucher) rein induktiv (um ein Viertel einer Periode nacheilender Strom).

Wirk- und Blindspannung als Zeiger

Wie man eine beliebige Phasenverschiebung zwischen einer Wechsel-spannung und dem von ihr bewirkten Wechselstrom mit einem Auf-gliedern des Stromes in einen Wirkstrom und in einen Blindstrom auf 0° und ± 90° Phasenverschiebung zurückführen kann, läßt sich das auch mit dem Aufgliedern der Wechselspannung machen. Dies geht aus Bild 8.17 hervor, wenn man dort von der Gesamtspannung und dem Strom ausgeht. Als Ergebnis des Aufgliederns erhalten wir eine **Wirkspannung**, die mit dem Strom in Phase ist, und eine **Blind-spannung**, die gegen den Strom eine Phasenverschiebung von 90° hat. Dem Zerlegen der Spannung in einen Wirkanteil und einen Blindanteil entspricht das Aufgliedern des hierzu gehörenden Stromzweiges in die Reihenschaltung eines Wirkwiderstandes mit einem Blindwiderstand:

Teilen wir den Betrag der Wirkspannung U_w durch den Betrag des Stromes I, so folgt daraus der **Wirkwiderstand R**. Dementsprechend ergibt sich der Betrag des **Blindwiderstandes X**, wenn wir den Betrag der Blindspannung U_b durch den Betrag des Stromes I teilen.

Auch die die Widerstände darstellenden Strecken können recht-winklig zusammengefügt werden, falls der eine Widerstand ein Wirk-widerstand und der andere ein Blindwiderstand ist.

125

Besondere Bezeichnungen für Wechselstromwiderstände und Wechselstromleitwerte

Mit den in den vorhergehenden Abschnitten erklärten und benutzten Ausdrücken „Wirkwiderstand", „Blindwiderstand" und „Gesamtwiderstand" kann man gut auskommen.

Da für diese Widerstände aber andere Bezeichnungen häufig gebraucht werden, müssen wir mit diesen anderen Bezeichnungen ebenfalls Bekanntschaft schließen. Das soll in Folgendem geschehen.

Der Gesamtwiderstand, also der Widerstand, der sowohl einen Wirkanteil wie einen Blindanteil umfassen kann, heißt in der Praxis häufig „Impedanz" oder auch „komplexer Widerstand".

Der Wirkwiderstand wird nicht selten als „reeller Widerstand" bezeichnet. Den Wirkanteil eines Widerstandes nennt man entsprechend auch „reelle Komponente" oder „Realteil" des Widerstandes.

Für den Blindwiderstand hat man den Ausdruck „imaginärer Widerstand", für den Blindanteil eines Widerstandes demgemäß „imaginäre Komponente" oder „Imaginärteil" des Widerstandes.

Die Bezeichnungen „komplex", „reell" und „imaginär" (was übrigens „eingebildet" oder „nur gedacht" heißt) benutzt man auch im Zusammenhang mit Leitwerten. Es gibt also komplexe Leitwerte (Gesamtleitwerte), reelle Leitwerte (Wirkleitwerte) und imaginäre Leitwerte (Blindleitwerte). Den komplexen Leitwert nennt man häufig Admittanz.

Ausdrücke, die man vermeiden sollte

Wir haben die Begriffe Wirkleistung, Blindleistung und Scheinleistung kennengelernt. Diese Begriffe werden allgemein und mit guten Gründen benutzt.

Aus ihnen hat man aber weitere Begriffe abgeleitet, deren Gebrauch wir vermeiden wollen:

Man spricht bezüglich des Stromes in der der Leistung entsprechenden Weise von Wirkstrom, von Blindstrom und von Scheinstrom. Eine solche Übertragung ist wenig sinnvoll: Die Scheinleistung ist eine Leistung, die auf Grund der Spannung und des Stromes dazusein scheint. Der als „Scheinstrom" bezeichnete Strom jedoch ist der Strom, der tatsächlich in der Leitung fließt. Wenn wir eine von Wechselstrom durchflossene Leitung auftrennen und die Verbindung an der Trennstelle durch einen Strommesser wiederherstellen, messen wir den Wechselstrom, der in der Leitung fließt. Das ist keinesfalls ein Scheinstrom.

Ebenso abwegig, wie von Scheinstrom zu sprechen, ist es, den Wechselstromwiderstand, der außer einem Wirkanteil einen Blindanteil umfassen kann, „Scheinwiderstand" zu nennen. Dieser Widerstand ist tatsächlich vorhanden. Man kann ihn messen und braucht eine Wechselspannung, um einen Wechselstrom durch ihn hindurchzudrücken! Wer darauf versessen ist, hier von „Schein" zu sprechen, sollte den Wechselstromwiderstand, von dem er Blindanteile vermutet, dann schon „Scheinwirkwiderstand" nennen. Das ist zwar langatmig und völlig überflüssig, aber doch wenigstens nicht falsch.

Entsprechendes gilt für den Leitwert. Wer den (gesamten) Wechselstromleitwert, der selbstverständlich Wirk- und Blindanteil umfassen kann, einen Scheinleitwert nennt, hat sich die Sache nie richtig überlegt.

Nun noch ein Ausdruck, der recht häufig falsch benutzt wird: der Ausdruck „ohmscher Widerstand". Vielfach wird im Zusammenhang mit Wechselstromschaltungen der Wirkwiderstand „ohmscher Widerstand" genannt. Der ohmsche Widerstand ist, wie wir wissen, ein Widerstand, für den das Verhältnis der Spannung zum Strom einen konstanten Wert hat. Dieses Kennzeichen weisen Blindwiderstände (für eine jeweils feste Frequenz) in recht vielen Fällen auf. Man sage also „Wirkwiderstand" und nur, wenn die Konstanz des Wertes betont werden soll, „ohmscher Wirkwiderstand".

Formelzeichen

In der Wechselstromtechnik verwendete man für Wechselgrößen mit zeitlich sinusförmigem Verlauf (Wechselströme, Wechselspannungen) wie auch für Größen mit Wirk- und Blindanteil (Widerstände, Leitwerte) als Formelzeichen vielfach deutsche Buchstaben (im Druck „Frakturbuchstaben" genannt).

Doch ist man hiervon so ziemlich abgegangen und benutzt, wie auch in diesem Buch, große lateinische Buchstaben. Um nun damit den Charakter von Widerständen und Leitwerten zu kennzeichnen, hat man Sonderbuchstaben eingeführt. Hier eine Zusammenstellung (rechts die heute mehr und mehr benutzten Bezeichnungen):

Z	Wechselstromwiderstand	Impedanz
R	Wirkwiderstand	Resistanz
X	Blindwiderstand	Reaktanz
Y	Wechselstromleitwert $= 1/Z$	Admittanz
G	Wirkleitwert	Konduktanz
B	Blindleitwert	Suszeptanz

Die Bilder 8.18 bis 8.23 veranschaulichen die Zusammenhänge:

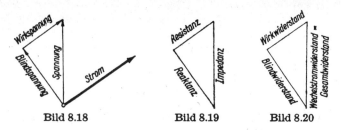

Bild 8.18   Bild 8.19   Bild 8.20

Bild 8.18: Zeigerbild, in dem der Gesamtspannungszeiger in einen Wirk-
spannungszeiger und in einen Blindspannungszeiger zerlegt ist.
Bild 8.19: Zu dem Zerlegen des Gesamtspannungszeigers gemäß Bild 8.18
gehört das Aufgliedern der Impedanz in eine Reaktanz und eine Resistanz.
Bild 8.20: Das Widerstandsdreieck von Bild 8.19 mit den deutschen Bezeichnungen.

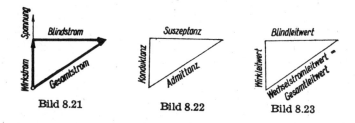

Bild 8.21   Bild 8.22   Bild 8.23

Bild 8.21: Zeigerbild, in dem der Gesamtstromzeiger in Wirk- und Blind-
stromzeiger zerlegt ist.
Bild 8.22: Zum Zerlegen des Gesamtstromzeigers nach Bild 8.21 gehört das
Aufgliedern der Admittanz in eine Konduktanz und eine Suszeptanz.
Bild 8.23: Leitwertdreieck gemäß Bild 8.22 mit den deutschen Bezeich-
nungen.

Zeigerdiagramme zum Üben

Es ist ganz nützlich, Zeigerdiagramme zu studieren. Das kann an
Hand der hier folgenden Bilder geschehen. Die Bilder 8.24 bis 8.28
betreffen ausschließlich Spannungen.

Die Bilder 8.29 bis 8.32 enthalten ausschließlich Stromzeiger. Sie
stellen Zusammenhänge zwischen Wechselstromwerten und den
Phasenlagen dieser Wechselströme dar.

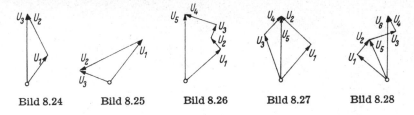

| Bild 8.24 | Bild 8.25 | Bild 8.26 | Bild 8.27 | Bild 8.28 |

Bild 8.24: Zeigerdiagramm der Spannungen der Reihenschaltung zweier Zweige (1 und 2). In dem Zeigerbild sind U_1 und U_2 die Teilspannungszeiger und U_3 der Gesamtspannungszeiger.

Bild 8.25: Fall, der dem des Bildes 8.24 im Prinzip genau entspricht, nur mit anderen Spannungswerten und mit anderen Phasenlagen.

Bild 8.26: Zeigerdiagramm der Spannungen einer Reihenschaltung aus vier Zweigen.

Bild 8.27: Zeigerdiagramm der Spannungen in einer Parallelschaltung zweier Zweige, deren jeder die Reihenschaltung zweier Teile (1 und 2 bzw. 3 und 4) ist. Die Spannung U_5 liegt an der Parallelschaltung.

Bild 8.28: Zeigerdiagramm der Spannungen einer Schaltung in der U_6 die Gesamtspannung einer Reihenschaltung ist, wobei mit U_5 angedeutet wird, daß der Reihenschaltung der Zweige 1 und 2 ein Zweig 5 parallel geschaltet ist.

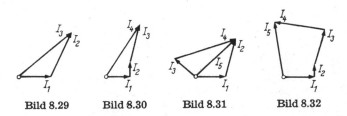

| Bild 8.29 | Bild 8.30 | Bild 8.31 | Bild 8.32 |

Bild 8.29: Zeigerdiagramm der Ströme der Parallelschaltung zweier Stromzweige.

Bild 8.30: Zeigerdiagramm der Ströme der Parallelschaltung der Zweige 1 ... 3 · I_4 ist der Gesamtstrom.

Bild 8.31: Zeigerdiagramm der Ströme zweier in Reihe liegender Parallelschaltungen. I_5 ist der Gesamtstrom, der sich das eine Mal in I_1 und I_2 und das andere Mal in I_3 und I_4 aufgliedert.

Bild 8.32: Zeigerdiagramm der Ströme einer Parallelschaltung von vier Zweigen.

Die Bilder 8.33 bis 8.36 gehören zu Kombinationen aus Reihen- und Parallelschaltungen. Hier handelt es sich um vollständige Zeigerdiagramme, die Strom- **und** Spannungszeiger enthalten.

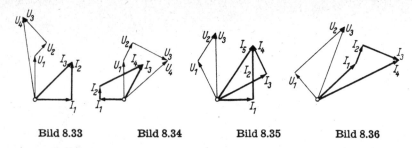

Bild 8.33	Bild 8.34	Bild 8.35	Bild 8.36

Bild 8.33: Zeigerdiagramm zu einer Reihenschaltung dreier Teile, wobei ein Teil durch eine Parallelschaltung dargestellt ist (U_1 mit I_1 und I_2). Zu den zwei anderen Reihenschaltungsgliedern gehören I_3 und U_2 sowie U_3.

Bild 8.34: Zeigerdiagramm zu einer Reihenschaltung aus drei Zweigen, wobei ein Zweig die Parallelschaltung ist, an der U_1 liegt und die von den Einzelströmen I_1, I_2 und I_4 durchflossen wird. Zu den zwei weiteren Zweigen gehören I_3 sowie U_2 und U_3.

Bild 8.35: Zeigerdiagramm zu einer Reihenschaltung zweier Parallelschaltungen. Zu der einen Parallelschaltung gehören U_1, I_3 und I_4. Der anderen Parallelschaltung sind zugeordnet U_2, I_1 und I_2.

Bild 8.36: Zeigerdiagramm zu einer Parallelschaltung aus drei Zweigen, deren einer als Reihenschaltung ausgebildet ist (U_1 und U_2 mit I_1).

Das Wichtigste

1. Jede zeitlich sinusförmig verlaufende Wechselgröße kann durch einen Zeiger dargestellt werden.

2. Die Zeigerlänge veranschaulicht üblicherweise den Effektivwert (genaugenommen den Effektiv-Betrag) der Wechselgröße.

3. Die auf die Sekunde entfallende Zeiger-Drehzahl ist gleichbedeutend mit der Frequenz der Wechselgröße. Zu einer Periode der Wechselgröße gehört daher ein voller Zeiger-Umlauf.

4. Technische Wechselströme, Wechselspannungen und Wechselfelder dürfen meistens als zeitlich sinusförmig verlaufend angesehen werden.

5. Die Phasenverschiebung äußert sich im Zeigerbild als Winkel zwischen den Zeigern.

6. Die Zeiger von Wirk-, Blind- und Gesamtstrom bilden — ebenso wie eine Streckendarstellung von Wirk-, Blind- und Scheinleistung sowie auch von Wirk-, Blind- und Gesamtleitwert — jeweils miteinander ein rechtwinkliges Dreieck.

7. Impedanz ist eine häufig gebrauchte Bezeichnung für den (komplexen) Wechselstromwiderstand.

8. Mit Admittanz bezeichnet man dementsprechend den (komplexen) Wechselstromleitwert.

9. Den Wirkanteil nennt man auch reelle Komponente oder Realteil.

10. Der Blindanteil wird entsprechend als imaginäre Komponente oder als Imaginärteil bezeichnet.

Vier Fragen

1. Welche Gesamtwiderstände sind möglich zu einem Wirkwiderstand von 12 Ω und einem Blindwiderstand von 20 Ω? Welcher dieser beiden Werte hat die größere Wahrscheinlichkeit?

2. Welcher Blindleitwert ergibt sich zu einem Gesamtleitwert von 400 mS und zu einem Wirkleitwert von 125 mS?

3. Wie sieht das Zeigerbild für eine Reihenschaltung von 10 Ω Wirkwiderstand für + 30 Ω und − 25 Ω Blindwiderstand aus, wenn in dieser Schaltung ein Strom von 2 A fließt?

4. Welche Schaltung gehört zu den in Bild 8.37 dargestellten Zeigern?

Bild 8.37:

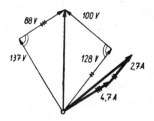

9. Komplexe Werte

Vorbemerkung

Dieses Kapitel kann zunächst überschlagen werden. Man studiere es erst, wenn man den Inhalt des vorangehenden Kapitels voll erfaßt hat. Es enthält zwar vieles von dem, was ein Elektrotechniker wissen sollte. Nicht jeder Elektrotechniker aber braucht in seiner Praxis das, was auf den folgenden Seiten behandelt wird. Immerhin, es schadet nicht, wenn man das, was in den nächsten Abschnitten steht, einmal durchliest.

Die komplexe Zahl

Komplex bedeutet etwa dasselbe wie zusammengesetzt. Eine komplexe Zahl setzt sich demgemäß aus zwei Zahlenangaben zusammen. Wir betrachten dazu ein recht einfaches Beispiel, das mit der Elektrotechnik nichts zu tun hat:

Angenommen, es handle sich um einen Punkt B, der von unserem Standort A nach Norden um 3 km und zusätzlich nach Osten um 4 km entfernt ist. Die Richtung nach Norden und die nach Osten stehen senkrecht zueinander. Wir können, um den Betrag der Entfernung A gegen B zu ermitteln, die 3 km z. B. mit 3 cm sowie dementsprechend die 4 km mit 4 cm darstellen, diese beiden Strecken (3 cm und 4 cm) rechtwinklig aneinander reihen und dann die Entfernung zwischen den beiden freien Enden der Strecken abmessen. So ergeben sich 5 cm. Die Entfernung zwischen A und B ist daher mit 5 km gegeben.

Statt den Betrag der Entfernung zwischen A und B zeichnerisch zu gewinnen, können wir ihn auch ausrechnen. Das geht so:

$$\sqrt{(3 \text{ km})^2 + (4 \text{ km})^2} = \sqrt{9 \text{ km}^2 + 4 \text{ km}^2} = \sqrt{25 \text{ km}^2} = 5 \text{ km}$$

Diese Zahl nennt nur den Betrag der Entfernung, offenbart aber nichts über die Himmelsrichtung, in der die Endstelle von der Startstelle aus liegt. Um außerdem die Richtung auszudrücken, stehen uns mehrere Möglichkeiten offen, und zwar zusätzlich zum Betrag der Entfernung (hier 5 km) insbesondere entweder

● der gegen eine Bezugsrichtung (z. B. gegen die Richtung nach Osten) geltende Winkel oder

● die getrennte Angabe der Entfernungen in Richtung nach Osten und in Richtung nach Norden.

Wir beschäftigen uns erst mit der zweiten Möglichkeit.

Dazu sei festgelegt: Entfernungen nach Osten werden ohne Kennzeichen angegeben und Entfernungen nach Norden mit dem Faktor j gekennzeichnet. Dem entspricht das, was in diesem Kapitel dargelegt wird. Mit der zweiten Möglichkeit lautet die zu unserem Beispiel gehörende Entfernungsangabe:

$$4 \text{ km} + j \cdot 3 \text{ km} = (4 + j \cdot 3) \text{ km}$$

Für die Entfernung gilt ohne Rücksicht auf die Richtung der zwischen zwei senkrechte Betragstriche gesetzte Betrag von $4 + j \cdot 3$, d. h.

$$| (4 + j \cdot 3) | \text{ km} = 5 \text{ km}$$

Der Faktor j

Der Faktor j bedeutet in unserem Beispiel die Drehung von der Richtung nach Osten in die Richtung nach Norden. Das ist eine Drehung um ein Viertel eines vollen Winkels, und damit eine Drehung um 90°. Diese Drehung erfolgt gegen den Uhrzeigersinn. Das heißt: Der Faktor j gibt die Anweisung, eine Drehung um 90° gegen den Uhrzeigersinn vorzunehmen. Einen Faktor, der am Betrag nichts ändert, aber eine Anweisung gibt, nennt man **Operator.** j ist somit ein Operator.

Wird eine Drehung um 90° im selben Sinn viermal hintereinander ausgeführt, so ist damit die ursprüngliche Richtung wieder erreicht. Nach einer vollen Umdrehung, also nach vier in gleichem Sinn aufeinanderfolgenden Drehungen um jeweils 90°, muß wieder das herauskommen, was vor dieser Drehung galt. Folglich muß sein:

$$j \cdot j \cdot j \cdot j = 1 \text{ oder } j^4 = 1$$

Bevor wir hieraus Schlüsse ziehen, betrachten wir die Hälfte der vollen Umdrehung. Auf Grund einer halben Umdrehung wechselt das Vorzeichen: Wir hatten in unserem Beispiel in Richtung nach Ost positiv gezählt. Mit einer halben Umdrehung, gegeben durch zwei gleichsinnig aufeinanderfolgende Drehungen um je 90°, erhalten wir die Richtung nach West, d. h. die der ursprünglichen Richtung entgegengesetzte Richtung. Hieraus ergibt sich die Gleichung:

$$j \cdot j = -1 \text{ oder } j^2 = -1$$

Nun drehen wir dreimal hintereinander um je 90°, und zwar wie hier immer, entgegen dem Uhrzeigersinn. Damit erhalten wir eine Stellung, die von der ursprünglichen Stellung um 270° (gegen den Uhrzeigersinn) abweicht. Diese Stellung ist der entgegengesetzt, die sich ergibt, wenn wir nur einmal um 90° aus der Ausgangsstellung herausdrehen. Das bedeutet:

$$j \cdot j \cdot j = -j \text{ oder } j^3 = -j$$

Als Ergebnis dieser und weiterer Studien erhalten wir, wobei wir noch dazunehmen, daß $-j = 1 : j$ eine Drehung um 90° im Uhrzeigersinn bedeutet, mit Bild 9.01:

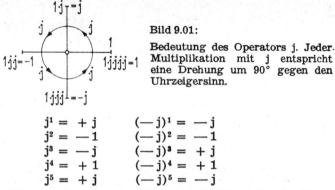

Bild 9.01:

Bedeutung des Operators j. Jeder. Multiplikation mit j entspricht eine Drehung um 90° gegen den Uhrzeigersinn.

$$j^1 = +j \qquad (-j)^1 = -j$$
$$j^2 = -1 \qquad (-j)^2 = -1$$
$$j^3 = -j \qquad (-j)^3 = +j$$
$$j^4 = +1 \qquad (-j)^4 = +1$$
$$j^5 = +j \qquad (-j)^5 = -j$$

Wem diese kleine Tabelle nichts sagt, der lasse sie beiseite.

Der Faktor j für den Blindleitwert

Der Faktor j hat die Bedeutung, die ihm für Blindwiderstände zukommt, auch für Blindleitwerte. Um das zu studieren, nehmen wir an, es möge sich wie zuvor um einen der Spannung um 90° nacheilenden Blindstrom handeln.

Falls uns lediglich die Beträge interessieren, können wir den Zusammenhang zwischen dem Blindstrom I_b, dem Blindleitwert B und der Spannung U so anschreiben:

$$B \cdot U = I_b$$

Um in die Gleichung zusätzlich die Phasenverschiebung hineinzubringen, brauchen wir das j. Dabei müssen wir $B \cdot U$ mit j multiplizieren.

Nun aber müssen wir aufpassen: Der Strom soll der Spannung nacheilen. Die Multiplikation von $B \cdot U$ mit $j = +j$ würde das Voreilen des Stromes I_b gegenüber der Spannung U bedeuten. Wenn B einen positiven Zahlenwert darstellen würde, müßten wir $B \cdot U$ mit $-j$ vervielfachen, um für I_b das Nacheilen zu erhalten. Einfacher ist es, wenn wir dem B für nacheilenden Strom einen negativen Zahlenwert zuerkennen. Hieraus folgt: Wir haben stets zu beachten, daß sowohl das Formelzeichen X wie auch das Formelzeichen B sowohl für positive wie auch für negative Zahlenwerte stehen kann. Hierzu gilt: Für Voreilen des Stromes ist der Zahlenwert von X negativ und der von B positiv. Für Nacheilen des Stromes ist der Zahlenwert von X positiv und der von B negativ.

Die Gaußsche Zahlenebene

Um komplexe Werte bildlich darstellen zu können, benutzt man eine Ebene, in die man für die reellen Zahlen eine waagerechte Achse (die reelle Achse) und für die imaginären Zahlen eine senkrechte Achse (die **imaginäre Achse**) legt. Die reellen Zahlen zählt man von Null aus nach rechts. Die positiv imaginären Zahlen zählt man von Null aus

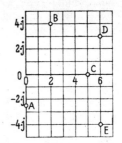

Bild 9.02:

Kleiner Ausschnitt aus der Gaußschen Zahlenebene mit den beiden Achsen und dem sich aus den Achsenteilungen ergebenden Liniennetz.

nach oben, wozu das Zählen der negativ imaginären Zahlen nach unten gehört. Bild 9.02 zeigt einen Ausschnitt aus einer mit diesen beiden Achsen ausgestatteten Ebene. Ausgehend von den Achsenteilungen ist die Ebene mit einem Liniennetz versehen. Dieses erleichtert sowohl das Eintragen wie das Ablesen von komplexen Werten. Die Bedeutung der Gaußschen Ebene zeigt sich an Hand der folgenden Tabelle, die zu den in Bild 9.02 eingetragenen Punkten A .. E gehört.

Punkt	A	B	C	D	E
Realteil	0	2	5	6	6
Imaginärteil	$-2{,}25 \cdot j$	$+4 \cdot j$	0	$+3 \cdot j$	$-4 \cdot j$

Das genügt fürs erste, wie das dem für dieses Buch gegebenen Rahmen entspricht.

Mathematischer Hintergrund von j

Gehen wir davon aus, daß $j \cdot j = -1$ sein soll, so folgt daraus zwangsläufig: j ist die Quadratwurzel aus -1.

Für die Quadratwurzel aus einer negativen Zahl gibt es kein zahlenmäßiges Ergebnis. Das macht hier nichts aus, weil man mit $\sqrt{-1}$ nur soviel zu rechnen braucht, wie es im vorliegenden Fall notwendig ist (Bild 9.01):

$$j \cdot j = \sqrt{-1} \cdot \sqrt{-1} = \sqrt{(-1) \cdot (-1)} \qquad = -1$$
$$j \cdot j \cdot j = (j \cdot j) \cdot j = -1 \cdot j \qquad = -j$$
$$j \cdot j \cdot j \cdot j = (j \cdot j) \cdot (j \cdot j) \cdot = (-1) \cdot (-1) = +1$$

Weil $j = \sqrt{-1}$ nicht ausrechenbar ist, bezeichnet man j als **imaginäre** (nur in der Einbildung vorhandene) **Einheit.**

Zahl aus zwei Komponenten

Wir erinnern uns an die $(4 + j \cdot 3)$ km. Das, was da in Klammern steht, kann als einheitliche Zahl aufgefaßt werden. Diese Zahl kenn-

135

zeichnet außer einem Betrag (wir hatten dafür 5 km ermittelt) noch eine Richtung. Man nennt eine solche Zahl **komplex** (zusammengesetzt, zusammengefaßt, verflochten).

Eine komplexe Zahl besteht somit aus zwei Anteilen (aus zwei Komponenten). Deren einer Teil unterscheidet sich in nichts von einer gewöhnlichen Zahl. Deren anderer Anteil ist mit dem Faktor j behaftet.

Der Anteil ohne den Faktor j heißt **Realteil** (wirklicher Teil) oder **reeller Anteil** oder **reelle Komponente**.

Der Anteil, zu dem der Faktor j gehört, heißt **Imaginärteil** oder **imaginärer Anteil** oder **imaginäre Komponente**.

Der Faktor j für den Blindwiderstand

Den Zusammenhang zwischen Strom I, Wirkwiderstand R und Wirkspannung U_w schreibt man häufig so an:

$$I \cdot R = U_w$$

Das ist in Ordnung. I und U_w sind nämlich phasengleich. Würde man aber den Zusammenhang zwischen Strom I, Blindwiderstand X und Blindspannung U_b folgendermaßen hinschreiben:

$$I \cdot X = U_b$$

so wäre das nur bedingt richtig. Die Gleichung stimmt zwar in bezug auf die Beträge, sie trifft aber bezüglich der Phasenverschiebung nicht zu. Auf Grund der Gleichung könnte man meinen, daß I und U_b phasengleich wären.

Um die Phasenverschiebung, die zwischen Strom und Blindspannung ja tatsächlich vorhanden ist, auszudrücken, brauchen wir ein besonderes Zeichen. Wir verwenden dafür ganz allgemein den Buchstaben j. Das j wird in die Formel als Faktor eingesetzt. Dieses j bedeutet für das, was damit multipliziert ist, ein Vorverschieben um 90°. Mit j schreiben wir

$$j \cdot X \cdot I = U$$

Hiermit drücken wir aus, daß die Spannung U_b mit dem Betrag $X \cdot I$ dem Strom I um 90° voreilt.

Der Faktor j für den Blindleitwert

Schreibt man den Zusammenhang zwischen Spannung U, Blindleitwert B und Blindstrom I_b so:

$$U \cdot B = I_b$$

so fehlt darin der Hinweis darauf, daß zwischen U und I_b eine Phasenverschiebung von 90° besteht. Um sie auszudrücken, braucht man das j. Damit gilt, falls X vom vorigen Abschnitt und B denselben Blindstromzweig betreffen, d. h. wenn $B = 1 : X$:

$$U_b \cdot B : j = I_b \text{ oder } U_b \cdot (-B) \cdot j = I_b,$$

da ja $1 : j = -j$.

Das Wichtigste

1. Eine komplexe Zahl ist aus einer reellen und einer imaginären Zahl zusammengesetzt.

2. Die reelle Zahl (wirkliche Zahl) ist eine Zahl, wie wir sie auch sonst verwenden.

3. Die imaginäre Zahl (in der Einbildung bestehende Zahl) ist eine mit dem Faktor j vervielfachte Zahl.

4. Der Faktor j ist das Zeichen für ein Verdrehen um 90° gegen den Uhrzeigersinn.

5. Eine komplexe Zahl bezeichnet außer einem Betrag auch eine Richtung.

6. Die Richtung bezieht sich in der Elektrotechnik auf die Phasenlage.

7. Einen komplexen Wechselstrom-Widerstand (eine Impedanz) schreibt man mit j so:
$$Z = R + j \cdot X$$

8. Hierin bedeuten: Z die Impedanz, R deren Realteil und $j \cdot X$ deren Imaginärteil.

9. Einen komplexen Wechselstrom-Leitwert (eine Admittanz) schreibt man mit j so:
$$Y = G + j \cdot B$$

10. Hierin bedeuten: Y die Admittanz, G deren Realteil und $j \cdot B$ deren Imaginärteil.

11. Für Nacheilen des Stromes haben X positive und B negative Zahlenwerte.

12. Für Voreilen des Stromes haben X negative und B positive Zahlenwerte.

Ein paar Fragen

1. Eine Wechselspannung von 220 V bewirkt einen Strom von 11 A, der der Spannung um 45° nacheilt. Welcher Betrag ergibt sich für die Impedanz?

2. Welche Werte erhält man hierzu für R und X?

3. Welche Werte bekommt man hierzu für G und B?

4. Welchen Betrag hat im vorliegenden Fall die Admittanz?

10. Arbeitswandlung

Die elektrische Arbeit wird in elektrischen Maschinen und Geräten in Arbeit anderer Art umgewandelt. So wandelt z. B. der Elektromotor elektrische Arbeit in mechanische um, während ein Heizkörper oder ein Kocher es ermöglicht, aus elektrischer Arbeit Wärme (-Arbeit) zu gewinnen und beim Aufladen eines Akkumulators aus elektrischer Arbeit ein chemischer Arbeitsinhalt gewonnen wird. Andere elektrische Einrichtungen sind dazu da, die elektrische Arbeit selbst zu wandeln. Schließlich kann man mit „Generatoren" auch aus mechanischer Arbeit oder beim Entladen eines Akkumulators aus der in ihm aufgespeicherten chemischen Arbeit elektrische Arbeit gewinnen. Allgemein handelt es sich also darum:

1. **elektrische Arbeit in Arbeit anderer Art** oder
2. **elektrische Arbeit in andere elektrische Arbeit** oder
3. **Arbeit anderer Art in elektrische Arbeit** umzuwandeln.

Die folgende Zusammenstellung gibt einige ungefähre Überblicke, die nur beispielsweise andeuten sollen, welche Vielfalt hier waltet.

Zu 1. müssen wir uns auf Andeutungen beschränken:

a) **Umwandlung in mechanische Arbeit**: Elektromotore, Elektromagnete; dazu als Spezialfall:

b) **Umwandlung in Schall**: Hörner, Sirenen, Lautsprecher;

c) **Umwandlung in Wärme**: Heizgeräte für Netz-, Batterie- oder Hochfrequenzspeisung und Glühlampen, soweit man das Erhitzen des Glühdrahtes betrachtet;

d) **Umwandlung in Licht**: Elektrische Lampen aller Art, Leuchtstoffröhren, Fernsehröhren und Abstimmanzeigeröhren;

e) **Umwandlung in andere elektromagnetische Wellen** als Licht und gegebenenfalls Wärme: Röntgenstrahlen (Röntgengeräte) sowie Sendewellen angefangen mit Zentimeterwellen, über UKW, Kurzwellen und Mittelwellen zu den Lang- und Längstwellen (Sende-Antennen);

f) **Umwandlung in chemischen Arbeitsinhalt**: Chemische Zersetzungen, Verchromen, Aufladen von Akkumulatoren.

Zu 2. ist die Sache etwas einfacher:

a) **Transformieren** der Wechsel- oder Drehstromleistung auf höhere oder geringere Spannung: Leistungstransformatoren, Meßwandler, Klingeltransformatoren;

b) **Umformen der Wechselstromleistung in Gleichstromleistung** oder umgekehrt (Umformer, Motorgeneratoren, Gleichrichterschaltungen);

c) **Umformen der Wechselstromleistung** in solche anderer Frequenz (Frequenzumformer, Motorgeneratoren, Schaltungen mit steuerbaren Ventilen);

d) **Umformen von Gleichstromleistung** einer Spannung in solche anderer Spannung (Gleichspannungswandler, Motorgeneratoren);

e) **Gewinnen von Wechselstromleistung aus Gleichstromleistung:** Wechselrichter, wie sie in der Fernmeldetechnik benutzt werden;

f) **Erzeugen von Hochfrequenzleistung aus Gleichstromleistung** (Hf-Generatoren, Sender).

Zu 3 haben wir es mit denselben Formen „anderer Arbeit" zu tun, wie zu 1.; doch sind hier die Bedeutungen für die Praxis anders gelagert. Im übrigen wird g) in Zukunft vielleicht etwas Besonderes sein.

a) **Gewinnung aus mechanischer Arbeit:** Generatoren; dazu als Spezialfall:

b) **Umwandlung von Schall:** Mikrophone;

c) **Umwandlung von Wärme:** Thermoelemente;

d) **Umwandlung von Licht:** Fotoelemente, Solarzellen, Fernseh-Aufnahmeröhren;

e) **Umwandlung aus anderen (längeren) elektromagnetischen Wellen:** Empfangsantennen;

f) **Umwandlung von chemischem Arbeitsinhalt:** Galvanische Elemente, Brennstoffelemente, Entladung von Akkumulatoren;

g) **Umwandlung von Masse** (Materie) unmittelbar in elektrische Energie (in Atomreaktoren über die Wärmeenergie und mechanische Energie).

Verluste

Bei allen Umwandlungen läßt sich natürlich niemals mehr umgewandelte Arbeit gewinnen, als man aufwendet. Im Gegenteil: Bei der Arbeitswandlung treten fast stets Verluste auf. Das heißt: Meist setzt sich ein Teil der umzuwandelnden Arbeit in Arbeit nicht gewünschter Art um und stellt deshalb in bezug auf die gewünschte Arbeit, die wir auch „nutzbare Arbeit" nennen können, einen Verlust dar.

Vielfach rechnen wir nicht mit der Arbeit, die umgewandelt werden soll, sondern mit der zugehörigen Leistung. Dies ist zulässig, sofern die Einrichtung, in der die Arbeitswandlung geschieht, keine Arbeit aufspeichert, sofern also in jedem Augenblick an Nutz- und Verlustarbeit zusammen soviel herauskommt, wie in diesem Augenblick an Gesamtarbeit hineingesteckt wird. Das Rechnen mit der Leistung ist daher zulässig und allgemein üblich, z. B. für Dauerbetrieb von Motoren, Generatoren, Umformern sowie elektrischen Strahlöfen und — mit gewisser Einschränkung — für das Verwenden von elektrischen Kochern. Es ist nicht zulässig für elektrische Akkumulatoren und für elektrische Öfen, die nachts Wärme speichern, um sie tagsüber abzugeben.

1. B e i s p i e l : Wir wollen mit Hilfe eines „Umformers" Gleichstromleistung aus dem Wechselstromnetz gewinnen. Entnehmen wir dem Umformer auf der Gleichstromseite 200 W, so müssen wir ihm auf der Wechselstromseite vielleicht 270 W zuführen, wobei im Umformer 70 W verlorengehen.

2. B e i s p i e l : Ein Umspanner weist bei einer Belastung mit 10 kW eine Verlustleistung von 0,7 kW auf. Die aufgenommene Gesamtleistung hat also einen Wert von 10,7 kW. Somit beträgt die abgegebene Leistung (10 kW) das 10 : 10,7 = 0,93fache oder 93 % der aufgenommenen Leistung.

3. B e i s p i e l : Ein Akkumulator wird bei durchschnittlich 2,1 V mit 0,5 A aufgeladen und bei durchschnittlich 1,9 V mit 2 A entladen. Hieraus kann der „Wirkungsgrad" (er wird im nächsten Abschnitt erklärt) des Akkumulators nicht ermittelt werden, da es sich in diesem Fall um Arbeitsspeicherung handelt. Während aus Spannungen und Strömen nur die Leistungen folgen, muß man hier mit Arbeitswerten rechnen.

Wirkungsgrad

Wie eben erwähnt, treten bei dem Umwandeln elektrischer Leistung in eine Leistung anderer Art Verluste auf. Das heißt beispielsweise: Beim Umwandeln elektrischer Leistung in mechanische Leistung entsteht neben der gewünschten mechanischen Leistung noch Wärmeleistung. Da bei der Leistungswandlung die Summe der entstehenden Leistungen gleich der aufgewandten Leistung ist, müssen wir die nicht in der gewünschten Form auftretende Leistung als Verlust ansehen. Wir unterscheiden demgemäß bei der Leistungswandlung:

1. die **Gesamtleistung,** die umgewandelt wird,
2. die **Nutzleistung,** die bei dem Umwandeln in der gewünschten Form auftritt,
3. die **Verlustleistung,** die bei dem Umwandeln in einer von der gewünschten Form abweichenden Form entsteht.

Dabei ist naturgemäß:

Nutzleistung + Verlustleistung = Gesamtleistung.

Die Verlustleistung ist, gemessen an der Gesamtleistung oder an der Nutzleistung, oft ziemlich bedeutend, womit dann auch der Wert der Nutzleistung erheblich unter dem der Gesamtleistung liegt und so das Verhältnis

Nutzleistung : Gesamtleistung

nennenswert kleiner als 1 ausfällt. In vielen Fällen vervielfacht man dieses Verhältnis mit der Zahl 100, womit sich sein Wert in Prozenten ergibt.

1. B e i s p i e l : Nutzleistung 120 W, Gesamtleistung 150 W. Daraus 120 W : 150 W = 0,8 oder (120 W : 150 W) · 100 % = 80 %.

2. B e i s p i e l : Nutzleistung 1 kW, Verluste 200 W. Daraus 1 kW : (1 kW + 0,2 kW) = 0,83 oder 83 %.

Das Verhältnis „Nutzleistung : Gesamtleistung" gibt an, in welchem Grade die gewünschte Umwandlung erreicht wird oder in welchem Grade die angestrebte Wirkung der Umwandlung eintritt. Somit ist es einleuchtend, daß man dieses Verhältnis als „Wirkungsgrad" bezeichnet.

Die Wirkungsgrade nicht zu kleiner elektrischer Maschinen liegen ziemlich hoch. Wenn der im vorigen Abschnitt erwähnte Umformer eine Leistung von 270 W aufnimmt, um davon 200 W an das Gleichstromnetz weiterzugeben, so bedeutet das einen Wirkungsgrad von 200 : 270 = rund 0,74. Statt 0,74 sagt man auch 74 %.

Die besten Wirkungsgrade haben elektrische Heizgeräte. Sie sollen ausschließlich Wärme erzeugen, die sich ohnehin bei jeder Umwandlung elektrischer Leistung besonders leicht ergibt. Hierfür ist der Wirkungsgrad nahezu 1 oder, was dasselbe bedeutet, nahezu 100 %.

Wirkungsgrad-Kennlinien

Solche Kennlinien zeigen, wie der Wirkungsgrad von der Belastung abhängt und welche Werte er für die verschieden hohen Belastungen annimmt. Unter **Belastung** versteht man den Wert der in der gewünschten Form entnommenen Leistung. Statt entnommene Leistung sagt man auch abgegebene Leistung. Der Belastungswert, für den eine Maschine oder sonstige Anordnung zum Umwandeln von Leistung gebaut ist, wird auf deren Leistungsschild genannt und heißt deshalb **Nennleistung** oder **Nennlast** oder **Nennwert der Belastung**. In Bild 10.01 sind zwei Wirkungsgrad - Kennlinien zu sehen. Wie hierfür üblich, ist die jeweilige Belastung darin in Bruchteilen, und zwar in Vierteln der Nennbelastung (Nennlast) angegeben. Die beiden Kennlinien steigen von der Belastung Null aus erst steil an. Schon bei ¼ der Nennlast haben die Wirkungsgrade ziemlich hohe Werte. Ihre Höchstwerte erreichen sie, was recht häufig angestrebt wird, bei Nennbelastung (⁴/₄ Nennlast). Danach fallen sie erst langsam und dann rascher ab.

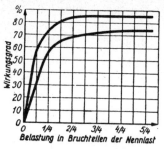

Belastung in Bruchteilen der Nennlast

Bild 10.01:

Zwei Wirkungsgrad-Kennlinien. In beiden Kennlinien wird für eine Belastung von etwa der Nennleistung (= 4/4) der Höchstwert erreicht. Die Kennlinie sinkt von da an erst fast unmerklich und dann (in dem hier nicht mehr dargestellten Belastungsbereich) immer stärker ab. N e n n l a s t stellt die Nutzlast dar, für die eine Maschine gebaut ist, also die Leistung, die sie z. B. dauernd abzugeben vermag.

Dieser für elektrische Maschinen normale Wirkungsgradverlauf hängt mit dem Anstieg der Verluste zusammen. Bild 10.02 zeigt, wie die Verlustleistung von der Belastung abhängt. Schon um eine unbelastete elektrische Maschine oder einen unbelasteten Transformator in Betrieb zu halten bzw. — wie man sagt — im „ L e e r l a u f " zu betreiben, ist eine gewisse Leistung nötig. Diese Leistung bedeutet einen Verlust: Sie wird nicht in nutzbare Leistung verwandelt. Sie dient nur zum Magnetisieren des Maschinen- oder Transformator-Eisens sowie bei der Maschine zum Überwinden der Lager- und Luftreibung. Belasten wir die Maschine oder den Transformator, so fließt in ihren Wicklungen bei gleichgehaltener Klemmenspannung (bei gleichbleibender Netzspannung) ein der Belastung verhältnisgleicher Strom. Dieser Strom muß durch die Wicklung hindurchgetrieben werden. Das erfordert eine Leistung, die wir ebenfalls als Verlust zu buchen haben. Die Verlustleistung ist mit dem Strom und der ihm verhältnisgleichen für den Wicklungswiderstand benötigten Spannung (Strom × Widerstand) gegeben. Folglich wächst der belastungsabhängige Teil der Verluste mit dem Quadrat des Stromes (siehe Seite 82).

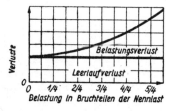

Belastungsverlust

Leerlaufverlust

Belastung in Bruchteilen der Nennlast

Bild 10.02:

Die Abhängigkeit der Verluste von der Belastung und die Aufteilung der Verluste einerseits in den gleichbleibenden Leerlaufverlust und anderseits in die mit dem Quadrat der Belastung ansteigenden Belastungsverlust.

1. B e i s p i e l : Eine elektrische Maschine (ein Generator) hat 200 W Leerlaufverluste, einen im Belastungsstromzweig liegenden Innenwiderstand von 3 Ω und eine Klemmenspannung von 100 V. Wie groß ist der Wirkungsgrad der Stromquelle für eine Belastung von 1 kW? — Zu 1 kW gehört bei 100 V Klemmenspannung ein Strom von 1000 W : 100 V = 10 A. Dieser Strom durchfließt den Innenwiderstand von 3 Ω und verursacht darin einen Verlust von $10 A \cdot 10 A \cdot 3 Ω = 300 W$.

Die gesamte Verlustleistung beträgt daher 200 W + 300 W, was bei 1000 W Nutzleistung eine Gesamtleistung von 1000 W + 500 W = 1500 W und einen Wirkungsgrad von 1000 : 1500 = 0,67 oder 67 % bedeutet. Für den aufmerksamen Leser: Die Klemmenspannung wird hier durch passende Einstellung auf 100 V konstant gehalten;

2. **Beispiel**: Bei Nennlast sei der Belastungsverlust gleich dem Leerlaufverlust. Der Belastungsverlust sei dem Quadrat der Belastung verhältnisgleich, der Leerlaufverlust sei belastungsunabhängig. Der Wirkungsgrad betrage für Nennlast 84 %. Die Wirkungsgrade für $^1/_4$-, $^2/_4$-, $^3/_4$- und $^5/_4$-Last sind zu berechnen.

Wenn wir die Gesamtleistung für Nennlast ($^4/_4$-Last) zu 100 Teilen ansetzen, gehört dazu bei 84 % Wirkungsgrad eine Nennlast (Nutzlast) von 84 Teilen und ein Gesamtverlust von 16 Teilen, der sich zu 8 Teilen für den Leerlaufverlust und zu 8 Teilen für den Belastungsverlust aufteilt. Der Belastungsverlust steigt mit dem Quadrat der Belastung. Es ergeben sich somit an B e l a s t u n g s v e r l u s t - A n t e i l e n :

$$\text{zu } ^1/_4\text{-Last} \qquad \frac{1}{4 \cdot 4} \cdot 8 = \frac{8}{16} = 0,5$$

$$\text{zu } ^2/_4\text{-Last} \qquad \frac{1}{2 \cdot 2} \cdot 8 = \qquad 2$$

$$\text{zu } ^3/_4\text{-Last} \qquad \frac{3 \cdot 3}{4 \cdot 4} \cdot 8 = \frac{9 \cdot 8}{16} = 4,5$$

$$\text{zu } ^4/_4\text{-Last} \qquad \frac{4 \cdot 4}{4 \cdot 4} \cdot 8 = \qquad 8$$

$$\text{zu } ^5/_4\text{-Last} \qquad \frac{5 \cdot 5}{16} \cdot 8 = \frac{25 \cdot 8}{16} = 12,5$$

Damit stellen wir für die Anteile und den Wirkungsgrad folgende Zahlentafel auf:

Belastungs-Bruchteile	$^1/_4$	$^2/_4$	$^3/_4$	$^4/_4$	$^5/_4$
Belastung	21	42	63	84	105
Belastungsverlust	0,5	2	4,5	8	12,5
Leerlaufverlust	8	8	8	8	8
Gesamtleistung	29,5	52	75,5	100	125,5
Wirkungsgrad	0,71	0,81	0,825	0,84	0,836

Umwandlung zwischen elektrischer und mechanischer Arbeit

Meist rechnet man bei solchen Umwandlungen mit Leistungen. Deshalb erfordert es erhöhte Aufmerksamkeit, wenn hier mit Arbeit gerechnet wird. Die Arbeitsbeziehungen folgen unmittelbar aus den Leistungsbeziehungen, indem man die Leistung jeweils mit der Zeit vervielfacht:

$$(1 \text{ N} \cdot \text{m/s}) \cdot \text{s} = 1 \text{ W} \cdot \text{s}$$

oder, da sich links die Sekunden wegkürzen:

$$1 \text{ N} \cdot \text{m} \quad = 1 \text{ W} \cdot \text{s}$$

1. **B e i s p i e l** : Wieviel elektrische Arbeit ist nötig, um bei einem Gesamtwirkungsgrad von 45 % eine Wassermenge von 500 000 l auf eine Höhe von 40 m zu pumpen? 500 000 l Wasser haben eine „Gewichtskraft" von 500 000 kg · 9,81 m/s² = 4 905 000 N. Das gibt bei 40 m eine Arbeit von 4 905 000 N · 40 m = 196 200 000 N · m = 196 200 000 W · s oder 196 200 kW · s oder (196 200 : 3600) kW · h. Die rechnen wir aus und erhalten 54,5 kW · h. Das stellt die nutzbar abgegebene Arbeit dar. Die aufzuwendende Gesamtarbeit beträgt: 54,5 kW · h : 0,45 = rund 121 kW · h.

2. **B e i s p i e l** : Für ein Wasserkraftwerk stehen im Jahr 50 000 000 m³ Wasser mit einer Fallhöhe von 100 m zur Verfügung. Wie viele kW · h bedeutet das bei einem Wirkungsgrad von 60 %? 1 m³ Wasser hat eine Masse von 1000 kg. Zu einer Masse von 1000 kg gehört auf der Erdoberfläche wegen der Erdbeschleunigung eine Kraft von 1000 kg · 9,81 m/s² = 9810 N.
Demgemäß entsprechen 50 000 000 m³ Wasser 9810 · 50 · 10⁶ N = 4905 · 10⁸ N. Bei einer Fallhöhe von 100 m gibt das 4905 · 10⁸ N · 100 m = 4905 · 10¹⁰ N · m und somit 4905 · 10¹⁰ W · s. Um Kilowattstunden zu erhalten, muß man durch 3 600 000 W · s : (kW · h) = 3,6 · 10⁶ W · s : (kW · h) teilen:

$$\text{Gesamtarbeitsinhalt} = \frac{4905 \cdot 10^{10}}{3,6 \cdot 10^{6}} \text{ kW} \cdot \text{h} = 13\,625 \cdot 10^{3} \text{ kW} \cdot \text{h}$$

Bei 60 % Wirkungsgrad beträgt die zugehörige Nutzarbeit 13 625 000 kW · h · 0,6 = 8 175 000 kW · h ≈ 8000 MW · h.

Umwandlung zwischen elektrischer und mechanischer Leistung

Die mechanische Leistung wird ebenfalls in W angegeben, die alte Einheit „Pferdestärken" (PS) wird manchmal noch zu finden sein.

$1 \text{ W} = 1 \text{ N} \cdot \text{m/s}.$

$1 \text{ PS} \quad = 736 \text{ W} = 0,736 \text{ kW} \approx {}^3/_4 \text{ kW}$

$1 \text{ kW} \quad = \dfrac{1000}{736} \text{ PS} = 1,36 \text{ PS} \approx 1^1/_3 \text{ PS}.$

Hiervon wollen wir uns merken: $1 \text{ PS} \approx {}^3\!/_4 \text{ kW}.$

Wir beachten, daß in diesen Beziehungen die Verluste nicht berücksichtigt sind. Wir wissen also, daß wir mehr als 9,81 W aufwenden müssen, um in jeder Sekunde einen Gegenstand von einem Kilogramm Masse (gegen die Wirkung der Erdbeschleunigung) einen Meter hoch zu heben. Bei einem Wirkungsgrad von z. B. 30 % sind hierfür 9,81 W · 100 : 30 = 32,7 W nötig. 30 % ist gleichbedeutend mit 0,3.

$$\text{Damit erhalten wir } \frac{9,81 \text{ W}}{0,3} = 32,7 \text{ W}.$$

1. B e i s p i e l : Ein Motor gebe eine mechanische Leistung von 3 PS an seiner Riemenscheibe ab. Der Wirkungsgrad betrage hierbei 0,75 oder 75 %. Die aufgenommene elektrische Leistung und die Verlustleistung sollen berechnet werden. Zu den 3 PS gehört eine elektrische Leistung von 3 PS · 736 W : PS ≈ 2200 W. Diese 2200 W werden als mechanische Leistung abgegeben. Es gilt:

$$\text{Wirkungsgrad} = \frac{\text{abgegebene Leistung}}{\text{zugeführte Leistung}}$$

Daraus folgt, wenn wir auf beiden Seiten mit der zugeführten Leistung vervielfachen und ebenfalls auf beiden Seiten durch den Wirkungsgrad teilen:

$$\text{Zugeführte Leistung} = \frac{\text{abgegebene Leistung}}{\text{Wirkungsgrad}}$$

oder mit den gegebenen Zahlen:

Zugeführte Leistung = 2200 W : 0,75 = 2940 W.

Wenn 2940 W zugeführt und 2200 W nutzbar abgegeben werden, sind als Verlustleistung 2940 W — 2200 W = 740 W zu buchen.

2. B e i s p i e l : Ein Generator soll 10 kW bei einem Wirkungsgrad von 88 % abgeben. Mit wieviel PS muß er angetrieben werden?

10 kW sind 10 000 W. **Diese bedeuten bei 1 PS = 736 W** eine Leistung von 10 000 W · 1 PS : (736 W) = 13,6 PS. Diese 13,6 PS werden somit nutzbar abgegeben. Dazu gehören bei einem Wirkungsgrad von 88 % als zugeführte Leistung 13,6 PS : 0,88 = rund 15,5 PS.

Umwandlung zwischen elektrischer Arbeit und Wärmearbeit

Bei der Umwandlung in Wärme rechnet man in der Regel mit Arbeitswerten. Die Arbeitseinheit ist das Joule, d. h. die Wattsekunde. Um 1 l Wasser um 1 °C zu erwärmen, benötigt man rund 4200 Ws bzw. 0,00116 kWh. Oft wird auch noch die alte Einheit für die Wärmearbeit, nämlich in Kilokalorie (1 kW · h = 860 kcal), verwendet, wobei eine Kilokalorie die Wärmearbeit (Wärmemenge) ist, die benötigt wird, um 1 kg Wasser 1 °C wärmer zu machen. **Wir bekommen von dem zahlenmäßigen Zusammenhang zwischen elektrischer Arbeit und Wärmearbeit einen besonders lebendigen Begriff, wenn wir daran denken, daß mit 1 kWh ungefähr 10 kg bzw. 10 l Leitungswasser zum Sieden gebracht werden können** (das Leitungswasser hat etwa 14 °C und wird auf rund 100 °C — also um 86 °C — erwärmt). Der Wirkungsgrad der Umwandlung elektrischer Arbeit in Wärmearbeit ist — insbesondere wenn man einen Tauchsieder verwendet — sehr hoch. Er liegt bei nahezu 100 %, d. h. bei 1.

1. Beispiel: Ein Heißwasserspeicher faßt 100 l. Der Inhalt soll nachts von 15 °C auf 90 °C erwärmt werden. Wie groß ist die dazu notwendige elektrische Arbeit, wenn etwa 10 % davon durch Wärmeabgabe an die Umgebung verlorengehen? Die Temperaturerhöhung beträgt 90 °C — 15 °C = 75 °C. Das gibt bei 100 l eine Wärmearbeit von 100 l · 75 °C · 0,00116 kWh/(l · °C) = rund 8,7 kW · h. Das sind 90 % der insgesamt aufgewandten elektrischen Arbeit, die sich demgemäß auf 8,7 kW · h : 0,9 = rund 9,7 kW · h beläuft.

2. Beispiel: Als Grundlage zum Planen eines Durchlauferhitzers soll berechnet werden, welche Wassermenge je Sekunde um 18 °C erwärmt werden kann, wenn man bei 380 V Drehstrom einen Strom von 18,2 A entnehmen und die Verluste vernachlässigen darf.

Man erhält eine Leistung von 380 V · 18,2 A · 1,73 ≈ 12 000 W.

Mit der vorgesehenen Leistung kann man somit in der Sekunde 12 000 W · s : 4200 W · s/l = 2,85 l Wasser um 1 °C erwärmen. Bei einer Erwärmung um 18 °C beträgt die erwärmte Wassermenge nur den 18. Teil, also 2,85 l : 18 = 0,15 l. Das sind in der Minute 0,15 l · 60 = 9 l.

Wir haben erfahren, daß das Umwandeln elektrischer Arbeit in Wärmearbeit mit einem sehr hohen Wirkungsgrad erfolgt. Damit hängt es zusammen, daß bei dem Umwandeln der elektrischen Arbeit in mechanische Arbeit oder in chemische Arbeit (Vernickeln, Verchromen, Herstellen von Karbid) die Verlustarbeit fast ausschließlich als Wärme entsteht.

Das indirekte Umwandeln von Wärmearbeit in elektrische Arbeit, wie sie in Dampfkraftwerken geschieht, erfolgt hingegen mit recht geringen Wirkungsgraden. Dabei ergeben sich die Verluste weit weniger in den Generatoren als bei dem Erzeugen der mechanischen Arbeit aus der mit der Kohle und mit dem Luftsauerstoff chemisch gespeicherten Arbeit.

Beispiel: In 1 kg Steinkohlen seien 8,13 kW · h enthalten. Ein Dampfkraftwerk soll 10 000 kW erzeugen. Wie viele Kilogramm Kohlen sind stündlich notwendig, wenn mit einem Gesamtwirkungsgrad von 11 % zu rechnen ist? 10 000 kW während einer Stunde sind gleichbedeutend mit 10 000 kW · h. Dazu gilt: 10 000 kW · h : 8,13 kW · h kg Kohle = 1230 kg Kohle. Infolge des Wirkungsgrades von 11 % oder 0,11 erhöht sich der Bedarf an Kohle auf 1230 kg : 0,11 = 11 182 kg Kohle. Das ist der Kohlebedarf je Stunde.

In allen stromdurchflossenen Leitungen wird elektrische Arbeit in Wärmearbeit umgewandelt. Die elektrische Leistung, die in den Leitungen verlorengeht ($I^2 · R$), setzt sich in Wärmeleistung um. Daß wir von dieser Erwärmung oft nichts merken, rührt von den großen abkühlenden Oberflächen der Leitungen her. Die Wärmeabgabe wird dort auf weite Strecken verteilt, weshalb sich die Leitungen nur bei übermäßigen Stromwerten nennenswert erwärmen. Anders ist es, wenn die Leitungen — z. B. als Maschinenwicklungen — in einem kleinen Raum untergebracht sind. Hier können beträchtliche Übertemperaturen auftreten.

Erwärmung und Temperaturanstieg

Wie schon bemerkt, ergeben sich die in elektrischen Einrichtungen und Maschinen auftretenden Verluste vorzugsweise als Wärme. Diese erhöht die Temperaturen der Einrichtungen und Maschinen über die Temperatur ihrer Umgebung. Sie erzeugt also „Übertemperaturen".

Besonders mit Rücksicht auf die Isolierstoffe dürfen die elektrischen Einrichtungen und Maschinen nicht zu heiß werden. So gilt für Isolationen aus Baumwolle, Seide, Papier und ähnliche Faserstoffe sowie üblichen Lack als Grenztemperatur 95 °C oder, was noch häufiger angegeben wird: 60 °C Übertemperatur für Umgebungstemperaturen bis zu 35 °C. Die entsprechenden Zahlen für Glimmer und Asbest oder ähnliche mineralische Stoffe mit Bindemittel sind 115 °C Grenztemperatur und 80 °C Übertemperatur.

Die Temperaturerhöhung geschieht nicht sprunghaft: Die Übertemperatur steigt nach und nach an — so, wie das in Bild 10.03 gezeigt wird. Man nennt eine Kennlinie, die so den Temperaturanstieg zeigt, eine „Erwärmungskurve".

Bild 10.03 veranschaulicht, wie die Temperatur erst verhältnismäßig rasch zunimmt, wie ihre Zunahme allmählich immer schwächer ausfällt und wie schließlich der Dauerzustand erreicht wird.

Dieser Temperaturverlauf gründet sich darauf, daß die Wärme um so ausgiebiger in die Umgebung des erwärmten Körpers abströmt, je höher seine Übertemperatur ausfällt.

Anfangs — solange die Übertemperatur noch geringer ist — dient die gesamte entstehende Wärme zur Temperaturerhöhung des er-

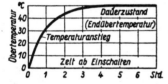

Bild 10.03:
Temperaturanstieg bei gleichbleibender Wärmeentwicklung. Im Dauerzustand werden hier 50° C Übertemperatur erreicht.

wärmten Körpers selbst. Mit zunehmender Übertemperatur strömt immer mehr von der Wärme in die Umgebung des erwärmten Körpers ab, so daß immer weniger von der entstehenden Wärme zur Temperaturerhöhung des erwärmten Körpers zur Verfügung steht. Im Dauerzustand endlich herrscht zwischen erzeugter und abströmender Wärme Gleichgewicht, womit die Übertemperatur nicht weiter anzuwachsen vermag und demgemäß gleichbleibt.

Erwärmung von langer Dauer

Wir betrachten den **Dauerzustand**. Für ihn spielt die Oberfläche des erwärmten Körpers und der durchschnittliche Wärmeabgabewert dieser Oberfläche eine Rolle. Der **Wärmeabgabewert** gibt an, wieviel Watt je dm² (= 100 cm²) für 1 °C Temperatur über Umgebungstemperatur an die Umgebung abströmen. Damit gilt für den Dauerzustand:

In Wärme umgesetzte Leistung in W = abgegebene Wärmeleistung
= Dauerübertemperatur in °C × Oberfläche in dm² ×
Wärmeabgabewert in W : (°C · dm²).

Für die Wärmeabgabewerte in Watt je °C und je dm² seien genannt:

Oberfläche und Kühlbedingung	Wärmeabgabewert
Metall blank und isoliert gegen ruhende Luft	0,1 ... 0,2
Metall blank und isoliert gegen ruhendes Öl	1 ... 2
Metall blank gegen ruhendes Wasser	2 ... 4

$$\frac{W}{°C \cdot dm^2}$$

1. B e i s p i e l : Oberfläche 8 dm², Metall teils blank, teils isoliert gegen ruhende Luft, in Wärme umgesetzte Leistung 50 W. Die Dauerübertemperatur in Grad Celsius erhalten wir, indem wir die in Wärme umgesetzte Leistung durch das Produkt aus Oberfläche und Wärmeabgabewert teilen:

Dauerübertemperatur =

$$\frac{50\ W}{8\ dm^2 \times (0,1 \ldots 0,2)\ W : (°C \cdot dm^2)} = \frac{50\ °C}{0,8 \ldots 1,6} = (62,5 \ldots 31,2)\ °C.$$

2. B e i s p i e l : Wieviel in Wärme umgesetzte Leistung ist je dm² zu rechnen, wenn man 60 °C Übertemperatur und Metall gegen ruhende Luft voraussetzt? In Wärme umgesetzte Leistung = 1 dm² · 60 °C · (0,1 ... 0,2) W : (dm² · °C) = (6 ... 12) W.

Erwärmung von kurzer Dauer

Lange und kurze Dauer bezieht sich nicht auf Zeitspannen an sich, sondern darauf, ob es sich (bei langer Dauer) um den Dauerzustand (Bild 10.03 rechts) oder (bei kurzer Dauer) um den anfänglichen fast linearen Temperaturanstieg (Bild 10.03 ganz links) handelt. Für den Glühdraht einer Metallfadenlampe ist in diesem Sinn 1 s schon eine lange Dauer, während für eine große elektrische Maschine 10 min noch als kurze Dauer gelten können.

Nun kümmern wir uns um die kurzzeitige Erwärmung, was mit dem Anfangszustand der Erwärmung übereinstimmt. Hierfür spielt die Oberfläche keine Rolle: Die gesamte in Wärme umgesetzte Leistung bewirkt die Temperaturerhöhung des Körpers selbst. Damit werden die Massen der erwärmten Teile und die spezifische Wärme ihrer Werkstoffe wesentlich. Die **spezifische Wärme**, d. h. der **Wärmeaufnahmewert** ist für den vorliegenden Fall die z. B. in Wattstunden ausgedrückte Arbeit, die ein Kilogramm des Werkstoffes um 1 °C wärmer macht. Es gilt:

$$\text{Übertemperatur in °C} = \frac{\text{in Wärme umgesetzte Arbeit in W} \cdot \text{h}}{\text{Wärmeaufnahmewert} \times \text{Masse in kg}}$$

Die in Wärme umgesetzte Arbeit ist hier vollständig gespeichert.

Für die Wärmeaufnahmewerte gilt:

Material	Wärmeaufnahme-wert in W · h je °C und kg	Dichte	Material	Wärmeaufnahme-wert in W · h je °C und kg	Dichte
Aluminium	0,26	2,7	Öl	0,47	0,9
Eisen	0,12	7,8	Platin	0,04	21,4
Isolierstoff	0,65	1,5...3	Silber	0,06	10,5
Kupfer	0,11	8,9	Wasser	1,16	1

Beispiel : Eine Spule mit 2 kg Kupfer und 0,3 kg Isoliermaterial wird 2 min an Spannung gelegt. In der Spule werden 900 W in Wärme umgesetzt. Wir wollen annehmen, daß die Wärme vom Kupfer und Isolierstoff aufgenommen wird. Das .Wärmeaufnahmevermögen der Spule je °C ist gegeben mit:

$$2\ kg \cdot 0{,}11\ \frac{W \cdot h}{kg \cdot °C} + 0{,}3\ kg \cdot 0{,}65\ \frac{W \cdot h}{kg \cdot °C}$$

$$= 0{,}22\ \frac{W \cdot h}{°C} + 0{,}195\ \frac{W \cdot h}{°C} \approx 0{,}42\ \frac{W \cdot h}{°C}$$

900 Watt während 2 min sind 1800 W · min:

$$1800\ W \cdot min \cdot \frac{1\ h}{60\ min} = 30\ W \cdot h.$$

Damit erhalten wir:

$$\text{Übertemperatur} = \frac{30\ W \cdot h}{0{,}42\ W \cdot h : °C} \approx = 71\ °C.$$

Zeitkonstante bei Erwärmung

Wir betrachten Bild 10.04. Dort sind zu dem einfachen und dem doppelten Wert der in Wärme umgesetzten Leistung die Waagerechten für Dauerzustand und die schräg ansteigenden Geraden für Erwärmung ohne gleichzeitige Wärmeabgabe eingetragen.

Bei doppelter, in Wärme umgesetzter Leistung liegt die Endübertemperatur zweimal so hoch und steigt die Temperaturlinie für Erwärmung ohne gleichzeitige Wärmeabgabe zweimal so steil an wie bei einfacher Leistung. Für den Schnittpunkt ergibt sich somit zur doppelten Leistung dieselbe Zeitspanne wie zur einfachen Leistung. Mit dieser Zeitspanne wollen wir uns noch etwas beschäftigen.

Zum Schnittpunkt gehört für Erwärmung ohne Wärmeabgabe und für dieselbe Übertemperatur wie für Dauerzustand (siehe z. B. das

Bild 10.04:
Zur Erklärung des Begriffes der „Zeitkonstante".

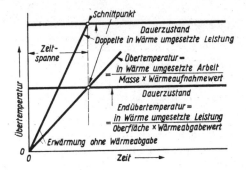

Bild 10.04) die Gleichung:

Dauerübertemperatur = Übertemperatur infolge Wärmespeicherung oder, was dasselbe bedeutet:

$$\frac{\text{in Wärme umgesetzte Leistung}}{\text{Oberfläche} \times \text{Wärmeabgabewert}} = \frac{\text{in Wärme umgesetzte Arbeit}}{\text{Masse} \times \text{Wärmeaufnahmewert}}.$$

Darin gilt:

in Wärme umgesetzte Arbeit = in Wärme umgesetzte Leistung
× Zeitspanne, in der der Leistungsumsatz stattfindet.

Hieraus folgt:

Wir können die Leistung auf beiden Seiten streichen und erhalten:

$$\frac{1}{\text{Oberfläche} \times \text{Wärmeabgabewert}} = \frac{\text{Zeitspanne}}{\text{Gewicht} \times \text{Wärmeaufnahmewert}}$$

oder

$$\textbf{Zeitspanne} = \frac{\text{Gewicht} \times \text{Wärmeaufnahmewert}}{\text{Oberfläche} \times \text{Wärmeabgabewert}}.$$

Diese Zeitspanne ist somit auch auf Grund der durchgeführten Rechnung unabhängig von der in Wärme umgesetzten Leistung und hängt nur ab von den Eigenschaften des erwärmten Körpers. Man nennt diese Zeitspanne „Zeitkonstante". Je größer die Zeitkonstante ist, als desto träger erweist sich der Körper in bezug auf seine Erwärmung. Große Zeitkonstante ergibt sich vor allem für eine im Vergleich zur Masse kleine Oberfläche.

Beispiel: Der Glühdraht der Metallfadenlampen hat eine um so größere Zeitkonstante, je höher bei gleicher Nennspannung die

Lampen-Nennleistung oder je geringer bei gleicher Nennleistung die Nennspannung ist (Dicke des Glühdrahtes).

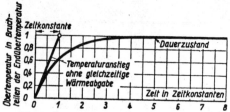

Bild 10.05:
Erwärmungskurve allgemein dargestellt.

Mit der Zeitkonstante als Zeitmaßstab und der in Bruchteilen der Dauerübertemperatur (Endübertemperatur) ausgedrückten jeweiligen Übertemperatur läßt sich die Erwärmungskurve allgemeingültig darstellen (Bild 10.05). Es gilt nämlich:

$\dfrac{\text{Zeit}}{\text{Zeitkonstante}}$	0	1	2	3	4
$\dfrac{\text{jeweilige Übertemperatur}}{\text{Endübertemperatur}}$	0	0,63	0,86	0,95	0,99

Zeitkonstante bei Abkühlung

Genauso wie für die Erwärmung gibt es auch eine Zeitkonstante für die Abkühlung, d. h. für den zeitlichen Verlauf der Übertemperatur nach Abstellen der Wärmeerzeugung. Diese Zeitkonstante errechnet sich ebenso wie die für Erwärmung.

Bild 10.06:
Abkühlungskurve allgemein dargestellt.

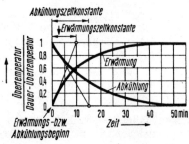

Bild 10.07:
Erwärmungszeitkonstante von 10 min mit Abkühlungszeitkonstante von 15 min.

Dabei kann allerdings der Wärmeabgabewert für Erwärmung von dem für Abkühlung abweichen. Dies ist bei elektrischen Maschinen der Fall, wenn sie während der Erwärmung umlaufen und sich im Stillstand abkühlen. Die Abkühlungskurve ist gewissermaßen das Spiegelbild der Erwärmungskurve. Bild 10.06 zeigt die **normierte** (d. h. hier auf Anfangsübertemperatur und Zeitkonstante bezogene) Abkühlungskurve.

Bild 10.07 zeigt den Fall, daß die Abkühlungszeitkonstante länger ist als die Erwärmungszeitkonstante.

Bei elektrischen Maschinen unterscheidet man hinsichtlich der Erwärmung folgende Nennbetriebsarten (Betriebsart, für die eine Maschine gebaut ist und worauf in den Leistungsschildangaben Bezug genommen wird (siehe Bilder 10.08 ... 10.12):

Bilder 10.08 ..., 10.12:

Zeitlicher Verlauf der Übertemperatur für verschiedene Belastungsfälle. Die Belastung beginnt jeweils zu einem Zeitpunkt, der 5 mm rechts von der senkrechten Achse liegt. Die höchst zulässige Übertemperatur (Grenztemperatur oder hier genauer: Grenzerwärmung) ist stets durch eine strichpunktierte waagerechte Gerade veranschaulicht. Es ist unterschieden zwischen „Betrieb" und „Belastung". „Betrieb" heißt es dort, wo vor der Belastung bzw. in den Belastungspausen ausgeschaltet ist, „Belastung", wo an Stelle des Ausschaltens Leerlauf in Frage kommt.

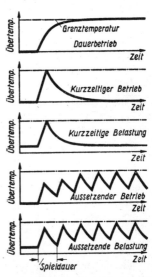

a) **Dauerbetrieb**: Die Betriebszeit ist so lang, daß die Endübertemperatur (Beharrungstemperatur) erreicht wird. Dazu gehört die Dauerleistung. Abkürzung DB.

b) **Kurzzeitiger Betrieb**: Die Betriebszeit ist so kurz, daß die Endübertemperatur nicht erreicht wird. Die anschließende Pause ist so lang, daß die Temperatur des Kühlmittels erreicht wird. (Leistung höher als bei DB.) Abkürzung KB.

c) **Durchlaufbetrieb mit kurzzeitiger Belastung**: Normalzustand ist Leerlauf. Belastungszeit so kurz, daß die Endübertemperatur nicht erreicht wird. Pause so lang, daß Dauerzustand für Leerlauf erreicht wird. (Leistung unter sonst gleichen Umständen geringer als bei KB.) Abkürzung DKB.

d) A u s s e t z e n d e r   B e t r i e b : Wie KB, jedoch keine völlige Abkühlung wegen dafür nicht genügend langer Pausen.

e) D u r c h l a u f b e t r i e b   m i t   a u s s e t z e n d e r   B e l a s t u n g : Wie DKB, jedoch keine völlige Abkühlung wegen dafür nicht genügend langer Pausen. Abkürzung DAB.

f) S c h a l t b e t r i e b : Sonderfälle von DAB und auch von AB mit dem Kennzeichen, daß hier die Erwärmung vorwiegend durch Anlauf und gegebenenfalls durch Bremsung bedingt ist.

Zu b) und c) gelten als genormte Betriebszeiten 10, 30 und 60 min. Man bezeichnet bei periodischem Ein- und Ausschalten der Belastung die Summe aus einer Einschaltzeit und einer Ausschaltzeit als S p i e l d a u e r .

Bei d) und e) ist Spieldauer normal mit 10 min angesetzt.

G e n o r m t e   r e l a t i v e   E i n s c h a l t d a u e r = Belastungsdauer: Spieldauer 0,2, 0,4, 0,6.

Unterteilung und Bezeichnungen der Nennbetriebsarten

Nennbetriebsarten	Bezeichnungen:	alt	neu
Dauerbetrieb		DB	S 1
Kurzzeitbetrieb		KB	S 2
Aussetzbetrieb ohne Anlauf-Temperatureinfluß		(AB)	S 3
Aussetzbetrieb mit Anlauf-Temperatureinfluß		(AB)	S 4
Aussetzbetrieb mit Anlauf- und Brems-Temperatureinfluß		(AB)	S 5
Durchlaufbetrieb mit Aussetzbelastung		DAB	S 6
Unterbrochener Betrieb mit Anlauf und Bremsung		(ASB)	S 7
Unterbrochener Betrieb mit Polumschaltung		(ASB)	S 8

Die Klammern deuten an, daß die Übereinstimmung zwischen alt und neu nicht vollständig ist.

Das Bemessen der Sicherungen

Um unzulässige Erwärmungen zu verhindern, s i c h e r t man die Leitungen ab (Bild 10.13).

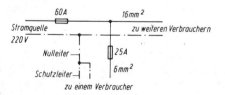

Bild 10.13:
Die Absicherung der Leitungen. Wegen der Absicherung des zu einem Verbraucher führenden Abzweiges sei auf die Bilder 10.17 und 10.18 verwiesen.

Die Sicherung besteht aus einem Schmelzdraht, der meist in Sand eingebettet ist. Oft verwendet man Leitungsschutzschalter (Automaten), die in der Regel magnetisch oder auch durch Wärmewirkung ausgelöst werden. Die Sicherungen baut man für festgelegte Nennstromwerte. Sie müssen diese Werte aushalten und dürfen erst bei Strömen unterbrechen, die um 50 % über dem Nennstrom liegen. Eine Sicherung

Bild 10.14:

Bei verschiedenen Leitungsquerschnitten muß eine dem kleineren Querschnitt angepaßte Sicherung eingebaut werden. Die zweipolig ausgeführten Leitungen sind hier einpolig abgesichert. Der doppelte Querstrich deutet zweipolige Ausführung an.

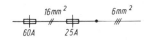

hat nur einen Sinn, wenn ihr Nennstrom die durch sie geschützte Leitung nicht nennenswert erwärmen kann. Demgemäß ist der Sicherungs-Nennstrom für jeden Leitungsquerschnitt vorgeschrieben (Bild 10.14). Die der Leitung vorangehende Sicherung darf höchstens für den zur Leitung gehörenden Sicherungs-Nennstrom gebaut sein (Bild 10.15).

Bild 10.15:

Die Leitungen von Bild 10.14. An der Stelle, an der die Leitung mit dem kleineren Querschnitt beginnt, ist hier keine Sicherung eingefügt, deshalb muß die vorangehende Sicherung für den kleineren Querschnitt bemessen sein.

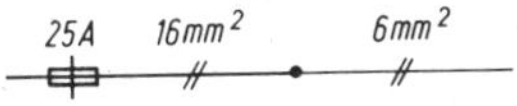

Eine Ausnahme macht lediglich ein höchstens 1 m langes Anschlußstück von der Hauptleitung zur Sicherung. Auf dieses braucht man mit **der vorangehenden Sicherung keine Rücksicht zu nehmen, wenn es** von entzündlichen Gegenständen feuersicher getrennt ist (Bild 10.16).

Die gemeinsame Sicherung mehrerer Lichtstromkreise soll für höchstens 10 A Nennstrom bemessen sein. Eine Ausnahme hiervon machen nur die Verteilungsleitungen, die ausschließlich zu Glühlampenfas-

Bild 10.16:

Die Leitungen und Sicherungen in einpoliger Darstellung. Wir wollen die Bemerkung für das Absichern des Abzweiges beachten.

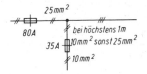

sungen E 40 (Goliathfassungen) führen. Diese Leitungen dürfen — bei Anwendung entsprechender Querschnitte — mit Sicherungen bis zu 25 A Nennstromwert abgesichert werden.

Die VDE-Vorschriften legen für isolierte im Rohr verlegte Leitungen Absicherungen nach der folgenden Tabelle fest (Mantelleitung und bewegliche Leitung eine Stufe höher):

Querschnitt in mm²		1,5	2,5	4	6	10	16	25	35
Sicherungs-Nennstrom in A	für Kupfer	10	16	20	25	35	50	60	80
	für Aluminium		10	16	20	25	35	50	60

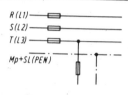

Bild 10.17:

Zweipolige Anschlüsse an Mehrleiternetze. Eine Leitung des zweipoligen Anschlusses liegt hier jeweils am Nulleiter. Eine Sicherung des Nulleiters ist nicht zulässig.

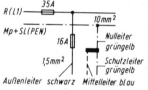

Bild 10.18:

Der ungesicherte Nulleiter muß grüngelb gekennzeichnet sein.

Nulleiter von Mehrleiter- oder Mehrphasennetzen dürfen keine Sicherungen enthalten. Bei Leiterquerschnitten unter 10 mm² ist der Nulleiter in einen Mittelleiter und in einen Schutzleiter aufzutrennen (Bild 10.18).

Umwandlung zwischen elektrischer und chemischer Arbeit

Diese Umwandlung interessiert uns hier zunächst in bezug auf die Akkumulatoren, wovon die Bleiakkumulatoren am wichtigsten sind.

Der **Bleiakkumulator** enthält zwei Plattenpakete, die in verdünnter Schwefelsäure stehen und durch diese voneinander getrennt sind.

Im geladenen Zustand besteht die wirksame Masse der positiven Platten aus Bleidioxyd (dunkel) und die der negativen Platten aus Bleischwamm (hell). Während der Entladung wandeln sich die wirksamen Massen beider Plattenpakete allmählich in schwefelsaures Blei um, wobei die Konzentration der Säure abnimmt. Während der Ladung bildet sich auf den positiven Platten wieder Bleidioxyd und auf den negativen Platten wieder Bleischwamm, wobei die Konzentration der Säure zunimmt.

Im geladenen Zustand hat der Akkumulator einen chemischen Arbeitsinhalt. Diese chemische Energie wird beim Laden aus elek-

156

trischer Arbeit gewonnen und verwandelt sich beim Entladen wieder in elektrische Arbeit zurück.

Die im Akkumulator auftretenden Verluste ergeben sich zum Teil daraus, daß der Akkumulator wie jede Stromquelle einen Innenwiderstand hat, der bedingt, daß die Ladespannung höher sein muß als die Entladespannung. Zu einem weiteren Teil sind sie in den chemischen Prozessen selbst begründet, und bewirken so, daß der Akkumulator beim Laden mehr Amperestunden benötigt, als er beim Entladen liefern kann.

Demgemäß unterscheidet man zwischen einem echten (Wattstunden-)Wirkungsgrad, der mit etwa 75 % anzusetzen ist, und einem unechten (Amperestunden-)Wirkungsgrad, den man mit ungefähr 90 % veranschlagen darf. Im übrigen sind die Akkumulator-Kapazität (in Amperestunden) und damit auch der Akkumulator-Wirkungsgrad von der Höhe des Entladestromes abhängig.

Beispiel: Entladestrom A	70	120	180
Kapazität Ah	700	600	540

Von den anderen Umwandlungen zwischen elektrischer und chemischer Arbeit interessieren hier vielleicht noch die Primärelemente. Doch sollen diese im vorliegenden Zusammenhang beiseite gelassen werden.

Das Wichtigste

1. Elektrische Arbeit läßt sich in Arbeit anderer Art umwandeln.

2. Von den anderen Arbeitsarten sind in diesem Zusammenhang die mechanische Arbeit und die Wärmearbeit am wichtigsten.

3. Die Umwandlung von Arbeit einer Art in Arbeit anderer Art ist fast immer mit Verlusten verknüpft.

4. Neben der Arbeit der gewünschten Art entsteht nämlich meist auch Arbeit von unerwünschter Art.

5. Die Arbeit der gewünschten Art heißt „Nutzarbeit", die der unerwünschten Art „Verlustarbeit".

6. Der Wirkungsgrad gibt an, welcher Bruchteil oder Hundertsatz der umzuwandelnden Gesamtarbeit auf die Nutzarbeit entfällt.

7. Statt mit Arbeit kann man auch mit Leistung rechnen, wenn bei Dauerbetrieb in der arbeitswandelnden Einrichtung keine Arbeit aufgespeichert oder aufgespeicherte Arbeit umgewandelt wird.

8. Für das Umwandeln zwischen elektrischer Arbeit und mechanischer Arbeit merken wir uns:
   1 PS = rund $\frac{3}{4}$ kW.

9. Für das Umwandeln elektrischer Arbeit in Wärmearbeit merken wir uns: Mit der aus 1 kW-Stunde erzielbaren Wärme kann man rund 10 l Leitungswasser zum Sieden bringen.

10. Die elektrische Arbeit wandelt sich vorzugsweise in Wärmearbeit um.

11. Die stromdurchflossenen Leitungen werden durch die Umwandlung elektrischer Leistung in Wärmeleistung erwärmt. Verlustleistung und Erwärmung steigen mit dem Quadrat des Stromes.

12. Die elektrischen Leitungen werden gegen übermäßige Erwärmung durch Sicherungen geschützt.

Vier Fragen:

1. Bei völligem Verbrennen von 1 kg Kohle ergeben sich 9,3 kW · h. Der chemische Arbeitsinhalt, der in 1 kg Kohle zusammen mit dem zugehörigen Sauerstoff enthalten ist, werde mit einem Gesamtwirkungsgrad von 11 % in elektrische Arbeit umgewandelt. Wieviel kW · h lassen sich aus 50 000 Tonnen Kohle erzielen?

2. Welche elektrische Leistung ist für einen Durchlauferhitzer notwendig, in dem je Sekunde 0,5 l Wasser von 14 °C auf 60 °C erhitzt werden sollen?

3. In einer Kupferwicklung mit einer Oberfläche von 20 cm² und einem Widerstand von 100 Ohm bei 80 °C soll diese Durchschnittstemperatur von 80 °C bei 20 °C Umgebungstemperatur nicht überschritten werden. Welchen Wert darf der in der Spule fließende Strom annehmen?

4. Ein elektrischer Widerstand hat eine Zeitkonstante von 20 min. Der Widerstand soll einen Strom von 20 A aushalten. Er erreicht die höchstzulässige Übertemperatur im Dauerzustand aber schon mit rund 14 A. Deshalb wird dieser Widerstand mittels eines Lüfters (Ventilators) gekühlt. Hiermit ergeben sich bei einem Strom von 20 A nunmehr 90 % der höchstzulässigen Übertemperatur. Wie wird durch diese Lüfterkühlung seine Zeitkonstante beeinflußt?

11. Stromquellen, Stromkreise, Schaltungen

Von der Stromquelle

Das äußere Kennzeichen einer jeden Stromquelle besteht in zwei (oder manchmal mehreren) Anschlußstellen, zwischen denen eine Spannung herrscht. Spannung bedeutet Verschiedenheit der Elektronenbesetzungen. Um diese Verschiedenheit hervorzurufen, muß im Innern der Stromquelle eine Kraft vorhanden sein, die die Elektronen zu bewegen vermag. Außerdem muß im Innern jeder Stromquelle ein Weg bestehen, der die Anschlußstellen miteinander verbindet und auf dem die erwähnte Kraft wirksam wird.

Die Kraft verschiebt die Elektronen längs des Verbindungsweges, so daß die Elektronenbesetzung der einen Anschlußstelle größer wird als die der andern. Je größer die die Elektronen verschiebende Kraft ist, desto höher wird die Spannung.

Man nennt die treibende Kraft in der Stromquelle „elektronenbewegende Kraft" oder, was dasselbe heißt, „**elektromotorische Kraft**" (abgekürzt **EMK**, gesprochen E - EM - KA). Sowie die Stromquelle Strom „liefert", bewegt die EMK auch die Elektronen, deren Bewegung den Strom bedeutet. Die EMK selbst ist eine Kraft. Man gibt an Stelle dieser Kraft die von der EMK herrührende „innere Spannung" der Stromquelle an. Statt „**innere Spannung**" hat man neuerdings das Wort „Urspannung" eingeführt. Die EMK wird z. Z. noch häufig selbst als innere Spannung eingesetzt und in Volt angegeben. Für uns gilt hierzu: Innere Spannung = Urspannung = EMK. Es ist jedoch dringend zu empfehlen, den Begriff der elektromotorischen Kraft ausschließlich auf den Antrieb der Elektronen zu beziehen und **nicht** als Spannung aufzufassen.

Wie jeder andere Stromweg hat auch der im Innern der Stromquelle vorhandene Verbindungsweg einen Widerstand. Man nennt ihn „Innenwiderstand". Zum Überwinden jedes Widerstandes ist eine Spannung notwendig. Je mehr Strom fließt, desto größer wird der Anteil der im Innern verbrauchten Spannung. Auf unsern Fall angewendet heißt das: An den Innenwiderstand tritt bei jeder Stromentnahme im Innern der Stromquelle eine — dem Wert des Stromes — entsprechende — Spannung auf. Um diese Spannung sinkt die Klemmenspannung der Stromquelle bei Stromentnahme ab.

Es ist wie bei einer Pumpe

Jede Pumpe weist — solange sie arbeitet — eine treibende Kraft auf. Und in jeder Pumpe befindet sich ein Weg, der die Verbindung zwischen Ansaug- und Ausflußöffnung herstellt. Lassen wir nur wenig Wasser ausfließen, indem wir zwar pumpen, die Ausflußöffnung aber fast ganz zuhalten, so wirkt sich die treibende Kraft nahezu voll als Druck an der Ausflußöffnung aus. Demgemäß kann man das Wasser so unter Umständen weithin spritzen lassen. Bei völlig offener Ausflußöffnung hingegen ist der an der Ausflußöffnung verfügbare Druck nur noch gering. Wegen dieser Ähnlichkeit des Verhaltens der Pumpen und Stromquellen könnte man letztere — sogar viel richtiger — „Elektronenpumpen" nennen.

Allerdings: Die Gleichstromquelle ist einer Kreiselpumpe vergleichbar, während die Wechselstromquelle einer Kolbenpumpe entspräche, deren Zylinder beiderseits von dem rasch hin- und hergehenden Kolben gefüllt wäre. Doch lassen wir das! Wir kommen des weiteren auch ohne Pumpen aus!

Stromquelle, Spannungsquelle, Leistungsquelle

Nicht selten werden heftige Diskussionen darüber geführt, ob es richtig ist, von Stromquellen zu reden oder ob man nicht besser Spannungsquelle sagen sollte. Beides ist nicht korrekt. Das, was man Stromquellen nennt, sind Quellen elektrischer Leistung.

Der Ausdruck Stromquelle stimmt insofern nicht, als der Strom die Quelle an der einen Klemme wohl verläßt, aber gleichzeitig an der anderen Klemme in sie zurückkehrt.

Aber auch die Spannung quillt nicht aus der Stromquelle. Das, was wirklich von ihr geliefert wird, ist die an die Belastung abgegebene elektrische Leistung. Deshalb wäre es sinnvoll, von Quellen elektrischer Leistung zu sprechen. Das ist jedoch ein recht langer Ausdruck. Am besten wäre es, da, wo keine Verwechslungsgefahr besteht, den Ausdruck **Quelle** allein zu verwenden. Wir bleiben hier im allgemeinen bei Stromquelle, weil das nun einmal die am meisten verwendete Bezeichnung für Quellen elektrischer Leistung ist.

Fachausdrücke

Der außen an eine Stromquelle angeschlossene Stromweg heißt „B e l a s t u n g". Man bezeichnet eine Belastung, was nicht richtig ist, vielfach als um so „größer", je mehr Strom fließt. Dabei würde die höchste Belastung mit dem „K u r z s c h l u ß" gegeben sein. Im Kurzschlußfall ist nur ein äußerst kleiner Widerstand angeschlossen.

Im Kurzschlußfall dient die gesamte Urspannung ausschließlich zum Überwinden des Innenwiderstandes. Infolgedessen ergibt sich ein sehr hoher „Kurzschlußstrom". Statt von „Belastung" spricht man auch kurz von Last. Die **Nennlast** (Nennbelastung) ist die abgegebene Leistung, für die eine leistungswandelnde Einrichtung (und damit auch z. B. eine Stromquelle) bemessen ist.

Übermäßig hohe Belastungsströme und gar Kurzschlüsse müssen im allgemeinen vermieden werden! Batterien büßen bei zu hohem

Belastungsstrom ihre Leistungsfähigkeit ein. Netzleitungen würden durch übermäßigen Strom zu stark erhitzt. Deshalb schützt man Batterien und Netzleitungen durch die schon behandelten S i c h e - r u n g e n.

Spannungen der Stromquelle

Bei einer Stromquelle hat man zwischen der **Urspannung** und der **Klemmenspannung** zu unterscheiden und zu beachten, daß die Urspannung gleich der Summe aus der Klemmenspannung und der Span-

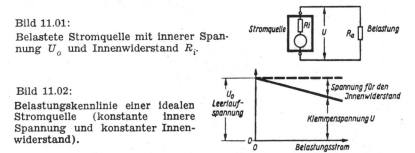

Bild 11.01:
Belastete Stromquelle mit innerer Spannung U_o und Innenwiderstand R_i.

Bild 11.02:
Belastungskennlinie einer idealen Stromquelle (konstante innere Spannung und konstanter Innenwiderstand).

nung ist, die den Innenwiderstand der Stromquelle zu überwinden hat (Bilder 11.01 und 11.02).

Die Spannung, die am Innenwiderstand auftritt, wächst im allgemeinen ungefähr verhältnisgleich mit dem Belastungsstrom. Völlige Verhältnisgleichheit besteht nur, wenn der Wert des Innenwiderstandes vom Belastungsstrom unabhängig ist, was für die elektrischen Maschinen einigermaßen zutrifft, in denen der Innenwiderstand durch die Leitungswiderstände der vom Belastungsstrom durchflossenen Drahtwicklungen dargestellt wird. In Elementen ist der Innenwiderstand jedoch belastungsabhängig.

Die Urspannung wird für überschlägige Betrachtungen vielfach als belastungsunabhängig angenommen, was aber mit der Wirklichkeit durchaus nicht immer übereinstimmt. Bei Elementen sinkt die Urspannung mit der Belastung. Bei elektrischen Maschinen sinkt die Urspannung ebenfalls meist mit der Belastung. Es gibt jedoch auch Maschinen („kompoundierte" Ausführungen — sprich kompaundiert), bei denen die Urspannung mit wachsender Belastung ansteigt oder gleichbleibt.

Quellen-Ersatzschaltung

Wir betrachten noch einmal das Bild 11.01. Darin ist die Stromquelle als Rechteck dargestellt, das das Schaltzeichen eines Widerstandes und einer „**Urspannungsquelle**" umschließt. Die Reihenschaltung, bestehend aus dem Widerstand und der Urspannungsquelle, existiert in Wirklichkeit nicht: Die Spannung entsteht im Innern der Quelle nicht an einer eng begrenzten Stelle der zwischen den Klemmen vorhandenen Strombahn. Auch verteilt sich der Widerstand auf die gesamte Länge des zwischen den Klemmen vorhandenen Stromweges. Eine Schaltung, die wie die in Bild 11.01 gezeigte Stromquellenschaltung, die zwar in ihren äußeren elektrischen Eigenschaften, nicht aber in ihrem Aufbau mit der durch sie dargestellten wirklichen Anordnung übereinstimmt, nennt man Ersatzschaltung. Nimmt man für Widerstand und Urspannung der Quellen-Ersatzschaltung konstante Werte an, so hat man damit eine **idealisierte Ersatzschaltung.**

Innenwiderstand, Ausgangswiderstand, Kurzschlußstrom, Urstrom

Statt Innenwiderstand sagt man neuerdings oft Ausgangswiderstand und nennt den Kurzschlußstrom der idealisierten Stromquelle häufig Urstrom. Diese Ausdrücke sollen hier wohl erwähnt, jedoch weiterhin nicht verwendet werden.

Der Strom der Stromquelle

Die Stromquelle gibt nur Strom ab, wenn sie „belastet" wird, d. h. wenn man ihre Klemmen über einen **„Außenwiderstand"** miteinander verbindet. Der dann fließende **„Belastungsstrom"** wird von der inneren Spannung der Stromquelle und den Stromkreis-Gesamtwiderstand bestimmt. Mit den Bezeichnungen, wozu die Einheiten nur beispielsweise angegeben sind:

U_0 Urspannung in V,
U Klemmenspannung in V,
R_i Innenwiderstand der Stromquelle in Ω,
R_a Außenwiderstand des Stromkreises in Ω,
I Belastungsstrom in A, gilt (siehe auch Bild 11.02):

$$U = U_0 - I \cdot R_i$$

$$I = \frac{U_0}{R_i + R_a} = \frac{U}{R_a}$$

$$U = I \cdot R_a = U_0 \cdot \frac{R_a}{R_a + R_i}$$

Diese Formeln gelten, wie angegeben, beispielsweise für die zu den Grundeinheiten V, A und Ω gehörenden Zahlenwerte.

Der Zusammenhang zwischen Klemmenspannung und Belastungsstrom wird mit Bild 11.02 veranschaulicht.

Der höchste „Belastungsstrom" ist der „K u r z s c h l u ß s t r o m". Er fließt, wenn die Klemmen der Stromquelle unmittelbar miteinander verbunden werden. Die meisten Stromquellen vermögen ihre Kurzschlußströme nicht auszuhalten. Diese Ströme verursachen dann z. B. zu starke Erwärmung der Wicklungen und bewirken mitunter auch Kräfte, die den Stromquellen schaden können.

Der Kurzschlußstrom hat nie einen über alle Maßen großen Wert. Er hat vielmehr den Wert, der sich aus der Urspannung und dem Gesamtwiderstand des Kurzschlußstromkreises ergibt (Bild 11.03).

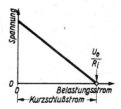

Bild 11.03:
Belastungskennlinie von Bild 11.02 mit verringertem Strommaßstab, bis zum Kurzschlußpunkt verlängert.

B e i s p i e l : Urspannung der Stromquelle 120 V, Innenwiderstand der Stromquelle 0,4 Ω, übriger Widerstand des Kurzschlußstromkreises 0,2 Ω. Der Kurzschlußstrom beträgt
120 V : (0,4 + 0,2) Ω = 120 V : 0,6 Ω = 200 A (siehe hierzu auch Bild Nr. 11.04).

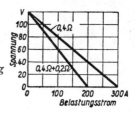

Bild 11.04:
Zwei Stromquellenlinien für gleiche Urspannung und zwei verschiedene Gesamtwiderstände.

Der Strom, den die Stromquelle dauernd ohne Schaden verträgt, heißt „Nennstrom". Die Stromquellen werden für bestimmte Nennstromwerte gebaut.

Spannungen und Ströme im Stromkreis

Als Bestandteile des Stromkreises haben wir kennengelernt:

1. Die Quelle, den Sitz der Urspannung und Quelle der elektrischen Leistung,

2. die Belastung, in der die aus der Quelle stammende elektrische Leistung in Leistung anderer Art umgewandelt wird,

3. die Leitungen, die die Quelle mit der Belastung verbinden (Bilder 11.05 und 11.06).

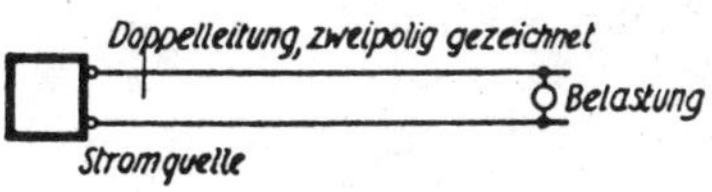

Bild 11.05:
Ein einfacher Stromkreis mit Stromquelle, Leitung und Belastung.

11*

In jedem Stromkreis gibt es zwei wichtige Zusammenhänge: Einen für die S p a n n u n g und einen für den S t r o m.

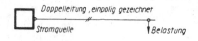

Bild 11.06:

Der Stromkreis von Bild 11.05 in einpoliger Darstellung mit dem Zeichen für zweipolige Ausführung.

Für die S p a n n u n g gilt, daß in jedem Stromkreis nicht mehr und nicht weniger Spannung verbraucht wird, als zur Verfügung steht. Das heißt z. B., daß die an den Klemmen der Stromquelle in Bild 11.05 zur Verfügung stehende Spannung so groß ist wie die Summe der Spannung an der Belastung und der Spannung, die zum Überwinden des Widerstandes der Verbindungsleitungen notwendig ist. Beträgt also die Spannung am Anfang der Leitung 240 V, während an der Belastung 220 V herrschen, so wird in der Leitung eine Spannung von 240 V — 220 V = 20 V „verbraucht".

Dies gilt i n   d i e s e r   W e i s e für Gleichspannungen und für die Augenblickswerte der Wechselspannungen uneingeschränkt, für die wirksamen Werte der Wechselspannungen jedoch nur, wenn die Teilspannungen phasengleich sind (siehe Seite 191).

Bei Phasenverschiebung zwischen den Teilspannungen tritt an die Stelle der gewöhnlichen Summe die Summe der Zeiger (Bild 11.07), wobei die Gesamtspannung gleich der Z e i g e r s u m m e der verbrauchten Spannungen ist. Es gilt somit allgemein:

Die Summe der verbrauchten Spannungen ist stets gleich der gesamten verfügbaren Spannung.

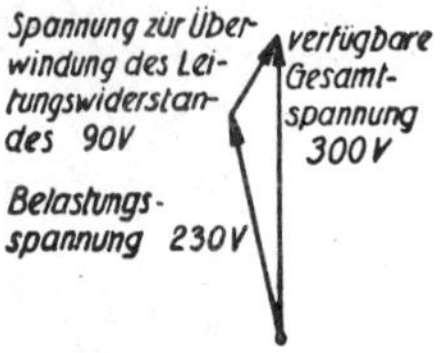

Bild 11.07:

Spannung zur Überwindung des Leitungswiderstandes 90V

verfügbare Gesamtspannung 300V

Belastungsspannung 230V

Hier ist gezeigt, daß bei Wechselstrom die Klemmenspannung der Belastung und die Spannung, die zum Überwinden des Leitungswiderstandes notwendig ist, nicht phasengleich zu sein brauchen. Folglich kann man bei Wechselstrom die Gesamtspannung meist nicht damit gewinnen, daß man die Spannungen ohne Beachten der gegenseitigen Phasenverschiebungen zusammenzählt.

Als (verfügbare) Gesamtspannung treten die am Anfang einer Leitung herrschende Spannung, die Klemmenspannung oder auch die Urspannung eines Stromerzeugers auf.

Nun kommen wir zum S t r o m : In jedem Augenblick fließt an jedem Punkt eines Stromkreises ebensoviel Strom zu wie ab. An sich ist das wohl selbstverständlich. Man sollte es aber doch einmal genau überlegen. Dazu können folgende Beispiele dienen:

1. B e i s p i e l : Einem Strommesser mit einem Eigenmeßbereich von 3 mA soll ein Widerstand nebengeschaltet werden, der den Meß-

bereich auf 15 mA erweitert. In den Nebenwiderstand müssen bei Vollausschlag des Instrumentes 15 mA — 3 mA = 12 mA fließen, da an dem Verzweigungspunkt 15 mA ankommen und davon durch das Instrument 3 mA weitergehen (Bild 11.08).

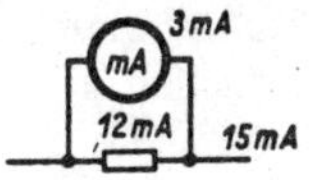

Bild 11.08:
Ampèremeter mit Shunt. (Strommesser, dessen Meß-bereich durch einen nebengeschalteten Widerstand er-weitert ist.)

2. B e i s p i e l : An einem Punkt sind vier Leitungen zusammen-geschlossen. In zwei Leitungen fließen Ströme von je 5 A zu diesem Punkt hin. In einer weiteren Leitung fließt ein Strom von 12 A von dem Punkt weg. In der vierten Leitung fließt daher ein Strom von 2 A zu, da ebensoviel zufließen wie abfließen muß (Bild 11.09).

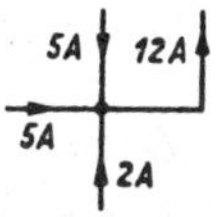

Bild 11.09:
Für jeden Strom-Knotenpunkt (Verzweigungspunkt) ist die algebraische Summe aller Ströme in jedem Augenblick gleich Null: 5A + 5A + 2A — 12A = 0.

3. B e i s p i e l : Liegt im Zuge einer Leitung ein Widerstand von 10 Megohm, so ist der Wert des Stromes im allgemeinen hinter ihm ebenso groß wie vor ihm. Wenn jedoch der Widerstand schlecht iso-liert ist, setzt sich der abfließende Strom aus dem Leitungsstrom und dem Isolationsstrom zusammen (Bild 11.10).

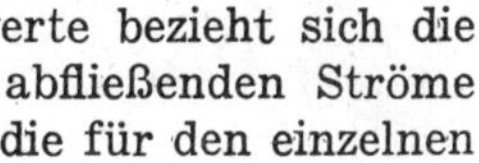

Bild 11.10:
Schlecht isolierter Widerstand. Aber auch bei ihm ist die Summe der abfließenden Ströme gleich dem zufließenden Strom.

Die Feststellung, daß in jedem Augenblick an jedem Punkt ebenso-viel Strom zu- wie abfließt, gilt für Gleichstrom nicht nur für den Augenblick, sondern dauernd, da Gleichströme gleichbleibende Augen-blickswerte haben. Für Wechsel-Effektivstromwerte bezieht sich die Gleichheit auf die Zeigersummen der zu- und abfließenden Ströme bzw. es gilt, daß die Zeigersumme aller Ströme, die für den einzelnen Knotenpunkt in Betracht kommen, gleich Null ist.

Notwendigkeit des Festlegens von Zählrichtungen

Mit Zählrichtungen für Spannungen und Ströme haben wir uns schon beschäftigt. In dem vorangehenden Abschnitt machten wir von ihnen Gebrauch. Das geschah gewissermaßen stillschweigend, fast unbewußt. Nun aber ist es nicht zu umgehen, daß wir uns nochmals gründlich über das Problem der Zählrichtungen für Spannungen und

Ströme informieren. Studieren Sie deshalb die folgenden Abschnitte recht gründlich — auch, wenn Sie vielleicht meinen sollten, darin sei gar nichts für Sie Neues enthalten!

Die Zählrichtung für eine elektrische Spannung

Eine elektrische Spannung besteht immer zwischen zwei Leitungen, zwischen zwei Klemmen oder allgemein zwischen zwei Punkten.

Von der Spannung eines einzelnen Punktes zu sprechen, ist sinnlos, wenn nicht der zu dieser Spannung ebenfalls zugrunde liegende zweite Punkt als selbstverständlich bekannt vorausgesetzt werden kann.

Die zwei Punkte, zwischen denen eine elektrische Spannung herrscht, seien für das Folgende 1 und 2 genannt.

Spricht man von der Spannung **zwischen** 1 und 2, so bedeutet das für beide Punkte gleichen Rang. Das heißt: Es kann sich hierbei nur um den **Betrag** der Spannung handeln, die zwischen beiden Punkten herrscht.

Wollen wir ausdrücken, daß es sich um die Spannung eines Meßpunktes 1 **gegen** einen Bezugspunkt 2 handelt, so sprechen wir von der Spannung des Punktes 1 **gegen** den Punkt 2 oder kurz von der Spannung 1 **gegen** 2.

Soll es sich hierbei wieder nur um den Betrag handeln, so muß das bei dieser Ausdrucksweise besonders kenntlich werden:

Spannung zwischen 1 und 2

   = Betrag der Spannung 1 gegen 2, aber auch
   = Betrag der Spannung 2 gegen 1.

Mit der Ausdrucksweise Spannung 1 gegen 2 ist nämlich die Zählrichtung 1 gegen 2 festgelegt. Diese Zählrichtung ist der Zählrichtung 2 gegen 1 entgegengesetzt. Das heißt:

Spannung 1 gegen 2 = — (Spannung 2 gegen 1).

Mit Formelzeichen, wobei wir die Zählrichtung (Meßpunkt gegen Bezugspunkt) durch Doppelindizes (hier 1 und 2) kennzeichnen, erhalten wir dementsprechend:

$$U_{12} = - U_{21} \qquad U_{21} = - U_{12}$$

Für den Betrag, der mit zwei senkrechten Strichen kenntlich gemacht wird, gilt mit Formelzeichen:

$$| U_{12} | = | U_{21} |$$

In einem Schaltplan legt man die Spannungs-Zählrichtung mit einem Pfeil fest (Bilder 11.11 und 11.12).

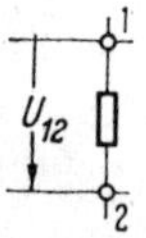

Bild 11.11:

U_{12} ist die Spannung des Meßpunktes 1 gegen den Bezugspunkt 2. Der Pfeil, der diese Zählrichtung angibt, ist gewissermaßen das Kurzzeichen für das Wort „gegen".

Bild 11.12:
Für die Spannung zwischen den Punkten 1 und 2 sind zwei Zählrichtungen möglich: Wir können entweder die Spannung 1 gegen 2, nämlich U_{12} oder die Spannung 2 gegen 1, d. h. U_{21}, betrachten.

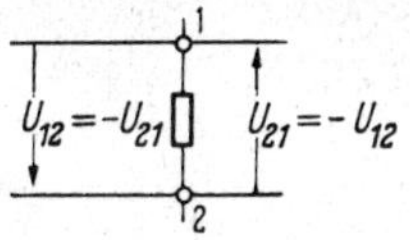

$$U_{12} = -U_{21} \qquad U_{21} = -U_{12}$$

Solche Festlegungen sind stets notwendig, wenn es sich nicht bloß um die Spannungsbeträge handelt, sondern wenn jeweils die Spannung eines Punktes gegen einen anderen gemeint sein soll.

Rechnungen mit Spannungen ohne festgelegte Zählrichtung führen im allgemeinen nicht zu brauchbaren Ergebnissen!

Es ist ein Irrtum, zu glauben, das Festlegen von Zählrichtungen sei nur für Gleichspannungen von Bedeutung. Auch für Wechselspannungen gilt:

$$U_{12} = -U_{21} \text{ und } U_{21} = -U_{12}.$$

Das heißt: Die Augenblickswerte der Wechselspannungen U_{12} und U_{21} haben jeweils einander entgegengesetzte Vorzeichen (vergleiche hierzu Bild 11.12).

Beim Festlegen von Spannungszählrichtungen in Schaltplänen können die Doppelindizes der Spannungsformelzeichen entfallen.

Bild 11.13 veranschaulicht, daß mit U hier die Spannung des Meßpunktes 1 gegen den Bezugspunkt 2 gemeint ist: $U = U_{12}$.

Bild 11.13:
Hier ist mit U die Spannung des Punktes 1 gegen den Punkt 2 festgelegt.

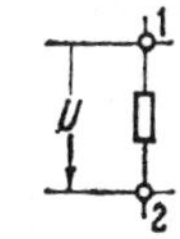

Bild 11.14:
Hier ist (links) zunächst die Zählrichtung für $-U$ eingetragen: $-U$ = Spannung des Punktes 1 gegen den Punkt 2. Das ist gleichbedeutend mit U = Spannung des Punktes 2 gegen den Punkt 1.

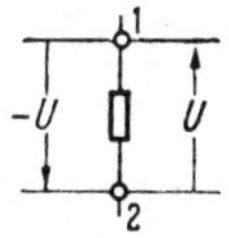

Bild 11.14 gibt ein weiteres Beispiel: Hier steht, was zwar auch, aber doch nur selten vorkommt, neben dem Pfeil $-U$. Das heißt: $-U = U_{12}$ oder $U = U_{21}$.

Alle mit den Bildern 11.11 bis 11.14 gezeigten Beispiele besagen: Der Spannungspfeil legt die Richtung fest, in der das neben dem Spannungspfeil eingetragene Formelzeichen so, wie es dort steht, gelten soll.

Bis jetzt waren die Werte der interessierenden Spannung hier mit Formelzeichen ausgedrückt. Natürlich muß man die Zählrichtung jeweils auch dann festlegen, wenn es sich um den zahlenmäßigen Wert einer Spannung handelt.

167

So bedeutet die Eintragung in Bild 11.15, daß die Spannung des Punktes 1 gegen den Punkt 2 einen Wert von 6 V hat, daß also im Fall einer Gleichspannung für den mit dem Widerstandsschaltzeichen dargestellten Stromzweig der Punkt 1 positiv gegen Punkt 2 ist.

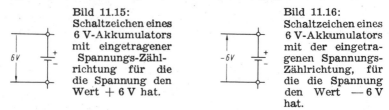

Bild 11.15:
Schaltzeichen eines 6 V-Akkumulators mit eingetragener Spannungs-Zählrichtung für die die Spannung den Wert + 6 V hat.

Bild 11.16:
Schaltzeichen eines 6 V-Akkumulators mit der eingetragenen Spannungs-Zählrichtung, für die die Spannung den Wert — 6 V hat.

Dieser Sachverhalt könnte auch gemäß Bild 11.16 festgelegt werden: Die in den Bildern 11.15 und 11.16 enthaltenen Eintragungen besagen dasselbe!

Wir erkennen auch hieraus: Die Zählrichtung kann nach Belieben gewählt werden. Mit ihrer Wahl aber wird das Vorzeichen des Zahlenwertes bestimmt!

Die Zählrichtung für einen elektrischen Strom

Manchmal interessiert die Stromrichtung nicht. In einem solchen Fall spricht man von dem Betrag des Stromes.

Wenn aber die Richtung des Stromes von Belang ist, muß zuvor klargemacht werden, was damit gemeint sein soll. Man legt deshalb die Zählrichtung eines jeden der Ströme, mit denen gerechnet werden soll oder deren Wirkung man studieren will, in dem der Rechnung zugrunde liegenden Schaltplan mit einer Pfeilspitze fest. Diese wird in den jeweiligen Leitungsstrich eingetragen (Bild 11.17 unten).

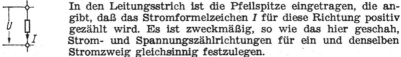

Bild 11.17:
In den Leitungsstrich ist die Pfeilspitze eingetragen, die angibt, daß das Stromformelzeichen I für diese Richtung positiv gezählt wird. Es ist zweckmäßig, so wie das hier geschah, Strom- und Spannungszählrichtungen für ein und denselben Stromzweig gleichsinnig festzulegen.

Auch hierfür ist im Prinzip die Wahl der Zählrichtung frei. Allerdings: Es empfiehlt sich, im Interesse einfacher Rechenregeln, die Zählrichtung für einen den Verbraucher durchfließenden Strom im Einklang mit der für diesen Verbraucher gewählten Spannungszählrichtung festzulegen. Mit einer solchen Übereinstimmung, wie sie z. B. im Falle des Bildes 11.17 vorliegt, gilt nicht nur für die Beträge der Spannung und des Stromes, sondern auch für deren (mit **Vorzeichen** behafteten) Werte

$$I = \frac{U}{R} \text{ und } U = I \cdot R$$

Zahlenwert-Vorzeichen des Stromes und der Spannung

Im Sinne der vorstehenden Gleichungen hat der Zahlenwert eines einen Verbraucher durchfließenden Stromes das positive Vorzeichen, wenn er den Verbraucher in Richtung von dessen Pluspol nach dessen Minuspol durchfließt. Damit ist der Wert der vom Verbraucher aufgenommenen Leistung positiv.

Zahlenwert-Vorzeichen des Stromes und Elektronenbewegung

Aus der Festlegung, daß der mit Elektronen schwächer besetzte Pol gegen den stärker mit Elektronen besetzten Pol einen positiven Spannungszahlenwert hat, folgt:

Die Elektronen bewegen sich bei Stromdurchgang durch einen Verbraucher von dessen Minuspol nach dessen Pluspol.

Diese Elektronenbewegung erfolgt entgegen der für den positiven Zahlenwert des Stromes festgelegten Richtung. Das heißt: Der einmal getroffenen und nun geltenden Festlegung entsprechend bedeutet ein Strom, dessen Wert von 1 nach 2 mit + 5 A gerechnet wird, eine Elektronenbewegung von 2 nach 1.

Allgemein kann man das so ausdrücken: Die Elektronenbewegung ist der für den positiven Zahlenwert des Stromes festgelegten Richtung entgegengesetzt.

Die für den positiven Zahlenwert des Stromes festgelegte Richtung bezeichnet man deshalb dort, wo Verwechslungen zu befürchten sind, als **rechnerische Stromrichtung** oder als **konventionelle Stromrichtung**.

Kirchhoffsche Regeln

Erst mit festgelegten Zählrichtungen für Spannungen und Ströme kann man Spannungs- und Stromgleichungen aufstellen, wie man sie zum rechnerischen Behandeln von Schaltungsproblemen braucht.

Als Kirchhoffsche Regeln bezeichnet man die uns schon bekannten Zusammenhänge zwischen den Spannungen längs eines in sich geschlossenen Weges und zwischen den Strömen eines Leitungs-Knotenpunktes, d. h. eines Schaltungspunktes, an dem wenigstens drei Stromwege zusammengeschlossen sind.

Der Spannungszusammenhang läßt sich auch so fassen:

Längs eines jeden in sich geschlossenen Weges ist die algebraische Summe aller Spannungen gleich Null.

Der Zusammenhang zwischen den zu einem Knotenpunkt gehörenden Strömen kann so ausgedrückt werden:

Für jeden „Knotenpunkt" ist die (algebraische) Summe aller Ströme gleich Null.

Schaltungsberechnungen

Es ist nützlich, diesen Abschnitt zu studieren. Kommen Sie jedoch damit noch nicht zurecht, so lassen Sie ihn vorerst ruhig beiseite.

Die beiden eben behandelten Zusammenhänge ermöglichen das Aufstellen der Gleichungen, aus denen sich Ströme und Spannungen berechnen lassen. Wir wollen uns das Bild 11.18 (oben) ansehen. Dort ist eine von zwei Seiten gespeiste Doppelleitung dargestellt, für die drei Spannungen und zwei Ströme gegeben sein mögen. Die waagerecht eingezeichnete Doppelleitung habe durchweg gleichen Querschnitt. Die Widerstände der senkrecht eingetragenen Anschlußleitungen (Stichleitungen) seien vernachlässigbar. Gesucht seien die Ströme in der Hauptleitung, die Spannung beim zweiten Abnehmer und der Widerstand für 100 m Hauptleitungsdraht.

Wir kümmern uns zunächst um die Ströme. Das kann besonders übersichtlich gestaltet werden, wenn wir zur einpoligen Darstellung übergehen (vgl. Bild 11.06 und 11.18 unten). Wir tragen zwischen beiden Verbrauchern willkürlich den Strom I von rechts nach links ein. Damit ergeben sich für die Außenteile der waagerechten Leitung die ebenfalls dort eingetragenen Ströme $50\,A - I$ und $I + 30\,A$.

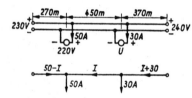

Bild 11.18:
Zweiseitig gespeiste Doppelleitung mit zwei Verbrauchern — unten vereinfacht dargestellt.

Nun kommen wir zu den Spannungen. Wir nennen den Widerstand für 100 m Draht $= R$ und erhalten (von links nach rechts) $5,4\,R$, $9\,R$ und $7,4\,R$ (Doppelleitung!). Mit diesen Widerständen und den im Bild enthaltenen Strömen wird, wenn wir die Spannungen von $+$ nach $-$ positiv zählen und oben links beginnen (wobei wir uns den ganzen Widerstand jeweils in der oberen Leitung denken):

$$5,4\,R \cdot (50\,A - I) + 220\,V - 230\,V = 0 \text{ oder}$$
$$5,4\,R \cdot (50\,A - I) \qquad\qquad = 10\,V \text{ oder}$$
(1) $\qquad 270\,R - 5,4\,R \cdot I \qquad\qquad = 10\,V$

und, indem wir ganz rechts oben beginnen:

$$7,4\,R \cdot (I + 30\,A) + 9\,R \cdot I + 220\,V - 240\,V = 0 \text{ oder}$$
(2) $\qquad 16,4\,R \cdot I + 222\,A \cdot R \qquad\qquad = 20\,V.$

Aus (1) berechnen wir I. Wir zählen dort auf beiden Seiten $5,4\,R \cdot I$ zu und ziehen auf beiden Seiten 10 ab:

$$270\,A \cdot R - 10\,V = 5,4\,R \cdot I.$$

170

Nun teilen wir beide Seiten durch 5,4 R. Das gibt:

(3) $$50 \text{ A} - 1,85 \text{ V} \cdot \frac{1}{R} = I.$$

Diesen Wert für I setzen wir nun in (2) ein:

$$16,4 \cdot 50 \text{ A} \cdot R - 16,4 \cdot 1,85 \text{ V} + 222 \text{ A} \cdot R = 20 \text{ V} \quad \text{oder}$$
$$820 \cdot R - 30,3 \text{ V} + 222 \text{ A} \cdot R = 20 \text{ V} \quad \text{oder}$$
$$1042 \text{ A} \cdot R = 50,3 \text{ V} \quad \text{oder}$$
$$R = 0,0482 \ \Omega.$$

Den Wert für R verwenden wir in (3):

$$I = 50 \text{ A} - \frac{1850 \text{ V}}{48,2 \ \Omega} = 50 \text{ A} - 38,3 \text{ A} = 11,7 \text{ A}.$$

Nun erhalten wir U aus

$$U = 240 \text{ V} - 41,7 \text{ A} \cdot 7,4 \cdot 0,0482 \ \Omega = 240 \text{ V} - 14,9 \text{ V} = 225,1 \text{ V}.$$

Zur Probe rechnen wir den Spannungsunterschied zwischen rechtem und linkem Verbraucher, der 5,1 V betragen soll, mit den Werten von I mal R zu: 11,7 A · 9 · 0,0482 Ω = 5,1 V. Die Probe stimmt. Wenn wir die Pfeilspitze für I aber von links nach rechts eingetragen hätten? Nun, dann wäre (statt 11,7 A) — 11,7 A herausgekommen. Das Minuszeichen hätte uns gesagt, daß wir die „falsche" Richtung gewählt hatten. Sonst wäre nichts passiert. Also keine Angst vor einer in falscher Richtung eingetragenen Pfeilspitze!

Schaltung von Quellen

Bild 11.19 zeigt die Hintereinanderschaltung zweier Elemente. Die Hintereinanderschaltung weist als Urspannung die Summe der beiden Urspannungen, als Innenwiderstand die Summe der beiden Innenwiderstände und als Klemmenspannung die Summe der beiden einzelnen Klemmenspannungen auf. Wir können uns leicht vorstellen, daß es wenig Sinn hat, zwei Quellen mit sehr verschiedenen Innenwiderständen in Reihe zu verwenden. Bild 11.20 zeigt den hierzu gehörenden Schaltplan.

Bild 11.19:
Zwei hintereinandergeschaltete Elemente. Beim Hintereinanderschalten von Elementen muß immer der Minuspol des einen Elementes mit dem Pluspol des nächsten Elementes verbunden werden.

Bild 11.20:
Schaltplan zu Bild 11.19.

Würden wir die eine Gleichstromquelle mit verkehrter Polung anfügen, so ergäbe sich als Gesamtspannung die Differenz der beiden Einzelspannungen, was auch wenig Zweck hätte.

Bild 11.21 stellt die Nebeneinanderschaltung zweier Akkumulatoren dar. Hier muß auf die Polung noch sorgfältiger geachtet werden als bei der Hintereinanderschaltung. Bei falscher Polung würde die Summe der zwei inneren Spannungen den Strom durch die dafür hintereinanderliegenden Innenwiderstände treiben, was einem Kurzschluß gleichkäme. Bei der Nebeneinanderschaltung müssen die Stromquellen ungefähr gleiche innere Spannungen aufweisen. Andernfalls ergibt sich ein unzulässig hoher Ausgleichsstrom.

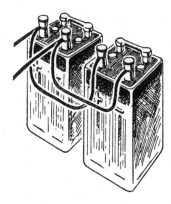

Bild 11.21:

Nebeneinanderschaltung zweier Akkumulatoren. Bei der Nebeneinanderschaltung zweier Gleichstromquellen muß immer der Pluspol der einen mit dem Pluspol der anderen und der Minuspol der einen mit dem Minuspol der anderen verbunden werden. Die Nebeneinanderschaltung ist im allgemeinen nur zulässig, wenn es sich um Stromquellen gleicher Spannung handelt. Nur dann werden Ausgleichströme zwischen den nebeneinandergeschalteten Stromquellen vermieden. Hier handelt es sich um zwei Akkumulatoren, deren jeder aus zwei hintereinanderliegenden Zellen aufgebaut ist. Die Hintereinanderschaltung der beiden Zellen wird jeweils durch die hinter den zwei Klemmen liegende Bleistange bewirkt.

Arbeiten mehrere Generatoren oder Kraftwerke auf dasselbe Netz, so regelt man die Lastverteilung durch passendes Einstellen der inneren Spannungen. Je höher man die eine Spannung macht, desto mehr übernimmt die zugehörige Maschine von der Gesamtlieferung an das Netz.

Die Brückenschaltung als weiteres Beispiel für den Zusammenhang der Spannungen

Die „Meßbrücke" (Wheatstonesche Brücke, sprich „Wätstonsche Brücke") benutzt man vielfach zum Bestimmen von Widerstandswerten. Uns dient sie hier zur Übung im Umgang mit Spannungsbeziehungen.

Bild 11.22:

Eine Brückenschaltung. Sie besteht aus zwei nebeneinandergeschalteten Stromzweigen, deren jeder sich aus zwei hintereinanderliegenden Widerständen zusammensetzt. Die Brückenschaltung ist „im Gleichgewicht", wenn der zwischen C und D mögliche Spannungsunterschied verschwindet.

Die Meßbrücke ist aus einer Nebeneinanderschaltung zweier Stromzweige gebildet, deren jeder aus zwei hintereinanderliegenden Widerständen besteht (Bild 11.22). Die Klemmenspannung der Brückenschaltung ist für beide nebeneinanderliegenden Stromzweige gleich wirksam und teilt sich in jedem Zweig auf die zwei hintereinanderliegenden Widerstände auf. Die in Bild 11.23 zwischen C und D eingetragene Verbindung heißt „B r ü c k e n z w e i g". Von ihm stammt der Ausdruck „Brückenschaltung".

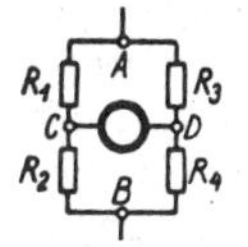

Bild 11.23:
Die vollständige Brückenschaltung mit dem eingefügten Brückenzweig, in dem für Meßzwecke ein empfindlicher Strom- oder Spannungsmesser liegt.

Wir betrachten nun die Spannungsaufteilung an einigen Beispielen, wobei wir den eigentlichen Brückenzweig zunächst außer acht lassen wollen.

Bild 11.24:
Die aus vier gleichen Widerständen bestehende Brückenschaltung ist im Gleichgewicht: Die Spannung wird in beiden Zweigen gleich aufgeteilt. C und D haben deshalb keine Spannung gegeneinander.

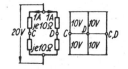

1. B e i s p i e l : Alle vier Widerstände seien einander gleich. Ihre Werte mögen je 10 Ω betragen. Legen wir 20 V Spannung an (Bild 11.24), so ergibt sich in jedem der zwei nebeneinanderliegenden Stromzweige ein Strom von 1 A. Die 20 V Spannung verteilen sich in beiden Stromzweigen auf die zwei hintereinanderliegenden Widerstände zu gleichen Teilen. Vom Punkt A aus fällt die Spannung sowohl nach C wie nach D um 10 V ab. Zwischen C und D herrscht daher keine Spannung. Die Punkte C und D sind demnach „im Spannungsgleichgewicht". Da ein Strom ohne Spannung nicht fließen kann, bleibt unter den angenommenen Verhältnissen ein zwischen C und D geschalteter Stromzweig stromlos.

2. B e i s p i e l : In Bild 11.22 sollen die Widerstände R_1 und R_2 je 5 Ω und die Widerstände R_3 und R_4 je 10 Ω betragen. Hierbei tritt im linken Zweig ein höherer Strom auf als im rechten Zweig. Die Spannung wird aber — dem vorigen Beispiel entsprechend — durch die Punkte C und D jeweils wieder in zwei gleiche Teile zerlegt. Zwischen den Punkten C und D herrscht also auch hier keine Spannung. Ein zwischen diese beiden Punkte eingeschalteter Brückenzweig bleibt wie in dem zuvor behandelten Fall stromlos. Demgemäß gilt allgemein:
Die Brücke befindet sich im Gleichgewicht, wenn sowohl die linken beiden Widerstände wie auch die rechten beiden Widerstände jeweils

untereinander gleich sind. Gleichheit der Widerstände bedeutet, daß ihre Werte sich wie 1 : 1 verhalten. Hiermit kann unser bisheriges Ergebnis auch so ausgedrückt werden: Brückengleichgewicht besteht, wenn sich die Teilwiderstände sowohl im linken wie auch im rechten Zweig wie 1 : 1 verhalten.

3. B e i s p i e l : In Bild 11.25 wird den eingetragenen Widerstandswerten gemäß die Gesamtspannung für beide Stromzweige gleichermaßen im Verhältnis 5 : 1 aufgeteilt. Bei einer Klemmenspannung von 6 V entfallen auf jeden der beiden oberen Widerstände jeweils 5 V und auf jeden der beiden unteren Widerstände jeweils 1 V. Auch in diesem Fall ist die Spannung zwischen den Punkten C und D gleich Null, weshalb ein mit seinen beiden Enden an diese Punkte angeschlossener Stromzweig stromlos bleiben muß. Mit anderen Worten:

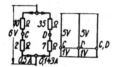

Bild 11.25:

Auch diese Brückenschaltung ist im Gleichgewicht: Die Spannung wird auf beiden Seiten in demselben Verhältnis aufgeteilt. C und D haben deshalb keine Spannung gegeneinander.

Brückengleichgewicht besteht, wenn sich die Teilwiderstandswerte im linken Zweig ebenso verhalten wie die Teilwiderstandswerte im rechten Zweig.

Dies ist die allgemeine Gleichgewichtsbedingung, die für alle Gleichstrombrücken gilt.

4. B e i s p i e l : In der Schaltung nach Bild 11.26 erfolgt die Spannungsaufteilung auf beiden Seiten in verschiedenem Verhältnis.

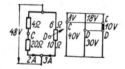

Bild 11.26:

Hier ist die Brückenschaltung noch nicht abgeglichen. Infolge der Verschiedenheit der Spannungsaufteilung in den beiden Zweigen herrscht zwischen C und D eine Spannung von 10 V.

Demnach haben die Punkte C und D gegeneinander eine von Null abweichende Spannung. Die Brücke ist in diesem Fall nicht im Gleichgewicht. Mit den in Bild 11.27 eingetragenen Spannungsvorzeichen wird der Brückenzweig in der Pfeilrichtung von Strom durchflossen.

Bild 11.27:

Die Punkte C und D sind positiv gegen den Punkt B. Auf Grund der eingetragenen Widerstandswerte hat die Spannung CB einen höheren Wert als die Spannung DB. Folglich ist C gegen D positiv, wozu die eingetragene Stromrichtung gehört.

Die Brückenschaltung als Meßmittel

Der eigentliche Brückenzweig enthält eine Anzeigevorrichtung, die erkennen läßt, ob am Brückenzweig — d. h. zwischen den Punkten C und D — eine Spannung herrscht oder nicht. Indem wir die Anzeigevorrichtung beobachten, können wir durch Verändern eines der vier Widerstände den den Werten der anderen drei Widerstände entsprechenden Gleichgewichtszustand herstellen. Hierfür stehen die Werte der Einzelwiderstände der beiden nebeneinanderliegenden Zweige im selben Verhältnis zueinander. Kennen wir von den vier Widerständen, deren Gleichgewicht wir eingestellt haben, drei Widerstände oder einen Widerstand und das Verhältnis zweier anderer Widerstände, so können wir den vierten Widerstand ermitteln: Für Gleichgewicht gilt mit den Bezeichnungen des Bildes 11.22:

$$R_1 : R_2 = R_3 : R_4$$

oder, wenn wir beide Seiten dieser Beziehung mit R_2 vervielfachen:

$$R_1 = R_2 \cdot (R_3 : R_4).$$

B e i s p i e l : $R_2 = 1000\,\Omega$, $R_3 = 50\,\Omega$ und $R_4 = 250\,\Omega$. Hiermit erhalten wir für $R_3 : R_4 = 50 : 250 = 1 : 5 = 0,2$. Damit wird

$$R_1 = 1000\,\Omega \cdot 1 : 5 \text{ oder } 1000\,\Omega \cdot 0,2 = 200\,\Omega.$$

Das Wichtigste

1. Die wesentlichen Bestandteile des Stromkreises sind: Die Stromquelle, die Belastung und die Leitungen.

2. Jede Stromquelle hat im Innern eine Spannung, eine Urspannung (früher mit EMK bezeichnet) und einen Innenwiderstand, den man neuerdings auch Ausgangswiderstand nennt.

3. In jedem Stromkreis und allgemein auf jedem Stromweg wird in jedem Augenblick ebensoviel Spannung verbraucht, wie an treibender Spannung dafür zur Verfügung steht.

4. An jeder Stromverzweigung und allgemein an jedem Punkt eines Stromweges fließt insgesamt in jedem Augenblick ebensoviel Strom zu wie ab.

5. Um Spannungs- und Stromgleichungen aufstellen zu können, muß man für die gewählten Formelzeichen der Spannungs- und Stromwerte Zählrichtungen festlegen.

6. Die Spannungs-Zählrichtung wählt man vom Meßpunkt gegen den Bezugspunkt.

7. Der Meßpunkt ist der Punkt, dessen Spannung gegen einen zweiten Punkt interessiert.

8. Der Bezugspunkt ist der Punkt, auf den die Spannung des Meßpunktes bezogen wird.

9. Dem Wort „gegen" in dem Ausdruck Spannung des Meßpunktes gegen den Bezugspunkt entspricht im Schaltplan die Richtung des Spannungspfeiles, der die Spannungs-Zählrichtung kennzeichnet.

10. Sind für einen Stromzweig die Zählrichtungen für die Formelzeichen der Spannung und des Stromes gemeinsam festzulegen, so wählt man für einen Verbraucher beide Richtungen übereinstimmend.

11. Die gewählte Stromrichtung kennzeichnet man im Schaltplan mit einer in den Leitungsstrich eingetragenen Pfeilspitze.

Vier Fragen:

1. Eine Quelle hat eine Urspannung von 250 V und einen Innenwiderstand (Ausgangswiderstand) von 200 Ω. Welcher Betrag der Klemmenspannung ergibt sich, wenn der Quelle ein Strom von 0,5 A „entnommen" wird? Welchen Wert hat dabei der Belastungswiderstand der Quelle? Welcher Wert des Kurzschlußstromes würde sich für die Quelle ergeben?

2. Eine Wechselstromquelle hat eine Urspannung von 300 V und als Innenwiderstand die Reihenschaltung aus 10 Ω Wirkwiderstand mit $+$ 30 Ω Blindwiderstand. Welchen Wert weist die Klemmenspannung der Quelle auf, wenn man sie mit einem Wirkwiderstand von 100 Ω belastet?

3. Welchen Wert hätte der Kurzschlußstrom für eine Quelle gemäß Frage 2?

4. Welcher Stromwert würde sich mit einer Quelle gemäß Frage 2 ergeben, wenn man als Belastungswiderstand einen Blindwiderstand von $-$ 30 Ω anschließen würde?

12. Elektrizitätsnetze

Der Begriff „Elektrizitätsnetz"

Ein Elektrizitätsnetz ist ein aus Kraftwerken „gespeistes" Leitungssystem, aus dem die an dieses Netz angeschlossenen Verbraucher Arbeit in elektrischer Form entnehmen können. Das Elektrizitätsnetz umfaßt, genaugenommen, nur die Gesamtheit der Leitungen zwischen den Kraftwerken und den Verbrauchern mitsamt allen Einrichtungen, die mit den Leitungen zusammenwirken. Vom Verbraucher aus gesehen, gehören aber auch die Kraftwerke zu dem Leitungsnetz, das ja ohne diese Kraftwerke tot und deshalb nutzlos wäre.

Es ist gut, wenn wir uns klarmachen, daß das Elektrizitätsnetz jedem einzelnen Verbraucher Leistung und somit auch Arbeit in elektrischer Form zur Verfügung stellt. Erst wenn der Verbraucher sich einschaltet, wird ihm Leistung und Arbeit nach Maßgabe der angeschlossenen Geräte, Einrichtungen und Maschinen geliefert. Für das Netz und letzten Endes für die Kraftwerke, die es speisen, sind die Verbraucher die Netzbelastungen.

Netze zeichnet man meistens nur in e i n p o l i g e r D a r s t e l l u n g. Das heißt: Man stellt eine Leitung, gleichgültig, ob sie nun zwei, drei oder vier E i n z e l l e i t e r (E i n z e l a d e r n, z. B. Einzeldrähte) umfaßt, mit einem einzigen Leitungsstrich dar. Will man dabei zu erkennen geben, um wieviel Einzeladern es sich jeweils handelt, so zieht man schräg über den Leitungsstrich hinweg parallel zueinander so viele kurze Schrägstriche, wie das der Aderzahl entspricht.

Bei einpoliger Darstellung von Leitungen oder Netzen deutet man den Verbraucher damit an, daß man den Leitungsstrich mit einem Punkt oder kleinen Kreis versieht und von dort aus senkrecht zum Leitungsstrich einen kurzen Strich zieht. Oft versieht man das Ende eines solchen Striches mit einer von der Leitung wegweisenden Pfeilspitze.

Drei ganz einfache Netze als Beispiele

Unter dem „Netz" versteht man, wie im vorangehenden Abschnitt dargelegt, die Gesamtheit von Leitungen, an denen Spannung zur Verfügung steht und an die Belastungen angeschlossen werden können. Der Ausdruck „Netz" weist darauf hin, daß es sich vielfach um zahlreiche zusammengeschlossene Leitungen handelt. Er bezieht sich jedoch auch auf den Fall einer einzigen Doppelleitung, die von der Stromquelle gespeist wird und an der sämtliche „Verbraucher" „hängen". Gehen mehrere solche Leitungen von dem Speisepunkt aus, so spricht man von einem S t r a h l e n n e t z.

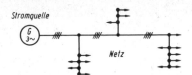

Bild 12.01:

Ein Drehstromnetz in einpoliger Darstellung. Die Schräg-Doppelstriche
deuten an, daß es sich hier um vier
Einzeladern handelt.

Neben einfachen Netzanordnungen (wie z. B. gemäß Bild 12.01)
gibt es auch etwas komplziertere Netze, die in „R i n g l e i t u n g e n"
bestehen (Bild 12.02) oder aus Maschen aufgebaut sind (Bild 12.03).

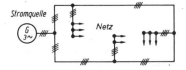

Bild 12.02:

Ein Netz bestehend aus einer einseitig gespeisten Ringleitung einpolig
gekennzeichnet.

Ein Netz mit mehreren solchen Maschen, wie sie dem Bild 12.03
entsprechen, bezeichnet man (vor allem dann, wenn Teile benachbarter Maschen diesen gemeinsam sind) als v e r m a s c h t e s N e t z
oder als M a s c h e n n e t z.

Der für den einzelnen Verbraucher wirksame Innenwiderstand des
Netzes rührt vor allem von den Netzleitungen her, in denen im
wesentlichen nur der Strom dieses Verbrauchers fließt. Das sind die
Leitungen, die von der „Steigleitung" des Hauses abzweigen, über
den Zähler gehen und sich gegebenenfalls hinter dem Zähler auf einzelne Teile der Wohnung verteilen. Zu diesem Innenwiderstand des
Netzes gehört auch der Widerstand, den der Zähler dem Stromdurchgang entgegensetzt. Die Steigleitung des Hauses und die ihr vorangehenden, also dem Kraftwerk näheren Leitungen, haben wesentlich
größere Querschnitte und daher bedeutend geringere Widerstände
als die Abzweigungen der Steigleitungen.

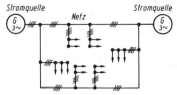

Bild 12.03:
Ein von zwei Seiten her
gespeistes Netz.

Das Netz birgt Gefahren

Das Netz hat fast immer eine Spannung von mehr als 100 Volt.
Wenn man gleichzeitig beide Pole des Netzes mit den Händen oder
sonstigen Teilen des Körpers berührt, fließt daher von einem Netzpol
zum andern durch den Körper ein nicht unbeträchtlicher Strom.
Dieser ist um so unangenehmer, je höher die Spannung und je
geringer der Widerstand der Haut ist, durch die der Strom hindurch
muß. Daher verursacht die Berührung mit nassem Finger einen hef-

178

tigeren elektrischen Schlag als mit trockenem Finger. Im übrigen ist Wechselspannung unangenehmer als Gleichspannung.

Eine der zwei oder vier Netzleitungen oder der „Mittelpunkt" des Netzes ist mit der Erde verbunden. Folglich bewirkt schon das Berühren eines einzigen gegen Erde „spannungsführenden" Teiles einen elektrischen Schlag, wenn man sonst nicht gut gegen Erde isoliert ist! Auf diesen Punkt kommen wir in einem späteren Abschnitt dieses Kapitels noch zurück.

Elektrische Schläge sind immer gefährlich, sie können schwere gesundheitliche Schäden verursachen. Unter ungünstigen Umständen kann sogar der Tod eintreten. Das ist der Grund, warum es besondere Schutzbestimmungen gibt, die die Industrie beim Bau zahlreicher Geräte befolgen muß, um nach menschlichem Ermessen jede Gefahr auszuschließen. Geräte, die diesen Bestimmungen gemäß gebaut sind, können zur Beglaubigung dessen das VDE-Zeichen (Verband Deutscher Elektrotechniker) erhalten. Hat ein Gerät kein VDE-Zeichen, so bedeutet das nicht, daß das Gerät ohne Rücksichtnahme auf die VDE-Vorschriften gebaut ist. Fabriken, die auf ihren Ruf Wert legen, richten sich auch ohne das Zeichen nach diesen Vorschriften.

Brandgefahr

Eine weitere Gefahr birgt das Netz insofern, als der elektrische Strom, wenn er sehr hoch ist oder über schlechte Verbindungsstellen laufen muß, kräftige Erhitzung bewirken kann.

Der in zu hohen Strömen liegenden Brandgefahr begegnet man mit vorschriftsmäßigen Sicherungen (siehe S. 154) oder Schutzschaltern. Sicherungen durch „Silberpapier" oder Nägel zu ersetzen, ist daher sträflicher Leichtsinn.

Gefährlich sind aber auch die schlechten Verbindungen — z. B. die „Wackelkontakte". Vielleicht hat der eine oder andere Leser schon erlebt, wie heiß eine Steckdose oder ein Schalter werden kann, wenn eine Verbindungsstelle schlecht ist, oder wie eine Netzleitung mit einer gebrochenen Ader plötzlich zu brennen beginnt. Schlechte Kontakte zeigen sich bei Stromdurchgang meist durch starke Erwärmung an. Sie können auch erhebliche Störgeräusche bei Rundfunkempfang (vor allem auf Mittel- oder Langwellenbereich) bewirken.

Erdung

Das Netz ist üblicherweise mit einem „Pol" oder mit seinem „Mittelpunkt" „geerdet", womit die gegen Erde auftretenden Spannungen begrenzt werden. Um das einzusehen, nehmen wir an, ein

220-Volt-Leitungsnetz sei einschließlich des zugehörigen Generators und der an das Netz angeschlossenen Belastungen gegen die Erde vollkommen isoliert. Ein solches Netz kann z. B. durch atmosphärische Aufladungen, wie wir sie als Blitze kennen, auf sehr hohe Spannungen gegen die Erde gebracht werden. Alles wird dabei — solange die Isolation gegen die Erde hält — unbeeinflußt weiter arbeiten, da nach wie vor zwischen den zwei Leitungen 220 V herrschen. Die Tatsache, daß die Spannung gegen Erde zugenommen hat, ändert daran nichts. Hatte der eine der beiden Leiter z. B. 0 V und der andere 220 V gegen die Erde, so betragen die Spannungen nach der Aufladung (auf z. B. 3000 V), wenn wir der Einfachheit halber annehmen, es handle sich bei den 220 V um — 220 V gegen die andere Leitung, die zuvor 0 V gegen Erde hatte, + 3000 V und + 2780 V (= 3000 V — 220 V). Von der erhöhten Spannung gegen die Erde wird die Isolation übermäßig beansprucht.

Der geerdete Leiter heißt meist „Nulleiter", womit angedeutet wird, daß seine Spannung gegen Erde Null sein soll. In Wirklichkeit ist die Spannung des Nulleiters gegen die Erde nicht genau gleich Null, sondern gleich der Spannung, die bei Stromdurchgang zwischen der betrachteten Stelle und dem geerdeten Punkt des Nulleiters auftritt. Deshalb unterscheidet man zwischen „Nullung" (Verbindung mit dem Nulleiter) und „Erdung" (Verbindung mit der Erde).

Der an den geerdeten Pol des Netzes angeschlossene Leiter hat trotz der Erdung eine gewisse Spannung gegen Erde, wenn in diesem Leiter ein Strom fließt. Der Betrag dieser Spannung ist mit dem Produkt aus den Werten des Leitungswiderstandes und des diese Leitung durchfließenden Stromes gegeben. Er liegt im Normalfall weit unter dem Betrag der Spannung zwischen den Leitungen.

Einerseits wird die Gefahr, die die Netzspannung in sich birgt, durch die Erdverbindung nicht unerheblich erhöht. Das Netz kann lebensgefährlich werden, wenn man nur einen Netzpol berührt, während man gleichzeitig mit irgendeinem geerdeten Gegenstand („Erdleitung, Wasserleitung, Zentralheizung, feuchtem Erdboden) Verbindung hat. Die Tatsache, daß die Erdung des Netzes nicht beachtet wurde, hat schon viele Menschenleben gefordert.

Anderseits kann gerade die Erdung des Netzes ausgenutzt werden, um die Gefahr von elektrischen Schlägen erheblich zu vermindern. Hierauf wird im übernächsten Abschnitt eingegangen.

Spannungsführende Teile dürfen einer B e r ü h r u n g nicht zugänglich sein

Der elektrische Strom kann Menschen und Tiere töten. Lebensgefährlich sind selbst Spannungen von weniger als 100 V. Deshalb müssen die leitenden Teile, die höhere Spannungen gegen Erde aufweisen oder annehmen können, gegen zufällige Berührung gesichert sein. Die Bilder 12.04 ... 12.10 bringen hierzu ein paar Beispiele. Dafür wurden der Deutlichkeit halber (abgesehen von der Fassung gemäß Bild 12.10) Ausführungen gewählt, wie sie heute nicht mehr zulässig sind (fehlende Schutzkontakte).

Bild 12.04:

Bei dieser völlig unzulässigen Steckdose kann der Stecker so eingesteckt werden, daß der eine dabei freiliegende Steckerstift Spannung über den im angeschlossenen Gerät vorhandenen Stromweg erhält.

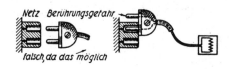

Bild 12.05:

Hier ist die Steckdose so verbreitert, daß der Doppelstecker nur richtig eingesteckt werden kann.

Bild 12.06:

Hier verhindert der hohe Rand, der die Kupplung umgibt, wie die Verbreiterung in Bild 12.05, ein falsches Einstecken des Steckers.

Bild 12.07:

Auf der Netzseite dürfen keine Stecker, sondern nur Buchsen vorhanden sein. Andernfalls ergibt sich vor dem Einstecken des unter Spannung stehenden Steckers Berührungsgefahr.

Bild 12.08:

Hier ist gezeigt, wie die Berührungsgefahr dadurch vermieden werden kann, daß auf der Netzseite Buchsen und auf der Geräteseite Steckerstifte vorgesehen sind. Das falsche Zusammenstecken der Kupplung wird durch den erhöhten Rand vermieden, der die beiden Steckerstifte umgibt.

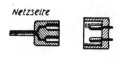

Bild 12.09:

Berührungsgefahr bestünde bei ungeschützten Lampenfassungen. Wäre die Lampe erst wenig eingeschraubt, so könnte man ihr leitendes Gewinde noch berühren, wenn es schon mit dem Netz in Verbindung steht.

181

richtig:
Isolierstoff
Kontakte

Bild 12.10:
Das Gewinde der heutigen Fassungen ist in Isolierstoff ausgeführt. Mit einem Isolierstoffrand wird ein Berühren des Lampengewindes beim Einschrauben verhindert. Außerdem erfolgt der Anschluß des Gewindes erst bei schon weit eingeschraubter Lampe mit seitlichen Kontakten, die sich an das Gewinde anlegen.

Schutzkontakt

Gefahr besteht auch bei elektrischen Geräten und Maschinen mit leitenden Gehäusen, gegen die ein „Schluß" der Innenschaltung nicht völlig ausgeschlossen ist. Zum Beseitigen dieser Gefahr wird das leitende Gehäuse eines ortsveränderbaren Elektrogerätes an einen Schutzkontakt des Gerätesteckers über einen Schutzleiter (grün-gelbe Isolation) angeschlossen. Zu dem Schutzkontakt des Steckers gehören entsprechende Gegenkontakte in der Steckdose. Diese Steckdosen-Kontakte sind entweder mit dem geerdeten Schutzleiter oder, wenn ein solcher an der Steckdose nicht verfügbar ist, mit einer zusätzlichen geerdeten Leitung verbunden! Dabei steht das Gehäuse des Gerätes über den Schutzleiter und die Schutzkontakte mit einer „Erde" in Verbindung. Bild 12.11 veranschaulicht das.

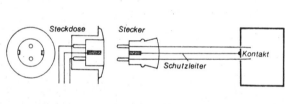

Steckdose   Stecker
Schutzleiter   Kontakt

Bild 12.11:
Schutzkontaktsteckdose in Draufsicht und Schnitt, dazu der Schutzkontakt - Stecker mit der dreiadrigen Geräteleitung und dem leitenden Geräte-Gehäuse, woran die Schutzleitung der Geräteleitung angeschlossen ist.

Das Wichtigste

1. Eine elektrische Leitung umfaßt zwei oder mehrere Leiter (Adern, Einzeladern).

2. Man verwendet zum Veranschaulichen von Zusammenhängen oft einpolige Darstellungen (ein Leitungsstrich für eine Leitung mit zwei oder mehreren Adern).

3. Bei einpoliger Darstellung kann die Aderzahl mit der gleichen Zahl von kurzen, einander parallelen, den Leitungsstrich schräg überkreuzenden Querstrichen angedeutet sein.

4. Bei einpoliger Darstellung deutet man einen Verbraucher mit einem Verbindungspunkt oder Verbindungskreis auf dem Leitungsstrich und einem kurzen davon senkrecht zum Leitungsstrich abzweigenden Strich an.

5. Dieser Strich wird oft mit einer vom Leitungsstrich weggerichteten Pfeilspitze versehen.

6. Unter einem Elektrizitätsnetz (Starkstromnetz) versteht man das Kraftwerk bzw. die Kraftwerke mit der Gesamtheit der Leitungen und Einrichtungen zwischen Kraftwerk(en) und Verbrauchern.

7. Zu hohe Stromwerte und Wackelkontakte, die von Strom durchflossen werden, können Brände verursachen.

8. Berührung von leitenden Teilen, die höhere Spannungen (z. B. mehr als 24 V) „führen", kann gefährlich sein.

9. Die Netze sind meist mit dem Anschlußpunkt eines der Netzleiter geerdet. Der geerdete Leiter heißt Nulleiter. Die anderen Leiter nennt man Außenleiter.

10. Die leitenden Teile, die Spannung gegen Erde „führen", müssen gegen zufällige Berührung gesichert sein.

11. Ortsveränderbare Elektrogeräte, deren Gehäuse elektrisch leitend sind oder der Berührung zugängliche Metallteile haben, müssen mit Schutzkontaktsteckern versehen sein, die nur in dazu gehörende Schutzkontakt-Steckdosen passen.

12. Der Stecker-Schutzkontakt ist mit der gelb-grünen Schutzleitung an das leitende Gehäuse oder an die der Berührung zugänglichen Teile des Gerätes anzuschließen.

Vier Fragen

1. Was ist der Unterschied zwischen Leitung und Leiter?

2. Inwiefern kann ein schlechter Kontakt zur Brandursache werden?

3. Was bezweckt man mit Schutzkontaktsteckern?

4. Warum erdet man Elektrizitätsnetze?

13. Das Strömungsfeld

Vorbemerkung

Mit diesem Kapitel soll das Studium des elektrischen Feldes und des Magnetfeldes vorbereitet werden.

Wir lernen hier zunächst allgemein den physikalischen Feldbegriff kennen und betrachten dann das Strömungsfeld, das mit elektrischer Spannung und elektrischem Strom gegeben ist. Spannung und Strom sind uns bereits bekannt, so daß wir daran das Grundsätzliche eines physikalischen Feldes besser erfassen können als am elektrischen Feld oder am magnetischen Feld, wovon wir bisher außer der Darstellungsweise auch die physikalischen Zusammenhänge noch nicht kennengelernt haben.

Der physikalische Feldbegriff

Der Ausdruck „Feld" hat im Zusammenhang mit der Physik mit Feld, Wald und Wiese nichts zu tun! — Um uns den Ausdruck „Feld" näherzubringen, denken wir an einen gut geheizten Ofen. Selbstverständlich ist die Hitze in der nächsten Umgebung des Ofens am größten. Aber seine wärmende Wirkung erstreckt sich über den ganzen Raum, in dem der Ofen steht, vielleicht sogar noch bis in die benachbarten Räume. Überall sind wieder andere Temperaturen vorhanden, aber alle diese Temperaturen stehen in Zusammenhang mit dem geheizten Ofen. Um das zum Ausdruck zu bringen, spricht man von dem Wärmefeld des Ofens.

Ein zweites Beispiel: Irgendwo blüht ein Fliederbusch. Wir riechen den Duft schon von weitem. Die ganze Umgebung des Busches ist von ihm erfüllt. Man könnte das dadurch zum Ausdruck bringen, daß man sagt, um den Fliederbusch herum habe sich ein Duftfeld ausgebildet.

Hiermit dürfte der Begriff des „Feldes" als besonderer Zustand, wie er in der Physik und damit auch in der Technik gebräuchlich ist, klargeworden sein.

Elektrische Strömung, ein Strömungsfeld

Von einer elektrischen Strömung spricht man, wenn der Strom nicht in einem Draht geführt ist, sondern sich über eine Fläche oder über einen Raum verteilen kann. Flächenhafte Strömungen kommen z. B. in von elektrischem Strom durchflossenen Blechplatten und auch als Wirbelströmungen in den Scheibenankern von Elektrizitätszählern vor. Mit räumlichen Strömungen hat man es z. B. zu tun im Erdreich, in das Erder eingesenkt sind, die Strom „führen" oder in leitenden Flüssigkeiten, die mittels zweier Elektroden in einen Stromweg eingeschaltet sind.

Hier studieren wir, wie bereits erwähnt, die elektrische Strömung zunächst als Vorbereitung für das elektrische und auch für das

magnetische Feld. Die elektrische Strömung läßt sich als Strömungsfeld bezeichnen, was eine Andeutung dafür ist, daß zwischen der
Strömung und den eigentlichen Feldern Ähnlichkeiten bestehen.

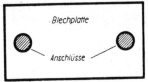

Bild 13.01:
Blechtafel, die mit zwei senkrecht auf ihr
stehenden Bolzen verschweißt ist. Diese
Bolzen dienen als Blechplattenanschluß-
stellen. Die durch die Platte gehende Strömung soll untersucht werden.

Wir betrachten Bild 13.01. In diesem Bild ist eine Blechtafel dargestellt, die zwei kreisrunde Anschlußflächen hat. Die Anschlüsse an
die Blechtafel sind beispielsweise durch zwei Bolzen dargestellt, die
mit der Blechtafel den in Bild 13.01 schraffierten Flächen gemäß verschweißt sind.

Die Stromlinien

Bild 13.02 zeigt die Strömung, wie sie sich in der Blechtafel ausbildet,
wenn die zwei Bolzen als Anschlüsse an einen Stromkreis dienen. Zum
Veranschaulichen der Strömung sind in Bild 13.02 mehrere Linien eingetragen. Jede Linie zeigt an jedem einzelnen ihrer Punkte durch
ihren Verlauf die dortige Stromrichtung an. Zwischen je zwei benachbarten Linien liegen jeweils gleiche Teile der Strömung. So halbiert
die mittlere Stromlinie die gesamte Strömung. Die einzelnen Stromlinien zeigen uns aber nicht nur die Stromrichtungen an. Sie lassen
außerdem mit ihren gegenseitigen Abständen auch die Stromdichten
an den einzelnen Stellen der Strömung erkennen. Je geringer an einer
Stelle der gegenseitige Abstand zweier benachbarter Stromlinien ist,
mit desto höherer Stromdichte haben wir es an dieser Stelle zu tun.

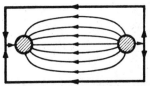

Bild 13.02:
Stromlinien veranschaulichen die Strömung
in ihrem Verlauf durch die Blechplatte
zwischen den beiden Anschlußstellen.

Allgemein ausgedrückt: Jede Stromlinie ist eine Linie, deren Richtung
durchweg der an der einzelnen Stelle geltenden Stromrichtung entspricht.

Die Stromlinien können wir auch Linien des Strömungsfeldes oder
kurz, wenn kein Zweifel darüber besteht, daß es sich um ein Strömungsfeld handelt, auch nur F e l d l i n i e n nennen.

Die Stromdichte (Strömungsdichte, Dichte des Strömungsfeldes)

Die Stromdichte oder Strömungsdichte ist gegeben als der auf die
Flächeneinheit des Strömungsquerschnittes bezogene Strom. Als Ein-
heiten der Stromdichte kommen somit in Betracht A : mm², A : cm²,
A : m². Die zuletzt genannte Einheit ist heute üblich.

Wir wollen uns merken, daß die Stromdichte oder Strömungsdichte nichts anderes ist als die D i c h t e   d e s   S t r ö m u n g s f e l d e s. Diese hat nur ausnahmsweise einen über den gesamten Querschnitt des Strömungsfeldes gleichen Wert. Der Wert der Strömungsfeld-Dichte ist somit ein Kennwert des einzelnen Strömungsfeld-Punktes!

Linien gleicher Spannung (Äquipotentiallinien)

Zu einer Strömung gehört stets eine Spannungsverteilung: Zwischen den beiden Anschlüssen der Blechtafel herrscht die Spannung, die notwendig ist, um die Strömung durch die Blechtafel zu treiben. Für die Hälfte der Blechtafel ist auch die Hälfte der Spannung erforderlich. Somit hat die in Bild 13.03 zwischen den beiden Anschlüssen eingetragene Mittellinie gegen jeden der beiden Anschlüsse die Hälfte der Spannung. Wir können nun diese Mittellinie selbst als zweiten Anschluß für je eine Hälfte der Strömung betrachten. Tun wir das, so gibt es zwischen der Mittellinie und jedem der ursprünglichen Anschlüsse eine weitere Mittellinie, in der die Spannungshälfte wiederum halbiert wird. Ein solches Unterteilen der Spannung läßt sich beliebig weit fortsetzen, wobei man nicht auf das Halbieren angewiesen ist. sondern mit irgendwelchen anderen Bruchteilen arbeiten kann.

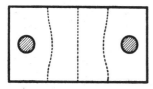

Bild 13.03:
Linien gleicher Spannung (Äquipotential-linien) teilen das Strömungsfeld der Blech-platte hinsichtlich der Spannung ein.

Das Spannungsgefälle

So wie die gegenseitigen Abstände der Stromlinien eines Stromlinienbildes Aufschlüsse über die Unterschiede in der Stromdichte geben, haben auch die gegenseitigen Abstände der Linien gleicher Spannung in einem Spannungslinienbild ihre Bedeutung: Je dichter diese Linien aufeinanderfolgen, desto stärker ändert sich dort die Spannung längs des Stromweges.

Die Spannungsänderung längs des Stromweges kann man auf die Längeneinheit dieses Weges beziehen und sie demgemäß z. B. in V : cm oder in V : m angeben.

So wie man einen Höhenunterschied eines Weges je Längeneinheit als Gefälle des Weges bezeichnet, spricht man auch vom elektrischen Spannungsgefälle.

Das Spannungsgefälle hat nur ausnahmsweise einen längs eines gesamten Stromweges (längs einer Stromlinie) gleichbleibenden Wert. Demzufolge ist der Wert des Spannungsgefälles (wie der Wert der Strömungsfelddichte) ein Kennwert des einzelnen Punktes eines Strömungsfeldes.

Linien gleicher Spannung und Stromlinien gemeinsam

Wir können Linien gleicher Spannung zusammen mit Stromlinien in dasselbe Bild der Blechplatte eintragen.

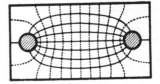

Bild 13.04:
Stromlinien und Linien gleicher Spannung beschreiben gemeinsam die Strömung in der Blechplatte. Beide Liniensysteme überkreuzen sich rechtwinklig.

So ergibt sich beispielsweise das Bild 13.04. In ihm sind quer zu den Stromlinien mehrere Linien eingetragen, deren jede eine Grenze zwischen zwei Anteilen der Gesamtspannung darstellt.

Wenn nun etwa die mittlere Linie die Spannung halbiert, so tut sie das für jeden ihrer einzelnen Punkte. D. h.: Alle Punkte einer solchen Linie haben gegen einen der Anschlüsse dieselbe Spannung und weisen damit gegeneinander keine Spannung auf. Aus diesem Grunde bezeichnet man solche Linien als „Linien gleicher Spannung". Denselben Sinn hat die dafür aus alter Zeit übernommene Bezeichnung „Äquipotentiallinien".

Aus dem Verlauf und der gegenseitigen Lage der Linien gleicher Spannung können wir, wie schon angedeutet, entnehmen, wie sich die Spannung über die Strömung verteilt: Dort, wo diese Linien weit auseinanderliegen, hat das Spannungsgefälle, also die Spannung je Einheit der Stromlinienlänge, einen geringen Wert. Dort, wo die Linien gleicher Spannung geringe Abstände voneinander haben, ist der Wert des Spannungsgefälles groß.

Flächen gleicher Spannung (Äquipotentialflächen)

Unsere Blechtafel hat eine gewisse Dicke. Infolgedessen handelt es sich bei der Stromdichte nicht etwa um Ampere je mm Breite der Blechtafel, sondern beispielsweise um $A : mm^2$.

Die Tatsache, daß die Blechtafel eine gewisse Dicke hat, bedeutet außerdem, daß wir es zwar in den Bildern 13.03 und 13.04, nicht aber in Wirklichkeit mit L i n i e n gleicher Spannung, sondern mit F l ä - c h e n gleicher Spannung zu tun haben.

Die vier Kennwerte für das Strömungsfeld

Aus den vorangehenden Abschnitten wollen wir entnehmen: Zu einem Strömungsfeld gehören zwei Gesamt-Kennwerte: Der Wert der Spannung, die die ganze Strömung bewirkt, und der Wert der Strömung, der hier den Wert des Stromes darstellt. An jeder Stelle des Strömungsfeldes sind wiederum zwei Kennwerte von Interesse, nämlich: die Stromdichte und das Spannungsgefälle.

Diese beiden Größen haben im Gegensatz zu den Gesamt-Kennwerten bestimmte räumliche Richtungen: Die Richtung der Stromdichte stimmt ebenso wie die des Spannungsgefälles an jeder Stelle mit der Strömungsrichtung und demgemäß mit der Stromlinienrichtung überein.

Wohl spricht man auch von Strom- und Spannungsrichtung. Damit meint man aber üblicherweise nicht die räumliche Richtung, sondern das Vorzeichen, also die Zählrichtung, d. h. die Richtung, für die das positive Vorzeichen gilt.

Hier eine Zusammenstellung der vier Kennwerte des Strömungsfeldes:

Kennwerte des Strömungs-Gesamtfeldes	Formel-zeichen	Einheit z. B.
● Wert der elektrischen Spannung	U	V
● Wert der elektrischen Strömung (des Stromes)	I	A
Kennwerte eines Strömungsfeldpunktes		
● elektrisches Spannungsgefälle	E	V : cm
● Strömungsfelddichte (Stromdichte)	S	A : cm²

Leitwert für ein Strömungsfeld

Bezüglich des Leitwertes für ein Strömungsfeld gilt genau das, was wir über den Leitwert eines Stromzweiges wissen:

$$\text{Leitwert} = \frac{\text{Spannungswert}}{\text{Stromwert}}$$

Hierzu gehört, was uns auch bereits bekannt ist, die Einheit Siemens, falls der Spannungswert in Volt und der Stromwert in Ampere eingesetzt werden. Der Stromwert ist der Wert des Strömungsfeldes.

Leitfähigkeit, Stromdichte und Spannungsgefälle

Wenn wir die Stromdichte in A : cm² durch das Spannungsgefälle in V : cm teilen, bekommen wir als Einheit des Ergebnisses

$$\frac{A : cm^2}{V : cm} = \frac{A}{V} \cdot \frac{1}{cm} = S \cdot \frac{1}{cm}$$

heraus. Das ist die Leitfähigkeit bezogen auf 1 cm Länge und 1 cm² Querschnitt (siehe Seite 63). Das bedeutet:

$$\frac{\text{Strömungsfelddichte}}{\text{elektrisches Spannungsgefälle}} = \text{Leitfähigkeit}$$

Hierzu gehört für den Fall des Bildes 13.04 unter den dafür stillschweigend gemachten Voraussetzungen:

1. durchweg gleiche Blechdicke
2. durchweg gleiche Leitfähigkeit

Das Verhältnis des Abstandes zweier benachbarter Stromlinien zu dem dortigen Abstand der zwei benachbarten Linien gleicher Spannung ist für die gesamte Blechplatte konstant. Im Falle des Bildes 13.04 handelt es sich um das Verhältnis 1:1.

Homogenes Strömungsfeld

Ein Strömungsfeld bezeichnet man als h o m o g e n , d. h. als durchweg gleichartig, wenn Strömungsfelddichte und Spannungsgefälle innerhalb des gesamten Feldes gleiche Werte sowie hiermit auch gleiche Richtungen haben. Für homogenes Feld gilt mit den Formelzeichen:

U Wert der Spannung E Spannungsgefälle
I Wert des Strömungsfeldes S Strömungsfelddichte
l Feldlänge
A Feldquerschnitt

$$I = S \cdot A \quad \text{und} \quad U = E \cdot l$$

sowie mit den weiteren Formelzeichen:

R Wert des für das Feld geltenden Widerstandes
G Leitwert, der für das Feld in Betracht kommt
$\varkappa$ Leitfähigkeit im Bereich des Feldes:

$$R = U : I \qquad\qquad G = I : U$$
$$R = l : (A \cdot \varkappa) \qquad G = A \cdot \varkappa : l$$

Es ist gut, wenn wir uns das klarmachen und uns überzeugen, daß die Zusammenhänge mit dem übereinstimmen, was wir in Kapitel 5 erfahren haben!

Brechung der Linien des Strömungsfeldes

In einem homogenen Strömungsfeld verlaufen, wie aus dem vorhergehenden Abschnitt folgt, die Feldlinien in gleichen gegenseitigen Abständen einander parallel.

An der Grenze zweier Zonen mit voneinander verschiedenen Leitfähigkeiten ergibt sich eine Brechung schräg auf die Grenzfläche auftreffender Feldlinien. Das heißt: Die Feldlinien sind an der Grenzfläche geknickt.

Diese Brechung erkennt man leicht, wenn man eine schräg auf die Grenzfläche treffende Strömung in eine zu ihr parallele Teilströmung und eine sie senkrecht durchdringende Teilströmung zerlegt.

- Die Teilströmung parallel zur Grenzfläche hat in der Zone der höheren Leitfähigkeit eine entsprechend größere Dichte.
- Die Teilströmung senkrecht zur Grenzfläche hat in beiden Zonen dieselbe Dichte.
- Das Spannungsgefälle ist für die Teilströmung parallel zur Grenzfläche in beiden Zonen gleich.

● Das Spannungsgefälle senkrecht zur Grenzfläche steht für die beiden Zonen im umgekehrten Verhältnis zu den Leitfähigkeiten.

Hieraus folgt: Die Feldlinien verlaufen in der Zone der geringeren Leitfähigkeit steiler zu der Grenzfläche als in der Zone der höheren Leitfähigkeit. Unterscheiden sich die Leitfähigkeiten sehr stark, so stehen die Feldlinien in der Zone der geringeren Leitfähigkeit auf der Grenzfläche praktisch senkrecht. Die Bilder 13.05 ... 13.07 veranschaulichen das, was hier geschildert wurde.

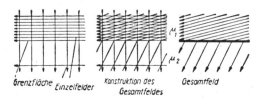

Grenzfläche Einzelfelder   Konstruktion des Gesamtfeldes   Gesamtfeld

Bilder 13.05 ... 13.07: Das Zustandekommen der Feldlinien - Brechung an der Grenzfläche zweier Zonen, in denen sich die Leitfähigkeiten wie 8 (oben) zu 1 (unten) verhalten.

Das Wichtigste

1. Einen flächenhaft oder räumlich ausgedehnten physikalischen Zustand bezeichnet man als (physikalisches) Feld.

2. Ein Strömungsfeld ist eine flächenhaft oder räumlich ausgedehnte elektrische Strömung.

3. Der Gesamtwert eines Strömungsfeldes ist der Wert des Stromes.

4. Zum Gesamt-Strömungsfeld gehört, wie sonst zu einem elektrischen Strom, eine elektrische Spannung.

5. Der Wert des Stromes und der Wert der Spannung sind die zwei Werte, die ein Strömungsfeld in seiner Gesamtheit kennzeichnen.

6. Wie für Strom und Spannung in einem Stromzweig ergibt sich auch für ein Strömungsfeld ein Leitwert und ein Widerstandswert.

7. Der einzelne Punkt eines Strömungsfeldes ist gekennzeichnet mit den dort geltenden Werten der Strömungsdichte und des Spannungsgefälles.

8. Das Verhältnis der Strömungsdichte zum Spannungsgefälle ist nichts anderes als die Leitfähigkeit des Materials an dem hierzu gehörenden Punkt des Strömungsfeldes.

9. An der Grenzfläche zwischen zwei Zonen voneinander verschiedener Leitfähigkeiten werden dort schräg auftreffende Strömungs-Feldlinien gebrochen.

10. Bei stark voneinander verschiedenen Leitfähigkeiten stehen die Feldlinien im Bereich der geringeren Leitfähigkeit praktisch senkrecht auf der Grenzfläche.

Zwei Fragen

1. In einem Strömungsfeld herrscht an einem Punkt ein Spannungsgefälle von 10 V/cm. Die Leitfähigkeit beträgt dort 25 S · cm^{-1}. Welchen Wert hat die Felddichte an dieser Stelle des Strömungsfeldes?

2. Ein homogenes Strömungsfeld hat eine Länge $l = 15$ cm, einen Querschnitt $A = 4$ cm^2 und einen Wert von 200 A. Die Leitfähigkeit beträgt 5 S · cm^{-1}. Welchen Betrag hat die zum Feld gehörende Spannung?

14. Kondensator und elektrisches Feld

Trennung eines Wechselstromes von einem Gleichstrom

Bei der grundlegenden Behandlung des Stromkreises haben wir erfahren, daß dieser für Wechselstrom nicht durchweg aus leitendem Werkstoff zu bestehen braucht, sondern auch dünne Isolierschichten enthalten darf. Das nutzt man gelegentlich aus, um Gleichströme von Wechselstromwegen abzuriegeln. Zu diesem Zweck fügt man in den Wechselstromweg eine Isolierschicht ein, die den Gleichstromdurchgang verhindert. Damit durch sie der Ausgleich des Wechselstromes nicht übermäßig erschwert wird, macht man die Isolierschicht sehr dünn und großflächig.

Eine Anordnung mit einer dünnen großflächigen Isolierschicht, bei der sich also zwei gegeneinander isolierte Leiter in geringem Abstand mit großen Oberflächen gegenüberstehen, heißt „K o n d e n s a t o r" (Bild 14.01).

Bild 14.01:
Ein besonders einfach aufgebauter Kondensator: Zwei gegenseitig isolierte, leitende Platten stehen sich hier in Luft gegenüber.

Die Arbeitsweise des Kondensators

Wir können von dem einen der beiden Leiter, die man vielfach auch Beläge nennt, Elektronen fortnehmen und dem anderen Leiter Elektronen zuführen. Das ist etwa dadurch möglich, daß wir den Kondensator an eine Gleichspannung legen. Der an den Minuspol angeschlossene Belag nimmt zusätzliche Elektronen auf. Der an den Pluspol angeschlossene Belag gibt Elektronen ab. Der Kondensator wird dabei auf den Wert der Gleichspannung „a u f g e l a d e n". Die Aufladung bleibt, wenn wir ihn von der Stromquelle abschalten. Der Ausdruck „**Belag**" stammt daher, daß früher Kondensatoren vielfach durch Belegen der beiden Seiten eines Glases mit Metallfolie hergestellt wurden.

Überbrücken wir die beiden Anschlüsse des aufgeladenen Kondensators z. B. mit einem Widerstand, so gleichen sich die Elektroneninhalte der beiden Beläge wieder aus. Der eine Belag gibt Elektronen über den Widerstand an den anderen Belag ab. Der Kondensator e n t l ä d t sich. Wird der entladene Kondensator mit entgegengesetzter Polung wie zuerst wieder an das Gleichstromnetz angeschlossen, so lädt er sich im umgekehrten Sinn von neuem auf.

Die Tatsache, daß es möglich ist, einen Kondensator aufzuladen und zu entladen, bietet die Grundlage für das Übertragen von Wechselstrom: Legen wir den Kondensator an eine Wechselspannung, so wird er in raschem Wechsel aufgeladen, entladen, entgegengesetzt aufgeladen, entladen usf., was einem Wechselstrom gleichkommt.

Bild 14.02:
Ein Kondensatormodell, das aus zwei Tellern und einer Gummi-Trennwand hergestellt ist. Es handelt sich somit hier um ein mechanisches Modell für elektrische Vorgänge.

Für die Leser, die sich von der Wirkungsweise des Kondensators nun noch kein Bild machen können, soll hier eine Einrichtung beschrieben werden, die dem Kondensator in Aufbau und Wirkungsweise ähnelt. Diese Einrichtung ist in Bild 14.02 veranschaulicht. Wir sehen dort zwei Teller, deren jeder am Boden ein Loch mit einem eingekitteten Rohr hat. Beide Teller, zwischen denen sich eine Gummihaut befindet, sind mit ihren Rändern fest aufeinandergepreßt und mit Wasser gefüllt.

Die Hohlräume der Teller entsprechen den zwei Metallplatten. Die Gummihaut ist ein Abbild der isolierenden Zwischenschicht. Das Wasser vertritt die Elektronen. Wir „l a d e n" die Anordnung, indem wir dem einen Teller Wasser zuführen, während wir vom anderen Teller Wasser abfließen lassen. So entsteht eine S p a n n u n g der Gummihaut. Wir e n t l a d e n die Anordnung, indem wir dem Wasser von dem einen Teller zu dem anderen Teller einen Ausgleichsweg zur Verfügung stellen. Dabei verteilt sich das Wasser wieder gleichmäßig, und die Gummihaut verliert die vorher beim Laden entstandene Spannung.

Kapazität

Legen wir einen Kondensator an ein Volt Gleichspannung, so lädt er sich auf ein Volt auf. Hierzu gehört bei diesem Kondensator eine ganz bestimmte Zahl verschobener Elektronen. Legen wir einen anderen Kondensator ebenfalls an ein Volt Gleichspannung, so wird dabei wahrscheinlich eine andere Zahl von Elektronen verschoben.

Ist die verschobene Elektronenzahl beim zweiten Kondensator geringer, so hat dieser ein geringeres elektrisches „F a s s u n g s - v e r m ö g e n" als der erste Kondensator. An Stelle des treffenden Ausdrucks „Fassungsvermögen" verwendet man in der Elektrotechnik die Bezeichnung „K a p a z i t ä t", die zwar gelehrter klingt, aber nichts anderes bedeutet.

Wir haben bei dem Beurteilen der Kapazität — d. h. des Kondensatorfassungsvermögens — einheitlich eine Gleichspannung von einem Volt zugrunde gelegt, weil die Anzahl der im Kondensator verschobenen Elektronen außer von der Kapazität auch von der Spannung abhängt, an die wir den Kondensator anschließen.

Wir bekamen als Maß für das Fassungsvermögen des Kondensators die zu einem Volt gehörende „Aufladung". Diese Aufladung ließe sich durch die Zahl der je Volt verschobenen Elektronen angeben. Jede Elektronenzahl kann aber auch in Amperesekunden ausgedrückt werden: Ein Ampere bedeutet eine bestimmte Zahl je Sekunde verschobener Elektronen, weshalb die Amperesekunde — d. h. z. B. ein Strom von 1 A, der genau eine Sekunde andauert — als Maß für die verschobene Elektronenzahl verwendbar ist. Das Maß für die Kapazität des Kondensators wäre hiermit die „Amperesekunde je Volt". Wir könnten von einem Kondensator beispielsweise sagen, sein Fassungsvermögen betrage eine Amperesekunde je Volt.

Wir kennen aber schon die Eigenart der Elektrotechniker, elektrotechnische Maßeinheiten nach Männern zu benennen, die sich um die Physik Verdienste erworben haben. Deshalb kann es uns nicht überraschen, daß man statt „Amperesekunde je Volt" — nach dem Physiker Faraday — „Farad" sagt. Das Grundmaß für die Kapazität ist demgemäß das Farad (abgekürzt F).

Da ein Farad einen für die meisten technischen Zwecke viel zu großen Wert hat, benutzt man an Stelle des Farad entweder das Mikrofarad (µF), das einem millionstel Farad gleichkommt, oder das Nanofarad (nF), nämlich ein tausendstel Mikrofarad, oder das Pikofarad (pF), das ein millionstel Mikrofarad bedeutet. µ (sprich „mü") ist der kleine griechische Buchstabe My.

Mitunter findet man für Mikrofarad statt µF die Abkürzung MF. Das würde eigentlich „Millionen Farad" bedeuten und ist demnach als Ersatz für µF falsch!

Bei großen Kondensatoren verwendet man auch das Millifarad (mF) für ein tausendstel Farad.

1. B e i s p i e l : 5000 pF = 5 nF = 0,005 µF
2. B e i s p i e l : 100 µF = 0,1 mF
3. B e i s p i e l : 2 mF = 2000 µF = 2 000 000 nF

Hierzu ist nun eine kleine Zusammenstellung fällig:

Vorsatzbezeichnungen

Bezeichnung:	Piko	Nano	Mikro	Milli	Kilo	Mega	Giga	Tera
Abkürzung:	p	n	µ	m	k	M	G	T
Bedeutung:	10^{-12}	10^{-9}	10^{-6}	10^{-3}	10^{3}	10^{6}	10^{9}	10^{12}

Falls wir schon gelernt haben, mit Zehnerpotenzen umzugehen, brauchen wir in die für die Grundeinheiten geltenden Formeln nur die für die abgeleiteten Einheiten geltenden Zahlenwerte einzusetzen und zum Berücksichtigen der Vorsatzbezeichnung dem Zahlenwert die der Vorsatzbezeichnung entsprechende Zehnerpotenz zuzufügen.

B e i s p i e l : Strom = 5 µA, Spannung = 11 kV, gesucht der Widerstand. Die auf die Grundeinheiten A, V und Ω bezogene Formel lautet: $R = U : I$. Wir rechnen: $11 \cdot 10^3$ V : $(5 \cdot 10^{-6}$ A$) = 2{,}2 \cdot 10^9$ Ω $= 2{,}2$ GΩ. Sie erinnern sich doch an Giga? Wenn das nicht der Fall ist, lesen Sie auf Seite 194 nach! Hierzu noch zwei Rechenregeln für Zehnerpotenzen:

Sind Zehnerpotenzen miteinander zu vervielfachen, so ist das Ergebnis die Zehnerpotenz mit der Summe der Einzel-Exponenten als Exponent (Exponent = hochgestellte Zahl).

B e i s p i e l : $10^3 \cdot 10^6 \cdot 10^9 = 10^{3+6+9} = 10^{18}$.

Ist eine Zehnerpotenz durch eine andere zu teilen, so bedeutet das, daß von dem Exponenten der Zehnerpotenz, die geteilt werden soll, der Exponent der Zehnerpotenz, durch die geteilt wird, abzuziehen ist.

B e i s p i e l e : $\quad 10^{12} : 10^9 \ = 10^{12-9} = 10^3$
$$10^6 \ \ : 10^{12} = 10^{6-12} = 10^{-6} \text{ oder } = 1 : 10^6.$$
$$10^3 \ \ : 10^{-6} = 10^{3+6} = 10^9$$

Bauarten von Kondensatoren

Diese Ausführungsarten werden nebeneinander benutzt. Bei den P a p i e r k o n d e n s a t o r e n sind die zwei gegenüberstehenden Leiter mit Papier einer für diesen Zweck besonders geeigneten Art voneinander isoliert. Als Leiter dienen Aluminiumbänder von sehr geringer Dicke. Diese Bänder wickelt man zusammen mit dem isolierenden, meistens doppelten Papierstreifen auf und versieht sie mit Anschlußlaschen. Der fertige „Wickel" wird getränkt, gepreßt und in einen Becher aus Pappe, Kunstharz oder Blech eingegossen. Da das Kondensatorpapier ein zuverlässiger Nichtleiter ist, sind die Papierkondensatoren für Gleichstrom undurchlässig. Statt Papier verwendet man auch Kunststoffolie (nicht doppelt — F o l i e n k o n d e n s a t o r).

Als besondere Ausführungsform der Papierkondensatoren gibt es seit längerer Zeit die „M e t a l l p a p i e r k o n d e n s a t o r e n ". Bei ihnen ist das Metall in sehr dünner Schicht auf das Papier niedergeschlagen. Die dünne Schicht hat einen wesentlichen Vorteil: Das Metall brennt an den Stellen aus, an denen ein Papiedurchschlag erfolgt. Dadurch macht der Kondensator den Durchschlag selbsttätig unwirksam, ohne daß hierbei der Gebrauchswert des Kondensators beeinträchtigt wird.

Kondensatoren mit veränderlicher Kapazität (Drehkondensatoren) haben als Dielektrikum meist Luft. Es gibt noch Keramikkondensatoren (in der Regel für geringe Kapazitätswerte) mit keramischen Stoffen als Dielektrikum.

Bei den E l e k t r o l y t k o n d e n s a t o r e n ist der eine der beiden Leiter ein Aluminiumblech oder Aluminiumkörper und der zweite Leiter das „Elektrolyt" — eine leitende, wässerige Flüssigkeit. Diese ist bei älteren Ausführungen einfach in einen passenden Hohlraum eingefüllt und bei neueren Ausführungen von einem Gewebe oder Papier aufgesogen („nasse" und „trockene"). Als Isolierung wirkt eine das Aluminium überziehende Oxydschicht, die bei längeren Betriebspausen teilweise schwindet, sich aber im Betrieb unter dem Einwirken einer passend angelegten Gleichspannung immer wieder von neuem bildet.

Hieraus folgen vier für die Verwendung der Elektrolytkondensatoren wichtige Tatsachen:

1. Nach längeren Betriebspausen lassen sie nennenswerte Gleichströme durch.

2. Auch bei Dauerbetrieb kann die Oxydschicht den Gleichstrom nie völlig unterbinden.

3. Elektrolytkondensatoren sind für Wechselspannungen nur verwendbar, wenn diese betriebsmäßig genügend hohen Gleichspannungen überlagert sind oder sehr geringe Werte haben.

4. Beim Anschluß der Elektrolytkondensatoren muß auf richtige Polung geachtet werden. Verwechselt man die beiden Anschlußpole miteinander, so wird die isolierende Oxydschicht beschädigt, was einen kräftigen Gleichstrom zur Folge hat. Dieser zerstört den Kondensator.

Will man Elektrolytkondensatoren in Fällen verwenden, in denen falsche Polungen möglich sind, so muß man jeweils zwei gegeneinandergeschaltete Kondensatoren anordnen, von denen stets der der richtigen Polung entsprechende den Gleichstromdurchgang sperrt.

Die höchstzulässigen Kondensatorspannungen

Die dünnen, nichtleitenden Schichten, die die beiden Kondensatorbelege voneinander isolieren, sind selbstverständlich nicht jeder beliebigen Spannung gewachsen. Deshalb werden auf den Kondensatoren entweder höchstzulässige Betriebsspannungen oder Prüfspannungen vermerkt. Die Prüfspannungen sind meist höher als die Betriebsspannungen und dürfen dann im Betrieb bei weitem nicht erreicht werden. Die Prüfspannungen sind Gleichspannungen oder Wechselspannungen. Bei gleichem Spannungswert bedeutet die Wechselspannung die schärfere Prüfung. Ein mit beispielsweise 750 Volt Wechselspannung geprüfter Kondensator hält wesentlich mehr aus als ein Kondensator, der mit 750 Volt Gleichspannung geprüft ist. Bei der Wechselspannung liegt nämlich der Scheitelwert beträchtlich höher als der angegebene wirksame Wert. Außerdem ist der Kondensator durch das ständige Umladen zusätzlich beansprucht.

Der Kondensator an Wechselspannung, Phasenverschiebung

Legen wir einen Kondensator an eine Wechselspannung, so wird er wechselweise aufgeladen, entladen, entgegengesetzt aufgeladen, entladen usw. Wir überlegen das an Hand der Anordnung nach Bild 14.02. Führen wir abwechselnd dem einen Teller Wasser zu, während wir dem anderen Teller Wasser entnehmen, so bewegt sich die Gummihaut hin und her. Ihre Verschiebung ist die Fortsetzung der hin- und hergehenden Wasserbewegung. Obwohl das Wasser die Gummihaut nicht durchdringt, setzt sich die Wasserbewegung (der Wasserwechselstrom) durch die Gummihaut hindurch fort. Ebenso verhält es sich auch mit dem Kondensator, wenn er infolge der Wechselspannung abwechselnd aufgeladen, entladen, entgegengesetzt aufgeladen und entladen wird usf.

Bild 14.03:
Der Zusammenhang zwischen Wechselstrom und Wechselspannung beim Kondensator. Der Strom eilt der Spannung um ein Viertel einer Periode voraus. (Drehsinn des Zeigerbildes — wie üblich — entgegen dem Uhrzeiger.)

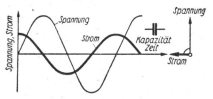

Die Spannung der Gummihaut erreicht ihren Scheitelwert stets, wenn die Wasserbewegung nach einer Richtung hin abgeschlossen ist, wenn also im nächsten Augenblick die Wasserbewegung im entgegengesetzten Sinn beginnt. Bild 14.03 zeigt den zeitlichen Zusammenhang zwischen dem Wasser-Wechselstrom und der Gummihaut-Wechselspannung. Es veranschaulicht zugleich den Zusammenhang zwischen dem Kondensator-Wechselstrom und der Kondensator-Wechselspannung. Wie wir sehen, eilt der Kondensatorstrom der Kondensatorspannung um ein Viertel einer Periode voraus.

Der kapazitive Widerstand des Kondensators

Wollen wir durch einen Kondensator einen Wechselstrom übertragen, so müssen wir ihn an eine Wechselspannung anlegen. Der notwendige Spannungsaufwand besagt, daß der Kondensator dem Wechselstrom einen Widerstand entgegensetzt. Dieser Widerstand ist, wie uns z. B. Bild 14.03 zeigt, ein Blindwiderstand: Der Strom eilt der Spannung um ein Viertel einer Periode voraus.

Wir betrachten zunächst den Zusammenhang zwischen dem Betrag dieses „k a p a z i t i v e n" W i d e r s t a n d e s und der K a p a z i t ä t. Die Elektronenverschiebung, die zum Aufladen des Kondensators auf eine bestimmte Spannung nötig ist, wächst mit der Kapazität — d. h. mit dem elektrischen Fassungsvermögen — des Kondensators: Je größer die Kapazität des Kondensators ist, desto mehr Amperesekunden gehen bei gleicher Spannung in ihn hinein. Legen wir an dieselbe Wechselspannung Kondensatoren mit verschiedenen Kapazitäten, so verhalten sich die durch die Kondensatoren übertragenen Wechselströme wie die Kapazitäten. Zu doppelter Kapazität gehört bei gleicher Spannung der doppelte Wert des Stromes und damit der halbe Betrag des kapazitiven Widerstandes. Betrag des kapazitiven Widerstandes und Kapazität stehen daher im umgekehrten Verhältnis zueinander.

Nun wenden wir uns dem Einfluß der F r e q u e n z auf den Betrag des Kondensatorwiderstandes zu. Ein Kondensator möge an einer Wechselspannung mit festbleibendem Scheitelwert und veränderbarer Frequenz liegen. Unabhängig von der Frequenz wird im Kondensator diejenige Anzahl Elektronen verschoben, die dem Spannungsscheitelwert und der Kapazität entspricht. Der Kondensator muß nämlich stets auf den Spannungsscheitelwert aufgeladen werden, was immer denselben Unterschied an Elektronenbesetzungen bedeutet. Hierbei entfällt auf e i n e Hin- und Herverschiebung um so weniger Zeit, je höher die Frequenz der Spannung ist. Bei doppelter Frequenz wird die mit dem Spannungsscheitelwert und der Kapazität bestimmte Elektronenzahl zweimal so rasch verschoben, wobei der Strom während der Verschiebungszeit den doppelten Wert annimmt. Doppelter Strombetrag bei gleichem Spannungsbetrag bedeutet halben Widerstandsbetrag. Mithin steht der Betrag des kapazitiven Widerstandes auch zur Frequenz im umgekehrten Verhältnis.

Auf Grund der vorangegangenen Überlegungen leuchtet uns der folgend angeschriebene Zusammenhang zwischen Kapazität, Frequenz und Widerstand — bis auf den Zahlenwert 6,28, mit dem wir uns hier nicht weiter beschäftigen wollen — ohne weiteres ein:

$$\text{Kondensatorwiderstand} \approx \frac{1}{6,28 \times \text{Frequenz} \times \text{Kapazität.}}$$

Folgende Formelzeichen sind hierfür üblich:

C Kapazität (z. B. in F)

f Frequenz (z. B. in Hz)

ω (sprich „omega") Kreisfrequenz $\approx 6,28 \cdot f$ oder, da 3,14 ... als π (sprich „pi") geschrieben wird, $= 2\,\pi \cdot f$ mit f z. B. in Hz

X_C Betrag des kapazitiven Widerstandes z. B. in Ω.

Mit diesen Formelzeichen wird der Zusammenhang zwischen kapazitivem Widerstand, Frequenz und Kapazität meist so dargestellt:

$$X_C = \frac{1}{\omega \cdot C}$$

worin die Kapazität in Farad einzusetzen ist.

1. B e i s p i e l : Ein Kondensator läßt bei 220 V und 50 Hz einen Strom von 2,5 A durch. Die Kapazität ist zu berechnen. — Der kapazitive Widerstand beträgt 220 V : (2,5 A) = 88 Ω. Die Kreisfrequenz

berechnet sich zu $2 \cdot 3{,}14 \cdot 50 \text{ Hz} = 314 \text{ s}^{-1}$. Wir wenden die Beziehung an:

$$X_C = \frac{1}{\omega \cdot C}$$

deren beide Seiten wir zunächst mit C vervielfachen, um die gesuchte Kapazität C dadurch unter dem Bruchstrich wegzubekommen; das gibt:

$$X_C \cdot C = \frac{1}{\omega}$$

Nun müssen wir links den kapazitiven Widerstand X_C wegnehmen, damit die gesuchte Kapazität — so, wie es sein soll — allein stehen bleibt. Das können wir, indem wir beide Seiten der Gleichung durch X_c teilen:

$$C = \frac{1}{\omega \cdot X_C}$$

oder mit unseren Zahlenwerten:

$$C = \frac{1}{314 \text{ s}^{-1} \cdot 88 \,\Omega} = \frac{1}{27\,600 \text{ V} : (\text{A} \cdot \text{s})} = \frac{1}{27\,600} \frac{\text{A} \cdot \text{s}}{\text{V}} = 36{,}2 \text{ μF.}$$

Und hier muß nun ein neuer Trick verraten werden: Damit wir bequem durch 27 600 teilen können, schreiben wir

$$\frac{1 \cdot 10^6}{27\,600} \cdot 10^{-6} \text{ F} \qquad \text{oder} \qquad \frac{1 \cdot 10^6}{27\,600} \text{ μF.}$$

Dann können wir kürzen und erhalten $(1000 : 27{,}6) \text{ μF} = 36{,}2 \text{ μF.}$

2. B e i s p i e l : Welchen Strom läßt ein Kondensator mit einer Kapazität von 10 000 pF bei 380 V und 50 Hz durch? — Den Strombetrag berechnen wir aus Spannung und Widerstandswert. Zum Ermitteln des Widerstandsbetrages verwenden wir folgende Beziehung:

$$X_c = \frac{1}{\omega \cdot C}$$

oder mit unseren Zahlenwerten ($10\,000 = 10^4$; $p = 10^{-12}$):

$$\frac{1}{314 \text{ s}^{-1} \cdot 10^4 \cdot 10^{-12} \text{ A} \cdot \text{s} : \text{V}} = \frac{1}{314 \cdot 10^{-8}} \,\Omega = \frac{10^8}{314} \Omega$$

$$= \frac{10^2}{314} \text{ MΩ} = \frac{10^5}{314} \text{ kΩ} = 318{,}5 \text{ kΩ}$$

Das gibt bei 380 V einen Strom von $380 \text{ V} : (318{,}5 \text{ kΩ}) = $ rund 1,2 mA. Es ist für uns vorteilhaft zu merken:

Ein Kondensator mit einer Kapazität von 1 μF setzt einem Wechselstrom mit 50 Hz an kapazitivem Widerstand rund 3200 Ohm entgegen.

Hinter- und Nebeneinanderschaltung der Kondensatoren

Legen wir zwei oder mehr Kondensatoren nebeneinander an dieselbe Spannung, so ist die gesamte Elektronenverschiebung gleich der Summe der einzelnen Elektronenverschiebungen und die Gesamtkapazität infolgedessen gleich der Summe der einzelnen Kapazitäten.

B e i s p i e l : Drei Kondensatoren mit den Kapazitäten 2 µF, 4 µF und 5 µF liegen nebeneinander. Die Gesamtkapazität der Nebeneinanderschaltung beträgt 2 µF + 4 µF + 5 µF = 11 µF.

Schalten wir mehrere Kondensatoren hintereinander, so ist der kapazitive Gesamtwiderstand gleich der Summe der kapazitiven Einzelwiderstände.

Dem höheren Betrag des kapazitiven Widerstandes gemäß liegt die Gesamtkapazität der Hintereinanderschaltung unter der kleinsten Einzelkapazität.

B e i s p i e l : Vier Kondensatoren mit je 5 µF liegen hintereinander. Der kapazitive Widerstand dieser Schaltung ist viermal so hoch wie der kapazitive Widerstand des Einzelkondensators. Zum vierfachen Widerstand gehört, gemäß der Beziehung $X_c = \dfrac{1}{\omega \cdot C}$, ein Viertel der Kapazität, also hier 1,25 µF.

Der Kondensator — ein Blindwiderstand

Kondensatorstrom und Kondensatorspannung sind gegeneinander um ein Viertel einer Periode verschoben (siehe Seite 197). Der kapazitive Widerstand ist somit ein Blindwiderstand.

Daraus folgt, daß man mit Hilfe eines vorgeschalteten Kondensators einen Wechselstrom klein halten kann, ohne dafür einen Leistungsverbrauch in Kauf nehmen zu müssen.

Liegt ein Kondensator in Reihe mit einem Wirkwiderstand, so muß bei dem Ermitteln des Gesamtwiderstandes die Phasenverschiebung beachtet werden. Das tun wir z. B. in der Weise, daß wir die Werte des kapazitiven Widerstandes und des Wirkwiderstandes als Strecken darstellen, die wir rechtwinklig zusammenfügen. Die Verbindungslinie der beiden freien Enden entspricht dann dem Gesamtwiderstand.

B e i s p i e l : Ein Kondensator von 2 µF liegt in Reihe mit einem Widerstand von 1000 Ω an einer Spannung von 380 V, 50 Hz. Der Strom ist zu berechnen. 2 µF stellen bei 50 Hz einen Widerstand von 3200 Ω : 2 = 1600 Ω dar. Wir fügen eine Strecke von 10 cm (1000 Ω) und eine Strecke von 16 cm (1600 Ω) rechtwinklig zusammen. Das gibt als Verbindungslinie der freien Enden rund 19 cm, was hier 1900 Ω bedeutet. Der Strom beträgt somit 380 V : (1900 Ω) = 0,2 A.

Rechnerisch gewinnen wir dieses Resultat so (siehe auch S. 132):

$$|Z| = \sqrt{R^2 + \left(\frac{1}{\omega \cdot C}\right)^2} = \sqrt{(1000\ \Omega)^2 + \frac{10^6}{314\,\mathrm{s}^{-1} \cdot 2\,\mathrm{F}}}$$

$$= 1000\ \Omega \cdot \sqrt{1^2 + 1{,}59^2} \approx 1000\ \Omega \cdot \sqrt{3{,}53} \approx 1880\ \Omega$$

$$|I| = \frac{|U|}{|Z|} \approx \frac{380\ \mathrm{V}}{1880\ \Omega} \approx 0{,}2\ \mathrm{A}$$

Blindstromkompensation (Blindstromausgleich)

In den Wechsel- und Drehstromnetzen eilt der Strom der Spannung vielfach nach. So nehmen z. B. viele Wechsel- und Drehstrommotoren (insbesondere, wenn sie nicht voll ausgelastet sind) stark nacheilende Ströme auf. Die zugehörigen Blindströme (die man induktiv nennt) können durch voreilende Kondensator-Blindströme ausgeglichen (kompensiert) werden.

B e i s p i e l : Ein Wechselstrommotor nimmt an 220 V einen Strom von 40 A auf. Der zugehörige $\cos \varphi$ beträgt 0,5. Der Strom eilt der Spannung nach, wobei der Wirkstrom gerade halb so groß ist wie der Gesamtstrom. Die Netzfrequenz beträgt — wie üblich — 50 Hz. Welche Kapazität muß man dem Motor nebenschalten, um den Blindstrom auszukompensieren? Aus Bild 14.04 ergibt sich, daß 34,6 A kompensiert werden müssen. Das bedeutet bei 220 V einen Widerstand von 6,4 Ω. Damit wird (siehe Seite 199):

$$C = \frac{1}{314\ \mathrm{s}^{-1} \cdot 6{,}4\ \Omega} = \frac{1}{314 \cdot 6{,}4\ \mathrm{V} : (\mathrm{A} \cdot \mathrm{s})} = \frac{10^6}{2000} \cdot 10^{-6}\ \mathrm{F} = 500\ \mu\mathrm{F}.$$

Bild 14.04:
Kompensation des induktiven Blindstromes durch einen zusätzlichen kapazitiven Blindstrom.

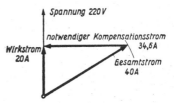

Das elektrische Feld

Die elektrische Spannung bedeutet einen Spannungszustand im Nichtleiter (Bild 3.01). Wie in der Anordnung nach Bild 14.02 die Gummihaut beim Spannen und Entspannen verschoben wird, so kommt beim Laden und Entladen des Kondensators in dessen nichtleitender Zwischenschicht eine Verschiebung zustande. Diese Verschiebung bezeichnen wir in ihrer Gesamtheit (Bild 14.05) als elektrisches Feld.

Was sich da in der nichtleitenden Zwischenschicht des Kondensators verschiebt, braucht uns nicht sonderlich zu interessieren. Besteht die Zwischenschicht aus einem Isolierstoff, so verschieben sich in ihm die elastisch die an die Atome oder Moleküle gebundenen Elektronen. Eine Verschiebung aber ergibt sich außerdem auch in einer Vakuum-Zwischenschicht. Diese Verschiebung können wir zwar berechnen und an Hand der zugehörigen Elektronenverschiebung messen. Wir können uns von ihr aber keine lebendige Vorstellung bilden.

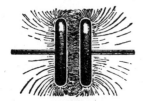

Bild 14.05:
Seitenansicht des Kondensators von Bild 14.01 mit dem sichtbar gemachten elektrischen Feld, das zu dem aufgeladenen Kondensator gehört. (Anordnung von Gipskristallen unter dem Einfluß des zwischen den Platten und in deren Umgebung vorhandenen elektrischen Feldes.)

Wert und Spannung des elektrischen Feldes

Der Wert des elektrischen Feldes läßt sich in Amperesekunden angeben, da die im Nichtleiter stattfindende Verschiebung die unmittelbare Fortsetzung der Elektronenverschiebung in den beiden Leitern ist (Bild 14.06). Die insgesamt stattfindende Verschiebung kann man auch durch die verschobene Elektronenzahl ausdrücken, also durch die „elektrische Ladung".

Die beiden das elektrische Feld insgesamt kennzeichnenden Größen sind demgemäß: die elektrische Spannung, z. B. gemessen in Volt, und der Wert des elektrischen Feldes (die elektrische Ladung), gemessen beispielsweise in Amperesekunden (A·s).

Wir vergleichen das mit dem Strömungsfeld:

Feldart	Feldwert	Feldspannung
Strömungsfeld	elektrischer Strom	elektrische Spannung
elektrisches Feld	elektrische Ladung	elektrische Spannung

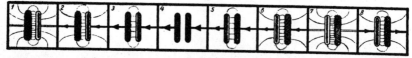

Bild 14.06: Der Kondensator an Wechselspannung (vgl. auch Bild 14.03). Die Elektronenbesetzungen der beiden Kondensatorplatten sind durch Schraffur veranschaulicht. Das elektrische Feld ist durch Linien dargestellt. Die Elektronenbewegung wird mit Pfeilen angedeutet.

202

1. Die Spannung weist ihren Scheitelwert auf. Das elektrische Feld hat sich voll ausgebildet. Strom fließt nicht.
2. Die Spannung und das Feld nehmen ab. Der Kondensator entlädt sich. Ein Entladestrom fließt.
3. Die Spannung und das Feld haben weiter abgenommen. Der Entladestrom ist gewachsen. Die Entladung geht jetzt rascher vor sich.
4. Spannung und Feld sind in diesem Augenblick zu Null geworden. Der Strom erreicht jetzt seinen Scheitelwert.
5. Der Strom, der vorher ein Entladestrom war, ist nun zum Ladestrom geworden. Elektrisches Feld und elektrische Spannung entstehen in umgekehrter Richtung wie zuvor.
6. Die Spannung und das Feld wachsen weiter an. Der Strom nimmt ab. Die Ladung des Kondensators geht langsamer vor sich.
7. Die Spannung und das Feld haben ihre Scheitelwerte im entgegengesetzten Sinn wie in 1 erreicht. Ein Strom fließt augenblicklich nicht.
8. Der Kondensator ist schon wieder zum Teil entladen. Die Spannung und das Feld haben abgenommen. Ein Entladestrom fließt.

Felddichte und Spannungsgefälle im elektrischen Feld

Ein elektrisches Feld weist wie ein Strömungsfeld oder wie irgendein anderes Feld einen Querschnitt auf. Die gesamte Verschiebung verteilt sich über diesen Querschnitt. So herrscht an jeder Stelle des Querschnittes eine gewisse Verschiebungsdichte oder Felddichte. Diese ist der auf die Einheit der Feldquerschnitts-Fläche bezogene Wert des Feldes. Die Dichte des elektrischen Feldes kann man daher in $A \cdot s/cm^2$ angeben.

An jeder Stelle des Feldes herrscht, bezogen auf die Einheit der Feldlinienlänge, eine gewisse elektrische Spannung. Diese auf die Einheit der Feldlinienlänge bezogene Spannung nennt man das Spannungsgefälle und gibt es in V/cm an.

Folglich haben wir es an jedem Punkt des Feldes mit einer Felddichte und einem Spannungsgefälle zu tun. Das sind die zwei Größen, die der Stromdichte und dem Spannungsgefälle im Strömungsfeld genau entsprechen. Natürlich haben Dichte und Spannungsgefälle auch beim elektrischen Feld ihre räumliche Richtung, die hier mit der Verschiebungsrichtung zusammenfällt.

Verschiebungskonstante (Absolute Diëlektrizitätskonstante)

Es ist klar, daß im allgemeinen zu einem hohen Wert des Spannungsgefälles ein großer Felddichte-Wert gehört. In sehr vielen Fällen sind Felddichte und Spannungsgefälle sogar verhältnisgleich. Das gilt insbesondere für den leeren Raum.

Im leeren Raum, d. h. im Vakuum beträgt das Verhältnis der Felddichte (in $A \cdot s/cm^2$) zum Spannungsgefälle (in V/cm):

$$8{,}85 \cdot 10^{-14} \frac{A \cdot s/cm^2}{V/cm} = 8{,}85 \cdot 10^{-14} \frac{A \cdot s}{V \cdot cm} = 8{,}85 \cdot 10^{-14} \frac{F}{cm}$$

Dieser Wert heißt „Verschiebungskonstante" oder „absolute Diëlektrizitätskonstante". Dafür hat man das Formelzeichen ε_0 (ausgesprochen: Epsylon Null). Genauer als 8,85 wäre 8,8542.

Kondensator mit Vakuum als Nichtleiter

Um uns an die Begriffe: elektrische Felddichte, Spannungsgefälle und absolute Diëlektrizitätskonstante zu gewöhnen, wollen wir hier die Kapazität eines Kondensators berechnen. Der Kondensator bestehe aus zwei ebenen Platten mit jeweils einer einseitigen Oberfläche von 100 cm², die sich im Vakuum mit einem gegenseitigen Abstand von 0,2 mm gegenüberstehen. Wir nehmen nun an, daß zwischen den beiden Platten eine Spannung von 1 V herrsche. Aus dieser Spannung und dem Abstand von 0,2 mm bzw. 0,02 cm = $^1/_{50}$ cm ergibt sich das Spannungsgefälle. Es beträgt 1 V: ($^1/_{50}$ cm) = 50 V/cm. Zu diesem Spannungsgefälle erhalten wir mit ε_0 die Felddichte so:

Felddichte in A · s/cm² = Spannungsgefälle in V/cm · ε_0 =
$50 \cdot 8{,}85 \cdot 10^{-14} \approx 4{,}43 \cdot 10^{-12}$ A · s/cm².

Die Felddichte herrscht hier im ganzen Zwischenraum zwischen den Platten mit demselben Wert. Wir berechnen also den Wert des Feldes, indem wir die ermittelte Felddichte mit dem Feldquerschnitt im Zwischenraum, nämlich mit 100 cm², vervielfachen. Das gibt, da wir das Feld auf 1 V bezogen haben:

$$100 \cdot 4{,}43 \cdot 10^{-12} \text{ A} \cdot \text{s/V} = 443 \cdot 10^{-12} \text{ F}.$$

Dieser Wert stellt die gesuchte Kapazität in Farad dar. Die Kapazität hat, in dieser Einheit ausgedrückt, einen recht geringen Wert. Wir verwenden deshalb statt der Einheit Farad die davon abgeleitete Einheit Pikofarad, wobei 1 pF = 10^{-12} F. Deshalb erhalten wir 443 pF.

Diëlektrizitätszahl

Befindet sich zwischen den Kondensatorbelegen ein fester oder flüssiger Isolierstoff, so werden die in ihm gewissermaßen elastisch an die Isolierstoffteilchen geketteten Elektronen zusätzlich verschoben.

Fester oder flüssiger Isolierstoff erhöht somit unter sonst gleichen Umständen die Kapazität. Das Wievielfache der Verschiebung bei gleicher Spannung oder das Wievielfache der Kapazität durch den festen Isolierstoff bewirkt wird, drückt man mit der Diëlektrizitätszahl (früher r e l a t i v e D i ë l e k t r i z i t ä t s k o n s t a n t e genannt) des Isolierstoffes aus. Hier eine kleine Zusammenstellung:

Nichtleiter	Diëlektrizitätszahl
Luft bei normalem Druck wie Vakuum	1
Paraffin	2 ... 2,7
Isolieröl	2,2 ... 2,7
Kunstharzpreßmassen	3,5 ... 4,5
Hartpapier, Hartgewebe, Holz m. Kunsthærz	3,7 ... 5
Ölpapier (ohne Zwischen-Luftschicht)	4,2 ... 4,6
Keramische Isoliermassen	4,5 ... 6
Porzellan	5 ... 7
Glimmer	5 ... 8
Keramische Sondermassen	6 ... 10 000

Diese Diëlektrizitätszahlen, die aus dem Vergleich mit dem Vakuum folgen, sind reine Zahlen (Verhältniszahlen). Das Formelzeichen der Diëlektrizitätszahl ist ε_r

Das Produkt aus absoluter Diëlektrizitätskonstante und Diëlektrizitätszahl spielt für das elektrische Feld genau dieselbe Rolle wie die Leitfähigkeit für das Strömungsfeld!

Für dieses Produkt hat man als Formelzeichen ε.

Kondensator mit Isolierstoff als Nichtleiter

Im vorletzten Abschnitt wurde gezeigt, wie sich die Kapazität eines Kondensators mit Vakuum als Nichtleiter berechnen läßt. Derselbe Kondensator sei nun mit folgenden Abweichungen gegeben: gegenseitiger Plattenabstand 0,05 mm statt 0,2 mm und zwischen den Platten Glimmer mit der Diëlektrizitätszahl 7.

Um die Kapazität zu berechnen, können wir auf das zuvor gewonnene Ergebnis zurückgreifen. Wir hatten 443 pF erhalten. Das Spannungsgefälle erhöht sich jetzt entsprechend dem geringeren Abstand (0,05 statt 0,2 mm) um das $0,2 : 0,05 = 20 : 5 = 4$fache. Die Felddichte würde bei gleichem Spannungsgefälle gemäß der höheren relativen Diëlektrizitätszahl (7 statt 1) 7mal so hoch. Das bedeutet insgesamt $4 \times 7 = 28$fache Kapazität oder

$$28 \cdot 443 \cdot 10^{-12}\ F \approx 12\,400 \cdot 10^{-12}\ F = 12,4 \cdot 10^{-9}\ F = 12,4\ nF.$$

Darstellung des elektrischen Feldes, eine Wiederholung

Wie die Bilder 3.01 und 14.06 andeuten, stellt man das elektrische Feld ähnlich der in Bild 14.05 gezeigten Gipskristallanordnung dar: Man zeichnet Linien, die an jeder Stelle ihres Verlaufes die Richtung haben, welche dort die Verschiebung aufweist. Jede dieser Linien spannt sich zwischen den beiden Teilen aus, zwischen denen die zum

Feld gehörende Spannung herrscht. Keine der Feldlinien beginnt oder endet daher innerhalb des Feldes.

Der Wert des Gesamtfeldes kann, wie schon angedeutet, in Amperesekunden gemessen und angegeben werden. Man wählt nun die Feldlinien so, daß zwischen je zwei benachbarten Linien jeweils ein gleicher Bruchteil des gesamten Feldwertes fällt.

Wo zwei benachbarte Linien eng beieinanderliegen, ist der Feldteil auf einen schmalen Streifen zusammengedrängt. Das Feld hat dort eine große „Dichte" (Amperesekunden je cm^2). Wo zwei benachbarte Linien einen großen gegenseitigen Abstand aufweisen, ist die Felddichte demgemäß gering.

Wie der elektrische Strom rührt auch das elektrische Feld von der elektrischen Spannung her. Diese Spannung herrscht beim elektrischen Feld zwischen den zwei Leitern, aus denen die Feldlinien entspringen bzw. in die sie münden.

Wo es sich um hohe Spannungen handelt, interessiert die Spannungsverteilung im Nichtleiter wesentlich. An Stellen zu hoher Spannungsbeanspruchung könnte der Nichtleiter „durchschlagen", was meist recht unerwünscht wäre. So ergänzt man das Feldlinienbild durch **Linien gleicher Spannung** (auch „Äquipotentiallinien" genannt). Diese Linien stellen in Wirklichkeit Flächen, **Äquipotentialflächen**, dar (s. S. 189)!

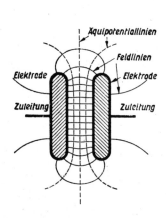 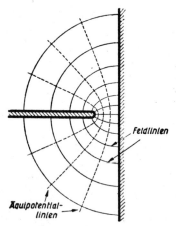

Bild 14.07:

Das elektrische Feld zwischen zwei Elektroden (z. B. zwei Kondensatorplatten), die gegeneinander eine Spannung aufweisen. Vorausgesetzt ist hierbei **große Ausdehnung** der Platten **senkrecht** zur Zeichenebene.

Bild 14.08:

Elektrisches Feld zwischen einer ebenen Platte und einer Elektrode, die gegen die Platte eine Spannung aufweist. Auch hier handelt es sich bei beiden Leitern um große Ausdehnung der Anordnung senkrecht zur Zeichenebene.

Die Bilder 14.07 und 14.08 geben Beispiele für den Verlauf der Feldlinien und der Linien gleicher Spannung. Allgemein sehen wir aus diesen beiden Bildern, daß sich die zwei Liniensysteme überall rechtwinklig überkreuzen. Das muß so sein, weil ja eine Verschiebung immer nur genau quer zu den Linien gleicher Spannung erfolgen kann. Längs dieser Linien besteht zu einer solchen Verschiebung kein Anlaß (das Spannungsgefälle ist dort ja gleich Null!).

Während in Bild 14.07 zwischen den beiden Seiten eine schön gleichmäßige Feld- und Spannungsverteilung herrscht, erkennen wir in Bild 14.08 eine recht ungleichmäßige Verteilung: Am Ende des linken (waagerechten) Bleches sind Felddichte und Spannungsgefälle viel größer als an den anderen Stellen des Feldes. Folglich ist in diesem Feldgebiet der Beginn eines Durchschlages am ehesten möglich.

Durch- und Überschlag

Erfolgt ein elektrischer Durchbruch durch das Innere eines Nichtleiters (Bild 14.09), so nennt man das einen „D u r c h s c h l a g". Geschieht der Durchbruch an der Oberfläche des Isolierstoffes (Bild 14.10), also an der Grenze zwischen ihm und der Luft, so spricht man von einem „Überschlag". Ein Durchbruch durch die Luft (allein) ist ein Luftdurchschlag.

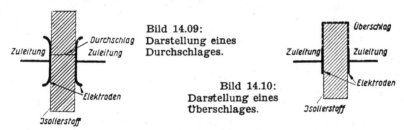

Bild 14.09:
Darstellung eines
Durchschlages.

Bild 14.10:
Darstellung eines
Überschlages.

Der Durchschlag wird um so eher verhindert, je niedriger man das höchste Spannungsgefälle im Isolierstoff hält und je höher die **elektrische Festigkeit** (die Durchschlagfestigkeit) des Isolierstoffes ist. Hierzu einige Werte:

Isolierstoff	Elektrische Festigkeit
Luft bei normalem Druck	21 kV/cm
Gummi	80 kV/cm
Glas	200 kV/cm
Isolieröl	300 kV/cm
Hartpapier	300 kV/cm
Glimmer	500 kV/cm
Polystyrol	500 kV/cm

Die Maßangabe kV/cm ist ungenau: Die Gesamtfestigkeit wächst langsamer als die Schichtdicke. Außerdem hängt die elektrische Festigkeit von Nebenumständen — z. B. von der Temperatur ab. Bei festen Isolierstoffen spielen auch die Dauer der Beanspruchung und für Vorhandensein einer Schichtung auch die Beanspruchungsrichtung eine Rolle. Bei flüssigen Isolierstoffen ist die Freiheit von Verunreinigungen wesentlich. Bei gasförmigen Isolierstoffen steigt die elektrische Festigkeit mit dem Druck.

Die **Überschlagfestigkeit** ist von der Beschaffenheit der Grenzschicht abhängig. So spielt der Feuchtigkeitsgehalt der Luft und die Verschmutzung der Oberfläche des festen oder flüssigen Isolierstoffes eine Rolle. Man erhöht die Überschlagfestigkeit vielfach, indem man den Oberflächenweg (den **Kriechweg**) mit Rillen, Stegen oder Wülsten künstlich verlängert.

Arbeitsinhalt des elektrischen Feldes

Ein Farad ist gleichbedeutend mit einer Amperesekunde je Volt. Haben wir es mit einer Anordnung von 10 µF zu tun, die auf 20 kV „aufgeladen" ist, so läßt sich die hierbei in Form des elektrischen Feldes gespeicherte Arbeit, d. h. der Arbeitsinhalt des elektrischen Feldes so ausrechnen: Wir ersetzen zunächst F durch $A \cdot s : V$

$$10 \, \mu F = \frac{10}{1\,000\,000} \, \frac{A \cdot s}{V} = \frac{1}{100\,000} \, \frac{A \cdot s}{V}$$

Wir haben es aber statt 1 V mit einer Spannung von 20 000 V zu tun. Somit erhalten wir als Aufladung

$$\frac{1}{100\,000} \, \frac{A \cdot s}{V} \cdot 20\,000 \, V = 0{,}2 \, A \cdot s.$$

Wir denken uns nun die Ladung so vorgenommen, daß wir eine Sekunde lang mit 0,2 A laden. Während dieser Zeit geht die Spannung zwischen den beiden leitenden Teilen von Null aus linear bis auf 20 000 V hinauf. Ebenso steigt die Leistung von Null aus linear bis auf $0{,}2 \, A \cdot 20\,000 \, V = 4000 \, W$.

Das bedeutet eine durchschnittliche Leistung von $\dfrac{4000}{2} W = 2000 \, W$.

Diese Leistung bezieht sich auf eine Lieferungszeit von einer Sekunde. Somit beträgt der Arbeitsinhalt $2000 \, W \cdot s = 2 \, kW \cdot s$.

Zur Übung dasselbe noch mal mit Zehnerpotenzen:

Kapazität: $\quad 10 \, \mu F = 10 \cdot 10^{-6} \, F = 10 \cdot 10^{-6} \, A \cdot s/V = 10^{-5} \, A \cdot s/V$

Wert des Feldes: $10 \, \mu F \cdot 20 \, kV = (10^{-5} \, A \cdot s/V) \cdot (20 \cdot 10^3 \, V)$
$$= (10^{-5} \, A \cdot s/V) \cdot (2 \cdot 10^4 \, V) = 2 \cdot 10^{-1} \, A \cdot s$$
(da sich V wegkürzt).

Arbeit: $\quad 2 \cdot 10^{-1} \, A \cdot s \cdot 2 \cdot 10^4 \, V : 2 = 2 \cdot 10^3 \, W \cdot s = 2 \, kW \cdot s$

Bezeichnungen, die aus vergangenen Zeiten stammen

Sinngemäße Bezeichnung	Formel-zeichen	Einheit	Auswahl älterer Bezeichnungen
Wert des elektrischen Feldes	Q	A · s	Diëlektrische Verschiebung, Verschiebungsfluß, elektrischer Fluß
Dichte des elektrischen Feldes	D	A · s/cm²	elektrische Verschiebung, Verschiebungsdichte, diëlektrische Induktion, elektrische Flußdichte
Elektrisches Spannungsgefälle	E	V/cm	Elektrische Feldstärke, Diëlektrische Feldstärke

Früher benutzte man für D und E deutsche Buchstaben (Fraktur), um damit die Eigenschaft der räumlichen Richtung zu kennzeichnen. Heute weist man auf diese Eigenschaft, wo unbedingt notwendig, mit Fettdruck hin.

Diëlektrischer Leitwert, diëlektrische Leitfähigkeit

Der Ausdruck „d i e l e k t r i s c h" kommt von dem Wort „D i - ë l e k t r i k u m". Dieses prägte man, als man von positiver und negativer Elektrizität sprach. Man wollte mit Diëlektrikum solches Material bezeichnen, das etwa an einer Seite positive Elektrizität und auf der anderen Seite negative Elektrizität festhalten konnte. „Di" bedeutet nämlich die Zahl zwei. Wenn auch die Herleitung der Begriffe „Diëlektrikum" und dielektrisch nicht ganz zutreffend ist, wurde insbesondere die Bezeichnung „diëlektrisch" in Ermangelung eines besseren Ausdruckes für das beibehalten, was mit elektrischem Feld zu tun hat. Auch hier in diesem Buch bleiben wir bei „diëlektrisch", wo „elektrisch" allein zu Mißverständnissen führen könnte.

Nun erinnern wir uns an das Strömungsfeld: Dafür hatten wir kennengelernt: Wert des Strömungsfeldes = Stromwert und Dichte des Strömungsfeldes = Stromdichte sowie an die Zusammenhänge:

$$\frac{\text{Wert des Strömungsfeldes}}{\text{Wert der elektrischen Spannung}} = \text{elektrischer Leitwert}$$

$$\frac{\text{Strömungsfeld-Dichte}}{\text{elektrisches Spannungsgefälle}} = \text{elektrische Leitfähigkeit}$$

Genau entsprechend können wir folgende Beziehungen aufstellen:

$$\frac{\text{Wert des elektrischen Feldes}}{\text{Wert der elektrischen Spannung}} = \text{diëlektrischer Leitwert}$$

$$\frac{\text{Dichte des elektrischen Feldes}}{\text{elektrisches Spannungsgefälle}} = \text{diëlektrische Leitfähigkeit}$$

Hiermit ist das elektrische Feld dem Strömungsfeld formell noch näher gekommen. Wir erkennen damit deutlicher als zuvor, daß beide Felder in einander genau entsprechender Weise behandelt werden können! Übrigens haben wir sowohl den diëlektrischen Leitwert wie auch die diëlektrische Leitfähigkeit bereits kennengelernt — wenn auch unter ganz anderen Bezeichnungen: Hinter dem diëlektrischen Leitwert verbirgt sich die Kapazität. Es ist nämlich:

$$\text{Kapazität} = \frac{\text{Aufladung}}{\text{Spannung}} = \frac{\text{Wert des elektrischen Feldes}}{\text{elektrische Spannung}} =$$

$$= \text{diëlektrischer Leitwert.}$$

Das, was man recht kompliziert als Produkt aus absoluter Diëlektrizitätskonstante des leeren Raumes und Diëlektrizitätszahl ausdrückt, d. h. das Verhältnis der Dichte des elektrischen Feldes zum Spannungsgefälle an demselben Punkt des Feldes, stellt die diëlektrische Leitfähigkeit dar.

Es ist nützlich, wenn man sich das ganz klarmacht. Man gewinnt hiermit eine besonders gute Übersicht über die Zusammenhänge! Hierzu noch eine kleine Zusammenstellung:

ε diëlektrische Leitfähigkeit = absolute Diëlektrizitätskonstante des jeweiligen Nichtleiters

ε_0 Influenzkonstante = Verschiebungskonstante = (absolute) Diëlektrizitätskonstante des leeren Raumes $\varepsilon_0 = 8,85 \cdot 10^{-14}$ A $\cdot$ s : (V $\cdot$ cm)

ε_r relative Diëlektrizitätskonstante = Diëlektrizitätszahl (reine Zahl).

Dabei ist $\varepsilon = \varepsilon_0 \cdot \varepsilon_r$.

Das Wichtigste

1. Der Kondensator besteht aus zwei voneinander isolierten leitenden Teilen („Belägen"), die sich in geringem Abstand mit großen Oberflächen gegenüberstehen.

2. Der Kondensator riegelt mit seiner isolierenden Trennschicht Gleichstrom ab. Gleichstrom geht also üblicherweise durch den Kondensator nicht hindurch.

3. Den Kondensator kann man laden und entladen. Beim Laden und Entladen finden in den Kondensatorzuleitungen und im Kondensator selbst Elektronenverschiebungen statt.

4. Hand in Hand mit den Elektronenverschiebungen geht eine Verschiebung im Nichtleiter.

5. Das elektrische Fassungsvermögen des Kondensators nennt man Kapazität.

6. Das Maß für die Kapazität ist das Farad (F), nämlich eine Amperesekunde je Volt.

7. Durch den Kondensator läßt sich Wechselstrom übertragen. Bei Wechselstromübertragung wird der Kondensator in rascher Folge geladen, entladen, entgegengesetzt geladen, entladen, wieder geladen usw.

8. Der Kondensator-Wechselstrom eilt der Kondensator-Wechselspannung (im Idealfall) um ein Viertel einer Periode voraus.

9. Der Betrag des kapazitiven Widerstandes steht im umgekehrten Verhältnis zur Kapazität und Frequenz.

10. Ein Kondensator mit einer Kapazität von 1 µF stellt bei 50 Hz einen kapazitiven Widerstand von rund 3200 Ω dar.

11. Zum elektrischen Feld gehören wie zum Strömungsfeld zwei Gesamtwerte: die elektrische Spannung (z. B. in V) und die Verschiebung, nämlich den Wert des Feldes (z. B. in A · s).

12. Das elektrische Feld hat wie das Strömungsfeld an jedem seiner Punkte eine Dichte (z. B. in A · s/cm²) und ein Spannungsgefälle (z. B. in V/cm).

13. Für den leeren Raum und genügend genau auch für Luft bei etwa normalem Druck beträgt das Verhältnis Felddichte : Spannungsgefälle $8{,}85 \cdot 10^{-14}$ A · s : (V · cm).

14. Das für den leeren Raum geltende Verhältnis der Dichte des elektrischen Feldes zum elektrischen Spannungsgefälle nennt man Verschiebungskonstante oder absolute Diëlektrizitätskonstante.

15. Für Isolierstoffe ist dieses Verhältnis um einen Faktor höher, der Diëlektrizitätszahl oder auch „relative Diëlektrizitätskonstante" heißt.

Fünf Fragen

1. Welchen Betrag hat der kapazitive Widerstand eines Kondensators mit einer Kapazität von 12 pF bei einer Frequenz von 88 MHz?

2. Eine Wechselspannung setzt sich zusammen aus einem Anteil mit 50 Hz (Grundwelle) und 220 V sowie aus einem Anteil mit 350 Hz und 25 V. Welche Stromanteile ergeben sich, wenn an diese Spannung ein Kondensator mit 100 µF gelegt wird?

3. Ein Kondensator mit einer Kapazität von 10 μF liegt in Reihe mit einem Wirkwiderstand von 500 Ω an einer Wechselspannung von 380 V, 50 Hz. Welchen Wert hat der diese Reihenschaltung durchfließende Strom?

4. Ein Kondensator mit 10 μF und 20 MΩ Isolationswiderstand liegt in Reihe mit einem Kondensator mit 2 μF und 60 MΩ Isolationswiderstand an einer Wechselspannung von 220 V, 50 Hz. Wie teilt sich die Spannung auf beide Kondensatoren auf?

5. Wie teilt sich eine Gleichspannung von 220 V auf, wenn diese die Wechselspannung zur Frage 4 ersetzt?

15. Wicklungen, Spulen und Induktivitäten

Vorbemerkung

In der Elektrotechnik haben wir es viel mit Wicklungen zu tun, die meist auf Eisenkernen angebracht sind. Eisen und Wicklungen spielen die Hauptrollen bei den Elektromotoren, Generatoren und Umformern, bei den Drosselspulen und Umspannern (Transformatoren).

Bild 15.01:

Links eine gleichsinnig gewickelte Spule. Rechts eine aus zwei gegensinnig gewickelten Hälften bestehende Wicklung.

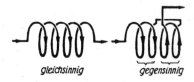

gleichsinnig   *gegensinnig*

Meist bestehen die Wicklungen aus einer Mehrzahl von Windungen, die gleichsinnig (Bilder 15.01 und 15.02) aufgewickelt oder angeordnet sind. Solche Wicklungen nennt man auch „S p u l e n". Vielfach umschließen die Windungen den Eisenkern (Bild 15.02). Oft sind sie in N u t e n des Eisenkernes untergebracht (Bild 15.03).

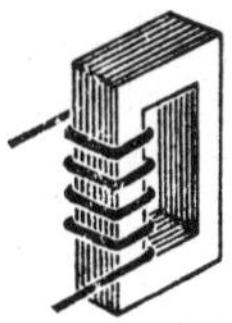

Bild 15.02:

Ein in sich geschlossener Eisenkern mit einer auf einen seiner Schenkel (gleichsinnig) aufgewickelten Spule.

Bild 15.03:

Eine Wicklung, die in den Nuten eines Eisenkörpers untergebracht ist.

Spulenstrom und Magnetfeld

Wenn ein elektrischer Strom fließt, bildet sich Hand in Hand mit ihm ein magnetischer Zustand aus. Dieser erstreckt sich über die Strombahn und ihre Umgebung.

So „magnetisiert" ein Strom, der eine mit einem Eisenkern versehene Spule durchfließt, auch diesen Eisenkern. Das magnetisierte Eisen vermag andere Eisenstücke anzuziehen und auf solche Weise Arbeit zu leisten (z. B. wenn es die Eisenstücke hochhebt). Das sagt uns, daß in Form des magnetischen Zustandes eines magnetisierten Eisenkernes (vor allem in dessen Luftspalt) Arbeit enthalten ist. Diese geht z. B. nach dem Einschalten eines Gleichstromes aus dem Stromkreis in die Form des magnetischen Zustandes über.

Unterbrechen wir den Gleichstrom, der durch die mit Eisenkern versehene Spule fließt, so bemerken wir an der Unterbrechungsstelle einen kräftigen Funken oder einen Lichtbogen. Die Arbeit, die zum Zeitpunkt des Ausschaltens in Form des magnetischen Zustandes aufgespeichert ist, wird in Gestalt des Funkens oder Lichtbogens frei, wobei sich natürlich der magnetische Zustand verliert oder vermindert.

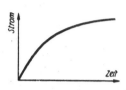

Bild 15.04:

Wird eine Spule — vor allem eine solche mit einem einigermaßen in sich geschlossenen Eisenkern — an eine Gleichspannung gelegt, so steigt der Strom allmählich auf den mit der Spannung und dem Widerstand gegebenen Wert, und zwar immer langsamer an. Hand in Hand mit dem Strom bildet sich der magnetische Zustand aus.

Würden wir den Gleichstrom beim Einschalten genau beobachten, so könnten wir erkennen: Der Strom nimmt nicht sofort den endgültigen Wert an, sondern erreicht diesen Wert — Hand in Hand mit dem sich im Eisen ausbildenden magnetischen Zustand — erst allmählich (Bild 15.04).

Um auszudrücken, daß der Raum, in dem sich eine stromdurchflossene Spule befindet, magnetisiert ist, daß dort also ein magnetischer Zustand herrscht, sagen wir: Zur stromdurchflossenen Spule gehört ein „Magnetfeld". Einen Begriff vom Magnetfeld bekommen wir z. B. so: Wir bedecken einen Hufeisenmagneten mit einer Glasplatte oder einer Pappe, streuen darauf durch ein Sieb Eisenfeilspäne und erleichtern den Feilspänen die dem Magnetfeld entsprechende Anordnung durch leichtes Klopfen auf den Tisch oder auf die Platte. Solche Eisenfeilspanbilder der Magnetfelder stromdurchflossener Spulen zeigen die Bilder 15.05 bis 15.08.

Bild 15.05:

Eisenfeilspanbild des Magnetfeldes einer von hohem Strom durchflossenen Spule, die nur wenige Windungen aus dickem Draht aufweist. Die Ebene, auf die die Eisenfeilspäne aufgestreut sind, ist eine Mittelebene der Spule.

Bild 15.06:

Eisenfeilspanbild des Magnetfeldes einer stromdurchflossenen Spule, die mit vielen Windungen auf einen Spulenkörper aufgewickelt ist. Auch hier ist die Ebene, in der das Eisenfeilspanbild entsteht, eine Spulenmittelebene — d. h. eine Ebene, die die Spulenachse enthält.

Bild 15.07:

Eisenfeilspanbild des Magnetfeldes einer mit einem stabförmigen Eisenkern versehenen, stromdurchflossenen Spule.

Bild 15.08:

Eisenfeilspanbild des Magnetfeldes einer stromdurchflossenen Spule, die mit einem nicht ganz geschlossenen Eisenkern versehen ist.

Bild 15.05 zeigt uns außer dem Verlauf des Magnetfeldes in einer eisenlosen Spule und in deren Umgebung noch etwas Wichtiges: Wir ersehen aus ihm, daß die Spule und damit der Spulenstrom das Magnetfeld umschließt sowie, daß das Magnetfeld seinerseits den Spulenstrom umgibt und demgemäß ebenfalls umschließt. Dies drückt der Elektrotechniker aus, indem er sagt: Strom und Magnetfeld sind miteinander „v e r k e t t e t". Hierauf werden wir noch zurückkommen.

Magnetfeld und Schwungrad

Wir betrachten eine mechanische Anordnung, die die zwischen Strom, Magnetfeld und Spannung bestehenden Zusammenhänge vergleichsweise erkennen läßt.

Ein über eine Fahrradkette angetriebenes Schwungrad entspricht einem Strom mit dem zugehörigen Magnetfeld. Die Antriebskraft stellt die Spannung dar, die den Strom bewirkt. Das Schwungrad speichert Arbeit so in sich auf, wie es für den magnetischen Zustand gilt. Die bewegte Fahrradkette kann mit dem Strom verglichen werden. Auf Grund seines Arbeitsinhaltes bewirkt das Schwungrad beim plötzlichen Abbremsen der Fahrradkette einen Stoß, der die Kette zerreißen kann. Dies entspricht dem Funken, der beim Abschalten des mit einem Magnetfeld verketteten Stromes entsteht.

Das Schwungrad mildert die Auswirkung rasch aufeinanderfolgender Schwankungen der Antriebskraft. Beim Nachlassen der Antriebskraft gibt es von dem in ihm aufgespeicherten Arbeitsinhalt etwas ab. Und bei Zunahme der Antriebskraft speichert es weitere Arbeit in sich auf. So sucht es gewissermaßen mit gleichbleibender Geschwindigkeit umzulaufen. Ebenso vermindert eine in einen Stromweg geschaltete Spule den Einfluß der Schwankungen der an dem Stromweg liegenden Spannung auf den Wert des Stromes.

An diesen Vergleich mit dem Schwungrad wollen wir immer wieder zurückdenken, wenn uns irgend etwas in dem Zusammenhang zwischen Magnetfeld, Strom und Spannung unklar erscheinen sollte.

Magnetfeld und Strom

Wir denken uns mehrere Spulen mit gleichen Gesamtabmessungen, gewickelt aus verschieden dicken Drähten mit entsprechend verschiedenen Windungszahlen (dicker Draht, geringe Windungszahl). Wir erreichen mit Hilfe des Spulenstromes in allen Fällen den gleichen magnetischen Zustand, wenn wir den Stromwert jeweils so einstellen, daß sich stets dasselbe Produkt aus Stromwert und Windungszahl ergibt. Hier kommt es somit nicht auf die Ampere allein, sondern auf die Amperewindungen an!

Die Spule an einer schwankenden Spannung

Wir betrachten eine Spule, die an einer schwankenden Spannung liegt (Bild 15.09). Bei langsamen Spannungsschwankungen — d. h. bei geringer Frequenz der Spannungsschwankungen — hat das Magnetfeld reichlich Zeit, anzuwachsen und wieder abzunehmen. Bei langsamen Spannungsschwankungen ist also die Auswirkung des Magnetfeldes auf die Verminderung der Stromschwankungen nur gering. Je rascher hingegen die Spannungsschwankungen aufeinanderfolgen, d. h. je höher die Frequenz der Schwankungen ist, desto stärker wirkt sich das Magnetfeld aus und desto geringer sind infolgedessen die Schwankungen des Stromes.

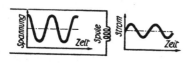

Bild 15.09:
Wird eine schwankende Spannung an eine Spule gelegt, so ergibt sich ein Spulenstrom mit schwankendem Wert. Die Stromschwankungen aber fallen geringer aus als die Spannungsschwankungen.

Der Widerstand, der sich den Schwankungen des Stromes entgegensetzt, steigt demnach mit der Frequenz der Spannungsschwankungen. Diesen Widerstand nennen wir im Gegensatz zu dem Drahtwiderstand der Spule ihren **induktiven Widerstand.**

Maß für die Wirksamkeit des Magnetfeldes auf Wicklung oder Spule

Um die Auswirkung des Magnetfeldes einer Wicklung oder einer Spule auf die sie enthaltende Schaltung zahlenmäßig anzugeben, könnten wir den zu einer gegebenen Frequenz gehörenden induktiven Widerstand z. B. in Ohm nennen. Da die Frequenz wechseln kann, benötigen wir zur zahlenmäßigen Angabe der Magnetfeldwirkung einen Wert, der von der jeweiligen Frequenz unabhängig ist. Selbstverständlich muß dieser Wert im Verein mit der Frequenz stets einen eindeutigen Schluß auf den induktiven Widerstand der Wicklung oder der Spule zulassen.

In diesem Sinne wählte man zur Angabe des Magnetfeld-Einflusses auf eine Wicklung oder Spule die „Induktivität", die in „Henry" (H) gemessen wird: Der Betrag des induktiven Widerstandes ergibt sich in Ohm als Produkt aus der Induktivität in Henry und dem 6,28fachen der Frequenz in Hertz.

Die aus dem Henry abgeleiteten kleineren Einheiten sind: Das Millihenry (mH), das einem tausendstel Henry gleichkommt, das Mikrohenry (μH), das ein millionstel Henry bedeutet, und das Nanohenry, das ein tausendstel Mikrohenry darstellt.

$$1 \text{ H} = 10^3 \text{ mH} = 10^6 \text{ } \mu\text{H} = 10^9 \text{ nH}$$

Der Wert der Induktivität und die Windungszahl

Die Induktivität hängt von der Windungszahl, von den Spulenabmessungen und, bei Vorhandensein eines Eisenkernes, sehr wesentlich von diesem ab.

Zunächst wollen wir den Einfluß der Windungszahl betrachten. Wir denken uns hierzu verschiedene Spulen. Alle mögen dieselben Gesamtabmessungen haben. Sie seien aber mit verschieden dicken Drähten gewickelt. Dabei weist die Spule mit dem dünnsten Draht natürlich die größte Windungszahl auf. Jede Spule soll mit einem Eisenkern versehen sein. Alle Eisenkerne seien untereinander gleich.

Legen wir an eine der Spulen eine Wechselspannung, so entsteht in dem Eisen ein magnetisches Wechselfeld. Die Wechselspannung bewirkt in der Spulenwicklung einen Strom. Hand in Hand mit ihm entsteht im Eisen ein Magnetfeld, das wechselweise in der einen und anderen Richtung auf- und abgebaut wird. Da für den Auf- und Abbau des Magnetfeldes jeweils nur geringe Zeit zur Verfügung steht, können das Magnetfeld — und mit ihm der Strom — keine übermäßig hohen Werte erreichen.

Tatsache ist, daß in einer solchen Spule ein geringerer Strom fließt, als es der angelegten Wechselspannung und dem Drahtwiderstand der Wicklung entspricht. Das erklärt sich daraus, daß das magnetische Wechselfeld in der Spulenwicklung zu seinem Aufbau eine Spannung benötigt. Diese Spannung fehlt für das Überwinden des Drahtwiderstandes. Man kann das auch so ausdrücken: Das magnetische Wechselfeld ruft in der Spule eine Spannung hervor, die der angelegten Wechselspannung entgegenwirkt und ihr nahezu das Gleichgewicht hält, wobei zum Überwinden des Drahtwiderstandes lediglich ein Spannungsrest zur Verfügung steht.

Wem diese Auffassung nicht unmittelbar einleuchtet, der überlege sich zunächst einmal folgendes Beispiel und lese anschließend daran den vorangegangenen Absatz noch einmal durch.

Schieben wir einen Tisch von einer Stelle zur anderen, so müssen wir eine Kraft aufbringen, die die Reibung zwischen den Tischbeinen und dem Boden überwindet. Die Reibung läßt eine Gegenkraft entstehen, die unserer Kraft entgegenwirkt und so die Tischbewegung hemmt. Während wir den Tisch verschieben, müssen wir diese Gegenkraft überwinden. Antreibende Schubkraft und bremsende Gegenkraft sind hierbei im Gleichgewicht.

Um das Weitere klar übersehen zu können, nehmen wir an, der Draht der Spule habe keinen Widerstand. Für Gleichstrom wäre eine solche Annahme unangebracht, weil der Gleichstromwert für eine gegebene Gleichspannung bei fehlendem Drahtwiderstand immer weiter anstiege. Für Wechselstrom aber dürfen wir diese Annahme ruhig machen. Die Spule hat einen induktiven Widerstand. Dieser verhindert einen unendlich großen Strom.

Bei widerstandslosem Spulendraht haben wir es ausschließlich mit der zu der Induktivität gehörenden Gegenspannung zu tun, die von dem magnetischen Wechselfeld herrührt. Hätte die Klemmenspannung in diesem Fall einen größeren Effektivbetrag als die Gegenspannung, so würde der Strom-Effektivbetrag laufend ansteigen. Bei überwiegender Gegenspannung müßte der Strom-Effektivbetrag abnehmen. D. h.:

In einer Spule ohne Drahtwiderstand besteht Gleichheit zwischen den Effektivbeträgen der vom Magnetfeld herrührenden Gegenspannung und der angelegten Klemmenspannung.

Nun zurück zu den verschiedenen Windungszahlen: Das Magnetfeld durchsetzt alle Windungen. Es ruft in jeder Windung eine Teil-Gegenspannung hervor. Alle diese Teilspannungen liegen in Reihe, wobei die Gesamtspannung gleich der Summe der Teilspannungen ist. Je mehr Windungen die Spule hat, desto geringer ist also die Spannung je Windung. Zu der zehnfachen Windungszahl gehört so bei gleicher Spulen-Gesamtspannung an der einzelnen Windung ein Zehntel der Spannung, die zur einfachen Windungszahl gehören würde.

Bei der zehnfachen Windungszahl würde zum selben Magnetfeld ein Zehntel des Stromes gehören (s. S. 216). Wir brauchen zum Zehntel der Windungsspannung aber nur ein Zehntel des Magnetfeldes und demgemäß ein Hundertstel des Stromes.

Bei fünffacher Windungszahl gehörte zum Magnetfeld ein Fünftel und zum Strom ein Fünfundzwanzigstel des zur einfachen Windungszahl gehörenden Wertes.

Für dieselbe Spannung bedeuten ein Hundertstel des Stromes den hundertfachen Widerstand und ein Fünfundzwanzigstel des Stromes den fünfundzwanzigfachen Widerstand. Widerstand und Induktivität sind aber — bei derselben Frequenz — einander verhältnisgleich.

Das gibt also für die zehnfache bzw. fünffache Windungszahl die hundertfache bzw. fünfundzwanzigfache Induktivität. Allgemein heißt das:

Unter sonst gleichen Umständen steigt die Induktivität mit dem Quadrat der Windungszahl.

Wert der Induktivität, Spulenabmessungen und Eisenkern

Der Wert der Induktivität nimmt zu, wenn man das Zustandekommen des Magnetfeldes erleichtert: Das Vergrößern des Spulendurchmessers und das Verkürzen der Spule wirken bei Spulen ohne Eisenkern in diesem Sinne induktivitätserhöhend. Noch viel größeren Einfluß hat aber ein Eisenkern. Die Induktivität steigt mit der Dicke des Eisenkernes. Ein in sich geschlossener Kern (Bild 15.02) wirkt sich am kräftigsten aus, insbesondere, wenn sein Querschnitt groß und die Gesamtlänge klein gewählt werden. Hiermit kann die Induktivität ein Mehrhundert- oder gar ein Mehrtausendfaches von dem ohne Eisenkern geltenden Wert erreichen. Ein Eisenkern mit einem Luftspalt bzw. mehreren Luftspalten (Bilder 15.08 und 15.10) wirkt sich weniger stark aus als ein geschlossener Eisenkern. Ein gar nicht geschlossener Eisenkern (Bild 15.07) hat eine noch geringere Wirkung.

Bild 15.10:

Eine Spule mit einem Eisenkern und einem zu dem Eisenkern gehörenden Eisenanker. Zwischen Anker und Kern ist auf beiden Seiten je ein Luftspalt vorhanden. Beide Luftspalte liegen für das Magnetfeld in Reihe.

Betrag des induktiven Widerstandes

Wir denken uns eine Spule, deren Wicklung selbst widerstandslos ist. Die Spule möge an einer Wechselspannung liegen. Dabei entsteht in ihr ein Wechselstrom, der mit dem Spulenmagnetfeld verkettet ist und mit diesem sowohl Wert wie Richtung wechselt. Das Magnetfeld hält den zugehörigen Wechselstrom auf einem mäßigen Wert. Es drosselt ihn. Je stärker sich das Magnetfeld auswirken kann, je höher also die Induktivität der Spule ist, desto geringer wird unter sonst gleichen Umständen der Wechselstrom. Der induktive Spulenwiderstand steigt somit im selben Verhältnis wie die Induktivität. Er wächst aber auch im gleichen Verhältnis wie die Frequenz: Je weniger Zeit wir dem Magnetfeld zum Aufbau und Abbau zur Verfügung stellen, desto schwächer vermag es sich auszubilden und desto geringer fällt der mit ihm verkettete Strom aus.

Der induktive Widerstand ist also der Induktivität und der Frequenz verhältnisgleich.

In Übereinstimmung mit diesen Überlegungen gilt folgender Zusammenhang zwischen dem induktiven Spulenwiderstand, der Frequenz und der Induktivität:

Betrag des induktiven Widerstandes in Ω =

$$= 6{,}28 \times \text{Frequenz in Hz} \times \text{Induktivität in H}$$

oder in Buchstaben:

$$X_L = 6{,}28 \cdot f \cdot L$$

oder mit der Kreisfrequenz ω:

$$X_L = \omega \cdot L.$$

Die darin vorkommenden Buchstaben haben folgende Bedeutungen:

X_L induktiver Widerstand z. B. in Ω (Blindwiderstand)

L Induktivität z. B. in H

f Frequenz z. B. in Hz

ω Kreisfrequenz = 6,28 × Frequenz (z. B. in 1/s = s⁻1).

B e i s p i e l : Eine Spule hat 30 H. Sie setzt dem Netzwechselstrom mit seinen 50 Hz einen Widerstand mit einem Betrag von 6,28 · 50 Hz · 30 H = rund 9400 Ω entgegen.

Hinter- und Nebeneinanderschaltung von Stromzweigen mit Induktivitäten

Hier soll es sich um Spulen handeln, für die allein die Induktivitäten von Belang, d. h. z. B. die Drahtwiderstände vernachlässigbar sind.

Einfach ist die Sache nur, wenn die einzelnen Induktivitäten nicht nennenswert miteinander verkettet sind. Das gilt, falls jede Spule ihren eigenen, in sich geschlossenen Eisenkern aufweist oder wenn die Spulenachsen senkrecht zueinander stehen oder wenn die Spulen voneinander genügend weit entfernt sind. Im folgenden ist vorausgesetzt, daß zwischen den Spulen keine Verkettung besteht.

Legen wir zwei oder mehrere Spulen hintereinander, so ist die Gesamtinduktivität gleich der Summe der Einzelinduktivitäten, da der induktive Gesamtwiderstand gleich der Summe der einzelnen hintereinanderliegenden induktiven Einzelwiderstände ist.

B e i s p i e l : Drei Spulen mit 20 mH, 0,04 H und 5000 µH liegen hintereinander. Um die Gesamtinduktivität zu erhalten, rechnen wir erst auf ein einheitliches Maß (mH) um. Das gibt 20 mH, 0,04 · 1000 mH = 40 mH und (5000 : 1000) mH = 5 mH. Dann zählen wir die Induktivitäten zusammen und erhalten 65 mH. Wir können natürlich auch mit Zehnerpotenzen rechnen:

$$20 \cdot 10^{-3} \text{ H} + 40 \cdot 10^{-3} \text{ H} + 5 \cdot 10^{-3} \text{ H} = 65 \cdot 10^{-3} \text{ H} = 65 \text{ mH}.$$

Schalten wir mehrere Induktivitäten nebeneinander, so erhalten wir den Wert der Gesamtinduktivität am besten über die induktiven Leitwerte. Der induktive Gesamtleitwert ist gleich der Summe der einzelnen Leitwerte. Da der Leitwert der umgekehrte Widerstandswert ist, errechnen wir die Gesamtinduktivität, indem wir die Kehrwerte der einzelnen Induktivitäten bilden, diese Kehrwerte zusammenzählen und von dem Ergebnis wieder den Kehrwert ermitteln.

B e i s p i e l : Drei Spulen mit (0,2, 0,05 und 0,1) H (oder $\frac{0,2}{1}$ H, $\frac{0,05}{1}$ H und $\frac{0,1}{1}$ H) sind nebeneinandergeschaltet. Die Kehrwerte der Induktivitäts-Zahlenwerte betragen $\frac{1}{0,2} = 5$, $\frac{1}{0,05} = 20$ und $\frac{1}{0,1} = 10$. Die Summe dieser Kehrwerte ist demgemäß $5 + 20 + 10 = 35$, wovon der Kehrwert mit $\frac{1}{35}$ H = rund 0,029 H die Gesamtinduktivität darstellt.

Die Phasenverschiebung

Zunächst sei eine Spule betrachtet, bei der ausschließlich die Induktivität berücksichtigt werden muß.

Wir beobachten den zeitlichen Verlauf der Spannung des Stromes und des Magnetfeldes an einer Spule, die im Augenblick des Spannungsscheitelwertes an eine Wechselspannung angeschlossen wird. Zunächst wachsen Strom und Magnetfeld rasch an, da die Spannung im Zeitpunkt des Einschaltens ihren höchsten Wert aufweist. In dem Maße, in dem die Spannung sinkt, geht das Anwachsen des Stromes und des Magnetfeldes immer langsamer vor sich, um in dem Augenblick, in dem die Spannung den Nullwert erreicht, nicht mehr zuzunehmen. Nun beginnt die Spannung mit entgegengesetztem Vorzeichen aufzutreten und zwingt den Strom sowie das Magnetfeld abzunehmen. Wenn die Spannung so lange und kräftig mit dem neuen Vorzeichen gewirkt hat wie erst mit dem alten, sind Strom und Magnetfeld auf den Nullwert abgesunken, um — der Spannung folgend — im nächsten Augenblick mit entgegengesetztem Vorzeichen von neuem anzuwachsen (Bilder 15.11 und 15.12). Strom und Magnetfeld eilen der Spannung um ein Viertel einer Periode nach. Der induktive Widerstand ist somit ein Blindwiderstand. Diesen bezeichnen wir im Gegensatz zum kapazitiven Blindwiderstand, bei dem der Strom der Spannung voreilt, als positiv.

Liegt eine als Induktivität anzusehende Spule in Reihe mit einem Widerstand, so muß bei dem Berechnen des Gesamtwiderstandes die Phasenverschiebung beachtet werden. Das geschieht dadurch, daß man die Werte des Wirkwiderstandes und des induktiven Widerstandes — statt einfach zusammenzuzählen — rechtwinklig zusammenfügt (siehe z. B. S. 128).

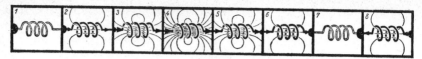

Bild 15.11: Wechselspannung, Spulenwechselstrom und magnetisches Wechselfeld der Spule. In diesen aufeinanderfolgenden Augenblicksbildern ist die Spannung in ihrem Augenblickswert mit einem einseitig eingetragenen Punkt angedeutet. Der Punkt und seine Dicke können als Zeichen für die elektrische Spannung und ihren Wert angesehen werden. Die dem Strom entsprechende Elektronenbewegung wird durch Pfeile veranschaulicht, deren Dicke den Wert der Elektronenbewegung zeigt. Die Feldlinien stellen das Magnetfeld dar und drücken mit ihrer Zahl den Wert des Feldes aus.

1. Die Spannung weist ihren Scheitelwert auf. Ein Strom fließt nicht, und ein Magnetfeld ist auch nicht vorhanden.

2. Die Spannung hat schon etwas abgenommen. Der Strom fließt vorerst schwach. Das zu diesem Strom gehörende Magnetfeld ist vorhanden.

3. Die Spannung hat noch weiter abgenommen. Der Strom und das Magnetfeld haben zugenommen.

4. Die Spannung ist auf Null herabgesunken. Der Strom und das Magnetfeld sind in Schwung. Sie haben ihre Scheitelwerte erreicht.

5. Die Spannung entsteht mit entgegengesetztem Vorzeichen wie zuerst. Sie bremst den Strom ab und vermindert damit ihn sowie das Magnetfeld.

6. Die Spannung hat mit dem neuen Vorzeichen wieder zugenommen und damit sowohl den Strom wie auch das Magnetfeld weiter geschwächt.

7. Die Spannung hat ihren Scheitelwert erreicht und nun Strom und das Magnetfeld ausgelöscht.

8. Strom und Magnetfeld, die eben Null waren, beginnen im Sinne der Spannung anzuwachsen. Die Spannung selbst nimmt schon wieder ab.

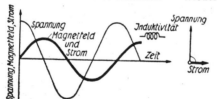

Bild 15.12:

Das, was im Bild 15.11 veranschaulicht ist, wird hier mit Kennlinien und Zeigern nochmals dargestellt.

Die Spule ist auf Grund ihrer Induktivität ein Blindwiderstand. Als solcher verbraucht sie außer dem, was auf den geringen Drahtwiderstand entfällt, keine Wirkleistung. Aus diesem Grunde verwendet man Spulen vielfach dort, wo man Wechselströme drosseln möchte ohne nennenswerte Verluste in Kauf zu nehmen. Daher stammt der Name „Drosselspule".

Noch einmal eine Spule ohne Drahtwiderstand an einer Gleichspannung

Wir denken uns wieder eine Spule, die keinen Drahtwiderstand haben möge, und eine Stromquelle mit einer Gleichspannung, die auch bei hoher Stromentnahme ihren Wert beibehält (also eine Gleichstromquelle mit äußerst geringem Innenwiderstand).

Unter den gedachten Umständen steht die gesamte, gleichbleibende Spannung ausschließlich zum Aufbau des Magnetfeldes zur Verfügung. Das Magnetfeld und damit auch der Strom wachsen hierbei der Zeit verhältnisgleich an (Bild 15.13).

Bild 15.13:
So würde der Strom in einer Spule immer weiter ansteigen, die an einer (konstanten) Gleichspannung läge und keinen Drahtwiderstand aufwiese.

Die Anstiegsgeschwindigkeit des Stromes wächst selbstverständlich mit dem Wert der Gleichspannung. Außerdem ist sie um so größer, je weniger Induktivität die Spule hat. Bezeichnen wir die in der Zeitspanne Δt sich ergebende Zunahme des Stromes mit ΔI, so gilt für die die Stromänderung erzwingende Gleichspannung U:

$$\frac{\Delta I}{\Delta t} \cdot L = U$$

Darin ist das Zeichen Δ der große griechische Buchstabe Delta, d. h. gewissermaßen das große griechische D, das die Abkürzung von „Differenz" (d. h. hier von Zunahme) sein soll.

Spule mit Induktivität und Drahtwiderstand an Gleichspannung

In Wirklichkeit hat natürlich sowohl die Stromquelle wie auch die Spulenwicklung je einen Widerstand. Der daraus gebildete Gesamtwiderstand wirkt sich kaum aus, solange der Strom noch gering ist. Folglich wachsen Magnetfeld und Strom unmittelbar nach dem Einschalten so an, als ob kein Widerstand vorhanden wäre. Dann aber beansprucht der ansteigende Strom für den Gesamtwiderstand einen immer größeren Anteil der Spannung, womit für den Magnetfeldaufbau immer weniger Spannung verfügbar bleibt. Magnetfeld und Strom nehmen demgemäß weniger und weniger zu, bis schließlich der Dauerzustand erreicht ist, in dem der Strom sowie das Magnetfeld ihre Werte beibehalten und der Stromwert mit dem Ausdruck „Spannung: Gesamtwiderstand" gegeben ist. Diesen zeitlichen Stromverlauf zeigt Bild 15.14.

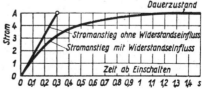

Bild 15.14:
Stromanstieg bei (konstanter) Gleichspannung ohne und mit Widerstand in der Spulenwicklung.

Nun ein Gedankenexperiment: Wir wiederholen den ganzen Versuch mit derselben Spule und mit demselben Gesamtwiderstand, aber mit dem doppelten Spannungswert. Dabei erhalten wir im Dauerzustand den doppelten Stromwert. Außerdem aber ergibt sich ein zweimal so rascher Anstieg des Stromes. In Bild 15.15 ist das für den Dauerstrom und den Stromanstieg ohne Widerstandseinfluß dargestellt. Wir erkennen aus dem Bild: Zwischen dem Schnittpunkt der Linie des Dauerstromes mit der Anstiegslinie und dem Zeitpunkt des Einschaltens ergibt sich eine von der Höhe der benutzten Spannung unabhängige Zeitspanne. Diese nur von der Spuleninduktivität und von dem Gesamtwiderstand bestimmte, sonst aber konstante Zeitspanne nennt man „Zeitkonstante". Hierbei gilt:

$$\text{Zeitkonstante in Sekunden} = \frac{\text{Induktivität in Henry}}{\text{Widerstand in Ohm}}.$$

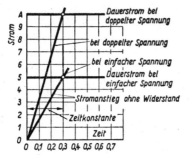

Bild 15.15:
Zeitkonstante einer mit Widerstand behafteten Spule. Es ist zweckmäßig, dieses Bild mit dem Bild 10.04 zu vergleichen.

Bild 15.14 zeigt nebenbei, daß nach Ablauf der der Zeitkonstante entsprechenden Zeit nach dem Einschalten etwa 63 % des Dauerstromwertes erreicht sind.

Je größer die Zeitkonstante ist, desto länger dauert es, bis Strom und Magnetfeld ihre Endwerte erreicht haben. Große Zeitkonstanten finden wir bei Elektromagneten und bei Erregerwicklungen großer Maschinen.

Das Abschalten der Spule

Während sich das Magnetfeld aufbaut, speichert es Arbeit. Um das einzusehen, brauchen wir nur an das Schwungrad zu denken. Die als Magnetfeld gespeicherte Arbeit wird wieder frei, wenn man die Spule abschaltet.

Ist die Spule über einen höheren Widerstand angeschlossen, so kann das Abschalten mit Kurzschließen der Spule geschehen. In diedem Fall klingen Magnetfeld und Strom ab (Bild 15.16). Das heißt: Der Strom fließt — mit abnehmendem Wert — durch die Spule in derselben Richtung wie vor dem Kurzschluß. Er kommt dabei natürlich nicht mehr von der Stromquelle, sondern schließt sich über den Kurz-

224

schlußzweig. Vom Augenblick des Kurzschlusses an spielt die Spule die Rolle einer Stromquelle, die versiegt, wenn das Magnetfeld mit seinem Arbeitsinhalt aufgebraucht ist.

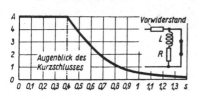

Bild 15.16:

Zeitlicher Stromverlauf beim Kurzschließen einer Spule. Deren Wicklungswiderstand ist gesondert — in Reihe mit ihrer Induktivität — eingetragen. Der eingezeichnete Vorwiderstand hat die Aufgabe, beim Kurzschluß der Spule den Kurzschluß der Stromquelle zu verhindern.

Meist geschieht das Abschalten nicht durch Kurzschluß, sondern durch Unterbrechung. Auch hierbei sucht das Magnetfeld den Spulenstrom aufrecht zu halten. An der Unterbrechungsstelle ergibt sich ein großer Unterschied an Elektronenbesetzungen — also eine hohe Spannung. Ein Funkenüberschlag oder ein Lichtbogen oder aber ein Durchschlag durch eine Isolation können die Folgen sein.

Das Abschalten einer von Gleichstrom durchflossenen Wicklung oder Spule kann daher Schwierigkeiten machen. Handelt es sich um Wechselstrom, so ist das Abschalten weniger kritisch. Bei Wechselstrom hat ja das Magnetfeld nur immer kurze Zeit zum Aufbau zur Verfügung (die Hälfte einer Periode) und kann demgemäß unter sonst gleichen Bedingungen lange nicht so hohe Werte annehmen wie bei Gleichstrom. Außerdem ist es für das Abschalten bei Wechselstrom günstig, daß die Speisespannung eine Wechselspannung ist.

Magnetfeld und Windungszahl

Was in diesem Abschnitt behandelt wird, ist für uns eigentlich nicht mehr neu. Zum Teil wurde es bereits mit ähnlichen Worten dargelegt. Es hat aber bezüglich des Magnetfeldes eine derart große Bedeutung, daß es gut ist, wenn hier nochmals auf den Zusammenhang zwischen dem Magnetfeld, dem in der Zuleitung fließenden Strom, der angelegten Spannung und der Spulenwindungszahl eingegangen wird.

Ein Magnetfeld entsteht Hand in Hand mit dem Strom. Es bleibt so lange bestehen, wie der Strom fließt. Es baut sich ab in dem Maß, in dem der Wert des Stromes zurückgeht.

Damit ein Magnetfeld zustande kommt, ist eine elektrische Spannung erforderlich. Diese Spannung wird wegen der Verkopplung des Magnetfeldes mit dem Strom benötigt, um den Stromwert ansteigen zu lassen. Solange eine Spannung über den Spannungsanteil zum Überwinden des Drahtwiderstandes hinaus einwirkt, steigen die Werte von Strom und Magnetfeld weiter an. Maßgebend für den jeweils erreichten Wert des Magnetfeldes ist die für seinen Aufbau in Betracht kommende Spannung und die Zeitdauer des Einwirkens dieser Spannung.

Das gilt für eine gegebene Windungszahl. Um zu erkennen, welchen Einfluß die Windungszahl hat, machen wir ein Gedanken-Experiment: Wir nehmen an, wir könnten die Spulenwindungen wahlweise sämtlich parallel oder in Reihe schalten.

Hierbei müssen wir, damit sich für den Gesamtstrom aller Windungen und für die Spannung an der einzelnen Windung nichts ändert,

- bei Parallelschaltung der Windungen den Gesamtstrom gleich dem Produkt des bei Reihenschaltung fließenden Stromes und der Windungszahl sowie
- bei Reihenschaltung der Windungen die Gesamtspannung gleich dem Produkt der Windungsspannung und der Windungszahl wählen.

Das heißt: Vom Standpunkt des Magnetfeldes sind nicht die Werte des Spulenstromes und der Spannung an die Spule an sich maßgebend, sondern

- das Produkt aus Strom und Windungszahl sowie
- die auf die einzelne Windung entfallende Spannung.

Dabei ist mit der Spannung natürlich stets nur der Anteil gemeint, der für das Magnetfeld in Betracht kommt, nicht aber der Anteil, der zum Überwinden des Drahtwiderstandes benötigt wird.

Außerdem ist dabei vorausgesetzt, daß alle Windungen mit dem gesamten Magnetfeld verkettet sind.

Spule mit einer einzigen Windung

Geben wir der Spule nur eine einzige Windung, so stimmen überein:
- Spulenstrom und Produkt aus Strom und Windungszahl sowie
- Spulenspannung und Windungsspannung.

Bei einer Spule oder auch einer Wicklung oder einer Leiterschleife mit nur einer einzigen Windung gelten deshalb für das Magnetfeld unmittelbar der in den Zuleitungen fließende Strom und die zwischen den Anschlüssen für das Magnetfeld in Betracht kommende Spannung. Deshalb ist es gut, für Überlegungen, die das Magnetfeld selbst betreffen, eine Spule oder Wicklung mit einer einzigen Windung vorauszusetzen.

Wert des Magnetfeldes sowie Produkt aus Spannungswert und Zeit

Wir setzen für das folgende voraus:
- Es handle sich um eine „Spule" mit nur einer Windung.
- Die „Spule" habe keinen Drahtwiderstand.
- An die „Spule" werde eine Gleichspannung angelegt.

Solange die Spannung anliegt, steigen die Werte von Magnetfeld und Strom zeitlinear an (siehe für den Strom z. B. Bild 15.13).

Wenn wir nun unserer „Spule" einen größeren Durchmesser geben, erleichtern wir das Zustandekommen des Magnetfeldes, weil z. B. zum doppelten Durchmesser ein vierfacher Feldquerschnitt gehört. Erleichtertes Zustandekommen des Magnetfeldes bedeutet geringeren Wert des Stromes für gleichen Wert des Feldes. Den Zusammenhang zwischen Spannung, Zeit und Magnetfeld aber ändern wir damit überhaupt nicht. Auch bei der Spule mit dem größeren Durchmesser ist der jeweils erreichte Wert des Feldes mit dem Produkt aus dem Wert der Spannung und der Einwirkungszeit dieser Spannung gegeben. Das bedeutet:

A l s E i n h e i t f ü r d e n W e r t d e s M a g n e t f e l d e s d ü r f e n w i r b e i e i n e r S p u l e m i t n u r e i n e r W i n d u n g d i e V o l t s e k u n d e (V·s) v e r w e n d e n.

Dabei ist es vom Magnetfeld aus betrachtet, wie wir ja bereits wissen, belanglos, ob es sich wirklich nur um eine Windung handelt oder ob die Spule viele Windungen hat: Für das Magnetfeld wirken alle Windungen gewissermaßen parallel. Das heißt: Wirksam für das Magnetfeld ist stets die Windungsspannung.

A l l g e m e i n i s t s o m i t d a s M a ß f ü r d e n M a g n e t f e l d w e r t d i e V o l t s e k u n d e j e W i n d u n g.

Erleichtern wir das Zustandekommen des Magnetfeldes, so wirkt sich das auf den Strom aus: Je günstiger die Bedingungen für das Ausbilden des Magnetfeldes gemacht werden, desto geringer ist der Wert des zu einem bestimmten Magnetfeldwert gehörenden Stromes.

Zusammenhang zwischen Magnetfeld, Spannung und Zeit anders betrachtet

Statt den jeweils erreichten Magnetfeldwert mit dem Wert der dafür aufgewandten Spannung und der Zeitdauer des Einwirkens dieser Spannung in Zusammenhang zu bringen, kann man die Beziehung zwischen diesen Größenwerten auch so ansehen:

D i e Ä n d e r u n g s g e s c h w i n d i g k e i t d e s M a g n e t f e l d w e r t e s i s t g e g e b e n m i t d e r W i n d u n g s s p a n n u n g.

Nehmen wir eine Windungs-Gleichspannung mit dem Wert U an, die während der Zeit t einwirkt, und verwenden für den Magnetfeldwert das Formelzeichen Φ (großer griechischer Buchstabe Phi), so läßt sich der eben erwähnte Zusammenhang damit auch so anschreiben:

$$\frac{\Phi}{t} = U, \text{ was dasselbe bedeutet wie } \Phi = U \cdot t.$$

Bitte, studieren Sie diesen Abschnitt und die drei vorangehenden Abschnitte recht gründlich. Es lohnt sich.

Nun noch den Zusammenhang mit dem Strom

In vielen Fällen ist der Wert des Magnetfeldes dem Wert des mit ihm verketteten Stromes proportional. Das können wir so zum Ausdruck bringen:

$$\varPhi = L \cdot I,$$

worin L den Proportionalitätsfaktor zwischen den Werten des Feldes und des Stromes darstellt. Damit aber dürfen wir statt

$$\frac{\varPhi}{t} = U \text{ auch schreiben } L \cdot \frac{I}{t} = U$$

Wenn wir jetzt auf Seite 223 zurückblättern, erkennen wir, daß unser Proportionalitätsfaktor nichts anderes ist als die Induktivität. Die letzte Formel gilt übrigens nicht nur für eine Wicklung mit nur einer Windung, sondern auch für Wicklungen mit beliebigen Windungszahlen!

Das Henry als Abkürzung für Voltsekunde je Ampere

Wenn wir die vorangehnden Abschnitte gründlich studiert haben, kommen wir zur Erkentnis, daß

$$1 \, H = 1 \, \frac{V \cdot s}{A}$$

Diesen Zusammenhang, der dem Zusammenhang

$$1 \, F = 1 \, \frac{A \cdot s}{V}$$

entspricht, sollten wir uns merken! Viele grundsätzliche Überlegungen gestalten sich besonders einfach, wenn man ihn kennt·

Das Wichtigste

1. Spulen und Wicklungen sind in sich meist gleichsinnig gewickelt. Vielfach umschließen sie Eisenkerne oder sind in Nuten von Eisenkernen eingebettet.

2. Das Auswirken des Magnetfeldes auf den Stromkreis, in den die Spule oder Wicklung eingeschaltet ist, kennzeichnet man durch die Angabe der Induktivität.

3. Die Induktivität hat ihre Ursache in dem Magnetfeld, das mit dem die Wicklung oder Spule durchfließenden Strom verkettet ist.

4. Die Induktivität wächst mit dem Quadrat der Windungszahl und ist unter sonst gleichen Umständen um so größer, je besser der Eisenkern der Wicklung oder Spule „geschlossen" ist.

5. Das Maß für die Induktivität ist das Henry (H). Davon abgeleitet sind das Millihenry (mH) = 10^{-3} H, das Mikrohenry (μH) = 10^{-6} H und das Nanohenry (nH) = 10^{-9} H.

6. Die mit Induktivität behafteten Wicklungen und Spulen haben außer ihren Drahtwiderständen induktive Widerstände.

7. Der induktive Widerstand ist ein Blindwiderstand, bei dem der Strom der Spannung um ein Viertel einer Periode nacheilt.

8. Den Betrag des induktiven Widerstandes erhält man in Ω, wenn man die Induktivität in H mit dem 6,28fachen der Frequenz in Hz vervielfacht.

9. Der Betrag des induktiven Widerstandes wächst deshalb proportional der Frequenz.

10. Beim Anschluß einer Spule an eine Gleichspannung steigt der Strom nach und nach — erst rascher, dann allmählich immer langsamer — an.

11. Hand in Hand mit dem Stromanstieg geht der Feldaufbau vor sich.

12. Bei plötzlichem Unterbrechen eines Stromzweiges, der eine gleichstromdurchflossene Spule enthält, ergibt sich ein „Öffnungsfunke" oder ein Lichtbogen oder ein Durchschlag.

13. Läßt man auf eine widerstandfreie Spule eine Gleichspannung einwirken, so ist der damit jeweils erreichte Wert des Magnetfeldes gegeben als Produkt aus Spannungswert je Spulenwindung und Einwirkungszeit der Spannung.

14. Hieraus folgt: Der Wert des Magnetfeldes kann in Voltsekunden je Windung gemessen und angegeben werden.

Drei Fragen

1. Eine Spule hat eine Induktivität von 10 H und einen Drahtwiderstand von 2000 Ω. Welchen Wert hat ihr Gesamtwiderstand für 50 Hz?

2. Wir wickeln von der Spule die Hälfte der Windungen ab. Welche Werte gelten dann für Induktivität, Drahtwiderstand und Gesamtwiderstand?

3. Eine Spule liegt an Wechselspannung. Das Magnetfeld der Spule hat lediglich 80 % von dem Wert, den es haben soll. Der Wert der Wechselspannung kann nicht erhöht werden. Was ist zu tun?

16. Magnetfeld, Entstehung und weitere Auswirkung

Übersicht

Die Rückwirkung des Magnetfeldes auf den Stromkreis, mit dessen Hilfe das Magnetfeld erzeugt wird, haben wir kennengelernt. Sie wird durch die Induktivität gekennzeichnet.

Nun wollen wir uns das Magnetfeld selbst ansehen, sein Zustandekommen studieren, den Einfluß des Eisens ergründen und dann weitere Auswirkungen des Magnetfeldes kennenlernen — die Kräfte, die es im Zusammenwirken mit Eisenteilen oder stromdurchflossenen Leitern ausübt, und die elektrischen Spannungen, die von Magnetfeldänderungen herrühren.

Amperewindungen und magnetische Spannung

Um einen Eisenkern zu magnetisieren, verwenden wir am besten den elektrischen Strom: Wir umwickeln den Eisenkern so, wie es die Bilder 15.02, 15.07 und 16.01 zeigen, und schicken den Strom durch die Wicklung. Diese besteht selten aus einer, öfter aus wenigen und meist aus vielen gleichsinnigen Windungen.

Das Magnetfeld bildet sich um so kräftiger aus, je höher Stromwert und Windungszahl sind. Ob wir um den Eisenkern 4 A zehnmal oder 0,4 A hundertmal oder 20 mA zweitausendmal herumfließen lassen, bleibt in der Wirkung dasselbe. Daher sprechen die Elektrotechniker hinsichtlich des Magnetfeldes statt vom Strom häufig von den A m p e r e w i n d u n g e n (A · w), wobei z. B. 2 A bei 75 Windungen 2 A · 75 Windungen = 150 A · w bedeuten.

Bild 16.01:

Eine Spule mit einem zylindrischen Eisenkern. Er wird von der Spule so umschlossen, daß er aus der Spule oben und unten herausragt. Vergleiche hierzu Bild 15.07 und 16.02.

B e i s p i e l : Wir schließen eine Spule mit einem Drahtwiderstand von 1000 Ω an eine Gleichspannung von 110 V an. In dieser Spule ergibt sich ein Strom von 110 V : (1000 Ω) = 0,11 A.

Bei 9000 Spulenwindungen fließen die 0,11 A in der Spulenwicklung 9000mal herum. Ein in die Spule hineingesteckter Eisenkern (Bild 16.01) wird somit 9000mal von den 0,11 A umflossen und steht hierbei unter dem Einfluß von

9000 Windungen × 0,11 A = 990 Amperewindungen.

Hier eine Zwischenbemerkung: Man spricht in der elektrotechnischen Praxis viel von Amperewindungen. Deshalb wird dieser Ausdruck hier ebenfalls verwendet. Man kürzt Amperewindungen meistens mit AW ab. Das soll hier nicht geschehen. In diesem Buch wird statt dessen A · w gesetzt, wobei, wie in der Praxis üblicherweise, w als Formelzeichen für die Windungszahl auftritt. Im Hinblick auf die Amperewindungen ist das genormte Formelzeichen N für die Windungszahl nicht zu empfehlen.

Die „Amperewindungen" wirken magnetisierend. Sie spielen für das magnetische Feld der Spule dieselbe Rolle wie die Urspannung der Stromquelle für den elektrischen Strom. Sie stellen den Wert der **magnetischen Urspannung** dar.

Mit dem Wert des Magnetfeldes haben wir bereits Bekanntschaft gemacht. Jetzt haben wir mit dem Wert der magnetischen Spannung den zweiten das Magnetfeld insgesamt kennzeichnenden Wert. Das entspricht genau dem, was wir über das Strömungsfeld und das elektrische Feld wissen. Hier eine kleine Zusammenstellung, in der für das Magnetfeld eine „Spule" mit nur einer einzigen Windung vorausgesetzt ist.

Art des Feldes	Wert des Feldes	z. B. in	Wert d. Spannung	z. B. in
Strömungsfeld	Elektrischer Strom	A	Elektrische Spannung	V
Elektrisches Feld	Strom × Zeit	A · s	Elektrische Spannung	V
Magnetisches Feld	Spannung × Zeit	V · s	Elektrischer Strom	A

Nord- und Südpol als Magnetpole

Der Wert des Magnetfeldes, das sich unter dem Einfluß der Amperewindungen ausbildet, wird durch das Vorhandensein eines Eisenkernes (Bilder 16.01 und 16.02) wesentlich erhöht. Die Enden des

Bild 16.02:
Die Anordnung nach Bild 16.02 im Schnitt mit dem von dem Spulenstrom bewirkten Magnetfeld.

Bild 16.03:
Beziehung zwischen Stromrichtung und Magnetfeldrichtung.

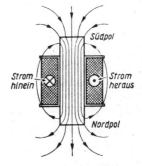

Eisenkernes, die die dabei stärksten Auswirkungen des Magnetfeldes zeigen, in deren Nachbarschaft also die Felddichte am größten ist, werden „Pole" genannt. Die Magnetfeldrichtung kennzeichnet man dadurch, daß man zwischen Nordpol und Südpol unterscheidet (Bild 16.03).

Die Bezeichnungen „Nordpol" und „Südpol" sind von den Dauermagneten übernommen. Die Verschiedenheit der Pole wird damit offenbar, daß gleichnamige Pole (z. B. der Nordpol eines Magneten und der Nordpol eines anderen Magneten) einander abstoßen, während ungleichnamige Pole (z. B. der Nordpol eines Magneten und der Südpol eines anderen Magneten) einander anziehen.

Erhöhen wir den Stromwert, indem wir die Spule z. B. an 150 V statt an 110 V legen, so bekommt mit dem Strom auch das Magnetfeld einen höheren Wert. Polen wir den Strom um, so ändern wir damit ebenfalls das Vorzeichen des Magnetfeldes. Der Nordpol wird zum Südpol und der Südpol zum Nordpol.

Wie in den Anordnungen von Bild 16.01 und Bild 16.02, macht man auch sonst im Zusammenhang mit Magnetfeldern von Eisenkernen Gebrauch.

Übrigens: Der magnetische Nordpol der Erde befindet sich nahe dem geographischen Südpol, während der magnetische Südpol beim geographischen Nordpol liegt.

Bedeutung des Eisenkernes

Der Eisenkern erfüllt zwei Aufgaben: Er ermöglicht kräftige Magnetfelder und faßt die Felder zusammen. Beides wird dadurch möglich, daß das Magnetfeld im Eisen weit leichter zustande kommt als in Luft oder in all den anderen Stoffen, die nicht so wie das Eisen magnetisierbar sind. (Ähnlich wie Eisen verhalten sich in dieser Hinsicht nur noch Nickel und Kobalt und verschiedene Legierungen sowie auch manche Oxydgemische [Ferrite, s. S. 235]. Diese hier genannten Stoffe sind ,wie später erläutert, gewissermaßen aus drehbaren Elementarmagneten aufgebaut.)

Streufelder

Die Magnetfelder beschränken sich nie völlig auf die zugehörigen Eisenkerne. Zumindest schwache Anteile davon bilden sich auch in deren Umgebung aus. Diese Anteile nennt man „Streufelder". Magnetische Streufelder sind für elektrische Transformatoren und Maschinen meist unerwünscht. Dort, wo das Magnetfeld einen Luftspalt zu durchsetzen hat, ist es nicht als Streufeld aufzufassen!

Feldrichtung und Stromrichtung

Magnetfelder stellen wir mit Linien dar, deren Verlauf mit der Ordnung der Eisenfeilspäne (Bild 16.02) übereinstimmt. Diese Linien (Bild 16.03) heißen „F e l d l i n i e n". Sie verlaufen von dem einen Pol eines magnetisierten Eisenstückes nach seinem anderen Pol, um sich im Eisen zu schließen. Die Verschiedenheit beider Pole kennzeichnet man im Feldlinienbild durch die Feldlinien r i c h t u n g. Man hat vereinbart, daß die **Feldlinienrichtung** a u ß e r h a l b des magnetisierten Eisens oder des Magneten v o m N o r d p o l n a c h d e m S ü d p o l geht (Bild 16.03).

Wie Strom- und Feldrichtung zueinander in Beziehung stehen, machen wir uns an Hand der Bilder 16.04 und 16.05 klar. Bild 16.04 veranschaulicht einen mit Wicklung versehenen Eisenkern, der aus zwei durch ein „**Joch**" miteinander verbundenen „**Schenkeln**" und einem „**Anker**" gebildet ist. In Bild 16.05, das dieselbe Anordnung zeigt, ist die Wicklung im Schnitt gezeichnet und das Magnetfeld mit einer einzigen Linie dargestellt. In die Windungsquerschnitte

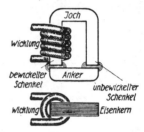

Bild 16.04:
Da Strom und Magnetfeld bestimmte Richtungen haben, muß zwischen Stromrichtung und Magnetfeldrichtung eine feste Beziehung bestehen. Diese Beziehung soll an der hier in Seitenriß und Grundriß dargestellten Anordnung betrachtet werden.

sind über Eck gestellte Kreuze und Punkte eingetragen. Damit werden die Stromrichtungen angedeutet. Das Kreuz, das seinen Ursprung in den Federn eines Pfeiles hat, gibt an, daß der Strom

Bild 16.05:
Die Wicklung der Anordnung nach Bild 16.04 ist hier im Schnitt gezeichnet, was das Eintragen der Stromrichtungen ermöglicht. Das Kreuz bedeutet die Stromrichtung vom Beschauer weg, also in die Zeichenebene hinein, der Punkt die Stromrichtung zum Beschauer hin, also aus der Zeichenebene heraus.

in die Zeichenebene, also vom Beschauer weg, fließt. Der Punkt, der eine Pfeilspitze darstellt, bezeichnet die Stromrichtung auf den Beschauer hin, also aus der Zeichenebene heraus. Der linke Schenkel des Eisenkernes wird somit — von oben gesehen — im Uhrzeigersinn vom Strom durchflossen, wobei das Feld nach unten gerichtet ist.

Es gilt allgemein: B l i c k e n w i r i n R i c h t u n g d e s m a g n e t i s c h e n F e l d e s , s o e n t s p r i c h t d i e (k o n v e n t i o n e l l e) S t r o m r i c h t u n g d e m U h r z e i g e r s i n n.

Bild 16.06:
Ein mit einem isolierten Leitungsdraht umwickelter, aus Blechen geschichteter Eisenkern.

B e i s p i e l : Wollen wir, daß das untere Ende des in Bild 16.06 dargestellten Eisenkernes ein Nordpol wird, so müssen wir den Strom am oberen Wicklungsende zu- und am unteren Wicklungsende abfließen lassen. In diesem Fall wird der Eisenkern — von oben gesehen — der konventionellen Stromrichtung gemäß im Uhrzeigersinn umflossen.

Wir haben zu beachten, daß es sich hierbei stets um die konventionelle Stromrichtung und nicht um die ihr entgegengesetzte Bewegungsrichtung der Elektronen handelt!

Bild 16.07 veranschaulicht einen weiteren Fall. Der Strom umfließt den rechten Schenkel des Eisenkernes — von oben gesehen — im Uhrzeigersinn. Folglich muß das Magnetfeld im rechten Schenkel von oben nach unten gerichtet sein. Der Strom durchfließt, wie das Kreuz andeutet, den Eisenkern in der Blickrichtung. Wir sehen, daß das zugehörige Magnetfeld dem Uhrzeigersinn gemäß gerichtet ist.

Bild 16.07:

Ein U-Eisenkern mit einem Anker. Zwischen jeweils einem Pol des U-Kernes und der ihm gegenüberstehenden Fläche des Ankers befindet sich ein Luftspalt. Der Eisenkern ist mit einer Windung des eingezeichneten Kabels verkettet. Der Strom durchfließt das Fenster des Eisenkernes für den Aufriß in der Blickrichtung des Beschauers. Die Magnetfeldrichtung entspricht dem Uhrzeigersinn. Im Grundriß betrachtet umfließt der Strom den rechten Eisenschenkel im Uhrzeigersinn. Die Feldrichtung entspricht im rechten Schenkel der Blickrichtung.

Es gilt also auch: B l i c k e n w i r i n R i c h t u n g d e s S t r o m e s , s o e n t s p r i c h t d i e F e l d r i c h t u n g d e m U h r z e i g e r s i n n.

Bild 16.08 zeigt einen Eisenkern, durch dessen „Fenster" ein einzelner stromdurchflossener Leiter geht. Obwohl wir in Bild 16.08 nichts davon erkennen, handelt es sich hier ebenfalls um eine Windung. Der Stromkreis muß nämlich stets in sich geschlossen sein.

Bild 16.08:

Dieser Eisenkern ist ebenso wie der von Bild 16.07 mit einer Windung verkettet. Es hat somit im Hinblick auf das sich im Eisen ausbildende Magnetfeld keinen Zweck, das Kabel, das nur einmal durch das Fenster des Kernes hindurchgeht, nach Bild 16.07 anzuordnen. Die magnetische Spannung (Amperewindungszahl), die für das der mittleren Feldlinie gemäß im Eisenkern auftretende Magnetfeld maßgebend ist, würde damit nicht erhöht.

Dabei hat die Lage des äußeren Windungsteiles für das Magnetfeld, wie es im Eisenkern durch die mittlere Feldlinie (Bilder 16.07 und 16.08) dargestellt ist, keine Bedeutung. Die Feldrichtung ist durch die Richtung bestimmt, in der der Strom das Fenster des Eisenkernes durchfließt.

Überblicken wir die Bilder 16.05, 16.07 und 16.08 nochmals, so wird uns klar, weshalb man sagt, Strom und zugehöriges Magnetfeld sind miteinander **verkettet**. Beide sind in sich geschlossen und hängen in der Tat wie Kettenglieder zusammen.

Magnetisierbare Materialien

In Eisen und auch in Nickel und Kobalt, kurz, in allen „ferromagnetischen" Stoffen, bilden sich die Magnetfelder wesentlich stärker aus als z. B. in Luft oder Pertinax oder Messing. Gehen wir der Ursache dieses verschiedenen Verhaltens der Stoffe nach, so stoßen wir darauf, daß in allen Stoffteilchen Elektronen umlaufen. In den ferromagnetischen Stoffen laufen die Elektronen in den einzelnen Stoffteilchen gleichsinnig um. Damit stellen diese kleine Elektromagnete **(Elementarmagnete)** dar. Der Ausdruck „ferromagnetisch" kommt von Ferrum, dem lateinischen Wort für Eisen.

Ähnlich dem Eisen verhalten sich auch manche Oxydgemische. Diese bezeichnet man als **Ferrite** oder als **ferrimagnetische Werkstoffe**. Ferro- und ferrimagnetische Stoffe bezeichnet man zusammenfassend als **magnetisierbare Materialien**.

 Bild 16.09:
Die Elementarmagnete liegen im unmagnetisierten Eisen so, daß sich die Magnetfelder im Innern des Eisens schließen.

Bild 16.10:
Die Elementarmagnete sind im magnetisierten Eisen in gleiche Richtung gedreht. Das Magnetfeld schließt sich außerhalb des Eisens.

Im unmagnetisierten Eisen schließen sich die Magnetfelder der einzelnen Teilchengruppen gegenseitig auf den kürzesten Wegen, wobei diese Teilchengruppen die zugehörigen Lagen einnehmen und demgemäß gegeneinander verdreht sind (Bild 16.09).

Die Magnetisierung und die Magnetisierungskurve

Wird ein Kern aus magnetisierbarem Material von Strom umflossen, so werden dadurch seine einzelnen Elementarmagnete veranlaßt, sich gleichzurichten (Bild 16.10). Wir wollen sehen, wie das mit wachsendem Magnetisierungsstrom vor sich geht. Dazu denken wir uns einen in sich geschlossenen, mit einer Wicklung versehenen Eisenkern (Bild 16.11). Der Wert des Spulenstromes werde von Null aus allmählich erhöht (Bild 16.12).

Der Wert des Magnetfeldes nimmt hierbei anfangs nur wenig zu, weil unter dem Einfluß des zunächst schwachen Spulenstromes vorerst nur die am leichtesten drehbaren Elementarmagnete ihre

Richtungen ändern. Dann werden immer mehr dieser Magnete beeinflußt, so daß mit weiter steigendem Strom die Dichte des Magnetfeldes stärker wächst. Allmählich aber stimmen auch die Richtungen der schwerer zu drehenden Elementarmagnete so ziemlich mit der

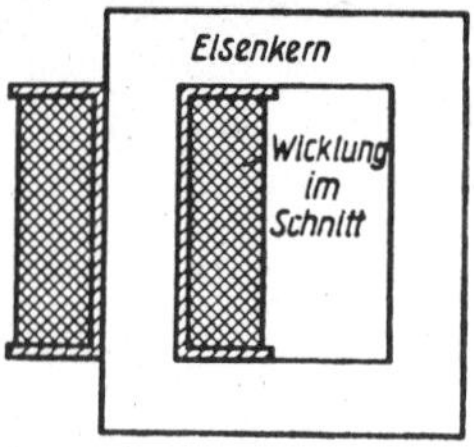

Bild 16.11:
Ein (in sich) geschlossener Eisenkern mit einer (im Schnitt dargestellten) Wicklung.

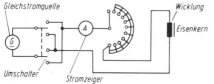

Bild 16.12:
Schaltung zum Magnetisieren eines Eisenkernes.

den Amperewindungen des Spulenstromes entsprechenden Richtung überein. Die weitere Drehung geht nun nicht mehr so leicht vor sich und bringt auch nicht mehr die starke zusätzliche Auswirkung. Die Magnetfelddichte nimmt also mit wachsendem Strom weiterhin weniger stark zu (Sättigung). Bild 16.13 zeigt diesen Zusammenhang.

Bild 16.13:
Eine Magnetisierungskennlinie. Man erhält sie, indem man den Wert des Magnetfeldes oder der Felddichte abhängig von dem Strom oder abhängig von den Amperewindungen oder von den Amperewindungen je cm Feldlinienlänge im Eisen aufträgt.

Für die Magnetisierungskurve statt Feldwert und magnetische Spannung Felddichte und Spannungsgefälle

In Bild 16.13 ist der Wert des Feldes abhängig von dem Strom aufgetragen. Mit dem Wert des Feldes ist aber der Eisenquerschnitt verknüpft, der jedesmal einen anderen Wert haben kann. Und der Strom hängt in seiner Auswirkung mit der speziellen Windungszahl der Spule sowie mit der immer wieder anderen mittleren Feldlänge im Eisenkern zusammen. Die Magnetisierungskurve soll von all dem frei sein und sich lediglich auf das jeweilige Eisen beziehen.

Der Einfluß des Eisenquerschnittes wird dadurch ausgeschaltet, daß man den Wert des Feldes auf die Flächeneinheit des Eisenquerschnittes bezieht. So bekommt man statt den Wert des Feldes die Felddichte. Dabei besteht der Zusammenhang:

$$\text{Felddichte} = \frac{\text{Wert des Feldes (im Eisen)}}{\text{Eisenquerschnitt}}$$

236

Ein Maß für den Wert des Magnetfeldes kennen wir schon: die Voltsekunde (je Windung). Als Maß für den Eisenquerschnitt hat man Quadratmeter. Mit ihm erhält man aus der Voltsekunde als Einheit der Felddichte V · s/m² bzw. als Einheit für die magnetische Flußdichte oder Induktion nach einem Physiker benannt: das **Tesla** (T).

$$1 \text{ T} = 1 \text{ V} \cdot \text{s/m}^2$$

Früher wurde als Einheit für die Dichte des Magnetfeldes auch das **Gauß** (G) verwendet. Es ist

$$1 \text{ G} = 10^{-4} \text{ T}, \qquad 1 \text{ T} = 10\,000 \text{ G}$$

Die Spulenwindungszahl und die mittlere Feldlänge lassen wir außer acht, indem wir statt des Stromes die Amperewindungen je Einheit der Eisenweglänge verwenden. Somit ist A · w/m eine Maßeinheit des magnetischen Spannungsgefälles, also der magnetischen Urspannung (s. S. 231) je Längeneinheit des Feldverlaufes. Man kann diese auch in A · w/cm ausdrücken.

Magnetisierungskurven mit Tesla und A · w/cm

Mit den Tesla und den A · w/cm erhalten wir an Stelle einer Darstellung nach Bild 16.13 eine Kennlinie, wie sie in Bild 16.14 zu sehen ist. Dort wurde der Strom vom Wert Null bis auf einen Wert erhöht, zu dem 5,5 A · w/cm gehören.

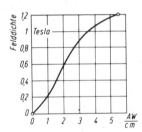

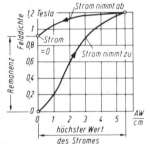

Bild 16.14:
Zunächst unmagnetisiertes Eisen mittels einer stromdurchflossenen Wicklung nach und nach zunehmend magnetisiert.

Bild 16.15:
Nach Erreichen einer Felddichte von 1,2 Tesla (Bild 16.14) wird der Wert des Stromes wieder auf Null herabgesetzt.

Wenn wir nun den Stromwert und damit die A · w/cm von dem Wert 5,5 A · w/cm ausgehend herabsetzen, nimmt die Felddichte nicht in demselben Maß ab, wie sie zuvor angestiegen ist. Ein Teil der Elementarmagnete dreht sich nämlich nicht von selbst zurück. Infolgedessen bleibt ein Restfeld übrig (Bild 16.15). Man nennt die Restfelddichte „Remanenz" und spricht so von „**remanentem Magnetismus**" („remanent" heißt „zurückbleibend").

Hysteresisschleife

Nun polen wir die Stromzuleitungen um und erhöhen den Betrag des Stromes. Damit wachsen die A · w/cm im entgegengesetzten Sinn wie zuvor an. Sie müssen demgemäß jetzt im Kennlinienbild vom Nullpunkt aus nach links gezählt und aufgetragen werden. Mit den gegenwirkenden A · w/cm wird die Magnetfelddichte weiter vermindert und erreicht so bei einer bestimmten Zahl von A · w/cm den Wert Null (Bild 16.16). Dieser Spannungsgefällewert, der nötig ist, um das Feld zum Verschwinden zu bringen, stellt ein Maß für die Kräfte dar, die die Elementarmagnete am Zurückdrehen hindern. Diese Kräfte werden in ihrer Gesamtheit — gemessen aber in der Art des eben genannten A · w/cm — Koërzitivkraft genannt (Bild 16.16).

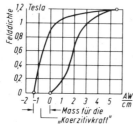

Bild 16.16:

Der Strom wird nun in entgegengesetzter Richtung wie zuvor durch die Spule geschickt und so weit erhöht, bis er das Restfeld im Eisen gerade zum Verschwinden bringt.

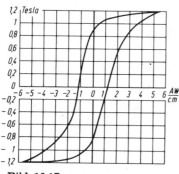

Bild 16.17:
Die vollständige Magnetisierungsschleife. Sie wird „durchlaufen", wenn man den Strom nun weiterhin zwischen einem positiven und einem ebenso hohen negativen Wert ändert.

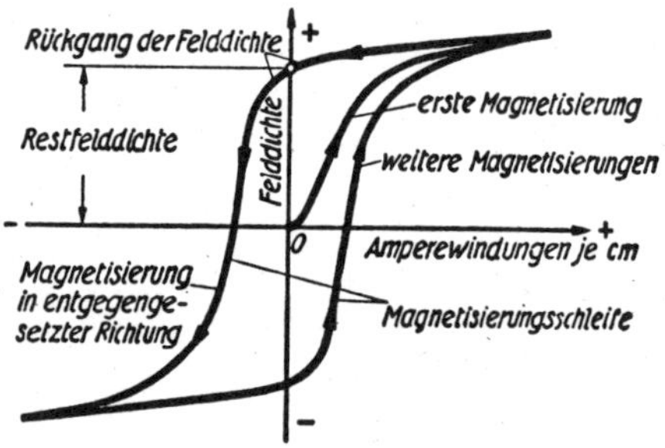

Bild 16.18:
Die „jungfräuliche Kurve" oder „Neukurve" (erste Magnetisierung) und eine zugehörige Magnetisierungsschleife für magnetisch ziemlich „weiches" Eisen. Die Pfeile deuten an, wie die Kennlinien durchlaufen werden.

Wir erhöhen jetzt den Betrag des magnetischen Spannungsgefälles (der neuen Stromrichtung gemäß) soweit, bis der Wert 5,5 A · w/cm erreicht ist. So ergibt sich der linke untere „Ast" des Kurvenzuges von Bild 16.17.

238

Jetzt werde der Strom wieder bis auf Null geschwächt und dann mit entgegengesetzter Polung wieder erhöht. Dazu gehört der rechte „Ast" der in Bild 16.17 gezeigten „Magnetisierungsschleife".

Einen solchen in sich geschlossenen Kurvenzug, der den Zusammenhang zwischen Dichte und Spannungsgefälle des Magnetfeldes für ein bestimmtes magnetisierbares Material veranschaulicht, nennt man meistens **Hysteresisschleife**. (Das Wort „Hysteresis" bedeutet etwa: Fortdauer einer Wirkung nach Aufhören der Ursache.)

Ändern wir den Strom weiterhin zwischen den beiden höchsten Werten, die den Endpunkten der Magnetisierungsschleife von Bild 16.17 entsprechen, so wird diese Schleife immer wieder von neuem „durchlaufen" (Bild 16.18).

Die von der Schleife umschlossene Fläche fällt für dasselbe Eisen (bei Änderung der Schleifenform) um so größer aus, je höher die Beträge der Ströme und mit ihnen die der A · w/cm sind, zwischen denen man ändert. Die Schleife wird (in ihrem Mittelteil) um so breiter, je schwerer drehbar die Elementarmagnete des jeweiligen Eisens gelagert sind (höhere Koërzitivkraft).

Dauermagnete und die Kennlinien ihrer Materialien

Ein „Dauermagnet" oder „Permanentmagnet" besteht aus einem Material mit hoher Koërzitivkraft (Bild 16.19). Besser als die früher hierfür üblichen Stähle mit Wolfram- oder Chrom-Zusatz sind die neueren Legierungen, die neben Eisen z. B. Aluminium, Nickel und Kobalt enthalten (**ALNI-** und **ALNICO-Magnete**). Mit diesen

Bild 16.19:
Eine vollständige Magnetisierungsschleife für Dauermagnetstahl. Diese Schleife ist wesentlich breiter als eine mit gleichen Maßstäben für weiches Eisen aufgetragene Schleife.

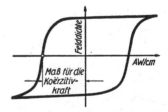

Bild 16.20:
Der linke obere Ast der Hysteresisschleife für einen Dauermagnetstahl. Hoher remanenter Magnetismus und große Koërzitivkraft zeichnen diesen Stahl aus. Wichtiger noch als jeder dieser beiden Werte ist die Kennlinie des Produktes aus Tesla und A/m (Bild 16.21) für die Beurteilung des Magnetstahles. Beispiel für das Gewinnen eines Punktes der Kennlinie von Bild 16.21. 240 A/cm ist 1 T zugeordnet. Das zu 240 A/cm gehörende Produkt beträgt somit 240 × 1 A/cm × T.

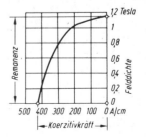

Legierungen lassen sich ebenso wie mit Ferrit-Dauermagnetmaterialien sehr starke Magnete bei geringem Gewicht herstellen.

Magnetisierbare Materialien mit hoher Koërzitivkraft wie die Dauermagnet-Werkstoffe, bezeichnet man als **hartmagnetisch.** Die magnetisierbaren Materialien mit geringer Koërzitivkraft nennt man hingegen **weichmagnetisch.**

Besonders kräftig wird der zurückbleibende Magnetismus, wenn man diese Materialien in der für die später vorgesehene Feldrichtung schon während der Herstellung, und zwar beim Abkühlen, stark magnetisiert. Die so behandelten Stücke werden als „Magnete mit Vorzugsrichtung" gekennzeichnet. Das soll besagen, daß diese Stücke nur entweder in derselben oder in der entgegengesetzten Richtung magnetisiert werden sollen, in der sie beim Abkühlen magnetisiert wurden. Würde man sie quer zu dieser Richtung magnetisieren, so ergäben sich damit wesentlich schlechtere magnetische Eigenschaften.

Bild 16.20 enthält die Kennlinie eines Magnetstahles mit Vorzugsrichtung („**örstit 300**"). Diese Kennlinie entspricht dem Kurvenstück, das von Bild 16.15 auf Bild 16.16 hinzugekommen ist. Zu der Kennlinie von Bild 16.20 gehören ein remanenter Magnetismus mit einer Felddichte von 1,15 T und eine Koërzitivkraft von 500 A · w/cm.

Früher kannte man noch das „**Örsted**" (Ö).

$$1 \text{ A} \cdot w/\text{cm} \approx 1{,}25 \text{ Ö};$$

$$1 \text{ Ö} \approx 0{,}8 \text{ A} \cdot w/\text{cm}$$

Für ein Verwerten der Dauermagnet-Werkstoffe ist nicht die Koërzitivkraft oder die Remanenz allein maßgebend, sondern das Produkt aus Felddichte in Tesla und magnetischem Spannungsgefälle in A · w/cm. Dieses Produkt wird für die Werte von Bild 16.20 in Bild 16.21 dargestellt.

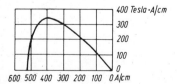

Bild 16.21:
Die Kennlinie des Produktes aus Tesla und A · w/cm. Aus dieser Kennlinie geht hervor, daß man am günstigsten mit etwa 400 A · w/cm, also mit rund 0,8 T im Magnetmaterial arbeitet.

Der magnetische Kreis und seine Berechnung

Wir betrachten Bild 16.11. Dort sehen wir einen in sich geschlossenen Eisenkern mit einer Spule. Durch die Spule wird, wenn im Eisen ein Magnetfeld entstehen soll, ein Strom geschickt. Die Amperewindungen der Spule wirken dann für den durch den Eisenkern dargestellten magnetischen Kreis wie die Urspannung einer Stromquelle für den zugehörigen Stromkreis.

Bei den Anordnungen nach Bild 16.04 bzw. Bild 16.05 sowie den Bildern 16.07 und 16.08 sind in den sonst mit Eisen und aufgebauten magnetischen Kreis zwei Luftstrecken eingefügt, die das Feld durchdringen muß. Die beiden Luftspalte liegen hier in Reihe.

Jede Unterbrechung des für das Magnetfeld vorhandenen Eisenweges bezeichnen wir in diesem Sinne als „Luftspalt", selbst wenn sie mit Isolierstoff oder bei gleichstromumflossenen Eisenkernen mit einem nicht ferromagnetischen Leiter — z. B. mit Messing — ausgefüllt ist.

In elektrischen Maschinen besteht zwischen Läufer und Ständer im wörtlichen Sinn ein Luftspalt, der vom Magnetfeld der Maschine durchsetzt wird.

Für den Luftspalt wird meist der Hauptteil der „magnetisierenden" Amperewindungen verbraucht. Wir können die für das Eisen notwendigen Amperewindungen gelegentlich außer acht lassen. Das gilt für Felddichten im Eisen von nicht mehr als ungefähr 1 Tesla, wenn die Feldlinienlänge im Luftspalt etwa 1 % der Feldlinienlänge im Eisen übersteigt.

Der Zusammenhang zwischen Felddichte (in Tesla) und Amperewindungen je Zentimeter Feldweglänge (d. h. dem magnetischen Spannungsgefälle) ist für Luft gegeben mit:

Felddichte in Tesla =

$$1{,}25 \cdot 10^{-4} \frac{\text{Tesla}}{\text{A} \cdot w/\text{cm}} \times \text{magnetisches Spannungsgefälle in A} \cdot w/\text{cm}$$

Nun ein B e i s p i e l : In dem Luftspalt eines Eisenkernes von 1 mm Länge (in Feldrichtung gemessen) soll eine Felddichte von 1 Tesla erzeugt werden. Nehmen wir zunächst einmal an, die auf das Eisen entfallenden Amperewindungen seien zu vernachlässigen. Dann brauchen wir für eine Felddichte von 1 Tesla in dem Luftspalt ein magnetisches Spannungsgefälle von $1 : (1{,}25 \cdot 10^{-4})$ = 8000 Amperewindungen je cm. Da hier der Gesamtweg des Feldes in Luft mit 1 mm = 0,1 cm gegeben ist, bedeuten in diesem Fall 8000 Amperewindungen je cm nur $(8000 \text{ A} \cdot w/\text{cm}) \cdot 0{,}1 \text{ cm} = 800$ Amperewindungen.

Dazu kämen in der Praxis noch die Amperewindungen für das Eisen. Wir wollen die Gesamtamperewindungen, die nötig sind, auf

1200 schätzen. Die Wicklung soll nun an einer Gleichspannung von 220 V eine Leistung von 11 W verbrauchen. Das gibt einen Strom von 11 000 mW : 220 V = 50 mA. Bei 50 mA gehören zu 1200 Amperewindungen 1200 × 1000 mA · w : (50 mA) = 24 000 Windungen.

Noch ein B e i s p i e l : Bild 16.22 zeigt einen Eisenkern mit einem Luftspalt und einer Spule. Der Luftspalt hat eine Länge von 2,5 mm. Im Luftspalt soll eine Felddichte von 1,1 Tesla vorhanden sein. Die Amperewindungen für den Luftspalt sind zu berechnen. Außerdem sind die Amperewindungen für das Eisen allein zu bestimmen, und zwar auf Grund der Magnetisierungskurve von Bild 16.23.

Zu 1,1 Tesla im Luftspalt gehören:

$$1{,}1 \text{ T}: \left(1{,}25 \cdot 10^{-4} \; \frac{\text{T}}{\text{A} \cdot w/\text{cm}} \right) = 8800 \; \frac{\text{A} \cdot w}{\text{cm}}$$

Für 2,5 mm oder 0,25 cm brauchen wir bei 8800 A · w/cm nur

0,25 cm × 8800 A · w/cm = 2200 A · w.

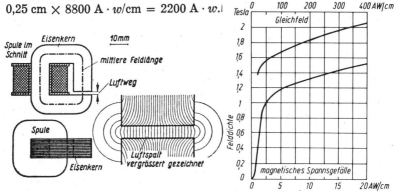

Bild 16.22:
Magnetfeld und Feldlinienlänge bei einem Eisenkern mit Luftspalt.

Bild 16.23:
Gleichstrom - Magnetisierungskennlinie.

Wie in Bild 16.22 rechts unten veranschaulicht, quillt das Magnetfeld über die Luftspaltränder hinaus, so daß die Felddichte im Eisen etwas größer ausfällt als die größte Felddichte im Luftspalt. Zu den 12 Feldstreifen im halben Luftspalt selbst kommen noch 4 Feldstreifen hinzu. Dasselbe gilt für die Richtung senkrecht zur Zeichenebene. Die Felddichte im Eisen ist somit:

$$\frac{(12 + 4) \times (12 + 4)}{12 \times 12} = \frac{256}{144} = \text{rund } 1{,}8\text{mal so groß}$$

wie die mittlere Felddichte im Luftspalt.

Das gibt hier für das Eisen 1,1 Tesla × 1,8 = rund 2 Tesla. Dazu gehören gemäß Bild 16.23 etwa 350 A · w/cm. Die mittlere Eisen-

weglänge beträgt entsprechend Bild 16.22 rund 9 cm. Daraus folgt:
9 cm × 350 A · w/cm = rund 3100 A · w.

Hier überwiegen — trotz des verhältnismäßig großen Luft-spaltes — die Eisen-Amperewindungen. Das erklärt sich aus der großen Felddichte im Eisen.

Zusammenhänge sowie verschiedene, zum Teil antike Bezeichnungen und Maßeinheiten

Wir kennen vom Magnetfeld bereits:
1. die beiden das Magnetfeld als Ganzes kennzeichnenden Werte, nämlich
   - den Magnetfeldwert, z. B. mit der Einheit Voltsekunden je Win-dung und
   - den Wert der magnetischen Spannung, z. B. mit der Einheit Am-perewindung,
2. die zwei das Magnetfeld an jedem einzelnen Punkt charakterisie-renden Werte:
   - die Magnetfelddichte, für die wir als Maße die Voltsekunde je Windung und cm² sowie das Tesla kennengelernt haben, und
   - das magnetische Spannungsgefälle, für das wir als Einheit die Amperewindung je cm benutzten.

Nun wollen wir uns zunächst noch mal um den Wert des Feldes und seinen Zusammenhang mit der Felddichte beschäftigen:

Hierzu greifen wir auf Bild 16.03 zurück. Dort ist das Feld mit Feldlinien veranschaulicht. Diese verlaufen in sich geschlossen — ebenso wie der Strom in einem Stromkreis. (In Bild 16.03 können wir den in sich geschlossenen Verlauf nur teilweise erkennen, weil dort nur ein Ausschnitt aus dem Feld dargestellt ist.)

Die Zahl der Linien ließe sich als Maß für den Wert des Feldes verwenden, vorausgesetzt, daß die Felddarstellung durch Feldlinien in einheitlicher Weise erfolgte. So war es üblich, den Wert des Feldes in Feldlinien anzugeben. Man sagte z. B., ein Feld habe einen Wert von 200 000 Feldlinien. Die Feldlinie wurde somit als Einheit des Feldwertes verwendet. Statt „Feldlinie" war bei gleicher Bedeutung auch der Name des Physikers **Maxwell** in Gebrauch. 200 000 Feld-linien sind somit dasselbe wie 200 000 Maxwell.

Wir wollen aber bei V · s/w bleiben:

$$1 \text{ V} \cdot \text{s}/w = 10^8 \text{ Maxwell} = 10^8 \text{ Feldlinien.}$$

Statt Voltsekunde je Windung sagt man auch **Weber**.

Verteilt sich ein Feld gleichmäßig über den gesamten Feldquer-schnitt, so erhält man die Felddichte, indem man den Wert des Fel-des durch den Feldquerschnitt teilt. Hieraus folgt als Maßeinheit für die Felddichte die F e l d l i n i e oder das M a x w e l l j e Q u a -d r a t z e n t i m e t e r , wofür man bei wiederum gleicher Bedeutung auch den Namen des großen Physikers G a u ß setzt. 1 Gauß bedeutet also 1 Maxwell je Quadratzentimeter.

Wir denken immer daran, daß man heute statt Gauß das Tesla verwendet:

$$1 \text{ V} \cdot \text{s}/(w \cdot \text{m}^2) = 1 \text{ T} = 10^4 \text{ Gauß}$$

Das Magnetfeld hängt mit den Amperewindungen in derselben Weise zusammen wie der Strom mit der Spannung. Demgemäß bezeichnet man die in Amperewindungen angegebene Größe mit Recht auch als „m a g n e t i s c h e S p a n n u n g". (Die Amperewindung ist die M a ß e i n h e i t für die magnetische Spannung.)

Statt $A \cdot w$ hatte man früher als Maß für die magnetische Spannung auch das Gilbert:

$$1 \text{ Gb} \approx 0{,}8 \text{ A} \cdot w.$$

Aus der magnetischen Spannung leitet sich das „magnetische Spannungsgefälle" ab, das uns mit seiner Maßeinheit „Amperewindung je Zentimeter" schon bekannt ist: In den Magnetisierungskurven wird die magnetische Felddichte abhängig von dem magnetischen Spannungsgefälle aufgetragen.

Statt $A \cdot w$/cm hat man als Einheit des magnetischen Spannungsgefälles auch das Örsted verwendet:

$$1 \text{ Ö} = 1 \text{ Gb/cm} \approx 0{,}8 \text{ A} \cdot w/\text{cm}.$$

Für den Leser, der sich schon anderweitig mit dem Magnetfeld und den zugehörigen Fachausdrücken beschäftigt hat, wird die folgende Gegenüberstellung nützlich sein. In ihr sind auch die Formelzeichen und Maßeinheiten enthalten.

Formelzeichen	sinngemäße Bezeichnung	andere Bezeichnungen	zweckmäßige Einheiten	alte Einheiten
Φ	Magnetfeldwert	Induktionsfluß Kraftfluß, Fluß magnetischer Fluß	$\text{V} \cdot \text{s}/w$ = Weber	Maxwell = Feldlinie $1 \text{ M} = 10^{-8} \text{ V} \cdot s/w$
V	magnetische Spannung	magnetomotorische Kraft Durchflutung, MMK, Linienintegral der Feldstärke	$A \cdot w$	Gilbert $1 \text{ G} = 0{,}8 \cdot A \cdot w$
B	Magnetfeld-Dichte	Induktion, magnetische Induktion, Liniendichte, Flußdichte	$\dfrac{\text{V} \cdot \text{s}}{w \cdot \text{m}^2}$ = Tesla	Gauß $1 \text{ G} = 10^{-4} \dfrac{\text{V} \cdot \text{s}}{w \cdot \text{m}^2}$
H	magnetisches Spannungsgefälle	magnetische Feldstärke	$A \cdot w/\text{m}$	Örsted $1 \text{ Ö} \approx 0{,}008 \dfrac{A \cdot w}{\text{m}}$

Magnetische Leitfähigkeit

Vom Strömungsfeld her wissen wir, daß die Leitfähigkeit als Verhältnis der Felddichte zum Spannungsgefälle gegeben ist.

Leider nennt man die magnetische Leitfähigkeit meistens noch von alters her „**Permeabilität**".

Das Formelzeichen für die magnetische Leitfähigkeit ist der kleine griechische Buchstabe μ (My), der müh gesprochen wird. Es gilt somit

$$\mu = B : H.$$

Da üblicherweise als Einheiten dienen:

für B entweder Tesla oder $V \cdot s : (w \cdot cm^2)$, wobei
$$1 \text{ T} = 10^{-4} V \cdot s : (w \cdot cm^2),$$

für H in der Technik (abgesehen von Dauermagneten) $A \cdot w/cm$, ergeben sich als Einheiten für μ:

$$V \cdot s : (A \cdot w^2 \cdot cm) \text{ oder } T : (A \cdot w/m)$$

Daß die Permeabilität für das Magnetfeld dieselbe Rolle spielt wie die elektrische Leitfähigkeit für den elektrischen Strom, ersehen wir auch aus folgender Gegenüberstellung:

Elektrisches Strömungsfeld	Magnetisches Feld
Wert der Strömung	Wert des Magnetfeldes
elektrische Spannung	magnetische Spannung
Strömungsdichte	Magnetfelddichte
elektrisches Spannungsgefälle	magnetisches Spannungsgefälle
elektrische Leitfähigkeit	magnetische Leitfähigkeit, Permeabilität

Genaueres über die Permeabilitäten

Wir erinnern uns an die Diëlektrizitätskonstanten ε_0, ε_r und ε. Genauso steht es mit den Permeabilitäten. Auch da gibt es dementsprechend μ_0, μ_r und μ, wobei

$\mu = \mu_0 \cdot \mu_r =$ magnetische Leitfähigkeit, die auch absolute Permeabilität oder kurz Permeabilität heißt,

$\mu_0 =$ (absolute) Permeabilität des leeren Raumes und deshalb auch mit für die Praxis hinreichender Genauigkeit (absolute) Permeabilität der nichtmagnetisierbaren Stoffe = magnetische Leitfähigkeit für die nichtmagnetisierbaren Stoffe

$(\mu_0 \approx 1{,}25 \cdot 10^{-6} \text{ T} : [A \cdot w/m] = 1{,}25 \cdot 10^{-8} V \cdot s : [A \cdot w^2 \cdot cm]),$

μ = Permeabilität irgendeines beliebigen Materials ebenfalls mit der Einheit $1{,}25 \cdot 10^{-6}\,$T : (A $\cdot w$/m) oder der gleichwertigen Einheit $10^{-8} \cdot 1{,}25$ V $\cdot$ s : (A $\cdot w^2 \cdot$ cm),

μ_r = Permeabilitätszahl (relative Permeabilität), reine Zahl, die für den leeren Raum genau 1, für alle nicht magnetisierbaren Stoffe ungefähr gleich 1 und für alle magnetisierbaren Stoffe größer als 1 (bis zu einigen 10 000) ist, wobei eine meistens sehr erhebliche Abhängigkeit vom Wert der Felddichte besteht!

Ein Beispiel für die Abhängigkeit der Permeabilität des Eisens von der Felddichte gibt Bild 16.24.

Mit den Permeabilitätsangaben muß man etwas vorsichtig sein: In technischen Werken beziehen sie sich auf Felddichte und magnetisches Spannungsgefälle. In physikalischen Tabellen werden mitunter als Permeabilitäten nur die Permeabilitätszahlen, d. h. die Zahlen angegeben, die besagen, wievielmal so groß die jeweilige Permeabilität im Vergleich zur Permeabilität des Vakuums ist. Im übrigen hat man sich stets zu überlegen, ob die Angaben für Gleich- oder Wechselmagnetisierung gelten sowie gegebenenfalls zu kontrollieren, ob statt V $\cdot$ s : ($w \cdot$ cm^2) bzw. Tesla und A $\cdot w$/m andere Einheiten zugrunde gelegt sind.

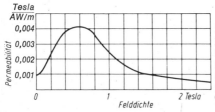

Bild 16.24:
Permeabilitätskennlinie. Beispiel zum Gewinnen eines Punktes: Zu 1,2 Tesla mögen 750 A $\cdot w$/m gehören. Das gibt zu 1,2 Tesla eine Permeabilität von 1,2 T : (750 A $\cdot w$/m) = rund 0,0016 T : (A $\cdot w$/m).

Achtung! Manchen Leuten ist's noch nicht kompliziert genug, die magnetische Leitfähigkeit als Produkt aus μ_r und μ_0 auszudrücken. Sie verwenden, damit man sie möglichst nicht versteht, für μ_0 die Bezeichnungen „Induktionskonstante" oder „magnetische Feldkonstante".

Wechselmagnetisierung

Für Gleichstrommagnetisierung lassen sich nicht unterteilte oder, wie man sagt, „massive" Eisenkerne verwenden. Für Wechselstrommagnetisierung hingegen müssen wir mit unterteilten Eisenkernen arbeiten. Massive Eisenkerne würden hier wie Kurzschlußwindungen wirken. Warum? — Nun, das wird uns erst das folgende Kapitel lehren.

Ein Aufteilen des Eisenkernes erreicht man damit, daß man ihn aus einzelnen Blechen „schichtet". Hierfür nimmt man z. B. Bleche, die gemäß Bild 16.25 ausgestanzt sind. Hiermit hergestellte Blechkerne haben, wie man sagt, drei „Schenkel". Der mittlere Schenkel wird bei der fertigen Drossel von einer Wicklung bzw. bei dem fertigen Transformator von mehreren Wicklungen umschlossen, während die beiden äußeren Schenkel gemeinsam mit den zwei Jochen die magnetische Verbindung der beiden Enden des mittleren Eisenkernes darstellen (Bild 16.26). Damit die Bleche in die Wicklung eingesteckt werden können, muß der mittlere Schenkel von einem der beiden äußeren Joche getrennt sein (Bilder 16.25 und 16.27). Soll sich der „magnetische Widerstand" der Trennfuge (der Stoßfuge) möglichst wenig

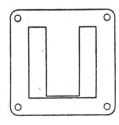 

Bild 16.25:
Ein Blech für das Eisen eines Übertragers oder einer Drossel.
(„M-Schnitt")

Bild 16.26:
Drossel mit einem Kern, der aus Blechen ähnlich denen von Bild 16.25 aufgebaut ist.

auswirken, so schichtet man die Bleche gemäß 16.27 wechselweise. Es gibt aber auch Fälle, in denen man in den Eisenkern einen Luftspalt absichtlich einschalten möchte. In diesen Fällen werden die Bleche gleichsinnig angeordnet, wobei an der Trennstelle im allgemeinen ½ bis 1 mm als Luftspalt ausgestanzt sind.

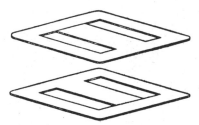 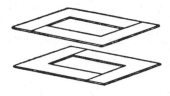

Bild 16.27: Wechselweise Schichtung mit Blechen nach Bild 16.25.

Bild 16.28:
Wechselweise Schichtung von Blechen mit L-Schnitt.

Bild 16.28 zeigt eine zweite, ziemlich häufig benutzte Möglichkeit für die Ausbildung eines aus Blechen geschichteten Kernes. Hierbei besteht der einzelne Blechschnitt aus einem Winkel. Bei diesem Kern wird fast durchweg wechselweise geschichtet, so daß sich die Trennstellen „überlappen".

Die für geschichtete Kerne verwendeten Bleche nennt man **Elektrobleche** oder von früher her noch Dynamobleche. Solche Bleche gibt es **heißgewalzt** und **kaltgewalzt**, mit und ohne Vorzugsrichtung. Die **Vorzugsrichtung**, für die die magnetischen Eigenschaften besonders gut sind, ergibt sich etwas bereits beim gewöhnlichen Kaltwalzen und im Höchstmaß mit einem speziellen Kaltwalzverfahren.

Verluste bei Wechselmagnetisierung

Auch in aus Blechen geschichteten Kernen ergeben sich bei Wechselmagnetisierung Verluste. Diese verschlechtern die Eigenschaften der Spulen, Transformatoren und Maschinen: Die Verlustleistung vermindert den Wirkungsgrad und verwandelt sich überdies in meist recht unerwünschte Wärme.

Die „**Eisenverluste**", d. h. die Verlustleistung, die bei Wechselmagnetisierung des Eisens aufzubringen ist, gliedert sich in:

Ummagnetisierungsverluste (Hysteresisverluste) und
Wirbelstromverluste (Verluste infolge von Wirbelströmen in den Blechen).

Die **Ummagnetisierungsverluste** sind durch die Reibung bedingt, die die Drehung der Elementarmagnete behindert. Für Wechselmagnetisierung muß man demgemäß „**magnetisch weiches**" Eisen verwenden.

Die **Wirbelstromverluste** rühren daher, daß durch die Wechselmagnetisierung Spannungen entstehen, die in den einzelnen Blechen „Wirbelströme" hervorrufen (siehe das folgende Kapitel). Diese Verluste hält man gering durch Legieren des Eisens mit Silizium: Das Silizium erhöht den spezifischen Widerstand des Eisens und drückt so die Wirbelströme auf geringere Werte hinunter.

Man unterscheidet vielfach noch vier Grade der Legierung. Diese werden mit römischen Zahlen voneinander unterschieden. Der Siliziumgehalt steigt mit der Zahl. Seit längerer Zeit verwendet man neben den früher warmgewalzten Blechen, wie bereits angedeutet, in steigendem Maße kaltgewalzte Bleche. Diese weisen vor allem bei Anwenden eines speziellen Verfahrens eine Vorzugsrichtung auf, für die die Permeabilität besonders hoch ist und die Verluste recht gering ausfallen.

Die gesamten Eisenverluste wachsen ungefähr mit dem Quadrat der Felddichte (also zur doppelten Felddichte etwa vierfache Verluste). Sie steigen außerdem mit der Frequenz, und zwar etwa verhältnisgleich bis quadratisch mit ihr. Es ist üblich, die zu den verschiedenen Blechsorten bei 50 Hz gehörenden Verluste als **Verlustwerte** V_{10} und V_{15} anzugeben. Der Verlustwert bedeutet Verluste in Watt je Kilogramm Eisen. Die Indizes 10 und 15 besagen, daß sich die Verluste auf Felddichten von 1 bzw. 1,5 Tesla (Scheitelwert) beziehen. Für V₁₀ liegen die Werte zu 50 Hz zwischen etwa 1,2 und 3,3 W/kg.

Magnetisierungsschleifen und Magnetisierungskurven für Wechselmagnetisierung

Bei Wechselmagnetisierung werden stets die gesamten Magnetisierungsschleifen durchlaufen. So enthält Bild 16.29 die zu den Scheitelwerten 1,25, 2,5, 5 und 25 A · w/cm gehörenden Schleifen — entsprechend der Magnetisierungskurve von Bild 16.23.

Dieses Bild bezieht sich auf eine Wechselmagnetisierung mit niedriger Frequenz, wobei die Wirbelstromverluste noch nicht sehr ins Gewicht fallen. Je stärker die Wirbelstromverluste zur Geltung kommen, desto mehr blähen sich die Schleifen (seitlich) auf und desto stärker runden sich ihre Spitzen ab. Bei gleichen Maßstäben sowohl für die Felddichte wie auch für das Spannungsgefälle ist das Ausmaß der von der Schleife eingeschlossenen Fläche ein Maß für die auf eine Periode treffende Verlustarbeit!

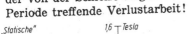

"Statische" Magnetisierungsschleifen. Sie enthalten nicht den Einfluß der Wirbelströme im Eisen

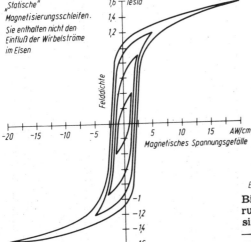

Bild 16.29: Statische Magnetisierungsschleifen — also Schleifen, wie sie mit ganz langsamen Stromänderungen aufgenommen werden.

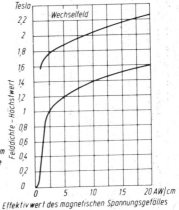

Bild 16.30: Wechselmagnetisierungskennlinie zu 50 Hz. Hier sind nicht — wie in Bild 16.29 — die einzelnen zu den verschiedenen Augenblicken gehörigen Werte, sondern nur die Scheitelwerte der Felddichte abhängig von den Effektivwerten der A · w/cm aufgetragen!

Als Berechnungsunterlagen aber verwendet man nicht diese Magnetisierungsschleifen, sondern Wechselmagnetisierungs-Kennlinien wie die von Bild 16.30. In solchen Kennlinien wird der Felddichte-Scheitelwert abhängig vom wirksamen Wert des magnetischen

Spannungsgefälles aufgetragen. Das muß man bei dem Verwenden solcher Kennlinien beachten. Weiterhin muß man berücksichtigen, daß diese Kennlinien meistens für 50 Hz und für einen zeitlich sinusförmigen Feldverlauf gelten. Zum sinusförmigen Feldverlauf gehört — insbesondere für höhere Felddichte-Scheitelwerte — ein durchaus nicht sinusförmiger Stromverlauf. Der Zusammenhang wird mit Bild 16.31 veranschaulicht. Ein solcher Magnetisierungsstrom enthält außer der **Grundwelle** noch **Oberwellen**. Er setzt sich somit aus Teilwellen zusammen. Diese Teilwellen (Harmonischen) haben hier ungerade Ordnungszahlen. Die Ordnungszahl deutet an, das Wievielfache die Teilwellenfrequenz von der Grundwellenfrequenz ist. Dritte, fünfte und siebente Teilwelle heißt, daß es sich dabei um die drei-, fünf- und siebenfache Frequenz der Grundwelle handelt. Bild 16.32 zeigt die Zusammensetzung des zu einem sinusförmigen Feldverlauf gehörenden Verlaufs des Magnetisierungsblindstroms. In Bild 16.33 ist zum Magnetisierungsblindstrom vom Bild 16.32 der Magnetisierungswirkstrom hinzugefügt, womit sich der in Bild 16.31 links unten dargestellte seitliche Stromverlauf ergibt.

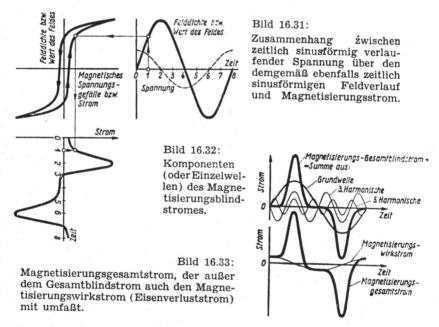

Bild 16.31:

Zusammenhang żwischen zeitlich sinusförmig verlaufender Spannung über den demgemäß ebenfalls zeitlich sinusförmigen Feldverlauf und Magnetisierungsstrom.

Bild 16.32:
Komponenten (oder Einzelwellen) des Magnetisierungsblindstromes.

Bild 16.33:
Magnetisierungsgesamtstrom, der außer dem Gesamtblindstrom auch den Magnetisierungswirkstrom (Eisenverluststrom) mit umfaßt.

Auf eines sei noch besonders hingewiesen, obschon es sich aus den Magnetisierungskurven unmittelbar ablesen läßt: Bei Erhöhen der Felddichte steigt der zugehörige Magnetisierungsstrom stark an.

Beispiele: Zu einem Erhöhen der Felddichte von 1 Tesla auf 1,4 Tesla gehört eine Steigerung des Magnetisierungsstromes etwa um das 3fache! Soll die Felddichte von 1,4 Tesla auf 2 Tesla gebracht werden, so ist hierzu der Magnetisierungsstrom gar auf das ungefähr 18fache des für 1,4 Tesla bzw. auf das rund 60fache des für 1 Tesla geltenden Wertes hinaufzusetzen!

Magnetfeld-Arbeitsinhalt, Zusammenhang mit Spannung Strom

Wir denken uns eine Wicklung, die wir zunächst als widerstandslos annehmen. Sie sei auf zwei Spulen aufgeteilt, was hier unwesentlich ist, und habe einen Eisenkern mit Anker gemäß Bild 16.34. Der Anker soll in dem gezeichneten Abstand von den Polen festgehalten sein. Die widerstandslose Spule werde nun an eine Gleichspannung von 100 V gelegt und stehe 0,4 Sekunden lang unter dem Einfluß dieser Spannung. Dabei möge der Strom von 0 A bis 6 A ansteigen. Der Anstieg erfolgt verhältnisgleich mit der Zeit (d. h. linear), wie das in Bild 15.14 zu sehen ist. Der Strom hat also, bezogen auf die 0,4 Sekunden, während der er linear ansteigt, einen Durchschnittswert von $(0 + 6)$ A $: 2 = 3$ A.

Zu 3 A, 100 V und 0,4 s gehört eine Arbeit von 3 A · 100 V · 0,4 s = 120 W · s. Diese Arbeit steckt in dem Magnetfeld unserer Anordnung. Dabei entfällt der allergrößte Anteil dieser Arbeit auf die beiden Luftspalte, weil fast die gesamten Amperewindungen für sie notwendig sind! Das ist eine recht wichtige Tatsache.

Allgemein gilt demgemäß für eine widerstandslose Spule:

Arbeitsinhalt des Magnetfeldes in W · s

$$= \frac{1}{2} \times \text{Endstrom in A} \times \text{Spannung in V} \times \text{Einschaltzeit in s.}$$

Nun lassen wir die Annahme der widerstandslosen Spule fallen. Wir wählen als Spulenwiderstand 16,7 Ω, womit die Spule im Dauerzustand wieder auf die 6 A Strom kommt, die sie im vorhergehenden Fall nach 0,4 s aufwies. Diesmal geht der Stromanstieg wegen des Widerstandes nicht mit gleichbleibender Geschwindigkeit vor sich, sondern erfolgt nach und nach langsamer, so daß wir nun mehr als eine Sekunde warten müssen, bis sich die 6 A eingestellt haben. Wenn die 6 A aber erreicht sind, stehen sie so wie vorhin (am Ende der 0,4 s) für das Magnetfeld zur Verfügung, so daß sich dieses mit demselben Wert ausbildet wie im ersten Fall und damit auch wieder einen Arbeitsinhalt von 120 W · s aufweist.

Wir hatten den Magnetfeld-Arbeitsinhalt für die widerstandslose Spule mit Endstrom, Spannung und Einschaltzeit ausgedrückt. Den Endstrom und die Spannung haben wir auch bei der mit Widerstand behafteten Spule. Lediglich die Einschaltzeit fehlt uns vorerst. Doch da helfen uns die Bilder 15.15 und 15.16 auf die Spur. Wir entnehmen ihnen, daß als Einschaltzeit die Zeitkonstante in Rechnung zu setzen ist. Die Zeitkonstante bedeutet ja die Zeit, die bei der widerstandslos gedachten Spule verstreichen würde, bis der Dauerstrom erreicht wäre. Die Zeitkonstante ergibt sich in s gemäß unseren Überlegungen von S. 228 daraus, daß die Induktivität in H durch den Widerstand in Ω geteilt wird. Hiermit wird:

Magnetfeld-Arbeitsinhalt in $W \cdot s$

$$= \frac{1}{2} \times \text{Endstrom in A} \ \times \text{Spannung in V} \times \frac{\text{Induktivität in H}}{\text{Widerstand in } \Omega}$$

oder, wenn wir den Widerstand unter die Spannung setzen und für diesen Teilausdruck den ihm gleichwertigen Endstrom einsetzen:

Magnetfeld-Arbeitsinhalt in $W \cdot s$

$$= \frac{1}{2} \times (\text{Endstrom in A})^2 \times \text{Induktivität in H}.$$

Unsere Wicklung hat eine Induktivität, die wir aus der Zeitkonstante von 0,4 s und dem Widerstand von 16,7 Ω zurückrechnen können:
Induktivität = Zeitkonstante × Widerstand = 0,4 s · 16,7 Ω ≈ 6,7 H. Damit ergibt sich der Magnetfeld-Arbeitsinhalt aus der letzten Beziehung zu:

$$\frac{1}{2} \cdot 36 \ A^2 \cdot 6,7 \ H = \frac{1}{2} \cdot 36 \ A^2 \cdot 6,7 \ \frac{V \cdot s}{A} \approx 120 \ W \cdot s.$$

Magnetfeld-Arbeitsinhalt vom Standpunkt des Magnetfeldes selbst

Jetzt wollen wir uns um den Arbeitsinhalt des Feldes unmittelbar kümmern. Bisher hatten wir ihn uns nur von der Wicklung aus angesehen. Wir gehen wieder von unserem Beispiel aus: In den 120 $W \cdot s$ stecken die zu den Amperewindungen gehörenden 6 A. Wir nehmen 2400 Windungen an und erhalten damit 14 400 $A \cdot w$. Weiter setzen wir als Abstand zwischen Anker und Polen je 1 cm voraus. Die beiden Luftspalte liegen in Reihe. Das gibt

$$14 \ 400 \ A \cdot w : (2 \ cm) = 7200 \ A \cdot w/cm.$$

Nun wenden wir uns den Voltsekunden zu. Wenn der Strom zur magnetischen Spannung gehört, müssen die Voltsekunden mit dem Wert des magnetischen Feldes zusammenhängen. Das Feld durchsetzt hier laut Annahme 2400 Windungen und erzeugt bei seinem Aufbau in jeder Windung eine solche Spannung, daß die Summe dieser Spannungen den 100 V das Gleichgewicht hält. Das Anwachsen des Magnetfeldes geschieht somit einer Windungsspannung von 100 V : 2400 = $1/24$ V gemäß. Der Aufbau vollendet sich im Verlauf von 0,4 s, womit der Wert des Feldes durch 0,4 s · $1/24$ V = $1/60$ V · s festgelegt ist.

Aus den $^1/_{60}$ V $\cdot$ s und den vorher berechneten 7200 A $\cdot$ w/cm ergeben sich:

$$7200 \text{ A} \cdot w/\text{cm} = 720\,000 \text{ A} \cdot w/\text{m und damit}$$

720 000 A $\cdot$ w/m $\cdot$ 1,25 $\cdot$ 10^{-6} T : (A $\cdot$ w/m) = 0,9 T. Der Feldquerschnitt darf somit nicht mehr willkürlich angenommen werden, sondern folgt aus diesen beiden Werten zu $^1/_{60}$ V $\cdot$ s : (0,9 T) = 0 0185 m^2 = 185 cm^2. Setzen wir für den Querschnitt die quadratische Form voraus, so bedeuten die 185 cm^2 ein Quadrat von 13,6 cm Seitenlänge.

Aus unserem Beispiel haben wir ersehen, daß der Magnetfeld-Arbeitsinhalt als halbes Produkt aus der magnetischen Spannung und dem Magnetfeldwert ausgedrückt werden kann:

Magnetfeld-Arbeitsinhalt in W $\cdot$ s

$$= \frac{1}{2} \times \text{magnetische Spannung in A} \cdot w \times \text{Magnetfeldwert in V} \cdot \text{s}/w.$$

Vielfach ist es günstig, den Arbeitsinhalt auf eine Raumeinheit (z. B. 1 cm^3) zu beziehen. Wir kommen zum Kubikzentimeter, indem wir statt der magnetischen Spannung das Spannungsgefälle in A $\cdot$ w/cm und statt des Feldwertes die Felddichte in V $\cdot$ s : (w $\cdot$ cm^2) wählen. Also:

Magnetfeld-Arbeitsinhalt je Raumeinheit in W $\cdot$ s/cm^3

$$= \frac{1}{2} \times \text{magnetisches Spannungsgefälle in} \frac{\text{A} \cdot w}{\text{cm}} \times \text{Felddichte in} \frac{\text{V} \cdot \text{s}}{w \cdot \text{cm}^2}$$

Wenn wir das magnetische Spannungsgefälle durch die Felddichte und durch die Permeabilität ausdrücken, ist

Magnetfeld-Arbeitsinhalt je Raumeinheit in W $\cdot$ s/m^3

$$= \frac{1}{2} \times (\text{Felddichte in T})^2 : \text{Permeabilität in } \frac{\text{T}}{\text{A} \cdot w/\text{m}}$$

oder, wenn wir wieder von T auf V $\cdot$ s : (w $\cdot$ cm^2) übergehen:

Magnetfeld-Arbeitsinhalt je Raumeinheit in W $\cdot$ s/cm^3

$$= \frac{1}{2} \times \left(\text{Felddichte in} \frac{\text{V} \cdot \text{s}}{w \cdot \text{cm}^2} \right)^2 : \left(\text{Permeabilität in} \frac{\text{V} \cdot \text{s}}{\text{A} \cdot w^2 \cdot \text{cm}} \right)$$

Diese Beziehung offenbart die Richtigkeit der vorhin gemachten Behauptung, daß der Arbeitsinhalt eines Magnetfeldes, bei dem ein Luftweg in Reihe mit einem Eisenweg liegt, im wesentlichen in der Luftstrecke steckt. (Die Permeabilität in der Luft ist viel kleiner als im Eisen. Die Felddichte hat wegen der Reihenschaltung in Eisen und Luft etwa gleichen Wert.)

Wer diesen Abschnitt nicht gleich begreift, versuche es später noch einmal. Er versteht dann den ersten Teil des folgenden Abschnittes zwar vorerst noch nicht, ist aber beim weiteren Studium des Buches kaum nennenswert behindert.

Nützlich ist das Studium dieses Abschnittes vor allem für die Leser, die im Sinn haben, später einmal tiefer in die Geheimnisse der Elektrotechnik einzudringen.

Eisenkern mit Wicklung als Elektromagnet

Die in Bild 16.34 dargestellte Anordnung wird „Elektromagnet" genannt. Die stromdurchflossene Wicklung erzeugt ein Magnetfeld. Dieses schließt sich über den Anker und zieht ihn dabei an. Unter Annahme eines Spulenstromes von 6 A und einer Gesamt-Windungs-zahl von 2400 haben wir im vorigen Abschnitt eine Luftspalt-Feld-dichte von 0,9 Tesla ausgerechnet. Der Luftspalt-Querschnitt betrug 185 cm².

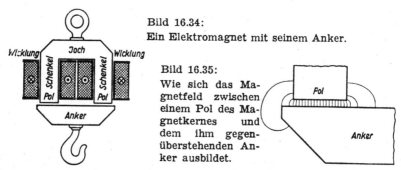

Bild 16.34:
Ein Elektromagnet mit seinem Anker.

Bild 16.35:
Wie sich das Magnetfeld zwischen einem Pol des Magnetkernes und dem ihm gegenüberstehenden Anker ausbildet.

Diesmal interessieren wir uns für die Zugkraft. Wir erinnern uns dabei zunächst einmal daran, daß Kraft × Weg = Arbeit ist. Weiter denken wir daran, daß wir im vorigen Abschnitt Ausdrücke für den Arbeitsinhalt des Magnetfeldes gefunden haben. Von diesen wählen wir den, der sich auf die Raumeinheit (1 cm³) bezieht:

Arbeitsinhalt je Raumeinheit in W · s/cm³

$$= \frac{1}{2} \times \left(\text{Felddichte in} \frac{V \cdot s}{w \cdot cm^2} \right)^2 : \text{Permeabilität in} \frac{V \cdot s}{A \cdot w^2 \cdot cm}$$

254

Auf den gesamten Arbeitsinhalt des Feldes zwischen einem Pol und dem ihm gegenüberliegenden Teil des Ankers kommen wir, indem wir den Arbeitsinhalt je Raumeinheit mit dem für einen Pol geltenden Luftspalt-Rauminhalt multiplizieren. Dieser Rauminhalt ist das Produkt des Luftspalt-Feldquerschnittes A mit dem Abstand d des Ankers vom Magnetpol. Wir erhalten somit den Arbeitsinhalt W so

$$W = \frac{1}{2} \cdot B^2 \cdot \frac{1}{\mu} \cdot A \cdot d$$

Hieraus wird mit dem Wert von $\mu \approx 1{,}25 \cdot 10^{-8} \, \dfrac{V \cdot s}{A \cdot w^2 \cdot cm}$ für Luft:

$$W \approx \frac{1}{2} \cdot B^2 \cdot \frac{1}{1{,}25 \cdot 10^{-8}} \frac{A \cdot w^2 \cdot cm}{V \cdot s} \cdot A \cdot d = 0{,}4 \cdot B^2 \cdot A \cdot d \; [VA \cdot s]$$

Das sind Wattsekunden. Wir brauchen aber, um auf die Zugkraft zu kommen, die Arbeit in $N \cdot m$. Hierzu erinnern wir uns an Seite 86. Dort erfuhren wir, daß $1 \, W \cdot s$ mit $1 \, N \cdot m$, das sind $100 \, N \cdot cm$, übereinstimmt. Das gibt also:

W in $N \cdot cm =$

$$0{,}4 \cdot 10^{-8} \cdot B^2 \cdot A \cdot d \, [W \cdot s] \cdot 100 \, \frac{N \cdot cm}{W \cdot s} \approx 40 \cdot 10^{-8} B^2 \cdot A \cdot d \; [N \cdot cm]$$

Um von der Arbeit zur Kraft F zu kommen, müssen wir durch den Weg teilen. Hier kommt d als Weg (für den Anker) in Betracht. Deshalb gilt:

mit B in $V \cdot s : (w \cdot cm^2)$

$$F = 40 \cdot 10^{-8} \cdot B^2 \cdot A \; [N]$$

oder mit B in T

$$\boxed{\; F \approx 40 \cdot B^2 \cdot A \; [N] \;}$$

Für die Praxis genügt diese letzte Formel. Deshalb ist sie eingerahmt.

In unserem Beispiel (Bild 16.34) hatten wir eine Felddichte von 0,9 Tesla und eine Polfläche von 185 cm². Das gibt je Pol eine Zugkraft von $40 \cdot (0{,}9 \, T)^2 \cdot 185 \, cm^2 \approx 6000 \, N$.

Bild 16.35 zeigt zum Abschluß das Magnetfeld, wie es sich zwischen Pol und Anker ausbildet. Ein Gefühl für die Zugkraft bekommt man, wenn man sich vorstellt, die Feldlinien hätten das Bestreben, sich zu verkürzen.

Noch einmal der magnetische Kreis

Wenn das Magnetfeld wenigstens großenteils im Eisen verläuft und die Wicklung nur einen Abschnitt des Eisenkerns umschließt, zeigt sich die Ähnlichkeit zwischen magnetischem Kreis und Stromkreis besonders deutlich. Wir betrachten dies an Hand der in Bild 16.22 gezeigten Anordnung. Dabei machen wir von einer „Abwicklung" des magnetischen Kreises Gebrauch. Solche Abwicklungen verwendet man viel für rechnerisch-zeichnerische Untersuchungen an elektrischen Maschinen.

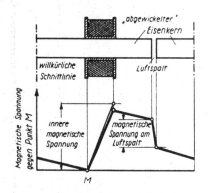

Bild 16.36:

Oben: der Eisenkern von Bild 16.22 (S. 242) „aufgeschnitten und abgewickelt". Darunter die magnetische Spannung gegen die Fläche M, abhängig von der Entfernung längs des Feldes aufgetragen. Die innere magnetische Spannung ist die Urspannung des magnetischen Kreises.

In Bild 16.36 ist also die Abwicklung des Eisenkerns von Bild 16.22 dargestellt. Hierzu wurde der Schnitt nicht in den Luftspalt gelegt, weil der Verlauf der magnetischen Spannung dort besonders interessiert.

Wie die elektrische Spannung stets zwischen zwei Stellen gilt, so trifft das auch für die magnetische Spannung zu. Als Bezugsstelle für die magnetische Spannung wählen wir hier die linke Endfläche der Wicklung (M in Bild 16.36). Mit dem Spulenstrom müssen hier, wie im Text zu Bild 16.22 erwähnt, insgesamt $2200 \, A \cdot w + 3100 \, A \cdot w = 5300 \, A \cdot w$ zustande gebracht werden. Diese $5300 \, A \cdot w$ stellen die magnetische Urspannung der „Feldquelle" dar, die mit dem umwickelten Kernabschnitt gegeben ist. Insgesamt werden längs des Eisenkerns $3100 \, A \cdot w$ benötigt. Ein Teil dieser Spannung entfällt auf den umwickelten Abschnitt des Kernes. Dieser umwickelte Abschnitt stellt den Innenwiderstand unserer Feldquelle dar. Er beträgt rund $1/6$ des gesamten Eisenweges. Also gehören zu ihm von den

3100 A · w etwa 500 A · w. Als magnetische Klemmenspannung stehen daher an der magnetischen Feldquelle zur Verfügung: 5300 A · w weniger 500 A · w = 4800 A · w. Längs des Eisenweges fällt der Betrag der magnetischen Spannung (wie der der elektrischen Spannung längs einer Leitung mit durchweg gleichem Querschnitt) gleichmäßig ab. Die Klemmenspannung, die am Luftspalt auftritt, beträgt 2200 A · w. Bild 16.36 zeigt den gesamten Verlauf der magnetischen Spannung längs des Feldweges.

Brechung der Feldlinien

Die Magnetfeldrichtung wird bei schrägem Durchgang des Magnetfeldes durch eine Grenzfläche zwischen Materialien mit verschiedenen Permeabilitäten gebrochen. Sie steht auf der Seite des Materials mit der niedrigen Permeabilität steiler zur Grenzfläche als auf der Seite des Materials mit der höheren Permeabilität. Diese Tatsache wird leider in Feldliniendarstellungen vielfach nicht berücksichtigt, womit wirklichkeitsfremde Feldbilder entstehen.

Bild 16.37:
Das Zustandekommen der Brechung der Magnetfeldrichtung an die Grenzfläche zwischen zwei Räumen verschiedener Permeabilität.

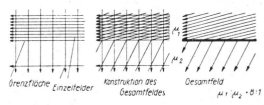

Bild 16.37 veranschaulicht das Zustandekommen der Brechung der Feldrichtung. Die Permeabilitäten verhalten sich (oben zu unten) wie 8 : 1. Siehe hierzu auch Seite 190.

Ein schräg zu der Grenzfläche verlaufendes Feld läßt sich zerlegen in einen Anteil, der senkrecht zur Grenzfläche gerichtet ist, und in einen Anteil, der parallel zu ihr verläuft. Für den senkrecht zur Grenzfläche gerichteten Anteil ist die Verschiedenheit der Permeabilitäten für die Felddichte ebenso belanglos wie für den Strom in einer Reihenschaltung die Verschiedenheit ihrer Einzelwiderstände. Für den parallel zur Grenzfläche verlaufenden Anteil ergibt sich in dem Material mit der achtfachen Permeabilität die achtfache Felddichte.

Aus den zwei Teilfeldern, deren eines senkrecht und deren anderes parallel zur Grenzfläche verläuft, läßt sich gemäß Bild 16.37 das resultierende Feld gewinnen. Man erkennt deutlich die Brechung der Feldrichtung.

Magnetischer Leitwert, magnetischer Widerstand

Der e l e k t r i s c h e L e i t w e r t ist, wie wir wissen, gegeben als Verhältnis des Stromwertes zum Spannungswert.

Der dielektrische Leitwert ergibt sich, wie wir erfahren haben, als Verhältnis des Wertes des elektrischen Feldes zur elektrischen Spannung und ist nichts anderes als die Kapazität C.

Der magnetische Leitwert wird dementsprechend dargestellt durch das Verhältnis des Wertes des magnetischen Feldes zu der magnetischen Spannung. Mit den Formelzeichen Λ (dem großen griechischen Buchstaben Lambda) für den magnetischen Leitwert, V für die magnetische Spannung und Φ für den Wert des Magnetfeldes gilt:

$$\Lambda = \Phi : V$$

Darin ist Λ übrigens nichts anderes als die Induktivität, die zu einer mit Φ verketteten Windung gehört.

Für ein homogenes Magnetfeld gilt, genau entsprechend dem Strömungsfeld und dem elektrischen Feld:

$$\Lambda = \frac{A \cdot \mu}{l}$$

worin in bezug auf eine Wicklung mit nur einer Windung gelten:

Formelzeichen	Bedeutung	Einheit beispielsweise
Λ	magnetischer Leitwert	$V \cdot s : A = H$
A	Feldquerschnitt	cm^2
l	Feldlänge	cm
μ	magnetische Leitfähigkeit	$V \cdot s : (A \cdot cm)$

Der magnetische Widerstand ist der Kehrwert des magnetischen Leitwertes.

Induktivität bei mehr als einer Windung

Bei w-Windungen umfließt der Strom den Feldquerschnitt w-fach, während an der einzelnen Windung nur das $(1 : w)$-fache der Spannung auftritt. Daraus folgt: Für eine Wicklung oder Spule mit w-Windungen (sämtlich mit dem gesamten Feld verkettet) hat die Induktivität den w^2-fachen Wert, der für eine Wicklung mit nur einer Windung gilt. Das heißt:

$$L = w^2 \cdot \Lambda = w^2 \cdot \frac{A \cdot \mu}{l}$$

Das Wichtigste

1. Ein von einer Wicklung umschlossener Eisenkern wird durch den in der Wicklung fließenden Strom magnetisiert.

2. Der Magnetfeldwert nimmt zu mit der Zahl der Amperewindungen der Wicklung, also mit dem Produkt aus Strom und Windungszahl.

3. Das Magnetfeld wird mit Feldlinien veranschaulicht. Diese denkt man sich am Nordpol des Magneten austretend und in den Südpol des Magneten mündend.

4. Blicken wir in Richtung des Feldes, so entspricht die Richtung des das Feld umfließenden Stromes dem Uhrzeigersinn.

5. Blicken wir in Richtung des Stromes, so entspricht die Richtung des mit dem Strom verketteten Feldes ebenfalls dem Uhrzeigersinn.

6. Das magnetische Verhalten eines magnetisierbaren Materials kennzeichnet sich in der zugehörigen Magnetisierungskurve, in der die Felddichte abhängig von dem magnetischen Spannungsgefälle in Amperewindungen je Meter ($A \cdot w/m$) oder auch in Amperewindungen je Zentimeter ($A \cdot w/cm$) aufgetragen ist.

7. Der Wert des Feldes wird in Voltsekunden je Windung angegeben.

8. Das Maß für die Felddichte ist die Voltsekunde je Windung und Quadratzentimeter bzw. das Tesla [$1\,T = 1\,V \cdot s : (w \cdot m^2)$].

9. Die Amperewindungen und der Feldwert spielen für das Magnetfeld dieselbe Rolle wie die Spannung und der Stromwert für den elektrischen Strom.

10. Die Amperewindungen stellen demgemäß den Wert der magnetischen Spannung dar.

11. Die magnetische Spannung je Längeneinheit des Magnetfeldweges ist das magnetische Spannungsgefälle.

12. Das Verhältnis der Felddichte zum Spannungsgefälle des Magnetfeldes ist die magnetische Leitfähigkeit des Materials, in dem das Feld sich ausbildet.

13. Das Verhältnis der Felddichte zu dem magnetischen Spannungsgefälle nennt man von alters her noch „Permeabilität".

14. Die Permeabilität μ gliedert man auf in die beiden Faktoren μ_0 = Permeabilität des leeren Raumes und μ_r = Permeabilitätszahl (Zahl, die angibt, wievielmal so groß die Permeabilität eines Materials gegenüber dem Vakuum ist. $\mu = \mu_0 \cdot \mu_r$

17*

15. Bei Wechselmagnetisierung entstehen im Eisen Ummagnetisierungs- und Wirbelstromverluste. Geringere Eisenverluste erhält man bei Verwenden besonderer Blechsorten.

16. Um die Wirbelstromverluste klein zu halten, schichtet man die einer Wechselmagnetisierung unterworfenen Eisenkerne aus Blechen.

Drei Fragen

1. Die in Bild 16.12 dargestellte Wicklung möge aus zwei Teilen bestehen, deren Windungszahlen 200 und 500 betragen sollen. Die in beiden Teilwicklungen fließenden Gleichströme haben für den Eisenkern entgegengesetzten Umlaufsinn. Sie betragen 1,2 A und 0,8 A. Welchen Wert hat die magnetische Spannung?

2. In einem Luftspalt von 0,5 mm Länge soll eine Felddichte von 1,2 Tesla erzielt werden. Wie viele Amperewindungen sind hierzu notwendig?

3. Für eine Eisensorte ist V_{10} mit 1,7 W/kg genannt. Welche Verlustleitung ergibt sich für 9 kg von diesem Eisen bei einer Felddichte von 1,3 Tesla zu 50 Hz?

17. Transformatoren (Umspanner)

Erforderliche Spannungswerte

Die in den Wohnungen verfügbaren Netzwechselspannungen betragen vorzugsweise 220 V, im Ausland auch 110 V oder 127 V. Das sind für den unmittelbaren Gebrauch bemessene Spannungen.

Hohe Spannungen würden hier zu teure Leitungsisolationen, zu große Gefahren für Menschen und Haustiere und auch recht unzweckmäßige Gerätekonstruktionen erfordern.

Zum Betrieb elektrischer Klingeln, zum Speisen von Signallämpchen oder zur Stromversorgung elektronischer Geräte werden noch geringere Spannungen benötigt.

Das Übertragen elektrischer Arbeit über größere Entfernungen kann nicht bei solch niedrigen Spannungen geschehen, da zu ihnen bei großen Leistungen sehr hohe Ströme gehören. Diese würden unwirtschaftlich große Querschnitte der Leitungsdrähte erfordern.

B e i s p i e l : Leistung 1100 kW. Spannung entweder 110 kV oder 110 V. Im ersten Fall fließen

$$\frac{1100 \text{ kW}}{110 \text{ kV}} = 10 \text{ A, im zweiten Fall } \frac{1\,100\,000 \text{ W}}{110 \text{ V}} = 10\,000 \text{ A.}$$

Diese errechneten Stromwerte können zu der Annahme verleiten, daß für den 1000fachen Stromwert des zweiten Falles ein 1000facher Querschnitt genüge. Das ist aber bei weitem nicht ausreichend. Läßt man in beiden Fällen als Spannung, die in den Leitungen benötigt wird, denselben Bruchteil der Gesamtspannung, und zwar z. B. den 10. Teil, zu, so beträgt diese Spannung

im ersten Fall

$$\frac{110\,000 \text{ V}}{10} = 11\,000 \text{ V und im zweiten Fall } \frac{110 \text{ V}}{10} = 11 \text{ V.}$$

Die für die Leitung aufzuwendende Spannung hat daher im ersten Fall einen 1000mal so großen Wert wie im zweiten Fall. Zu 10 A Leitungsstrom und 11 000 V Spannung für die Leitung erhalten wir

einen Leitungswiderstand von $\dfrac{11\,000 \text{ V}}{10 \text{ A}} = 1100 \ \Omega$, zu 10 000 A und

11 V hingegen nur 0,0011 Ω. Das bedeutet für 110 V ein Millionstel des zu 110 kV gehörenden Leitungswiderstandes und damit den millionenfachen Leitungsquerschnitt. Das heißt: Bei 110 V müßte der Leitungsquerschnitt für denselben Wert der zu übertragenden Leistung bei gleichen Verlusten ebenso viele Quadratmeter umfassen wie bei 110 kV Quadratmillimeter!

Möglichkeiten der Spannungswandlung

Wie kommt man zu den recht verschiedenen Spannungsstufen, deren Notwendigkeit im vorigen Abschnitt angedeutet ist?

Bei Gleichstrom wäre die Sache recht unangenehm. Bei Gleichstrom müßte man zur Spannungswandlung z. B. Umformer verwenden. Das sind elektrische Maschinen mit umlaufenden „Ankern". Solche Maschinen sind ziemlich teuer, bedürfen der Wartung, unterliegen in manchen Teilen einer nicht unbedeutenden Abnutzung, machen Geräusch und verursachen Verluste, die einigermaßen ins Gewicht fallen.

Bei Wechselstrom geht es mit der Spannungswandlung viel leichter. Hier braucht man dazu nur zwei Wicklungen mit verschiedenen Windungszahlen und zusätzlich einem Eisenkern, der mit diesen beiden Wicklungen gemeinsam verkettet ist. Solche Anordnungen, die ohne bewegte Teile und meist mit recht geringen Verlusten arbeiten, werden „Transformatoren", „Umspanner" oder auch „Wandler" genannt (Bilder 17.01 und 17.02).

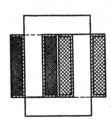

Bild 17.01:
Transformator mit U-Schnitt und je einer Wicklung auf jedem Schenkel. Anwendung z. B. für Klingeltransformatoren.

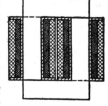

Bild 17.02:
Hier sind die Wicklungen aufgeteilt. Auf jedem Schenkel befindet sich je eine Hälfte jeder der beiden Wicklungen.

Sehen wir zunächst einmal von den Verlusten ab, so geht Hand in Hand mit der Spannungswandlung eine dieser entgegengesetzte Stromwandlung, da ja die Leistung vor und hinter dem Umspanner (abgesehen von den Verlusten) denselben Wert aufweisen muß. Also:

Ursprünglicher Strom × ursprüngliche Spannung
= gewandelter Strom × gewandelte Spannung.

Wir betrachten das für den Fall einer Übertragung auf weite Entfernungen:

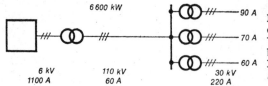

Bild 17.03:
Beispiel für die Verwendung der Umspanner in Verteilungsnetzen. Die beiden sich schneidenden Kreise sind das Kurzschaltzeichen für den Umspanner.

Große Leistungen überträgt man auf weitere Entfernungen mit hohen Spannungen. Handelt es sich etwa um eine elektrische Leistung von 6600 kW z. B. mit einer Spannung von 6 kV (Bild 17.03), so beträgt der zugehörige Strom

$$\frac{6600 \text{ kW}}{6 \text{ kV}} = 1100 \text{ A.}$$

Um diese Leistung weiterzuleiten, transformiert man die Spannung auf 110 kV hinauf und erhält damit einen Strom von

$$\frac{6600 \text{ kW}}{110 \text{ kV}} = 60 \text{ A.}$$

Im Versorgungsgebiet setzt man die 110 kV in den Hauptleitungen, die zu den Großverteilungsstellen führen, zunächst auf 30 kV herunter, was

$$\frac{6600 \text{ kW}}{30 \text{ kV}} = 220 \text{ A}$$

ergibt. Für die weitere Verteilung wählt man wieder 6 kV und wandelt schließlich die 6 kV auf die Verbraucherspannung von 220 V, wobei der Strom insgesamt einen Wert von

$$\frac{6\,600\,000 \text{ W}}{220 \text{ V}} = 30\,000 \text{ A}$$

erreicht. Die bei der Spannungsumwandlung in den „Umspannern" unvermeidlichen Verluste wurden hier ebenso wie die in den Leitungen auftretenden Verluste der besseren Übersicht zuliebe außer acht gelassen.

Transformatoren benötigt man — wie schon im vorigen Abschnitt angedeutet — nicht nur im Zusammenhang mit dem Übertragen von Arbeit auf große Entfernungen, sondern vielfach auch dazu, um die beim Verbraucher vorhandene Spannung für Sonderzwecke noch weiter herabzusetzen, ohne dabei die in Widerständen auftretenden Verluste mit in Kauf nehmen zu müssen bzw. auch, um für die niedrige Spannung leitende Verbindungen mit dem Netz zu vermeiden (Beispiel: Klingeltransformator).

Die Hauptteile des Transformators

Der Transformator besteht aus einem Eisenkern und mehreren Wicklungen, die den Eisenkern gemeinsam umschließen. Wir beschränken uns vorerst auf Transformatoren für Einphasenstrom. Diese haben nur zwei Wicklungen. Obwohl die zwei Wicklungen übereinanderliegen, stellt man sie im Schaltplan, entsprechend Bild 17.04, nebeneinander dar, wobei der Eisenkern mitunter zwischen den Wicklungszeichen mit einem oder zwei nebeneinanderlaufenden Strichen angedeutet wird.

Die eine Wicklung wird an eine Wechselspannung angeschlossen. Sie heißt „P r i m ä r w i c k l u n g" oder A u f n a h m e w i c k l u n g oder **Eingangswicklung**. An die andere Wicklung, die „**Se-kundärwicklung**" oder **Abgabewicklung** oder **Ausgangswicklung**, kommt die Belastung.

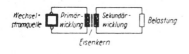

Bild 17.04:

Schaltung mit dem eigentlichen Schaltzeichen des einfachen (Einphasen-)Umspanners. Der zwischen beiden Wicklungzeichen eingetragene Strich, der den Eisenkern bedeutet, kann auch wegbleiben.

Die Bezeichnungen „**Primär**" und „**Sekundär**" stammen aus den Urzeiten der Elektrotechnik. Sie täuschen eine zeitliche Folge vor und sind deshalb schlecht. In großen Bereichen der Elektrotechnik hat man statt dessen die oben schon benutzten, viel besseren Bezeichnungen „**Eingang**" und „**Ausgang**". Diese wollen wir auch hier vorzugsweise verwenden.

Beide Wicklungen sind gemeinsam mit dem Transformator-Magnetfeld (Bild 17.05) verkettet. Ein- und Ausgangswicklung haben im allgemeinen keine Verbindungen miteinander. Die Leistung wird von einer Wicklung auf die andere über das magnetische Wechselfeld übertragen.

Bild 17.05:

Das im Eisen verlaufende Magnetfeld durchsetzt Primär- und Sekundärwicklung gemeinsam. Die Wicklungen sind oben (im Aufriß) und der Eisenkern ist unten (im Grundriß) im Schnitt dargestellt.

Das Übertragen ist meistens nicht das Wesentliche. Die Aufgabe des Tranformators besteht, wie sein Name andeutet, vielmehr darin, **hohe Ströme bei niedriger Spannung in niedrige Ströme bei hoher Spannung umzuwandeln und umgekehrt.**

Es wäre vernünftig, die Wicklung, an der die höhere der beiden Spannungen auftritt, „Oberspannungswicklung" und die andere Wicklung „Unterspannungswicklung" zu nennen. Man hat es aber anders festgelegt. Danach ist

die **Oberspannungswicklung** die Wicklung, die die höhere Isolation gegen Erde hat, und

die **Unterspannungswicklung** die Wicklung, deren Isolation gegen Erde niedriger ist. Manche Transformatoren haben in diesem Sinne noch

eine **Mittelspannungswicklung** mit mittlerer Isolation gegen Erde!

Klemmenspannung, Magnetfeld und Eingangswindungszahl

Um uns mit der Arbeitsweise des Transformators bekannt zu machen, lassen wir zunächst die Ausgangswicklung außer acht, so daß nur eine mit einem geschlossenen Eisenkern versehene Spule übrigbleibt. Diesen Fall haben wir an Hand von Seite 213 schon studiert. Wir nahmen damals an, der Drahtwiderstand der Spule sei zu vernachlässigen, und erkannten, daß dann der angelegten Klemmenspannung ausschließlich von der zum magnetischen Wechselfeld gehörigen Gegenspannung das Gleichgewicht gehalten werden muß. Das bedeutet Gleichheit von Gegenspannungs- und Klemmenspannungs-Betrag. Wir konnten damals weiterhin erkennen, daß zu einer bestimmten Gegenspannung bei gleichgehaltener Frequenz stets derselbe Magnetfeldwert gehört. Wir wollen nun die exakte Beziehung zwischen Spannung, Magnetfeld und den weiteren hier maßgebenden Größen kennenlernen. Für die Gegenspannung gilt, wenn wir folgende Bezeichnungen verwenden, zu zeitlich sinusförmigem Spannungs- und Feldverlauf:

Φ (sprich Phi) Feldscheitelwert in Voltsekunden je Windung

f Frequenz in Hz

w Windungszahl

U Spannungs-Effektivwert in V

$$U = 4{,}44 \cdot \Phi \cdot f \cdot w \cdot$$

In Starkstromnetzen liegen Frequenz (meist 50 Hz) und Klemmenspannung fest. Die Windungszahlen eines bestimmten Transformators sind gegeben. Die Beträge der Gegenspannung und die der Klemmenspannung sind bei fehlendem Spannungsabfall in der Wicklung einander gleich.

Spannung, Frequenz und Windungszahl weisen also bestimmte Werte auf. Damit ist — wie die obenstehende Gleichung angibt — auch der Wert des Magnetfeldes festgelegt.

Bleiben wir bei einer festen Frequenz, so können wir aus dem oben stehenden Zusammenhang entnehmen, daß der Feldscheitelwert mit der auf eine Windung der Spule entfallenden Spannung gegeben ist. Da der Feldscheitelwert seinerseits die Größe des Eisenkern-Querschnittes bestimmt, hängen Windungsspannung und Eisenquerschnitt hier starr zusammen.

Man arbeitet bei Kleintransformatoren oft nur mit Felddichtescheitelwerten von (0,6 ... 1,2) Tesla, während für große Transformatoren (1,1 ... 1,6) Tesla in Betracht kommen. Kaltgewalzte Bleche lassen für ihre Vorzugsrichtung bis etwa 1,8 Tesla zu.

Der Feldscheitelwert ist gleich dem Felddichtescheitelwert vervielfacht mit dem Eisenquerschnitt in cm². Für 50 Hz gilt mit

U Spannungs-Effektivwert, der für das Feld in Betracht kommt, in V
w Windungszahl, auf die die Spannung U entfällt
A Eisenquerschnitt in cm²
B Felddichte-Scheitelwert in $V \cdot s : (w \cdot cm^2)$
f Frequenz in Hz

$$\frac{U}{w} \approx 4{,}44 \cdot A \cdot f \cdot B \qquad \text{und für } f = 50\,\text{Hz} \qquad \frac{U}{w} \approx \frac{222}{s} \cdot A \cdot B$$

Beispiel:

$$\text{Zu } 1\,\text{T} = 1\,V \cdot s : (w \cdot m^2) = \frac{1}{10\,000} \frac{V \cdot s}{w \cdot cm^2}$$

bekommen wir für einen Eisenquerschnitt von $5 \times 5\,cm^2 = 25\,cm^2$ eine Windungsspannung (Effektivwert) von

$$\frac{U}{w} = \frac{222}{s} \cdot \frac{25\,cm^2}{10\,000} \frac{V \cdot s}{w \cdot cm^2} \approx 0{,}56 \frac{V}{w}$$

Die Spule ist in Wirklichkeit nicht widerstandslos. Daher wird auch für den Drahtwiderstand eine Spannung gebraucht, weshalb die von dem magnetischen Wechselfeld herrührende Gegenspannung etwas geringer ausfällt als die Netzspannung. Da die zu den Drahtwiderständen gehörenden Spannungen aus wirtschaftlichen Gründen klein gehalten werden müssen, dürfen wir für unsere grundsätzlichen Überlegungen aber zunächst auch weiterhin den Betrag der Gegenspannung gleich dem der Netzspannung setzen.

Wohl ist das Magnetfeld durch Eingangsspannung und Windungszahl bestimmt. Damit es entsteht, benötigt es aber noch Amperewindungen und demgemäß einen Magnetisierungsstrom. Der reine Magnetisierungsstrom wäre in Phase mit dem Magnetfeld. Da die Wechselmagnetisierung aber Verluste verursacht, muß der Transformator außer dem reinen Magnetisierungsstrom, der ein Blindstrom ist, noch einen „Magnetisierungswirkstrom" (auch „Eisenverluststrom" genannt) aufnehmen. Die Summe beider Ströme, denen wir übrigens mit allen ihren Eigenheiten schon auf Seite 250 begegnet sind, stellt den **Leerlaufstrom** des Transformators dar. Er fließt, wenn lediglich die Eingangswicklung an Spannung liegt, wenn also der Ausgangswicklung noch kein Strom „entnommen" wird.

Die Spannungsübersetzung = Eingangsspannung:Ausgangsspannung

Sowie wir uns mit der Spannungsübersetzung beschäftigen wollen, müssen wir auch die Ausgangswicklung in unsere Betrachtungen einbeziehen.

Das magnetische Wechselfeld schließt sich über den Eisenkern, durchsetzt so b e i d e Wicklungen (Bild 17.05). Dabei bewirkt es in jeder einzelnen Windung der Eingangswicklung eine Gegenspannung. Die Windungen der Ausgangswicklung sind gegenüber dem Feld ebenso angeordnet wie die der Eingangswicklung. Folglich entsteht in jeder Windung der Ausgangswicklung eine Spannung von gleichem Wert wie in jeder Windung der Eingangswicklung.

Wer das Vorstehende erfaßt hat, erkennt, daß die Spannung der Ausgangswicklung bei gegebener Eingangsspannung im Prinzip fast beliebig bemessen werden kann. Die Spannung wandelt sich nämlich so, wie das Verhältnis der Windungszahlen es vorschreibt. Es gilt:

$$\frac{\text{Ausgangsspannung}}{\text{Eingangsspannung}} = \frac{\text{Ausgangswindungszahl}}{\text{Eingangswindungszahl}} \quad \text{oder:}$$

$$\text{Ausgangsspannung} = \text{Eingangsspannung} \times \frac{\text{Ausgangswindungszahl}}{\text{Eingangswindungszahl}}$$

1. B e i s p i e l : Die Eingangswicklung habe 10 Windungen und liege an 15 V. Dabei trifft auf jede Windung eine Spannung von 1,5 V. Besteht die Ausgangswicklung aus einer einzigen Windung, so tritt in dieser Windung als gesamte Ausgangsspannung eine Spannung von 1,5 V auf. Hat die Ausgangswicklung 100 Windungen, so kommt wieder in jeder Windung eine Spannung von 1,5 V zustande. Da alle Windungen in Reihe liegen, beträgt die gesamte Ausgangsspannung in diesem Fall 150 V.

2. B e i s p i e l : Legen wir die Eingangswicklung mit ihren 10 Windungen an eine Wechselspannung von 30 V, so erhalten wir an 100 Windungen der Ausgangswicklung eine Spannung von

$$\frac{30 \text{ V}}{10} \cdot 100 = 300 \text{ V.}$$

Um diese Spannung zu berechnen, haben wir die Eingangsspannung durch die Eingangswindungszahl geteilt und so die Spannung je Windung bekommen. Die Spannung je Windung haben wir dann mit der Windungszahl der Ausgangswicklung vervielfacht.

Das zum bisher Behandelten gehörende Zeigerbild

Im Kapitel 8 haben wir uns mit den Zeigern bekannt gemacht. Dabei erfuhren wir, daß sich mit ihrer Hilfe Zusammenhänge von Wechselgrößen gleicher Frequenz besonders übersichtlich darstellen lassen.

Beim Transformator handelt es sich um solche Zusammenhänge. Noch sind es in unserer Betrachtung nicht viele Größen. Vorerst haben wir es nur mit Klemmenspannung, Gegenspannung, Magnetfeld und

Magnetisierungsstrom zu tun gehabt. Aber schon bei diesen wenigen Größen bringt das Zeigerbild (17.06) eine gute Übersicht. Wir sehen in ihm, daß Klemmenspannung und Gegenspannung einander entgegengesetzt gleich sind, und wir erkennen, wenn wir den Gegenspannungszeiger weiter nach unten gerückt denken, daß die Gegenspannung dem Magnetfeld um ein Viertel einer Periode nacheilt, wobei das Magnetfeld der Klemmenspannung wiederum um ein Viertel einer Periode nacheilt. Der Strom ist hier phasengleich mit dem Magnetfeld eingetragen.

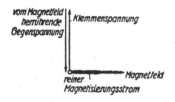

Bild 17.06:

Die Klemmenspannung, die an der Eingangswicklung liegt, die Gegenspannung die ihr entgegengesetzt gleich ist und ihr deshalb das Gleichgewicht hält, das Magnetfeld, das zu diesen Spannungen gehört, und der reine Magnetisierungsstrom dazu.

Dieser Strom — der eigentliche „Magnetisierungsstrom" — ist aber nicht allein vorhanden. Das Eisen verbraucht eine Leistung, weil es ja ständig ummagnetisiert werden muß. Zu dieser Eisenverlustleistung gehört der „Eisenverluststrom", der zum eigentlichen Magnetisierungsstrom (auch M a g n e t i s i e r u n g s b l i n d s t r o m genannt) hinzukommt (Bild 17.07). Der gesamte für das Magnetfeld benötigte Strom (Eisenverluststrom und Magnetisierungsstrom, im Zeigerbild rechtwinklig zusammengesetzt) heißt — wie schon erwähnt — „Leerlaufstrom". Er fließt, wenn lediglich die Eingangswicklung angeschlossen ist, wenn also der Ausgangswicklung noch kein Strom entnommen wird, als einziger Transformatorstrom.

Bild 17.07:

Das Bild 17.06 wird erweitert: Zum Magnetisierungsstrom, der ein Blindstrom ist, kommt als Wirkstrom der Strom zur Deckung der Eisenverluste hinzu. Beide Ströme zusammen stellen den Leerlaufstrom dar.

Nun kommen wir zur Ausgangsspannung. Sie rührt in derselben Weise vom magnetischen Wechselfeld her wie die Gegenspannung in der Eingangswicklung und ist demgemäß mit ihr gleichphasig. Da diese Ausgangsspannung die treibende Spannung für den Ausgangsstromkreis ist, tragen wir ihren Zeiger so auf, daß sein Anfang mit dem Anfang des Klemmenspannungszeigers und des Magnetisierungsstromzeigers zusammenfällt.

Im Zeigerbild zeichnen wir die Ausgangsspannungen, als ob der

Transformator die Übersetzung 1 : 1 aufwiese. Wir vervielfachen also die Ausgangsspannungen mit dem Verhältnis $\dfrac{\text{Eingangswindungszahl}}{\text{Ausgangswindungszahl}}$.

Tun wir dies, so wird der Zeiger, der die in der Ausgangswicklung erzeugte Spannung darstellt, so groß wie der Zeiger, der zur Gegenspannung der Eingangswicklung gehört (Bild 17.08).

Bild 17.08:
Das Bild 17.07 ist hier durch die in der Ausgangswicklung entstehende Spannung ergänzt. Diese Spannung wird von dem magnetischen Wechselfeld in der gleichen Weise erzeugt wie die Gegenspannung in der Eingangswicklung. Sie ist hier auf die Windungszahl der Eingangswicklung umgerechnet. Damit ergeben sich für Gegenspannung und Ausgangsspannung gleiche Werte.

Der belastete Transformator

An die Ausgangswicklung sei ein Stromzweig angeschlossen. Da zwischen den Enden der Ausgangswicklung, wie wir sahen, eine Spannung auftritt, muß in dem an sie angeschlossenen Stromzweig ein Strom entstehen. Dieser Strom durchfließt die Ausgangswicklung, wobei er magnetisierend auf das Transformatoreisen wirkt. Das Magnetfeld darf sich jedoch nicht ändern. Es wird durch die Klemmenspannung, die Eingangswindungszahl und die Frequenz gemeinsam bestimmt. Eine Änderung des Magnetfeldes ist somit nicht möglich. Deshalb muß der Eingangsstrom die magnetisierende Wirkung der Ausgangs-Amperewindungen ausgleichen. Das heißt:

Bild 17.09:
Die Ausgangswicklung ist so belastet, daß ein der Ausgangsspannung um den Winkel φ nacheilender Strom entsteht. Der Transformator nimmt zusätzlich den Strom auf, der die magnetisierende Wirkung des Ausgangsstromes aufhebt. Dieser zusätzliche Strom hat für die Übersetzung 1 : 1 denselben Betrag wie der Ausgangsstrom und ist mit ihm in „**Gegenphase**" (Phasenverschiebung 180°).

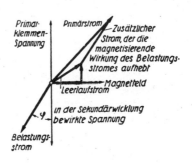

Der Transformator nimmt über seine Eingangswicklung aus dem Netz zusätzlich zu dem Leerlaufstrom den Strom auf, der sich aus der Eingangswindungszahl und den vom Belastungsstrom herrührenden Ausgangs-Amperewindungen ergibt.

1. B e i s p i e l : Wir nehmen an, der Transformator habe in Eingang und Ausgang gleich viel Windungen. Ein Ausgangsstrom von 10 A eile der Ausgangsspannung um einen Winkel φ nach. In der Eingangswicklung fließt bei unbelastetem Transformator lediglich der Strom, der gegenüber der Klemmenspannung stark nacheilt. Fließt in der Ausgangswicklung der Belastungsstrom von 10 A, so muß dieser Strom in seiner Wirkung auf das Transformator-Magnetfeld durch einen zusätzlich in der Eingangswicklung fließenden Strom von 10 A aufgehoben werden. In der Eingangswicklung fließt jetzt ein Strom, der gleich der Summe aus Magnetisierungsstrom (Leerlaufstrom) und Belastungsstrom ist. Beide Ströme setzen sich ihren Phasenverschiebungen gemäß zusammen (Bild 17.09).

2. B e i s p i e l : Falls die Ausgangswicklung 20mal so viele Windungen hat wie die Eingangswicklung, gleicht ein Ampere, das in der Eingangswicklung fließt, ein Ampere der Ausgangswicklung nicht aus. Der Wert des Magnetfeldes hängt nämlich nicht vom Strom allein, sondern ebenso auch von der Windungszahl ab. Ein Ampere fließt in der Ausgangswicklung durch 20mal so viele Windungen wie ein Ampere in der Eingangswicklung. Folglich müssen in unserem Fall für 1 A in der Ausgangswicklung 20 A zusätzlich in der Eingangswicklung fließen, damit die 20fache Windungszahl der Ausgangswicklung ausgeglichen wird.

Im Zeigerbild werden die Ströme, wie die Spannungen, so gezeichnet, als ob das Übersetzungsverhältnis 1 : 1 wäre. Man vervielfacht also den tatsächlichen Ausgangsstrom mit dem Verhältnis

$$\frac{\text{Ausgangswindungszahl}}{\text{Eingangswindungszahl}}$$ bevor man ihn als Zeiger einträgt.

In Bild 17.09 bemerken wir links unten den Ausgangsstrom. Dieser Strom eilt hier der Ausgangsspannung nach. Rechts oben ist der Strom eingetragen, der die Wirkung des Ausgangsstromes aufhebt. Der Eingangsstrom ergibt sich als Summe aus dem Leerlaufstrom und dem Strom, der die magnetisierende Wirkung des Ausgangsstromes aufhebt.

Vorhin sahen wir, daß die Spannungen sich verhalten wie die Windungszahlen. Aus diesem Abschnitt folgt, daß die Ströme sich umgekehrt verhalten wie die Windungszahlen. Wir erinnern uns daran, daß das Produkt aus Strom und Spannung Leistung bedeutet. Dieses Produkt bleibt beim Transformator grundsätzlich ungeändert.

B e i s p i e l : Ist die Eingangswindungszahl halb so groß wie die Ausgangswindungszahl, so ergibt sich am Ausgang die doppelte Spannung und im Eingang der doppelte Strom. Der Transformator wandelt hier eine elektrische Leistung mit niedriger Spannung in eine Leistung mit hoher Spannung um.

Spannungen für die Transformator-Wicklungen

Wir haben bisher angenommen, daß die Wicklungen des Transformators widerstandslos sind und daß das gesamte Magnetfeld des Transformators sowohl die Eingangswicklung wie auch die Ausgangswicklung vollständig durchsetzt. Beide Annahmen treffen in Wirklichkeit nicht ganz zu.

Wir wollen zunächst die Annahme widerstandsloser Wicklungen fallenlassen. Wenn eine Wicklung einen Widerstand aufweist, ist dort eine mit dem Strom phasengleiche Spannung notwendig, um den Strom durch den (Draht-)Widerstand der Wicklung hindurchzutreiben.

Hier sind zusätzlich die Drahtwiderstände der beiden Wicklungen berücksichtigt. Jeder Drahtwiderstand benötigt eine Spannung. Diese ist dem die Wicklung durchfließenden Strom verhältnisgleich und liegt mit ihm in Phase. Auf der Eingangsseite ist die Klemmenspannung gleich der Summe der Spannungen für Magnetfeld und Drahtwiderstand. Auf der Ausgangsseite ist die Magnetfeldspannung gleich der Summe aus Klemmenspannung und Spannung für den Drahtwiderstand.

Bild 17.10:

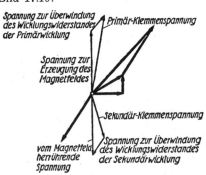

Spannung zur Überwindung des Wicklungswiderstandes der Primärwicklung

Primär-Klemmenspannung

Spannung zur Erzeugung des Magnetfeldes

Sekundär-Klemmenspannung

vom Magnetfeld herrührende Spannung

Spannung zur Überwindung des Wicklungswiderstandes der Sekundärwicklung

Bild 17.10 zeigt uns, daß die Klemmenspannung der Eingangswicklung gleich der Zeigersumme aus der Spannung, die die vom Magnetfeld herrührende Gegenspannung überwindet, und der Spannung ist, die benötigt wird, um den Strom durch den Wicklungswiderstand hindurchzudrücken. Also hat die Klemmenspannung einen höheren Wert als die allein zum Magnetfeld gehörende Spannung. Der Ausgangsstrom schließt sich über die Ausgangswicklung. Auf den Wicklungswiderstand der Ausgangswicklung entfällt hierbei eine mit dem Ausgangsstrom phasengleiche Spannung. Die Ausgangsklemmenspannung hat deswegen bei Belastung des Transformators einen kleineren Wert als die Spannung, die vom Magnetfeld herrührt.

Bild 17.11:

Das Streufeld der Eingangswicklung wird hier mit einer Feldlinie angedeutet. Diese Feldlinie ist nur mit der Eingangswicklung und nicht mit der Ausgangswicklung verkettet.

Primärstreufeld
Wicklungen im Schnitt
Primärwicklung

Wir wollen nun auch die zweite Annahme fallenlassen, die sich darauf bezieht, daß der Transformator nur mit einem einzigen Feld arbeitet, das beide Wicklungen gemeinsam durchsetzt. Wohl geht das von der Eingangswicklung stammende Magnetfeld zum größten Teil auch durch die Ausgangswicklung. Ein Bruchteil des Feldes aber schließt sich, ohne durch die Ausgangswicklung hindurchzugehen (Bild 17.11). Der Ausgangsstrom bildet ebenfalls ein Teilfeld aus, das ausschließlich zur Ausgangswicklung gehört. Diese lediglich zu einer einzigen Wicklung gehörenden Felder werden „Streufelder" genannt, während das Feld, das beide Wicklungen durchsetzt, „Hauptfeld" heißt (Bild 17.12).

Die Streufelder wirken sich als Induktivitäten aus. Man spricht in diesem Sinne von **Streuinduktivitäten.** Um die Ströme durch diese Induktivitäten zu treiben, sind Spannungen nötig, die den Strömen um jeweils ein Viertel einer Periode voreilen (Stromnacheilung). Diese Spannungen heißen **Streuspannungen** (Bild 17.13).

Bild 17.12:
Die Streufelder und das Hauptfeld. Um die Streufelder recht deutlich zu zeigen, sind die beiden Wicklungen auf den gegenüberliegenden Schenkeln dargestellt.

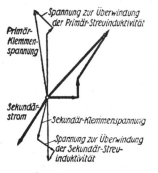

Bild 17.13:
Zusätzlich zu dem in Bild 17.10 Gezeigten sind hier auch die Streuinduktivitäten der zwei Wicklungen berücksichtigt. Die Spannungen zum Überwinden der Wicklungswiderstände sind hier kleiner angenommen als in Bild 17.10.

Einen Anhaltspunkt für die im Transformator benötigten Spannungen gibt das **Kurzschlußspannungsverhältnis** oder die **prozentuale Kurzschlußspannung.** Diese Begriffe sind folgendermaßen festgelegt:

$$\text{Kurzschlußspannungsverhältnis} = \frac{\text{Kurzschlußspannung für Nennstrom}}{\text{Nennspannung}}$$

$$\text{prozentuale Kurzschlußspannung} = \frac{\text{Kurzschlußspannung für Nennstrom}}{\text{Nennspannung}} \times 100$$

Die **Kurzschlußspannung** ist die Spannung, die den Nennstrom bei kurzgeschlossener Ausgangswicklung durch die Eingangswicklung treibt. Die prozentuale Kurzschlußspannung beträgt bei kleineren und mittleren Transformatoren etwa 3,5 bis 5 %, bei Großtransformatoren etwa 7 bis 14 %.

Wenn man den Transformator ausgangsseitig kurzschließt, wird damit dessen Ausgangs-Klemmenspannung zu Null. Somit ist die Gesamtspannung in der Ausgangswicklung gleich der Summe der

Bild 17.14: Zeigerbild des kurzgeschlossenen Transformators. Die Eingangsspannung setzt sich zusammen aus zum Hauptfeld gehörender Spannung, Spannung für Wicklungswiderstand und Streufeldspannung. In der Ausgangswicklung wird die vom Hauptfeld herrührende Spannung teils als Streuspannung und teils als Spannung für den Wicklungswiderstand verbraucht.

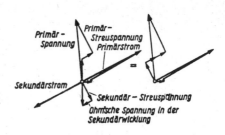

dortigen Spannungen für Streuinduktivität und Wicklungswiderstand. Zu dieser transformierten Spannungssumme kommt in der Eingangswicklung die Summe der dort für den Drahtwiderstand und die Streuinduktivität benötigten Spannungen (Bild 17.14).

Dreiphasentransformatoren

Den Dreiphasentransformator kann man sich aus drei Einphasentransformatoren entstanden denken. Wenn wir von den Einphasentransformatoren nur je einen Schenkel bewickeln, so können wir sie derart zusammenstellen, daß die drei unbewickelten Schenkel zusammenstoßen. Damit haben wir einen Dreiphasentransformator mit einem gemeinsamen unbewickelten Schenkel. Diesen Schenkel dürfen wir auffassen als Rückführung der Felder der drei bewickelten Schen-

Bild 17.15:
Ein Dreiphasentransformator mit drei Schenkeln.

Bild 17.16:
Sternschaltung einer Dreiphasenwicklung und eine dem Zeigerbild angepaßte Darstellung.

kel. Die Summe dieser drei Felder ist Null, was für die Summe der Dreiphasenströme an Hand des Bildes 2.13 gezeigt wurde. Deshalb kann der dritte Schenkel weggelassen werden. Wenn wir die Enden der drei bewickelten Schenkel durch Joche miteinander verbinden, haben wir damit endgültig den Dreiphasentransformator gebildet (Bild 17.15).

Dreiphasenwicklungen lassen sich in Stern (Bild 17.16), in Dreieck (Bild 17.17) oder in Zickzack (Bild 17.18) schalten. Alle drei Schaltungsarten sind für die Dreiphasen-Transformatorwicklungen gebräuchlich. Die einfachste Schaltung ist die Stern-Stern-Schaltung, bei der Ein- und Ausgangswicklung in Stern geschaltet sind

Bild 17.17:
Dreieckschaltung einer Dreiphasenwicklung und eine dem Zeigerbild angepaßte Darstellung.

Bild 17.18:
Zickzackschaltung einer Dreiphasenwicklung und eine dem Zeigerbild angepaßte Darstellung.

(Bild 17.19). Diese Schaltung hat den Nachteil, daß sie keine oder nur eine geringe Belastung des **Mittelpunktes (Sternpunktes)** der Ausgangswicklung zuläßt. Muß der Mittelpunkt belastbar sein (d. h.: kommt nennenswert unsymmetrische Belastung in Frage), so wählt

Bild 17.19:
Stern-Stern-Schaltung eines Dreiphasenumspanners.

Bild 17.20:
Stern-Zickzack-Schaltung eines Dreiphasenumspanners.

Bild 17.21:
Stern-Dreieck - Schaltung eines Dreiphasenumspanners.

man für kleine und mittlere Transformatoren oft die Stern-Zickzack-Schaltung (Bild 17.20) und für große Leistungen die Stern-Dreieck-Schaltung (Bild 17.21).

Aufbau des Transformatoreisens

Wie in jeder Windung der Ausgangswicklung eine Spannung auftritt, so entsteht auch im Eisenkern, der ebenfalls vom magnetischen Wechselfeld durchsetzt wird, eine Spannung. Wäre der Eisenkern aus einem dicken Stück Eisen gefertigt, also nicht unterteilt („massiv"), so würde die in ihm auftretende Spannung einen Strom be-

Bild 17.22:
Wechselstromdurchflossene Spule mit einem nicht unterteilten Eisenkern. Auf dem Kernquerschnitt ist die Wirbelströmung angedeutet.

wirken. Bild 17.22 zeigt, wie ein solcher Strom sich über den Eisenquerschnitt verteilt. Wir sehen aus Bild 17.22, daß es auf Grund einer derartigen Stromverteilung richtig ist, von „W i r b e l s t r ö m e n" zu sprechen. Die Wirbelströme bedeuten, im Verein mit der zugehörigen Spannung, eine elektrische Leistung, die im Eisen verbraucht wird und sich dort in (unerwünschte) Wärme verwandelt.

Bild 17.23:

Dieser Eisenkern ist im Gegensatz zu dem Eisenkern von Bild 17.22 aus Blechen geschichtet, was das Auftreten der Wirbelströmung stark behindert.

Um die Wirbelströme zu bekämpfen, unterteilt man den Eisenkern quer zu den Wirbelstrombahnen so, wie Bild 17.23 dies im Vergleich mit Bild 17.22 zeigt, und verwendet möglichst schlecht leitende Eisenblechsorten.

Bild 17.24:

Hier wird gezeigt, wie man die Bleche, die den Eisenkern bilden sollen, schachtelt. Die Stoßfuge der einen Schicht wird durch die beiden benachbarten Schichten überbrückt. Die Bleche überlappen sich gegenseitig. Vgl. hierzu auch die Bilder 16.28 und 16.29.

Um die Unterteilung elektrisch wirksam zu machen, verwendet man einseitig mit Papier beklebte oder lackierte oder anderweitig oberflächenisolierte Bleche. Mit lackierten Blechen erreicht man bessere Füllfaktoren als mit Papier-Beklebung (mehr Eisen in einem gegebenen Kernquerschnitt). Die einzelnen Bleche werden miteinander **verschachtelt** (Bild 17.24 sowie Bilder 16.27 und 16.28).

Die Blechsorte wählt man so aus, daß einerseits die Leerlaufverluste und anderseits der Leerlaufstrom klein ausfallen. Bis zu einem gewissen Grade widerstreiten sich diese beiden Forderungen. Um das Eisen nämlich verlustarm zu machen, legiert man es stark mit Silizium. Durch diese Legierung aber wird für hohe Felddichten (etwa ab 1,4 Tesla) die Magnetisierbarkeit des Eisens herabgesetzt — d. h. man braucht hierbei für das gleiche Magnetfeld mehr Magnetisierungsstrom als sonst.

Wicklung und Kern

Je nach Anordnung von Wicklung und Kern spricht man vom Kerntransformator (Bild 17.25) und vom Manteltransformator (Bild

Bild 17.25:

Ein Kerntransformator, bei dem die Wicklung auf beide Schenkel des Eisenkerns verteilt ist.

17.26). Einen Transformator nach 'Bild 17.05 nennt man meist auch **Kerntransformator**, obwohl er gewissermaßen ein Mittelding zwischen Kern- und Manteltransformator darstellt.

Die Schenkelbleche schichtet man für größere Transformatoren zu Paketen mit kreuzförmigem Querschnitt (Bild 17.27), um hier bei runden Spulen möglichst viel Eisen in die Spulenöffnung zu bekommen. Für noch größere Transformatoren stuft man die Kernbleche mehrfach ab, um so den Eisenquerschnitt der Kreisform besonders gut anzupassen.

Bild 17.26:

Ein Manteltransformator. Die beiden unbewickelten Schenkel des Eisenkernes umgeben die Wicklung, die den mittleren Schenkel umschließt, wie ein Mantel.

Bild 17.27:

Es ist günstig, die Spulen rund zu wickeln. Um die runde Öffnung möglichst mit Eisen zu füllen, nimmt man vielfach zwei oder mehrere verschiedene Blechschnitte in Kauf und bildet damit den Eisenquerschnitt kreuzförmig bzw. in weiteren Stufen der Kreisform angeglichen aus.

Die Kerne werden bei mittleren Transformatoren häufig durch Bandumwicklung und bei größeren Transformatoren durch Bolzen zusammengehalten. Die Bolzen müssen zum Vermeiden zusätzlicher Wirbelströme von dem Eisen isoliert sein.

Die Transformatorwicklung und ihre Isolation

Die Spulen (Wicklungen) sind — von ganz kleinen Transformatoren abgesehen — fast ausschließlich rund gewickelt, weil viereckige Spulen durch die bei Kurzschlüssen auftretenden großen Kräfte aus ihrer Form gebracht werden können. Je nach der gegenseitigen Anordnung der Ein- und Ausgangswicklung unterscheidet man die meist übliche „Röhrenwicklung" (Bild 17.05) und die „Scheibenwicklung" (Bild 17.27) für sehr hohe Ströme oder zur Vielfachumschaltung. Bei Röhrenwicklungen sind die „U n t e r s p a n n u n g s w i c k l u n g" (die Wicklung für die schwächere Isolation gegen Erde) in der Regel innen, die „O b e r s p a n n u n g s w i c k l u n g" außen angeordnet. Zwischen den Spulen läßt man Ölkanäle

Bild 17.28:

Bei der Scheibenwicklung wechseln die Scheiben der Eingangswicklung mit den Scheiben der Ausgangswicklung ab.

frei, die die Kühlung erleichtern und die Isolation zwischen den Spulen verbessern. Die Isolation zwischen den einzelnen Drähten besteht im allgemeinen aus Papier, bisweilen auch aus Baumwolle, beides mit irgendwelchen Bindemitteln getränkt.

Das Öl, in dem der Transformator vielfach angeordnet ist, soll die Kühlung und die Isolation verbessern. Das Öl würde in heißem Zustand Sauerstoff aufnehmen und sich dabei zersetzen. Daher muß das heiße Öl von der Luft abgeschnitten sein. Das wird mit dem „Ölkonservator" erreicht. Der Ölkonservator, der auch „**Ausdehnungsgefäß**" genannt wird, befindet sich über dem Transformatorkessel und ist nur durch ein Rohr mit ihm verbunden. Dadurch bleibt das Konservator-Öl kühl und schließt das warme, den Transformator umgebende Öl gegen die Luft ab. Die Bezeichnung „Ausdehnungsgefäß" rührt daher, daß das sich infolge der betriebsmäßigen Erwärmung ausdehnende Öl in dem Ausdehnungsgefäß Platz findet.

Verluste und Wirkungsgrad

Bei gleichbleibender Spannung sind die Eisenverluste, die den Hauptteil der Leerlaufverluste ausmachen, von der Belastung nahezu unabhängig. Die Wicklungsverluste (Belastungsverluste) treten zusätzlich bei Belastung auf. Sie rühren von den Wicklungswiderständen (R) her und steigen mit dem Quadrat des Belastungsstromes ($I^2 \cdot R$). Die Wirkungsgrade der Transformatoren liegen sehr hoch. Bei 5 kVA Nennleistung betragen sie 95 bis 96 %, bei 1000 kVA etwa 97 % und bei 1000 kVA über 98 %. Diese Angaben gelten für Nennlast und betriebswarmen Zustand.

Spartransformatoren

Die Sparschaltung (Bild 17.29) unterscheidet sich von der üblichen Transformatorschaltung dadurch, daß als Ausgangswicklung gleich auch die Eingangswicklung mit benutzt wird. Sie hat den Nachteil der leitenden Verbindung zwischen Ein- und Ausgangsseite, aber den Vorteil, daß für eine bestimmte Verbraucherleistung ein kleinerer Transformatorentyp gewählt werden kann.

Bild 17.29:
Der Schaltplan eines Spartransformators. Wir sehen, daß der Hauptstrom nur einen kleinen Teil der gesamten Wicklung durchfließt und daß nur eine einzige Wicklung vorhanden ist, die eine Anzapfung hat. Es ist hier $U_2 = U_1 + U_z$.

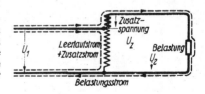

Man unterscheidet hier zwischen **Verbraucherleistung** und **Typenleistung**. Die Verbraucherleistung (die **Durchgangsleistung**) ist die Leistung, die an den Verbraucher abgegeben werden soll. Die Typenleistung (**Eigenleistung**) ist gegeben als Produkt aus dem Verbraucherstrom und dem Spannungsunterschied, der durch den Transformator zu erzeugen ist. Der Vorteil, den der Spartransformator gegen den Transformator mit getrennten Wicklungen aufweist, ist mit dem Verhältnis zwischen Eigenleistung und Durchgangsleistung gegeben. Dieser Vorteil wird für die Praxis hinfällig, wenn das Verhältnis $\dfrac{\text{höhere Spannung}}{\text{niedrigere Spannung}}$ den Wert 3:1 übersteigt.

B e i s p i e l : Es ist die Eigenleistung für 110 V Netzspannung und 60 V Verbraucherspannung zu berechnen, wenn die Verbraucherleistung 3300 VA beträgt. Wir erhalten als Wert der Eigenleistung:

$$3300\ \text{VA} \cdot \frac{110\ \text{V} - 60\ \text{V}}{110\ \text{V}} = 1500\ \text{VA}.$$

Das Einschalten des Transformators

Das Einschalten — d. h. das Anschalten der Eingangswicklung an die zugehörige Spannung — geschieht meist im unbelasteten Zustand — also bei offenem Ausgangs-Stromkreis.

Für den Einschaltzeitpunkt gibt es in bezug auf die Eingangsspannung verschiedene Möglichkeiten: Das Einschalten kann z. B. in dem Augenblick erfolgen, in dem die Spannung ihren Scheitelwert hat, aber auch z. B. in dem Augenblick, in dem die Spannung gerade durch Null geht oder in jedem zwischenliegenden Augenblick.

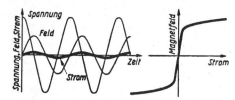

Bild 17.30:

Magnetisierungs-Wechselstrom im Dauerzustand bzw. auch sofort nach dem Einschalten, wenn die Spannung im Einschaltaugenblick ihren Scheitelwert aufweist. Zusammenhang der beiden Teilbilder wie in Bild 16.32.

Während der Einschaltzeitpunkt für das Anschließen eines Widerstandes ziemlich belanglos ist, spielt er für das Anschließen eines Transformators und damit auch einer Drosselspule mit geschlossenem Eisenkern eine recht bedeutende Rolle. Das soll an Hand der Bilder 17.30 und 17.31 erläutert werden.

In Bild 17.30 fällt das Einschalten auf den Scheitelwert der Eingangsspannung. Diese Spannung ist nach dem Einschalten noch während eines Viertels einer Periode positiv. In dieser Zeit kann sich das Feld so aufbauen wie im Dauerzustand. Zum Zeitpunkt des Spannungs-

Scheitelwertes ist es nämlich auch im Dauerbetrieb gleich Null. Es würde sich demgemäß auch für den Dauerzustand derselbe zeitliche Feldverlauf ergeben wie hier unmittelbar nach dem Einschalten.

Bild 17.31:

Magnetisierungs-Wechselstrom sofort nach dem Einschalten, wenn im Augenblick des Spannungs-„Nulldurchganges" geschaltet wird. Zusammenhang der beiden Teilbilder wie in Bild 16.31 und in Bild 17.30.

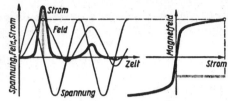

In Bild 17.31 trifft das Einschalten mit dem Nulldurchgang der **Spannung** zusammen. Hier bleibt demgemäß die Spannung nicht nur während eines Viertels, sondern während der Hälfte einer Periode positiv. Damit bewirkt statt einer Viertelwelle eine Halbwelle der Spannung den Feldaufbau, womit das Feld bis auf das Doppelte seines für den Dauerzustand geltenden Scheitelwertes gebracht wird. Dies aber gibt nicht etwa nur den doppelten Magnetisierungsstrom, sondern einen viel höheren Wert, wie es der Krümmung der Magnetisierungskurve entspricht (Bilder 17.30 und 17.31 rechts).

Es kann also passieren, daß beim Einschalten eines Transformators im ersten Augenblick Stromstöße auftreten, die den vor ihm liegenden Überstromschutz zum Ansprechen bringen — falls dieser nicht mit hinreichender Verzögerung arbeitet. Bild 17.31 läßt erkennen, daß sich das Magnetfeld allmählich auf den Dauerzustand einspielt, womit auch der Magnetisierungsstrom auf seinen Normalwert zurückgeht.

Das Wichtigste

1. Der „Transformator" oder „Umspanner" hat den Zweck, den Wert der Wechselspannung den jeweiligen Erfordernissen anzupassen.

2. Der Transformator besteht aus einem in sich geschlossenen Eisenkern und (in der Regel) zwei Wicklungen, die ihrerseits den Eisenkern umschließen. Die Wicklungen haben meist verschiedene Windungszahlen.

3. Die an die Wechselstromquelle angelegte Wicklung hieß früher „Primärwicklung", die Wicklung, an die die Belastung angeschlossen wird, wurde demgemäß „Sekundärwicklung" genannt. Heute sagt man Eingangswicklung und Ausgangswicklung oder Aufnahmewicklung und Abgabewicklung.

4. Die Spannungswandlung geschieht im Verhältnis der Windungszahlen.

5. Hand in Hand mit der Spannungswandlung geht die Stromwandlung. Der zusätzliche Eingangsstrom verhält sich zum Ausgangsstrom wie die Ausgangswindungszahl zur Eingangswindungszahl.

6. In dem von einem Wechselfeld durchsetzten Eisen bilden sich Wirbelströme aus. Um diese Wirbelströme und die dazugehörige Verlustleistung klein zu halten, werden die wechselmagnetisierten Eisenkerne aus Blechen geschichtet.

Vier Fragen

1. Ein Transformator soll mit einem Felddichtescheitelwert von 1,2 Tesla arbeiten. Als Windungsspannung sollen 400 mV in Frage kommen. Die Frequenz beträgt 50 Hz. Welchen Eisenquerschnitt muß man vorsehen?

2. Ein Transformator soll bei 400 mV Windungsspannung für eine Eingangsspannung von 500 V bemessen werden. Wie viele Eingangswindungen muß man vorsehen, wenn die elektrische, zum Magnetfeld sich ergebende Spannung wegen der Spannungen für die Eingangswicklung um 5 % niedriger anzusetzen ist als die Klemmenspannung?

3. Ein Transformator soll die Spannung bei Belastung im Verhältnis 1 : 5 wandeln. Dabei sind insgesamt für die auf die Drahtwiderstände und Streu-Induktivitäten entfallenden Spannungen 10 % der Spannung anzurechnen. Wie haben sich die Windungszahlen zu verhalten?

4. Ein Transformator soll an einer Eingangsklemmenspannung von 380 V betrieben werden und ausgangsseitig eine Spannung von 6 V bei 200 A zur Verfügung stellen. Wie hoch dürfte der Eingangsstrom ausfallen?

18. Überblick über die elektrischen Maschinen

Erklärung

Eine elektrische Maschine ist eine Anordnung mit einem feststehenden Ständer und einem umlaufenden Läufer. Sie dient entweder zum Erzeugen elektrischer Leistung aus mechanischer Leistung (Generator) oder zum Erzeugen mechanischer Leistung aus elektrischer Leistung (Elektromotor) oder zum Umformen elektrischer Leistung (Umformer).

Arten

Die elektrischen Maschinen, mit denen wir es vorwiegend zu tun haben, sind:

1. S y n c h r o n m a s c h i n e n. Das sind Wechselstrommaschinen, deren Umlaufgeschwindigkeit starr an die Frequenz der zugehörigen Spannung gebunden ist. („Synchron" bedeutet „gleichzeitig" und soll damit einen Hinweis auf den starren Zusammenhang geben.)

2. A s y n c h r o n m a s c h i n e n. Das sind gleichfalls Wechselstrommaschinen, bei denen die Umlaufgeschwindigkeit aber nicht starr mit der Frequenz der zugehörigen Spannung zusammenhängt. („Asynchron" heißt hier „nicht gleichzeitig".)

3. G l e i c h s t r o m m a s c h i n e n. Das sind — wie der Name sagt — Maschinen für Gleichstrombetrieb. Sie unterscheiden sich von den Synchron- und Asynchronmaschinen durch ihren „Stromwender" („Kommutator" oder „Kollektor"), der aus einzelnen, meistens der Maschinenwelle gleichlaufend angeordneten „Lamellen" besteht. Diese sind voneinander isoliert, aber mit der Wicklung des umlaufenden Teiles, auf dessen Welle der Stromwender sitzt, verbunden. Einen Kollektor zeigt Bild 18.01.

4. E i n a n k e r u m f o r m e r. Diese Maschinen haben vor allem Gleichstrom in Wechselstrom oder umgekehrt oder Gleichstrom einer Spannung in Gleichstrom einer anderen Spannnung umzuformen. Sie sind mit einem Stromwender und einem Schleifringsatz oder, wenn es sich um Gleichstrom-Gleichstrom-Umformung handelt, mit zwei Stromwendern ausgestattet.

5. E i n - u n d D r e i p h a s e n - S t r o m w e n d e r m a s c h i n e n. Im Rahmen dieses Buches interessieren nur die Einphasenmaschinen, die ähnlich den Gleichstrommaschinen aufgebaut sind und in ihren kleineren Modellen z. B. sowohl für Gleichstrom wie für Wechselstrom verwendbar sind (Universalmotoren).

In der vorstehenden Übersicht ist zwischen Maschinen und Umformern unterschieden. Die Maschinen im engeren Sinne gliedern sich also nur in Generatoren und Motoren. Die Einankerumformer verlieren im übrigen immer mehr an Bedeutung, da man sie in den meisten Fällen mit Vorteil durch Schaltungen der Leistungs-Elektronik ersetzen kann.

Die Gleichstrommaschinen haben heute wohl als Motoren die größere Bedeutung. Synchronmaschinen werden in ihren großen Exemplaren vorwiegend als Generatoren eingesetzt und Asynchronmaschinen vorzugsweise als Motoren verwendet.

Unter Wechselstrommaschinen sind hier neben den Einphasen-Maschinen natürlich vor allem auch die Dreiphasen-Maschinen zu verstehen.

Die Bestandteile

Sehen wir von hier nebensächlichen Ausnahmen ab, so besteht jede elektrische Maschine aus einem **Ständer (Stator)** und einem **Läufer (Rotor).** Den vom Haupt-Netzstrom durchflossenen Ständer oder Läufer nennt man vielfach **Anker.**

Ständer wie Läufer bestehen meistens aus Eisen und tragen Wicklungen, wenn nicht etwa entweder der Ständer oder der Läufer (wie bei ganz kleinen Maschinen) aus Dauermagneten gebildet oder mit Dauermagneten versehen ist.

Der im Betrieb rotierende (umlaufende) Läufer befindet sich fast immer im Innern des feststehenden Ständers **(Innenläufer).** Nur in seltenen Fällen umschließt der Läufer den Ständer **(Außenläufer).**

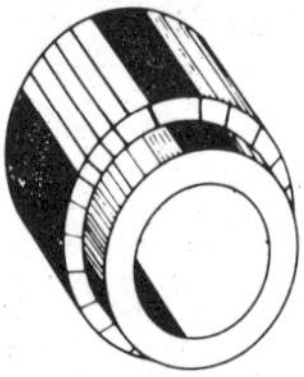

Bild 18.01:
Ein Stromwender (Kommutator oder Kollektor) mit seinen Lamellen.

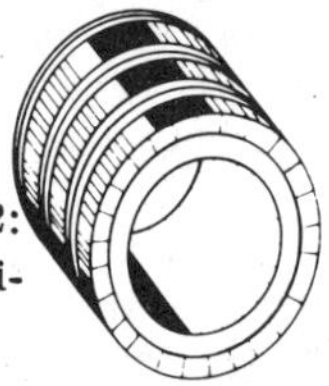

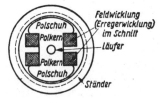

Bild 18.02:
Die drei Schleifringe einer Dreiphasenmaschine.

Soweit eine Stromzufuhr zum Läufer notwendig ist, geschieht sie mit Hilfe von „Bürsten" über Stromwender (Bild 18.01) oder über Schleifringe (Bild 18.02).

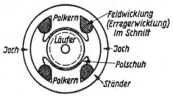

Bild 18.03: Eine zweipolige Ständerpolmaschine in Achsrichtung gesehen und mit geschnittenen Feldwicklungen vereinfacht dargestellt.

Bild 18.04: Eine ebenfalls zweipolige Läuferpolmaschine als Gegenstück zur Ständerpolmaschine gemäß Bild 18.03. Hier ist der Ständer der Anker.

Vielfach hat entweder der Ständer oder der Läufer „ausgeprägte Pole". Im ersten Falle (Bild 18.03) spricht man von **„Ständerpolmaschine"**, im zweiten Falle von **„Läuferpolmaschine"** (Bild 18.04). Die Pole sind Magnetpole, also Nord- und Südpole. Somit treten sie paarweise auf. Es gibt demgemäß zweipolige, vierpolige, sechspolige und weiter geradzahlig — mehrpolige Maschinen —, aber z. B. keine drei- oder fünfpoligen Ausführungen. In der Regel spricht man nicht von den einzelnen Polen, sondern von den **Polpaaren.**

Die Abwicklung

Bild 18.05 zeigt — in vereinfachter Form — eine zweipolige Maschine (Läuferpolausführung). Wir erkennen den Läufer mit seinem Nordpol und seinem Südpol, die Maschinenwelle, auf der der Läufer sitzt, sowie den Ständer. Alles ist in Achsrichtung gesehen. Die im Ständer gestrichelte Linie deutet an, bis zu welcher Tiefe die Ständerleiter in die Innenseite des Ständereisens „eingebettet" sind. Das Bild 18.05 enthält (links) eine strichpunktierte Linie. Diese hat mit der Maschine selbst nichts zu tun. Es handelt sich um eine gedachte Schnittlinie.

Bild 18.05:
Eine zweipolige Läuferpolmaschine, schematisch so dargestellt, wie es zu der mit ihrer Achse zusammenfallenden Blickrichtung gehört.

Bild 18.06:
Abwicklung der Maschine von Bild 18.05 in Aufriß und Grundriß. Die in Bild 18.05 nur einmal auftretende strichpunktierte Schnittlinie erscheint unten doppelt — und zwar an den zwei Enden der Abwicklung.

Wenn wir die Maschine „abgewickelt", also zum Beispiel mit ebener Ankeroberfläche darstellen wollen, müssen wir sie uns zunächst einmal aufgeschnitten denken. Das soll durch die strichpunktierte Linie angedeutet werden.

Bei der Abwicklung bleibe etwa die Länge des Umfanges der Ständer-Innenfläche ungeändert. So ergibt sich eine Anordnung, wie sie der obere Teil des Bildes 18.06 im Aufriß und der untere Teil dieses Bildes im Grundriß zeigen. Der Grundriß beschränkt sich hier auf die beiden Magnetpole. Die Begrenzungslinien des Ständereisens läßt man in ihm meist fort. Der Ständer erscheint somit allein in seinen Leitern bzw. seinen Spulen, die hier noch nicht eingetragen sind.

Bild 18.07:

Vereinfachte Seitenansicht einer vierpoligen Synchronmaschine mit der Schnittlinie, an der wir uns die Maschine aufgeschnitten denken. Die Ständerwicklungen sind nicht dargestellt. Die Nutung des Ständers wird durch die gestrichelte Kreislinie angedeutet.

Bild 18.07 veranschaulicht eine vierpolige Maschine. Auf- und Grundriß der zugehörigen Abwicklung sind in Bild 18.08 zu sehen. Meist begnügt man sich bei der Abwicklung mit dem Grundriß (Bilder 18.06 und 18.08 unten). Aus einem solchen Grundriß ist nicht zu ersehen, ob es sich dabei um eine Ständerpol- oder Läuferpolmaschine handelt. Das macht auch nichts. Die folgenden Ausführungen gelten in derselben Weise für beide Maschinenarten.

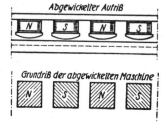

Bild 18.08:

Die in Bild 18.07 gezeigte Maschine ist hier aufgeschnitten und abgewickelt. Oben sehen wir den Aufriß der Abwicklung und darunter von deren Grundriß die vier schraffierten Feldquerschnitte. Die Wicklungsdarstellung, die ebenfalls zum Grundriß gehört, fehlt hier noch.

In den Bildern 18.09 ... 18.12 kommt eine Ständerwicklung hinzu, die für unseren Fall nur aus einer einzigen Windung besteht. Wir sehen, wie sich der Anker dreht und wie sich damit die aus den beiden Ankerleitern und der „Stirnverbindung" gebildete Windung gegenüber dem Magnetfeld verschiebt. Dabei ändert sich das mit der Windung verkettete Magnetfeld ständig.

Spannung und Magnetfeld-Änderungsgeschwindigkeit

In Bild 18.09 ist das mit der Windung verkettete Feld insgesamt gleich Null: Die Windung liegt hier parallel zur Feldrichtung und wird deshalb vom Feld nicht durchsetzt. Es besteht zwischen Feld und Windung keine Verkettung.

In Bild 18.10 hat der eine Pol für die Windung erheblich an Fläche gewonnen, während der andere Pol ebensoviel verloren hat.

In Bild 18.11 ist die eine Polfläche allein von der Windung umschlossen, während in Bild 18.12 sich die dem Fall des Bildes 18.10 entgegengesetzt gleiche Verkettung ergibt.

Die Windungsspannung wird nicht durch den W e r t des mit der Windung verketteten (also des die Windung durchdringenden) Feldes, sondern durch die G e s c h w i n d i g k e i t bestimmt, mit d e r s i c h d i e s e r W e r t ä n d e r t.

In den Fällen der Bilder 18.09, 18.10 und 18.12 ändert sich bei umlaufendem Rotor das mit der Windung verkettete Feld. Folglich entstehen in den zugehörigen Augenblicken Spannungen. Das mit der Windung verkettete Feld ändert sich im Falle des Bildes 18.12 in entgegengesetztem Sinn wie in den Fällen der Bilder 18.09 und 18.10 (umgekehrte Spannungsvorzeichen!).

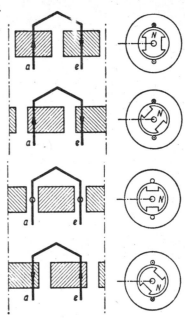

Bild 18.09: Der Ankerleiter a befindet sich gerade mitten unter dem einen Pol (z. B. dem Nordpol), der Ankerleiter e mitten unter dem entgegengesetzten Pol.

Bild 18.10: Die beiden Pole haben sich inzwischen gegen die zwei Ankerleiter verschoben. Noch aber sind es die gleichen Felder, in deren Bereich sie sich befinden.

Bild 18.11: Nun sind die zwei Ankerleiter von den Feldern unbeeinflußt. Sie treffen gerade mit den Polzwischenräumen zusammen.

Bild 18.12: Wieder wirkt auf die Schleife (Windung) ein sich ihr gegenüber änderndes Magnetfeld.

Bilder 18.09—18.12: Bewegung einer Ankerwicklungsspule gegen das Magnetfeld. (Spule feststehend, Magnetfeld in verschiedenen Stellungen gezeichnet.)

In Bild 18.11 ist die Änderung gleich Null: Die volle Verkettung mit dem einen Pol war schon einen Augenblick zuvor vorhanden und dauert noch einen weiteren Augenblick an. Somit ergibt sich für den zu Bild 18.11 gehörenden Zeitpunkt keine Spannung.

Für den Zusammenhang zwischen Änderungsgeschwindigkeit des mit einer Windung verketteten Magnetfeldes Φ und der davon herrührenden Windungsspannung u_0 gilt:

$$u_0 = \frac{\mathrm{d}\,\Phi}{\mathrm{d}\,t}$$

Diesen Zusammenhang wollen wir uns genau ansehen. Wir erinnern uns zunächst an das, was wir auf Seite 223 gelesen haben. Dort fanden wir

$$U = \frac{\Delta\,\Phi}{\Delta\,t}$$

Da fehlte zunächst einmal das nun neu auftretende **Minuszeichen**. Damals handelte es sich um die elektrische Spannung, mit der die Magnetfeld-Änderung erzwungen wurde. Jetzt ist mit u_0 die Spannung gemeint, die auf Grund der Änderung des mit der Windung verketteten Feldes zustande kommt. Diese Spannung tritt da als **Gegenspannung** auf, wo eine Feldänderung mit einer angelegten Spannung erzwungen wird. Der angelegten Spannung gaben wir das positive Vorzeichen. Somit gehört zur Gegenspannung das negative Vorzeichen.

Nun betrachten wir den **Index** $_0$. Die Null bedeutet eine Urspannung, das kleine u weist darauf hin, daß es sich um einen Augenblickswert handelt.

Außerdem sehen wir statt der Zeichen Δ (Delta) die **Buchstaben d**. Damit soll ausgedrückt werden, daß es sich hier bezüglich der Zeit jeweils nicht um eine endliche Zeitspanne Δt, sondern um eine verschwindend kleine Zeitspanne $d\,t$ handelt, wobei zu $d\,t$ eine lediglich verschwindend geringe Änderung des mit der Windung verketteten Feldes bzw. Feldanteiles Φ, nämlich statt $\Delta \Phi$ nur $d\,\Phi$ gehört.

Bevor wir hieraus Folgerungen ziehen, wollen wir einen mathematisch genau dem entsprechenden Zusammenhang betrachten, der uns aus dem täglichen Leben geläufig ist:

Geschwindigkeit, Weg und Zeit

Um eine während einer Zeitspanne Δt gleichbleibende Geschwindigkeit v eines Wagens zu bestimmen, können wir zunächst die während dieser Zeit zurückgelegte Strecke Δs ermitteln. Dann müssen wir diese Fahrstrecke durch den Wert der Zeitspanne teilen:

$$v = \frac{\Delta s}{\Delta t}$$

Bei gleichbleibender Geschwindigkeit stimmt der so ermittelte Wert genau mit dem vom Tachometer (d. h. von dem Geschwindigkeitsmesser) anzuzeigenden Wert überein.

Der Geschwindigkeitsmesser aber zeigt die jeweilige Geschwindigkeit auch in solchen Fällen an, in denen sich ihr Wert laufend ändert. Das ist dann der im einzelnen Zeitpunkt geltende Geschwindigkeits-Augenblickswert v_t. Für ihn gilt:

$$v_t = \frac{d\,s}{d\,t}$$

Jetzt zurück zur Spannung

Der mathematisch folgendermaßen angeschriebene Zusammenhang

$$u_0 = -\frac{d\,\Phi}{d\,t} \quad \text{oder, was dasselbe ist,} \quad -u_0 = \frac{d\,\Phi}{d\,t}$$

bedeutet: Ändert sich der Wert eines eine Windung durchsetzenden Magnetfeldes (des Magnetfeldes, das mit der Windung verkettet ist), so entsteht in der Windung eine Spannung, für die

- der Augenblicksbetrag mit der zu diesem Zeitpunkt geltenden Änderungsgeschwindigkeit des Betrages des mit der Windung verketteten Feldteiles gegeben ist, und bei dem

- das Vorzeichen des Augenblickswertes dem Vorzeichen derjenigen an die Windung gelegten Spannung entgegengesetzt ist, die eine solche Magnetfeldänderung erzwingen würde.

Hieraus folgt für die Richtung der in der Windung von der Feldänderung herrührenden Spannung:

Blicken wir in die Richtung, die dem zunehmenden mit der Windung verketteten Feld entspricht, so gehört dazu die dem Uhrzeigersinn entgegengesetzte Spannungsrichtung. Das läßt sich auch so ausdrücken:

Blicken wir auf die Windung in Richtung des mit ihr verketteten Feldes, so

entspricht die Spannungsrichtung in der Windung bei Abnahme des Feldwertes dem Uhrzeigersinn bzw.

ist die Spannungsrichtung bei Zunahme des Feldwertes dem Uhrzeigersinn entgegengesetzt.

Sollten Sie den Inhalt dieses und des vorangehenden Abschnittes nicht gleich voll erfaßt haben, so wäre das kein Grund zum Verzweifeln. Beginnen Sie im gegebenen Fall noch mal mit dem Abschnitt „Spannung und Magnetfeld-Änderungsgeschwindigkeit". Wenn Ihnen die Sache auch dann noch unklar geblieben sein sollte, gehen Sie zunächst einmal einfach weiter.

Spannung und „geschnittenes" Feld

Die Spannungen sind in den Bildern 18.09, 18.10 und 18.12 mit ihren Vorzeichen durch Pfeile angedeutet. Das Ausbleiben der Spannung wird in Bild 18.11 durch zwei Nullen angezeigt. Die beiden „Spulenseiten" befinden sich für den Fall des Ausbleibens der Spannung in den „neutralen Zonen" zwischen den Polen.

Statt das von der gesamten Windung umschlossene Feld zu betrachten, kann man sein Augenmerk auch auf die zwei Spulenseiten (d. h. in unserem Fall auf die zwei „Ankerleiter") und auf das von jedem Ankerleiter jeweils „geschnittene" Feld richten.

Durchschneidet zum Beispiel der linke Leiter der Windung von Bild 18.09 beim Übergang vom ersten auf das zweite Teilbild den in Bild 18.13 schraffierten Feldteil, so ändert sich das mit der Windung verkettete Feld auf dieser Seite der Windung um den schraffierten Teil. Das ergibt — gemäß der Geschwindigkeit, mit der die Änderung erfolgt, — eine bestimmte Windungsspannung. Diese Windungsspannung beziehen wir auf den Leiter des Feldes, der das Feld durchschneidet, so, als ob sie nichts mit der Änderungsgeschwindigkeit des mit der Windung verketteten Feldes zu tun hätte.

Bild 18.13:
Die Magnetfeldänderung, die sich in einer bestimmten Zeitspanne auf Grund der Bewegung der Ankerwicklungsspule gegen das Magnetfeld ergibt.

Mit dem linken Leiter bewegt sich auch der rechte Leiter der Windung. Er durchschneidet in derselben Richtung wie der linke Leiter den entsprechenden Teil des entgegengesetzten Polfeldes (Bild 18.13 rechts). Während also im linken Leiter eine bestimmte Spannung in der Richtung von unten nach oben auftritt, entsteht im rechten Leiter gleichzeitig eine Spannung vom selben Wert, aber in der Richtung von oben nach unten. In der Stirnverbindung ergibt sich keine Spannung, weil diese hier stets außerhalb der Felder bleibt. Für die Windung wirken die beiden Leiterspannungen vom ersten Teil des Bildes 18.09 gleichsinnig zusammen. Der linke Pfeil weist nämlich ebenso wie der rechte vom Windungsanfang a nach dem Windungsende e. Das stimmt auch mit der Änderung des die Windung durchdringenden Magnetfeldes überein: Links haben wir eine Zunahme des einen Feldteiles, rechts eine Abnahme des mit entgegengesetztem Vorzeichen auftretenden anderen Feldteiles. Wie die Abnahme von Schulden einer Vermögenserhöhung gleichkommt, wirkt sich auch die Abnahme des negativ wirkenden Feldteiles wie eine zusätzliche Zunahme des positiven Feldteiles aus.

Wir sehen: Man darf statt der ganzen Windung und der Änderung des mit ihr verketteten Feldes auch die beiden Windungsseiten getrennt betrachten, wie sie einzeln die zugehörigen Feldteile durchschneiden.

Der, bezogen auf eine Sekunde, von einem Leiter durchschnittene Feldanteil ist gegeben mit:

1. der Felddichte im Luftspalt zwischen Ständer und Läufer (z. B. in Tesla),
2. der wirksamen Länge des Leiters (z. B. in cm),
3. der Läufer-Umfangsgeschwindigkeit (z. B. in cm/s).

Zu 1: Die Felddichte ist etwa in der Mitte zwischen zwei Polen (neutrale Zone) gleich Null und unter den Polen am größten (etwa 0,6 . . . 1 T) — letzteres für große Maschinen.

Zu 2: Die wirksame Leiterlänge ist ungefähr mit der (in Achsrichtung gemessenen) Ankereisenlänge gegeben (Bild 18.14). Wegen der Ausstreuung des Magnetfeldes an den Stirnseiten der Maschine ist sie etwas größer als die Ankereisenlänge.

Bild 18.14:

Die wirksame Ankerleiterlänge ist ungefähr gleich der Länge des Ankereisens der Maschine, gemessen in Achsrichtung.

Zu 3: Die Läuferumfangsgeschwindigkeit ist in cm/s mit dem Produkt aus Läuferdurchmesser und Läuferdrehgeschwindigkeit (Drehzahl je Minute) gegeben. Sie berechnet sich in cm/s mit

$$\frac{60 \text{ s}}{1 \text{ min}} \cdot \frac{1}{\pi} \approx 19 \frac{\text{s}}{\text{min}} \quad \text{zu:}$$

Läuferdurchmesser in cm $\times$ Drehzahl je min : (19 s : min)

Hiermit gilt:

Leiterspannung in V =
Felddichte in Tesla $\times$ Leiterlänge in m $\times$ Umfangsgeschwindigkeit in m/s

B e i s p i e l : Felddichte 0,7 Tesla, Läuferlänge 32 cm, 750 Umdrehungen je Minute, Läuferdurchmesser 30 cm. Daraus wäre zunächst die Umfangsgeschwindigkeit des Läufers zu ermitteln. Sie ergibt sich zu 0,3 m · 750 (U/min) : (19 s : min) = rund 11,8 m/s.

Hiermit wird:

Leiterspannung = 0,7 T · 0,32 m · 11,8 m/s = etwa 2,6 V

Nun als Beispiel für das Schneiden des Feldes durch den Leiter:

Das Erzeugen der Wechselspannung in einer Ständerwindung

Bild 18.15 zeigt den feststehenden „Ständer" einer elektrischen Maschine. Der Ständer, der hier aufs äußerste vereinfacht ist, besteht

Bild 18.15:

Ein auf das äußerste vereinfachter Ständer einer Synchronmaschine. Dieser Ständer besteht aus einem geschichteten Eisenring und einer in ihn eingelegten Windung.

aus einem Eisenring und einer in ihm befestigten Windung. Innerhalb des Ringes wird ein magnetisierter Läufer angeordnet. Wie der Läufer mit seinen beiden Polen aussieht und wie das von ihm herrührende Magnetfeld zwischen Läufer und Ständer verläuft, ersehen wir aus Bild 18.16. Das Magnetfeld hat mitten „unter" den Polen seine größte Dichte.

Der Läufer möge mit gleichbleibender Geschwindigkeit umlaufen. Der aus Ring und Spule gebildete Ständer bleibe stehen. In Bild 18.17

Bild 18.16:

Das Magnetfeld, das von dem umlaufenden Magnet bewirkt wird und sich über den Eisenring des Ständers schließt. Die ganze Anordnung ist genau von vorn dargestellt. Die Feldlinien sind hier nur im Luftspalt eingetragen. Sie schließen sich gemäß Bild 18.17 über Läufer- und Ständer-Eisen.

ist der Augenblick festgehalten, in dem der Läufer die senkrechte Lage durcheilt. Ein Vergleich mit Bild 18.16 ergibt, daß in diesem Augenblick beide Windungsseiten unter dem Einfluß des dichtesten Feldes stehen. Dabei wird in der Windung eine hohe Spannung erzeugt. An dem Punkt und an dem Kreuz, die in die Leiterquerschnitte (Bild 18.17) eingetragen sind, sehen wir, daß die erzeugte Spannung im oberen Leiter umgekehrt gerichtet ist wie im unteren. Das muß so sein, weil sich am oberen Leiter der Nordpol, am unteren Leiter der Südpol vorbeibewegt.

Bild 18.17:

Das Magnetfeld des Dauermagneten schließt sich über den Eisenring des Ständers in zwei Hälften und ist demgemäß bei dieser Läuferstellung mit der Ständerspule nicht verkettet. Beim Durchgang durch diese Stellung ändert sich die Verkettung jedoch recht stark. Sie wechselt im Augenblick ihr Vorzeichen.

An Hand des Bildes 18.15 überzeugen wir uns davon, daß die in den Windungsseiten erzeugten Spannungen — durch die hinter der Zeichenebene liegende Verbindung — gleichsinnig in Reihe geschaltet sind, so daß die Spannung zwischen den Windungsenden gleich der Summe aus den beiden Einzelspannungen wird.

Bei senkrechter Stellung des Läufers ist der mit der Ständerwindung verkettete Läuferfeldanteil gleich Null (Bild 18.17). Er ändert

Bild 18.18:

Der Läufer hat sich gegenüber Bild 18.17 weitergedreht. Noch stehen der untere Leiter der Ständerspule unter dem Einfluß des Läufer-Südpoles und der obere Leiter unter dem Einfluß des Läufer-Nordpoles.

Bild 18.19:

Der Läufer hat nun die waagerechte Lage erreicht. Augenblicklich werden die Ständerleiter von dem Läuferfeld nicht geschnitten.

in dieser Läuferstellung sein Vorzeichen. Die Änderungsgeschwindigkeit des mit der Ständerwindung verketteten Läuferfeldanteiles erreicht hierbei ihren Scheitelwert.

Dreht sich der Läufer weiter, so nimmt die Dichte des Feldes, das die beiden Leiter schneidet, zunächst immer mehr ab (Bilder 18.17 und 18.18). Folglich sinkt die in der Windung entstehende Spannung. Erreicht der Läufer die waagerechte Lage, so wirkt auf die zwei Sei-

Bild 18.20:

Jetzt steht der obere Ständerleiter unter dem Einfluß des Läufer-Südpoles. Das Spannungsvorzeichen hat demgemäß gegenüber Bild 18.18 gewechselt.

Bild 18.21:

Wieder geht der Läufer durch die senkrechte Lage hindurch. Die Läuferpole und damit die Spannungsrichtungen sind entgegengesetzt wie in Bild 18.17 oder 18.18.

ten der Windung gar kein Feld (Bild 18.19), weshalb in dieser Lage keine Spannung entsteht. Im nächsten Augenblick kommt der Südpol dort zur Wirkung, wo erst der Nordpol Spannung erzeugte (Bild 18.20). Damit ändert sich die Spannungsrichtung. Der Betrag der Spannung ist zunächst noch klein. Die Spannung erreicht ihren Scheitelwert erst, wenn der Läufer wieder die senkrechte Lage durcheilt (Bild 18.21).

Verfolgen wir das weiter, so sehen wir, daß in der Windung eine Spannung zustande kommt, die allmählich ansteigt und abfällt, die einmal in der einen Richtung wirkt und einmal in der anderen. Solange sich der Läufer dreht, folgen Anstieg, Abfall und Richtungswechsel in regelmäßiger Folge aufeinander. Wir erkennen, daß es sich hier um die uns schon von Seite 36 bekannte Wechselspannung handelt. Der auf der Läuferwelle angebrachte Pfeil zeigt, von der Seite betrachtet, in Bild 18.17 den positiven Scheitelwert, in Bild 18.18 einen geringeren positiven Augenblickswert, in Bild 18.19 den Wert Null, in Bild 18.20 einen negativen Augenblickswert und in Bild 18.21 den negativen Scheitelwert. Wir denken an die Zeiger zurück (siehe Seite 117) und merken, daß der in den Bildern 18.17 bis 18.21 eingetragene Pfeil als Zeiger für die in der Windung erzeugte Spannung aufgefaßt werden kann.

Von der Windung zur Spule

Die in einer einzigen Windung (Bild 18.15) erreichbare Spannung ist für die meisten Zwecke viel zu gering. Um genügend hohe Spannungen zustande zu bringen, braucht man mehrere, hintereinandergeschaltete Windungen. Deren Gesamtspannung ergibt sich daraus, daß die Windungsspannung mit der Zahl der in Reihe liegenden Windungen vervielfacht wird. Bild 18.22 zeigt als Beispiel drei hintereinander geschaltete Windungen. Die drei hier auseinandergezogen dargestellten Windungen werden in einer Spule vereinigt.

Bild 18.22:

Eine Ständerspule mit drei Windungen und demgemäß sechs Ankerleitern.

Bild 18.23:

Eine mit ihren beiden Spulenseiten in je eine Nut des Ständers eingebettete Ständerspule.

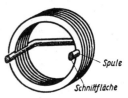

Die Spule legt man in Wirklichkeit nicht an die Innenseite des Ständereisens an, sondern bettet sie in die „Nuten" des Ständereisens ein. Das tut man, um mit einem möglichst kleinen Luftspalt zwischen Innenfläche des Ständereisens und Polflächen des Läufers auskommen zu können. Bild 18.23 zeigt die in die Nuten eingelegte Spule.

Verwenden einer Vielzahl von Spulen

Bei Beschränkung auf eine einzige Spule ist die Innenfläche des Ständereisens nur recht schlecht ausgenutzt. Um eine bessere Ausnutzung zu erreichen, ordnet man längs des Umfanges mehrere dort gleichmäßig verteilte und somit gegeneinander verdrehte Spulen an (Bild 18.24).

Bild 18.24:

Ständer mit vier hintereinanderliegenden Ankerleitern. Je zwei dieser Ankerleiter stellen mit einer hinteren Stirnverbindung eine Windung dar. Die beiden Windungen sind mit der zwischen 3 und 2 liegenden vorderen Stirnverbindung hintereinandergeschaltet.

So, wie die Windungen einer Spule in Reihe liegen (Bild 18.22), sind meist auch die Spulen hintereinandergeschaltet (Bild 18.24). Die Bilder 18.25 und 18.26 zeigen weitere Beispiele für Wicklungen, die am Ankerumfang gleichmäßig verteilte und in Reihe liegende Spulen aufweisen.

In Bild 18.27 wird eine dem Bild 18.24 entsprechende Wicklung veranschaulicht, deren beide Spulen hier aber statt nur einer Windung zwei Windungen aufweisen.

Die den Bildern 18.15, 18.24, 18.25 und 18.26 entsprechenden Wicklungen sind in den Bildern 18.28 ... 18.31 in Abwicklung und Aufriß

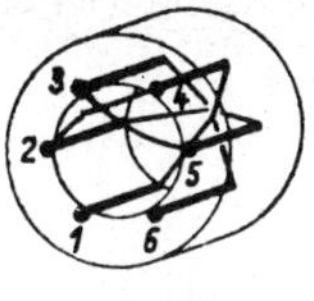

Bild 18.25:
Sechs Ankerleiter oder drei „Ankerspulen", die sämtlich in Reihe liegen.

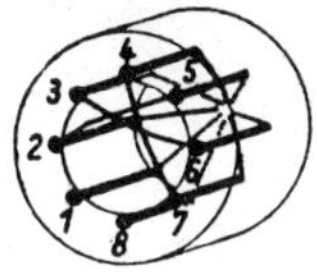

Bild 18.26:

Acht Ankerleiter, die wieder paarweise zu je einer Ankerspule mit einer Windung zusammengeschaltet sind. Alle vier Spulen liegen in Reihe.

Bild 18.27:
Zwei Spulen mit je zwei Windungen.

noch mal zusammengefaßt. Die in allen diesen Bildern eingetragenen Pfeile bzw. Punkte und Kreuze bedeuten die Richtungen der in den einzelnen Windungs- oder Spulenseiten erzeugten Spannungen. Da die Feldrichtungen für Nordpol und Südpol einander entgegengesetzt sind, ergeben sich für die Spannungen in den Leitern verschiedene Vorzeichen, wenn die einen unter dem Einfluß des Nordpoles und die anderen unter dem des Südpoles stehen. Ein Leiter, der gerade zwischen den Magnetpolen liegt, ist unbeeinflußt. In ihm entsteht deshalb keine Spannung. Dies wird in den linken Teilbildern jeweils mit einem kleinen Kreis angedeutet.

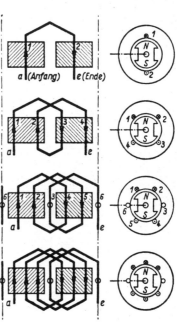

Bild 18.28: Ständer mit nur einer Windung zu einer zweipoligen Maschine (vgl. die Bilder 18.15, 18.17 ... 18.21 und 18.23).

Bild 18.29: Ständer mit zwei Windungen (vier Spulenseiten) zu einer zweipoligen Maschine (vergl. Bild 18.24).

Bild 18.30: Ständer mit drei Windungen (Spulen), also mit sechs Spulenseiten, von denen eine (die in der Schnittlinie) doppelt vorkommt (siehe auch Bild 18.25).

Bild 18.31: Ständer mit vier Windungen (Spulen) und deshalb acht Ankerleitern (Spulenseiten) (s. Bild 18.26).

Die einzelnen Leiter (oder Spulenseiten) liegen hintereinander. Wir betrachten noch mal die Anordnung mit den vier Leitern (Bild 18.24 und 18.29). Dort kommt erst der Leiter 1. Auf ihn folgt der Leiter 3. Daran schließt sich der Leiter 2 und an diesen wieder der Leiter 4. Bei den sechs Leitern (Bilder 18.25 und 18.30) geht es von 1 nach 4, von dort nach 2, dann nach 5, von 5 nach 3 und schließlich von da nach 6. Bei den acht Leitern (Bilder 18.26 und 18.31) folgt auf 1 der Leiter 5, auf ihn der Leiter 2 und so fort.

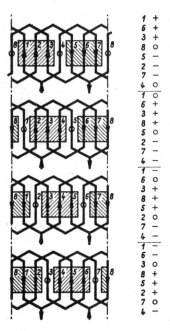

1	+
6	+
3	+
8	o
5	−
2	−
7	−
4	o
1	o
6	+
3	+
8	+
5	o
2	−
7	−
4	−
1	−
6	o
3	+
8	+
5	+
2	o
7	−
4	−
1	−
6	−
3	o
8	+
5	+
2	+
7	o
4	−

Bild 18.32: Acht Ankerleiter bilden hier eine in sich geschlossene Wicklung, die bezüglich der Anschlüsse (Pfeile) aus zwei einander parallelen Zweigen besteht. Rechts die Spannungsvorzeichen (Pfeil nach oben positiv gezählt).

Bild 18.33: Anordnung von Bild 18.32 bei weitergedrehtem (in der Abwicklung seitlich verschobenem) Feld. Wieder sind die Spannungen in drei Leitern positiv und in drei Leitern negativ.

Bild 18.34: Wieder ist das Feld weitergewandert. Jetzt wollen wir uns die einander parallel liegenden Zweige ansehen. Sie sind einerseits durch die Ankerleiter 1, 6, 3, 8 und anderseits durch die Leiter 4, 7, 2, 5 gegeben.

Bild 18.35: Noch eine weitere Stellung des Magnetfeldes zu den Ankerleitern. Wir überzeugen uns davon, welche Gesamtspannungen in den zwei Zweigen auftreten. Hierzu rechnen wir die Pfeile als positiv, die mit den Pfeilen an den Anschlüssen übereinstimmen. Das gibt für den einen Zweig: 1+, 6+, 3 0, 8 — und für den anderen Zweig: 4 —, 7 0, 2+, 5+.

In den Bildern 18.32 ... 18.35 ist eine „in sich geschlossene" Wicklung gezeigt. Während die Leiteranordnungen der Bilder 18.28 bis 18.31 so wie die Windung in Bild 18.15 jeweils Anfang und Ende aufweisen und innerhalb des Ständers nicht in sich geschlossen sind, haben wir es hier mit einer Wicklung zu tun, die wohl mit zwei Anschlüssen versehen ist, bei der aber ohne die Anschlüsse kein Anfang und kein Ende vorhanden wäre. Dieselbe Wicklung ist hier viermal dargestellt, und zwar mit immer anderen Stellungen der Magnetfelder gegenüber der Wicklung. Die dabei entstehenden Spannungen sind mit ihren Richtungen durch Pfeile angedeutet. Die Leiter bzw. Spulenseiten, in denen gerade keine Spannungen entstehen, sind wieder mit kleinen Kreisen kenntlich gemacht. Rechts neben den Wicklungsbildern stehen die Nummern der einzelnen Spulenseiten und die hierzu gehörenden Spannungsvorzeichen. Wie wir sehen, treten die Spannungen stets in zwei Gruppen von je drei Leitern auf. Die Gesamtspannungen dieser beiden Gruppen haben entgegengesetzte Vorzeichen. Innerhalb der gesamten Wicklung heben sich also die Spannungen auf, so daß dort keine Ausgleichsströme zustande kommen können. Anders ist es bezüglich der beiden Anzapfungen, d. h. der beiden Anschlüsse an die Wicklung:

In Bild 18.32 addieren sich zwischen den beiden Außenanschlüssen im einen Zweig die Spannungen der Leiter 5, 2 und 7 und im andern Zweig die Spannungen 1, 6 und 3. In Bild 18.33 addieren sich einerseits die Spannungen 4, 7 und 2 sowie anderseits die Spannungen 6, 3 und 8.

In Bild 18.34 kommt für den einen Zweig die Spannungssumme 4 + 7 in Betracht, der 5 entgegenwirkt, sowie für den andern Zweig 3 + 8 bei Gegenwirken von 1.

In Bild 18.35 ergibt sich 5 + 2 — 4 sowie 6 + 1 — 8. Von Bild 18.34 zu Bild 18.35 wechselt die Spannung zwischen den Außenanschlüssen ihr Vorzeichen. Hier sind in verschiedenen Fällen Einzelspannungen der Summe der anderen Spannungen gegengerichtet. Das vermeidet man in der Praxis durch passende gegenseitige Anordnung der Ankerleiter weitgehend. Die Zahlen sind hier Leiternummern, keine Spannungswerte!

Genaueres über das Zusammenfügen der Spulenseiten

Bild 18.36 veranschaulicht wiederum eine abgewickelte vierpolige Maschine in Aufriß und Grundriß. Im Gegensatz zu Bild 18.08 sind hier die „Erregerspulen" der Magnetpole auch im Schnitt, und zwar mit eingetragenen Stromrichtungen dargestellt. Außerdem zeigt der Aufriß im Bild 18.36 noch die Leiter der Ankerwicklung im Schnitt mit den zugehörigen Spannungsrichtungen.

Bild 18.36:

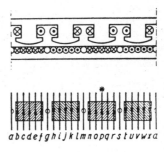

Abwicklung einer Gleichstrommaschine (Bild 22.07). Die Maschine ist einseitig aufgeschnitten. Joch, Pole, Ankerwicklung und innere Ankerbegrenzung sind sämtlich auf die Länge des Ankerumfanges gebracht. Darunter der Grundriß dieser Abwicklung. Von dem Feldmagnet sind hier lediglich die Polflächen angedeutet, von dem Anker nur die Ankerleiter. Joch und Feldwicklung fehlen, ebenso der Stromwender sowie die Verbindungen zwischen ihm und den Ankerleitern bzw. die zwischen den Ankerleitern selbst.

Wie in den vorhergehenden Grundrissen werden Nord- und Südpole hier gleichfalls durch entgegengesetzte Neigung der Schraffurstriche voneinander unterschieden. Die Pfeile, die im Grundriß die

Richtungen der in den Ankerleitern erzeugten Spannungen andeuten, entsprechen den Punkten und Kreuzen im Aufriß. Man könnte — wie das manchmal geschieht — auch den Aufriß dem Studium der Wicklungen zugrunde legen. Doch ist der Grundriß hierfür übersichtlicher. Deshalb bleiben wir bei ihm.

Wir betrachten nun an Hand des Grundrisses von Bild 18.36 die Grundlagen des Wicklungsaufbaues. Die dort eingetragenen Ankerleiter müssen so zusammengeschaltet werden, daß sich die in ihnen auftretenden Spannungen gleichsinnig auswirken können. Beim Zusammenschalten werden einzelne Windungen gebildet, deren jede hier in Bild 18.36 zwei Ankerleiter umfassen wird.

In Wirklichkeit tritt an Stelle einer Windung meist eine „Spule", wobei an Stelle der zwei Ankerleiter die ihnen entsprechenden „Spulenseiten" treten. Wir bleiben aber hier — mit Rücksicht auf die größere Anschaulichkeit — bei Spulen mit jeweils einer einzigen Windung, in der zwei Ankerleiter zusammengefaßt sind.

Würden wir nun eine Ankerspule etwa so ausbilden wollen, daß Hin- und Rückleitung in zwei benachbarten Nuten lägen, so befänden sich beide Spulenseiten meistens unter dem Einfluß desselben Poles. Die hierbei in den beiden zusammengeschalteten Ankerleitern erzeugten Spannungen würden einander entgegenwirken und sich damit gegenseitig aufheben. Als gesamte Spulenspannung ergäbe sich der Wert Null.

Zwei in der Ankerwicklung aufeinanderfolgende Ankerleiter dürfen also nicht dem Einfluß desselben Poles ‹unterworfen sein, sondern müssen unter dem Einfluß zweier entgegengesetzter Pole stehen. Damit die Verbindungsleitungen nicht zu lang werden, verbindet man auch bei Maschinen mit mehreren Polpaaren stets Leiter aus zwei benachbarten Polbereichen.

B e i s p i e l : In Bild 18.36 ist der Leiter p mit einem Stern gekennzeichnet. Wir wollen sehen, mit welchem Leiter der Leiter p zusammengeschaltet werden kann. Auf Grund der vorhergehenden Überlegungen kommt hierfür nur einer der Leiter h bis l oder t bis x in Frage. Wie Bild 18.36 erkennen läßt, ist es gleichgültig, ob wir die Leiter h bis l oder die Leiter t bis x in die nähere Wahl ziehen, weil

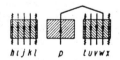

Bild 18.37:
Die zweckmäßige Verbindung zweier Ankerleiter. Man verbindet jeweils solche Ankerleiter, die ungefähr um eine Polteilung auseinanderliegen.

die Leiter l bis h ebenso weit von p entfernt sind wie die Leiter t bis x. Wir beschäftigen uns deshalb weiterhin nur mit den Leitern t bis x (Bild 18.37), Leiter t scheidet aus, weil p und t nicht einmal um eine Polbreite (hier fünf Zwischenräume) auseinanderliegen und deshalb die Leiter p und t im Laufe einer Ankerumdrehung vorübergehend unter den gleichen Pol geraten. Wir sehen dies sofort ein, wenn wir beachten, daß der Abstand zwischen p und t gerade so groß ist wie etwa der zwischen h und l oder der zwischen t und x. Auch den Leiter x dürfen wir nicht mit p verbinden, weil x und p so weit auseinanderstehen wie z. B. l und t, die sich beide unter gleichnamigen Polen befinden. Somit bleiben zur wahlweisen Verbindung mit p nur die Leiter u, v und w übrig. Diese drei Leiter sind etwa eine „Polteilung" vom Leiter p entfernt.

Polteilung = Ankerumfang : Polzahl

Die Verbindung von p mit einem der Leiter u, v oder w ist der erste „Schritt", den wir in bezug auf die Herstellung der Ankerwicklung tun.

Bild 18.38:
Der zweite Wicklungsschritt kann vor oder zurück erfolgen, da zu beiden Seiten des Südpoles, bei dem wir angelangt sind, ein Nordpol liegt.

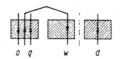

Mit dem ersten „Wicklungsschritt" gelangen wir z. B. nach w. Nun soll von w aus weitergegangen werden. Auch der zweite Wicklungsschritt muß wieder ungefähr eine Polteilung ausmachen, damit die durch ihn zusammengeschalteten Spannungen in gleicher Richtung wirken. Das ist ebenso wie beim ersten Wicklungsschritt. Für den zweiten Wicklungsschritt gibt es zwei Möglichkeiten, die zu verschiedenen Wicklungsarten führen: Rechts und links von dem Südpol, der auf w wirkt, liegt ein Nordpol (Bild 18.38). Der zweite Wicklungsschritt kann folglich vor oder zurück erfolgen. Schreiten wir rückwärts, so kommen die Leiter o und q in Frage, wovon o in der Regel ausscheidet, weil die Verbindung zu diesem Leiter unnötig lang ist. Beim Vorwärtsschreiten treffen wir d oder auch c als passende Leiter an.

Der stromdurchflossene Leiter im Magnetfeld

Bisher haben wir nur die Ankerleiter-Spannungen betrachtet. In den Ankerleitern fließen aber auch Ströme: Wenn die Maschine als Motor arbeitet, „nimmt sie Strom auf", und wenn sie als Generator wirkt, „liefert sie Strom". Der Motor gibt dabei mechanische Leistung ab, während der Generator dabei mechanische Leistung verbraucht.

Mit der zur mechanischen Leistung gehörenden Umfangsgeschwindigkeit hatten wir schon zu tun. Uns interessiert nun die Umfangskraft und ihr Zusammenhang mit den Werten der Maschine. Um diesen Zusammenhang zu ergründen, müssen wir den Umweg über die elektrische und mechanische Leistung machen.

Die elektrische Leistung, die zum einzelnen Ankerleiter gehört, ergibt sich als Produkt aus Strom und Spannung. Gemäß Seite 289 gilt:

Spannung in V =
   Felddichte in T × Leiterlänge in m × Umfangsgeschwindigkeit in m/s

Also:

Elektrische Leistung in W =
   Strom in A × Felddichte in T × Leiterlänge in m × Umfangsgeschwindigkeit in m/s.

Die mechanische Leistung kann durch das Produkt aus Kraft und Geschwindigkeit ausgedrückt werden (vgl. S. 76):

Mechanische Leistung in N · m/s =
   Umfangskraft in N × Umfangsgeschwindigkeit in m/s.

Wir wollen nun — gemäß Seite 145 — berücksichtigen, daß die elektrische Leistung auch in N · m/s ausgedrückt werden kann.

Hiermit wird aus
der elektrischen Leistung die ihr gleichwertige

mechanische Leistung in $\dfrac{N \cdot m}{s}$ = Strom in A × Felddichte in T ×

Leiterlänge in m × Umfangsgeschwindigkeit in $\dfrac{m}{s}$

Wir können die elektrische Leistung der mechanischen Leistung gleichsetzen. Damit bekommen wir eine Gleichung, die auf beiden Seiten (als Faktor) die Umfangsgeschwindigkeit enthält.

Uns interessiert hier die Kraft und nicht die Umfangsgeschwindigkeit. Also teilen wir beide Seiten der Gleichung durch die letztere und erhalten:

Umfangskraft in N = Strom in A × Felddichte in T × Leiterlänge in m

Diese Beziehung gilt überall unter folgenden Voraussetzungen:

a) Unter der Leiterlänge ist die Länge zu verstehen, die vom Feld beeinflußt wird.

b) Die Felddichte hat längs der Leiterlänge den gleichen Wert.

c) Der Leiter steht quer zum Feld (Feldlinien senkrecht zur Leiterachse).

d) Kraft, Felddichte und Strom beziehen sich stets auf denselben Augenblickswert.

Hierzu gehört:

Drehmoment in N · m = Umfangskraft in N × Läuferhalbmesser in m.

1. B e i s p i e l : Die Kraft soll zu einem Leiterstrom von 50 A, einer wirksamen Leiterlänge von 25 cm und einer Felddichte von 0,9 Tesla ermittelt werden. Es gilt:

$$\text{Kraft} = 50\,\text{A} \cdot 0{,}9\,\text{T} \cdot 0{,}25\,\text{m} \approx 11{,}25\,\text{N}$$

2. B e i s p i e l : Längs des gesamten Ankerumfanges sind 150 Leiter vorhanden, die je 11 A „führen". Die durchschnittliche Felddichte im Luftspalt beträgt 0,8 Tesla. Die Ankerlänge beläuft sich auf 26 cm, der Ankerdurchmesser auf 25 cm. Das Drehmoment (in N · m) ist zu berechnen. Wir ermitteln zunächst die Kraft:

$$\text{Kraft} = 150 \cdot 11\,\text{A} \cdot 0{,}8\,\text{T} \cdot 0{,}26\,\text{m} \approx 342\,\text{N}$$

Das Drehmoment folgt aus der Kraft durch Vervielfachen mit dem Hebelarm, d. h. mit dem Ankerhalbmesser (hier $\frac{25}{2}$ cm = 0,125 m):

$$\text{Drehmoment} = 342\,\text{N} \cdot 0{,}125\,\text{m} = \text{rund } 43\,\text{N} \cdot \text{m}$$

Bild 18.39:
Die Feldlinien eines Magnetfeldes, ein Strom, dessen konventionelle Richtung in die Zeichenebene geht, und die Feldlinien des zu dem Strom gehörenden Magnetfeldes.

Bild 18.40:
Das Gesamtfeld, das sich beim Überlagern der zwei Magnetfelder von Bild 18.39 ergibt, und die von dem Feld auf den stromdurchflossenen Leiter ausgeübte Kraft.

Das Zustandekommen der Kraft auf einen Leiter, der von Strom durchflossen ist und sich unter dem Einfluß eines Magnetfeldes befindet, kann man anschaulich machen, wenn man die Felder aufzeichnet. In Bild 18.39 sehen wir einen stromdurchflossenen Leiter im Querschnitt, das zu ihm gehörende Magnetfeld, das hier durch zwei den Leiterquerschnitt umschließende kreisförmige Feldlinien dargestellt wird, und das Magnetfeld, das mit dem stromdurchflossenen

Leiter zusammenwirkt. Zu ihm gehören die vier senkrechten Feld-linien. Durch Überlagerung der beiden Felder entsteht das in Bild 18.40 durch vier Feldlinien veranschaulichte Gesamtfeld. Wir beden-ken, daß die Magnetfeldlinien einerseits das Bestreben haben, sich auf einen großen Querschnitt zu verteilen, und sich anderseits zu ver-kürzen suchen wie gespannte Gummifäden. Damit wird uns klar, daß der Leiter im Sinne der eingezeichneten Kraft durch das Gesamtfeld nach links herausgetrieben wird.

Natürlich ist dies nur eine Hilfsvorstellung. Sie veranschaulicht je-doch die tatsächlichen Verhältnisse recht gut.

Ausführung

Die elektrischen Maschinen sind in ihren Eigenschaften bzw. Tole-ranzen weitgehend genormt (Regeln für elektrische Maschinen).

Die Leistung gibt man üblicherweise für Dauerbetrieb (s. Seite 153) an. Wenn nichts Besonderes verlangt wird, begnügt man sich mit „normaler" Isolation.

Sonderausführungen kommen in Betracht:

a) Bei Raumtemperaturen über 35 °C (Dauerleistung herabgesetzt),

b) bei Verwendung in Räumen mit heißen Dämpfen oder Säure- oder Alkali-Dämpfen (Isolation mit Sonder-Lackanstrich),

c) bei Vorhandensein von Staub oder leichtentzündlichen Gasen (explosionsgeschützt),

d) bei Vorhandensein von leitendem Staub (Eisen, andere Metalle, Koks, Kohle (stets geschlossene Bauart),

e) bei gelegentlicher Überflutung (in Molkereien, auf Schiffsdecks) (stets geschlossene Bauart).

Man baut die Maschinen für recht verschiedene Drehgeschwindig-keiten, z. B. für 750, 1000, 1500, 3000 Umläufe je min. Statt Dreh-geschwindigkeit oder Drehfrequenz sagt man oft kurz, aber ungenau „D r e h z a h l". Richtig wäre dann Drehzahl je Zeiteinheit oder z. B. je Minute. Abgesehen von den Synchronmotoren haben die Wechsel- und Drehstrommotoren ohne Stromwender jeweils etwas unter diesen Werten liegende Drehgeschwindigkeit.

Für gleiche Leistung wird eine Maschine um so leichter und bil-liger, je höher man die Drehgeschwindigkeit wählt.

Das Wichtigste

1. Elektrische Maschinen dienen als Generatoren, Elektromotoren und Umformer.

2. Die wesentlichsten Maschinenarten sind bezüglich ihres Aufbaues: Synchronmaschinen, Asynchronmaschinen, Gleichstrommaschinen, Einankerumformer und Ein- bzw. Dreiphasen-Stromwendermaschinen.

3. Die Hauptbestandteile einer jeden elektrischen Maschine sind: der Ständer (Stator) und der Läufer (Rotor) (mit dessen Welle und deren Lagerung).

4. Vielfach weist entweder der Ständer oder der Läufer „ausgeprägte" Pole auf (Ständerpol- und Läuferpolmaschinen).

5. In allen Maschinen entstehen Spannungen durch ständig wechselnde Verkettung der Windungen der Wicklungen mit Magnetfeldern.

6. Statt der Änderung des verketteten Feldes betrachtet man bei elektrischen Maschinen meist das „Schneiden der Feldlinien", wenn man sich mit dem Entstehen der Spannung zu beschäftigen hat.

7. Der Wert der auf einen Ankerleiter ausgeübten Kraft ist mit dem Produkt aus den Werten des Leiterstromes, der Felddichte und der unter dem Einfluß des Feldes stehenden Leiterlänge gegeben.

8. Die einzelnen Ankerleiter schaltet man zusammen und erhält so die Ankerwicklung.

9. Man bildet bei dem Zusammenschalten einander parallele Wicklungsteile, womit es möglich wird, die Wicklungen in sich zu schließen.

10. Das Verbinden der Ankerleiter bzw. Spulenseiten geschieht in „Wicklungsschritten" deren jeder etwa einer Polteilung gleichkommt.

Drei Fragen

1. Das mit einer Windung verkettete Magnetfeld ändert sich mit einer Änderungsgeschwindigkeit von $4 \cdot 10^{-6} \, V \cdot s$ je Mikrosekunde. Welcher Betrag der Windungsspannung folgt hieraus?

2. Von zwei zu einer Windung (Schleife) zusammengeschalteten Ankerleitern befindet sich der eine in einem Feld mit einer Dichte von 1 Tesla und der andere in einem Feld entgegengesetzter Richtung von 0,5 Tesla. Die wirksame Ankerleiter-

länge beträgt 30 cm, die Geschwindigkeit des Ankerleiters gegen das Feld 5 m/s. Welchen Wert hat die Windungsspannung?

3. Ein Anker hat 200 Ankerleiter, deren jeder von 15 A durchflossen ist. Es betragen: die wirksame Ankerleiterlänge 30 cm und der Ankerdurchmesser 32 cm. Welche Werte ergeben sich bei einer mittleren Luftspalt-Felddichte von 0,5 Tesla für Umfangskraft und Drehmoment sowie bei 3000 1/min für die mechanische Leistung und bei zwei parallelen Ankerstromzweigen für die Ankerspannung?

19. Synchronmaschinen

Überblick

Die Synchronmaschine dient als G e n e r a t o r (Stromerzeuger) und als M o t o r. Sie wird für Ein- und Dreiphasenwechselstrom gebaut.

Der Synchrongenerator ist d e r wichtigste Stromerzeuger für Ein- und Dreiphasenstrom. Man baut ihn bis zu Leistungen von etwa hunderttausend Kilowatt und mehr. In den Kraftwerken findet man fast ausschließlich Synchrongeneratoren, sofern nicht aus besonderen Gründen Gleichstrom erzeugt werden muß.

Der für größere Leistung gebaute Synchronmotor kommt seltener vor. Er wird im allgemeinen da eingesetzt, wo der cos φ des Netzes verbessert werden soll. Dazu dienen manchmal sogar leerlaufende Synchronmotoren, die man „(rotierende) Phasenschieber" nennt.

Ganz kleine Synchronmotoren verwendet man, ihrer gleichbleibenden Drehzahl wegen, vielfach zum Antrieb von Uhren ohne besondere Gangregelung, d. h. ohne Pendel oder Unruhe.

Die Synchronmaschine weist in ihrer heute üblichen Bauart einen umlaufenden Feldmagneten und einen den Feldmagneten umschließenden, feststehenden Anker auf. Der **Feldmagnet** wird auch „Polrad" oder „Läufer" genannt. Er besteht für ganz kleine Maschinen seltener aus einem eisernen Zahnrad und viel häufiger aus einem Dauermagneten, der zwei- oder mehrpolig sein kann. Für größere Maschinen führt man den Läufer stets als Elektromagneten aus, den man mit Gleichstrom (über Schleifringe) „erregt". Der **Anker** oder „Ständer" trägt an seiner Innenseite die Ein- oder Dreiphasenwicklung. Die dreiphasige Wicklung ist die Regel.

Die Bezeichnung „Synchron"-Maschine („synchron" heißt „gleichzeitig") kommt daher, daß die Umdrehungsgeschwindigkeit ihres Ankers und die Frequenz der Klemmenspannung starr miteinander zusammenhängen. Die Drehgeschwindigkeiten der an demselben Netz „hängenden" Synchronmaschinen stimmen völlig überein oder stehen in festen Verhältnissen zueinander.

Erzeugen der Dreiphasenspannungen

Im letzten Kapitel wurde gezeigt, wie in einer unter dem Einfluß eines umlaufenden Magneten stehenden Spule eine Wechselspannung auftritt. Um Dreiphasenspannungen zu erzeugen, könnten wir die in Bild 19.01 dargestellte Anordnung verwenden, die drei Eisenringe mit senkrecht gestellten Spulen und drei um jeweils ein Drittel einer Umdrehung gegeneinander verdrehte Magnete enthält.

Läuft dort die Welle mit den drei Magneten um, so entstehen in den drei Spulen Wechselspannungen, die jeweils um ein Drittel einer Periode gegeneinander phasenverschoben sind. Ausgehend von der gezeichneten Stellung kommen mit dem positiven Spannungsscheitelwert erst die Spule S, dann die Spule T, dann die Spule R an die

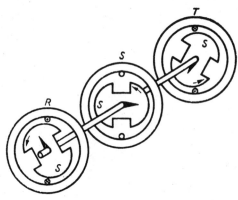

Bild 19.01:

Drei miteinander gekuppelte Einphasenmaschinen, deren Läufer gegeneinander um jeweils ein Drittel einer vollen Umdrehung (also um 120°) verdreht sind.

Reihe und anschließend nach einem weiteren Drittel einer Periode wieder die Spule S. Die Pfeile auf der Achse können als Zeiger der drei erzeugten Spannungen angesehen werden.

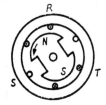

Bild 19.02:

Zusammenfassung der drei Einphasenmaschinen von Bild 19.01. Da hier ein gemeinsamer Läufer benutzt wird, müssen statt der Läufer die Ständerspulen um jeweils ein Drittel einer Umdrehung gegeneinander verdreht sein.

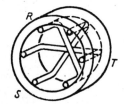

Bild 19.03:

Die drei gegeneinander verdrehten Ständerspulen. Die Schichtung des Eisenkernes (siehe Bild 18.15) ist hier — der größeren Klarheit zuliebe — nicht angedeutet.

In Bild 19.02 sind die drei gekuppelten Einphasenmaschinen von Bild 19.01 zu einer Dreiphasenmaschine zusammengefaßt. Da in dieser nur e i n Feldmagnet vorhanden ist, müssen die Spulen gegeneinander versetzt sein (Bild 19.03).

Sternschaltung

Eine Möglichkeit, die drei um je ein Drittel einer Periode gegeneinander verschobenen Spannungen zusammenzuschalten, besteht darin, daß man die drei Anfänge oder die drei Enden der Spulen (Bild 19.04) miteinander verbindet. Dies nennt man S t e r n s c h a l - t u n g. Die drei Spulen haben je ein Ende gemeinsam. Die drei anderen Enden sind frei und dienen zum Anschluß der drei Netzleitungen. Die Sternschaltung wird in den zwei gebräuchlichen Darstellungen der Bilder 19.05 und 19.06 besonders deutlich (s. auch Seite 273).

Bild 19.04:
Die einen Enden der drei Windungen von Bild 19.02 (siehe auch Bild 19.03) sind hier miteinander verbunden, womit eine Sternschaltung entstanden ist. Die anderen Enden werden an das Netz angeschlossen.

Bild 19.05:
Die Sternschaltung ist hier so dargestellt, daß die Anordnung der Wicklungsschaltzeichen auf die zwischen den drei Phasen bestehenden Phasenverschiebungen hinweist.

Bild 19.06:
Eine sehr gebräuchliche Darstellung für drei in Stern geschaltete Wicklungen.

Der Grund, warum der „Sternpunkt", in dem die drei Wicklungsenden zusammengeschlossen sind, d. h. der **Mittelpunkt**, auch „Nullpunkt" heißt, liegt darin, daß er oder der mit ihm verbundene Leiter meist geerdet ist (Spannung Null gegen Erde).

Sind die Spulen R, S und T (Bild 19.04) in Stern geschaltet, so haben die freien Spulenenden gegen den Mittelpunkt (Sternpunkt) die Spannungen U_{RO}, U_{SO} und U_{TO}. Diese Spannungen heißen **Sternspannungen** oder **Phasenspannungen**. Außerdem treten zwischen je zwei freien Spulenenden die Spannungen U_{RS}, U_{ST} und U_{TR} auf. Diese Spannungen zwischen je zwei freien Spulenenden nennt man **Dreieckspannungen** oder **verkettete Spannungen**. Wenn wir im Zeigerbild die Strecken RO *und* RS abmessen, können wir feststellen, daß die Strecke $RS = 1{,}73 \times RO$ ist. Daraus folgt, daß die verkettete Spannung das 1,73fache der Sternspannung ist (1,73 ist die Wurzel aus 3). Vergleiche hierzu auch Bild 3.09 auf Seite 38 und Bild 8.14 auf S. 124.

Dreieckschaltung

Die andere Möglichkeit des Zusammenschaltens der drei Spulen ist dadurch gegeben, daß jeweils der Anfang einer Spule mit dem Ende der benachbarten Spule verbunden wird. Hiermit ergibt sich eine Schaltung, die drei Verbindungspunkte aufweist (Bilder 19.07, 19.08 und 19.09) und deshalb „D r e i e c k s c h a l t u n g" heißt. Wer eine solche Dreieckschaltung das erstemal näher betrachtet, könnte vermuten, daß innerhalb des Wicklungsdreiecks der Dreiphasenstromquelle ein Strom zustande kommen müsse. Ein solcher Strom wäre zu nichts gut. Er würde nur unnötige Verluste verursachen. Ein derartiger Strom tritt aber nicht auf. Um das einzusehen, haben wir folgendes zu bedenken: Innerhalb des Wicklungsdreieckes könnte sich nur die Summe der Spannungen U_{RS}, U_{ST} und U_{TR} auswirken. Diese Summe ist Null (Bild 19.10).

Bild 19.07:

Die drei Windungen von Bild 19.02 sind hier als Dreieckschaltung miteinander verbunden. Die Leitungen werden an die hier dick eingetragenen Verbindungen angeschlossen.

Bild 19.08:

Die Dreieckschaltung so dargestellt, daß die Anordnung der Wicklungsschaltzeichen auf die zwischen den drei Phasen bestehenden Phasenverschiebungen hinweist.

Bild 19.09:

Eine sehr gebräuchliche Darstellung für drei in Dreieck geschaltete Wicklungen.

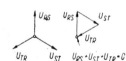

Bild 19.10:

Die Summe dreier untereinander gleicher, um jeweils ein Drittel einer Periode gegeneinander verschobener Spannungen ist gleich Null. Vgl. hierzu S. 36 und 124.

Wenn wir eine S t r o m q u e l l e von Stern auf Dreieck umschalten, erhalten wir jeweils zwischen zwei der Leitungen R, S und T bei Sternschaltung Spannungen mit 1,73mal so großen Beträgen wie bei Dreieckschaltung. Bei Sternschaltung liegen nämlich z. B. zwischen den Leitungen R und S die zwei Wicklungen R und S, während bei Dreieckschaltung zwischen je zwei Klemmen jeweils eine einzige Wicklung wirksam ist.

Mehr Bedeutung hat für uns das Umschalten eines Motors oder im allgemeinen eines V e r b r a u c h e r s von Stern- auf Dreieckschaltung. Bei Sternschaltung liegen wieder jeweils zwei Wicklungen des Verbrauchers zwischen zwei Leitungen, weshalb an der einzelnen Wicklung nur eine Spannung herrscht, deren Betrag 1 : 1,73, d. h. 0,578mal so groß ist wie der einer Spannung, die je zwei der Leitungen R, S und T gegeneinander aufweisen. Schalten wir auf Dreieck um, so liegt jeder Belastungszweig unmittelbar an der verketteten Spannung.

B e i s p i e l : Jeder einzelne Zweig einer Dreiphasenbelastung habe einen Widerstand von 10 Ω. Die Sternspannung betrage 220 V. Dabei hat die verkettete Spannung einen Wert von 220 V · 1,73 = rund 380 V. Bei S t e r n s c h a l t u n g fließt in jedem Belastungswiderstand ein Strom von 220 V : (10 Ω) = 22 A. Dieser Strom von 22 A fließt hier auch in den drei Zuleitungen. Bei D r e i e c k s c h a l - t u n g ergibt sich in jedem Zweig des Belastungswiderstandes ein Strom von 380 V : (10 Ω) = 38 A. In den Zuleitungen aber haben die

Bild 19.11:

Die Beziehung zwischen den Strömen in den Lei- tungen und den Strömen in den Wicklungen einer Dreieckschaltung an dem Beispiel der Ströme I_{RO}, I_{RT} und I_{RS} dargestellt.

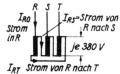

Ströme andere Beträge. Bild 19.11 zeigt z. B., daß sich der Strom, der in Leitung R zufließt, in die Ströme RS und RT aufteilt. Aus dem Bild 19.12, das die Ströme in der Dreieckschaltung zeigt, ergibt sich nach Bild 19.13 der in der Leitung R fließende Strom. Der Betrag dieses „Leitungsstromes" ist 1,73mal so groß wie der eines Stromes in einem der drei Teile der Dreieckschaltung (wie z. B. der des Stro- mes, der von R nach S fließt). Der Betrag des Stromes, der von R nach S fließt, wurde zu 38 A berechnet. Hierbei beträgt der Strom in jeder Zuleitung für gleichseitige (symmetrische) Dreieckschaltung 1,73 · 38 A ≈ 66 A.

Bild 19.12:

Die Ströme I_{RS}, I_{ST} und I_{TR}, die in den Wicklungen der Dreieckschaltung fließen.

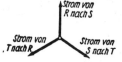

Bei gleichen Werten der Einzelwiderstände haben daher die Ströme in den Zuleitungen für die Dreieckschaltung dreimal so große Beträge wie für die Sternschaltung. Oder anders ausgedrückt:

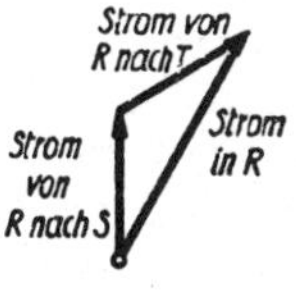

Bild 19.13:

Der Zusammenhang zwischen den Strömen I_{RO}, I_{RS} und I_{RT} (vgl. auch Bild 19.11). Wollen wir die Zusammen- fassung der zwei Ströme statt im Zeigerbild im Kenn- linienbild vornehmen, so kann uns dazu Bild 3.09 auf S. 38 als Beispiel dienen.

20

Beim Umschalten einer Belastung von Dreieck auf Stern gehen die Leitungsströme auf ein Drittel ihres ursprünglichen Betrages zurück.

Umlaufgeschwindigkeit und Frequenz

Hat der Läufer der Synchronmaschine, wie z. B. in dem Bild 18.05 zwei Pole, also ein „Polpaar", so wird jede Phasenwicklung bei jeder Umdrehung des Läufers nur einmal von einem Nordpol und einmal von einem Südpol beeinflußt. Hat die Maschine vier Pole (Bild 18.07), also zwei „Polpaare", so bewegen sich bei einer Umdrehung an jeder Phasenwicklung ein Nordpol und ein Südpol sowie noch mal ein Nordpol und ein Südpol vorbei. Das bedeutet zwei positive und zwei negative Halbwellen der Spannung oder zwei Perioden je Umdrehung. Folglich besteht zwischen der Zahl der Polpaare und der Zahl der Perioden je Umdrehung die Beziehung:

Zahl der Perioden je Umdrehung = Zahl der Polpaare.

Die auf eine Sekunde entfallende Zahl der Perioden wird, wie wir wissen, Frequenz genannt. Damit ergibt sich aus der genannten Beziehung:

Frequenz in Hz =
Zahl der Polpaare × Zahl der Umdrehungen je Sekunde.

Dieser Zusammenhang kann auch so angeschrieben werden:

$$\frac{\text{Frequenz in Hz}}{\text{Zahl der Umdrehungen je s}} = \text{Zahl der Polpaare.}$$

Da die Frequenz in den Netzen bei uns üblicherweise 50 Perioden je Sekunde beträgt, erhalten wir für ein Polpaar oder für zwei Pole 50 Umdrehungen in der Sekunde oder 50 (U/s) · 60 s/min = 3000 Umdrehungen in der Minute. Je geringer die Umdrehungszahl je Zeiteinheit (die Drehgeschwindigkeit) bei einer bestimmten Frequenz, also z. B. bei 50 Hz, sein soll, desto größer muß die Zahl der Pole und damit die Zahl der Polpaare gewählt werden.

Die obenstehende Gleichung läßt sich so fassen:

$$\frac{60 \times \text{Zahl der Perioden je s}}{\text{Zahl der Umdrehungen je min}} = \text{Zahl der Polpaare.}$$

Wenn zwei Synchronmaschinen an dasselbe Netz angeschlossen sind, müssen die Produkte aus Drehgeschwindigkeit und Polpaarzahl miteinander übereinstimmen, was als „Gleichlauf" der Maschinen bezeichnet wird. Es sind z. B. eine Synchronmaschine mit zwei Polpaaren und eine Synchronmaschine mit einem Polpaar in Gleichlauf, wenn die zweite doppelt so schnell umläuft wie die erste. Wird der Gleichlauf zweier oder mehrerer Synchrongeneratoren gestört, so fallen sie „außer Tritt". Die von ihnen erzeugten Spannungen stimmen nicht mehr überein und laufen durcheinander. Der Betrieb des Netzes wird umgeworfen.

Der Läufer der Synchronmaschine

Der Läufer der Synchronmaschine ist ein umlaufender Magnet mit wenigstens einem Polpaar. Abgesehen von den Kleinstmaschinen, die Läufer mit Dauermagneten haben, arbeitet man hier mit Elektromagneten: Der Erreger-Gleichstrom wird dem Läufer über Schleifringe zugeführt. Er durchfließt die Erregerspulen, die die einzelnen Polkerne umschließen oder die Leiter, die in Nuten des Läufers untergebracht sind. Die Erregerspulen sind meist in Reihe geschaltet.

Für die Gestaltung des Läufers ist seine Umfangsgeschwindigkeit maßgebend. Da die Zentrifugalkraft mit der Umfangsgeschwindigkeit und mit dem Durchmesser des Läufers wächst, dürfen große Läufer bei hoher Umlaufgeschwindigkeit (3000 Umdrehungen je Minute) keine sehr großen Durchmesser aufweisen. Deshalb gibt man den Läufern der Turbogeneratoren eine möglichst langgestreckte zylindrische Gestalt ohne „a u s g e p r ä g t e" Pole. Sonst aber versieht man den Läufer mit ausgeprägten Polen. Zweipolige Läufer kennen wir schon aus den Bildern 18.04 und 18.05. Einen sechspoligen Läufer zeigt Bild 19.14. Die Pole sind in „Schwalbenschwanz-Nuten" eingesetzt (Bild 19.15) oder aufgeschraubt. Die „P o l s c h u h e" fertigt man für Anker mit geschlossenen oder halb geschlossenen Nuten

Bild 19.14:
Der Läufer einer sechspoligen Synchronmaschine mit ausgeprägten Polen. Dieses Bild läßt erkennen, daß die für den mit größeren Polpaarzahlen versehenen Synchronmaschinenläufer gebräuchliche Bezeichnung „P o l r a d" nicht schlecht ist.

(siehe folgende Seite) vielfach aus nicht unterteiltem Eisen an. Für Anker mit offenen Nuten schichtet man die Polschuhe aus Blech.

Bild 19.15:
In einer Schwalbenschwanz-Nut befestigter Läuferpol. Die Polwicklung ist im Schnitt gezeichnet.

In die Polschuhe wird mitunter ein **Käfig** aus gut leitendem Material eingebaut. Man nennt eine solche Anordnung **Dämpferwicklung.** Diese soll Pendelungen des Läufers (gegenüber seiner durchschnittlichen Umlaufgeschwindigkeit) dämpfen und mitunter — bei kleineren Motoren — Selbstanlauf ermöglichen.

Das Ständereisen und seine Nutung

Der Ständer (Anker) der Synchronmaschine ist aus Blechen geschichtet. Damit sich die Blechschnitte sowohl für Einphasen- wie für Dreiphasenstrom eignen, führt man sie meist mit durch drei teilbaren Nutenzahlen aus. Bei Dreiphasenmaschinen wählt man wenigstens 12 Nuten je Polpaar. Hohe Nutenzahlen sind zum Erzeugen einer oberwellenfreien Spannung und für geräuschlosen Gang der Maschine günstig. Bei den Synchronmaschinen findet man alle gebräuchlichen Nutenformen:

Bild 19.16:
Beispiel für offene Nuten, die durch Nutenkeile verschlossen werden. Zur Aufnahme der Nutenkeile dienen die seitlichen Ausschnitte der Zähne.

Ganz o f f e n e Nuten (Bild 19.16) sind am bequemsten. Sie verlangen aber aus Blechen geschichtete Polschuhe, außerdem mehr Magnetisierungsamperewindungen und haben einen ungünstigen Einfluß auf den zeitlichen Verlauf der erzeugten Spannung. Diese Nachteile der offenen Nuten zeigen sich um so stärker, je enger der Luftspalt ist. Bei engem Luftspalt lassen sich offene Nuten nur anordnen, wenn die Nutenzahl je Polteilung groß ist.

G a n z u n d h a l b g e s c h l o s s e n e N u t e n (Bilder 19.17 und 19.18) gestatten es, das Magnetfeld im Luftspalt gleichmäßig zu verteilen, weshalb man hierbei massive Polschuhe verwenden darf.

Bild 19.17:
Beispiel für geschlossene Nuten.

Bild 19.18:
Beispiel für halboffene Nuten.

Sie sind für den zeitlichen Verlauf der erzeugten Spannung günstiger als offene Nuten. Bei ganz geschlossenen Nuten wird die Induktivität der Ständerwicklung wesentlich höher als bei offenen Nuten. Halb geschlossene Nuten sind in dieser Beziehung angenehmer. Da sie in ihren magnetischen Eigenschaften den ganz geschlossenen Nuten sonst sehr ähnlich sind, zieht man sie meist vor. Der Nachteil der halb und ganz geschlossenen Nuten ist die schwierigere Herstellung der Ständerwicklung.

Über die Ständerwicklungen

Die Grundlagen, auf denen die Ausführungen der Wicklungen beruhen, sind uns von Seite 293 bekannt. Sollten wir sie aber aus dem Gedächtnis verloren haben, so tun wir gut daran, die einschlägigen Abschnitte nochmals durchzuarbeiten, bevor wir hier weiterfahren.

So wie wir für andere Zwecke Schaltpläne verwenden, zeichnen wir auch Wickelschemen. Im allgemeinen verwenden wir dabei die Abwicklung, die wir z. B. von Seite 283 kennen. Bild 19.19 veranschaulicht, wie man die Ankerleiter miteinander verbinden kann, um bei einer zweipoligen Maschine eine Einphasenwicklung zu erhalten. Bild 19.20 zeigt eine zweite Möglichkeit für das Zusammenschalten derselben Ankerleiter zu einer Einphasenwicklung. Wie diese beiden

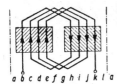

Bild 19.19:
Hintereinanderschaltung der Ankerleiter.

Bild 19.20:
Die acht Ankerleiter in anderer Weise hintereinandergeschaltet als in Bild 19.19.

Bilder andeuten, läßt man für Einphasenwicklungen etwa ein Drittel der Nuten unbewickelt. So spart man an Kupfer und Wicklungswiderstand, ohne an Spannung wesentlich zu verlieren. Wir wollen uns das an Hand der Wicklung von Bild 19.19 ansehen. Dazu nehmen wir an, daß die Polfelder unmittelbar aneinander anschließen, so, wie das in Bild 19.21 oben zu sehen ist. Dort wurde das linke Feld rechts wiederholt, was den Überblick über das Zusammenwirken der Ankerleiter mit dem Läuferfeld erleichtert. Unter den Feldern wurden für sechs Stellungen gegen den Läufer die Pfeile der Ankerleiter eingetragen. Diese sind ausgefüllt, soweit sie sich auf die Anordnung von Bild 19.19 beziehen und nicht ausgefüllt, soweit sie die dort weggelassenen vier Ankerleiter betreffen. Die Mitte der Wicklung ist jeweils mit einem kleinen Kreis angedeutet. Wir zählen die links von der Wicklungsmitte nach oben und die rechts von ihr nach unten gerichteten Pfeile positiv. So bekommen wir die in der nachfolgenden Tabelle zusammengestellten Summen.

Bild 19.21:
Spannungserzeugung mit sämtlichen Ankerleitern im Vergleich zu der Spannungserzeugung, die sich ergibt, wenn man die den weißen Pfeilen entsprechenden Ankerleiter wegläßt.

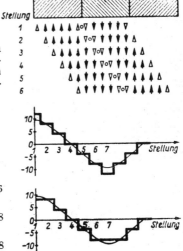

Tabelle

Stellung	1	2	3	4	5	6
mit weißen Pfeilen	12	8	4	0	−4	−8
ohne weiße Pfeile		8	8	4	0	−4	−8

311

Wie wir sehen, unterscheiden sich beide Gesamtspannungen nur in ihren Scheitelwerten (Bild 19.21 unten). Nun will man aber zeitlich möglichst sinusförmig verlaufende Spannungen haben. Deshalb müssen wir die beiden Spannungen mit sinusförmig verlaufenden, ihnen sonst aber möglichst angepaßten Spannungen vergleichen. Wie dieser in Bild 19.21 vorgenommene Vergleich ergibt, unterscheiden sich die zwei Spannungen hinsichtlich ihres sinusförmig verlaufenden Anteiles kaum.

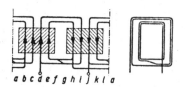

Bild 19.22:

Wicklung, die der von Bild 19.20 entspricht, aber jeweils mehrere Windungen statt einer aufweist. Rechts ist genauer gezeigt, wie das z. B. für zwei Windungen aussieht.

Bild 19.22 gibt ein weiteres Beispiel für eine Einphasenwicklung einer zweipoligen Maschine. Hierbei handelt es sich nicht nur um einzelne Windungen, sondern um Spulen. Es liegen jeweils zwei Spulen ineinander. Die Wickelart der Spulen und ihre Zusammenschaltung sind im rechten Teil des Bildes veranschaulicht.

Den Bildern 19.20 und 19.22 entsprechende Einphasenwicklungen für vierpolige Maschinen sind in den Bildern 19.23 und 19.24 dargestellt. Noch ein Beispiel hierzu gibt uns Bild 19.25.

Bild 19.23:

Wicklung für eine vierpolige Maschine. Ein Drittel der Nuten ist unbewickelt.

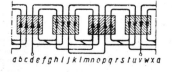

Bild 19.24:

Wicklung, die der von Bild 19.23 entspricht, aber jeweils mehrere Windungen aufweist.

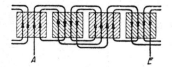

Bild 19.25:

Noch eine vierpolige Einphasenwicklung. Sie entspricht ungefähr der Wicklung gemäß Bild 19.23.

Wir kommen nun zu den weit häufigeren Dreiphasenwicklungen. Bild 19.26 zeigt den einfachsten Fall: die Wicklung einer zweipoligen Maschine mit einer Windung je Phase (vgl. hierzu Bild 19.03). In Bild

19.27 sind die drei Windungen zu einer Sternschaltung vereinigt (vgl. hierzu Bild 19.04). Bild 19.28 ist das Gegenstück zu Bild 19.26 für den Fall einer vierpoligen Maschine. In Bild 19.29 ist die Zahl der Ankerleiter gegenüber dem Schema von Bild 19.28 verdoppelt.

Bild 19.26:

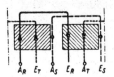

Einfachste Dreiphasenwicklung. Es handelt sich dabei je Phase um nur eine einzige Windung mit dem Anfang A und dem Ende E. Die Windungen sind hier noch nicht zusammengeschaltet.

Bild 19.27:

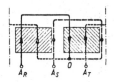

Die Wicklung von Bild 19.26 in Sternschaltung: Die Enden der Wicklung sind hier miteinander verbunden. Deren Verbindungspunkt ist der Sternpunkt (Mittelpunkt) der Sternschaltung (hier mit 0 bezeichnet).

Bild 19.28:

Einfaches Beispiel einer Dreiphasenwicklung für eine vierpolige Maschine. Dieses Bild entspricht — abgesehen von der Polzahl — dem Bild 19.26.

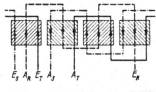

Bild 19.29:

Die auf die doppelte Leiterzahl erweiterte Wicklung von Bild 19.28.

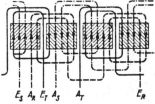

Bild 19.30 bezieht sich auf eine Zweietagenwicklung einer vierpoligen Dreiphasenmaschine und Bild 19.31 auf eine Dreiphasenwicklung mit Spulen gleicher Weite.

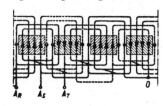

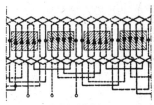

Bild 19.30:

Die Wicklung einer vierpoligen Dreiphasenmaschine in Sternschaltung.

Bild 19.31:

Ein weiteres Beispiel für eine Wicklung zu einer vierpoligen Dreiphasenmaschine.

Man unterscheidet „Lagen" und „Etagen". Die Lagen beziehen sich auf die Nuten: „**Einlagig**" heißt eine Wicklung, wenn in jeder Nut nur eine Spulenseite liegt. „**Zweilagig**" bedeutet, daß in der Nut zwei Spulenseiten (natürlich verschiedener Spulen) übereinander angeordnet sind. Statt „ein- und zweilagig" sagt man auch „**ein- und zweischichtig**". Eine einschichtige Wicklung zeigt Bild 19.32, eine zweischichtige Wicklung Bild 19.33. Größere Maschinen werden fast immer und Hochspannungswicklungen allgemein mit Zweischichtwicklungen ausgeführt. Die Etagen betreffen die Wicklungsköpfe (Bild 19.34). Bild 19.35 stellt zum Vergleich dazu die Spulenköpfe für Spulen gleiWeite dar.

Bild 19.32:
Anordnung der Wicklungsköpfe für einschichtige Wicklung. In jede Nut kommt jeweils nur eine Seite einer „Formspule", wobei sich die Wicklungsköpfe kreuzen.

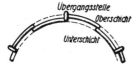

Bild 19.33:
Zweischichtige Wicklung eines Ständers. In jede Nut kommen hier jeweils zwei Formspulenseiten. Immer liegt die eine Seite der Formspule in der Unterschicht, die andere Seite in der Oberschicht.

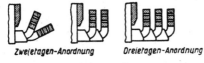

Zweietagen-Anordnung   Dreietagen-Anordnung

Bild 19.34:
Anordnung der Wicklungsköpfe für Mehretagenwicklungen.

Spulenköpfe für Spulen gleicher Weite

Bild 19.35:
Wicklungsköpfe für Spulen gleicher Weite.

Ist die Nutenzahl je Pol und Phase ganzzahlig, so spricht man von **Ganzlochwicklung**; ist sie gebrochen, so hat man es mit einer **Bruch**- oder **Teillochwicklung** zu tun.

Läuferfeld, Ständerspannung, Ständerstrom und Ständerfeld

Das Läuferfeld wird mit Gleichstrom erzeugt. Wenn der Läufer umläuft, wirkt dieses Feld auf die Ständerwicklung als Wechselfeld. Dessen Frequenz stimmt mit der der Ständerspannung überein. Folglich können wir das Läuferfeld mit der Ständerspannung in demselben Zeigerbild als Zeiger darstellen. Dies soll in den folgenden Bildern geschehen. Wir betrachten die verschiedenen Betriebsfälle. Der besseren Übersicht zuliebe vernachlässigen wir hierbei die für den Wicklungswiderstand und die Induktivität des Ständers notwendigen Spannungen und beschränken uns auf eine der drei Phasen. Vernachlässigung der genannten Spannungen bedeutet, daß wir die innere Ständerspannung der Klemmenspannung gleichsetzen.

Die innere Ständerspannung ist im Generator die **Ständer-Urspannung,** die von den Änderungen des mit der Ständerwicklung verketteten Magnetfeldes herrührt.

Im u n b e l a s t e t e n G e n e r a t o r fließt kein Ständerstrom, weshalb im unbelasteten Generator kein vom Ständer herrührendes Feld auftritt. Das Läuferfeld ist allein vorhanden und bewirkt als Wechselfeld in der Ankerwicklung die Ständer-Urspannung. Diese Spannung ist die Urspannung des Generators. Sie eilt dem vom Läufer herrührenden Wechselfeld um ein Viertel einer Periode nach (Bild 19.36).

Bild 19.36:
Der Generator läuft leer. Das auf den Ständer hier als gesamtes Wechselfeld wirkende Läufermagnetfeld bewirkt in der Ständerwirkung als Generator-Urspannung die Wechselspannung, die dem Feld um ein Viertel einer Periode nacheilt. Vgl. hierzu auch Seite 265 und Bild 17.06 (Magnetfeld und Gegenspannung).

B e i B e l a s t u n g fließt im Ständer der Belastungsstrom. Zu diesem Ständerstrom gehört ein Magnetfeld, das sich mit dem Läuferfeld zu einem Gesamtfeld zusammensetzt. Das Gesamtfeld bewirkt nun die Ständer-Urspannung. Soll diese Ständer-Urspannung einen belastungsunabhängigen Betrag haben, so muß bei gegebener Netzfrequenz das Gesamtfeld für alle Belastungsfälle gleich dem Läuferfeld bei Leerlauf sein.

D e r G e n e r a t o r möge zunächst d u r c h e i n e n W i r k - w i d e r s t a n d b e l a s t e t sein. Generatorspannung und Belastungsstrom sind hierbei einander phasengleich. Das vom Belastungsstrom herrührende Ständerfeld ist mit dem Belastungsstrom und demgemäß im vorliegenden Fall auch mit der Spannung in Phase. Den Grundstock des zu diesem Belastungsfall gehörenden Zeigerbildes bildet somit das für Leerlauf geltende Zeigerbild. Der Spannungszeiger ist der gleiche wie dort, der Feldzeiger auch, wobei dieser allerdings nicht mehr das Läuferfeld, sondern das Gesamtfeld darstellt (Bild 19.37). Der Zeiger des Läuferfeldes folgt daraus, daß das Ständerfeld und das Läuferfeld zusammen das Gesamtfeld bilden

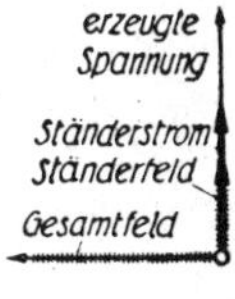

Bild 19.37:
Der Generator ist nun belastet. Seine Spannung soll dabei denselben Wert aufweisen wie zuvor. Zu gleicher Spannung gehört auch ein gleiches Gesamtfeld. Zum Ständerstrom gehört aber ebenfalls ein Magnetfeld. Es handelt sich hier um eine Wirkbelastung.

müssen. Somit kommt für das Läuferfeld nur der in Bild 19.38 gezeigte Zeiger in Frage. Dieser Zeiger ist bei gleicher Generatorspannung größer als der Zeiger des Leerlauf-Läuferfeldes (Bild 19.36). Das bedeutet: Wir müssen den Erregerstrom bei Wirklast erhöhen, wenn die Spannung mit ihrem Leerlaufwert erhalten bleiben

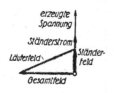

Bild 19.38:

Das Läuferfeld ergibt im belasteten Generator mit dem Magnetfeld des Ständerstromes zusammen das zur Spannung gehörende Gesamtfeld. Das Läuferfeld muß daher bei Wirkbelastung für gleiche Ständer-Urspannung und damit für gleiches Gesamtfeld einen höheren Betrag bekommen als bei Leerlauf.

Außerdem muß das Läuferfeld jetzt dem Gesamtfeld voreilen.

soll. Oder: Bei Wirkbelastung und gleichgehaltenem Erregerstrom sinkt die Spannung ab.

Bei induktiver Belastung eilen der Ständerstrom und mit ihm das Ständerfeld der Ständer-Urspannung nach (Bild 19.39). Hier gehört zu gleichbleibender Ständer-Urspannung erst recht ein Läuferfeld mit größerem Betrag als für die unbelastete Maschine. Der Erregerstrom muß für denselben Wert des Ständerstromes einen höheren Wert haben als bei Wirkbelastung. Bei gleichgehaltenem Erregerstromwert würde die Spannung noch weiter absinken als bei Wirklast mit gleichem Strom.

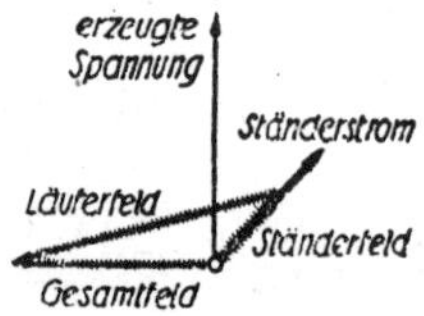

Bild 19.39:

Bei nacheilendem Ständerstrom und damit nacheilendem Ständerfeld ist für eine gegebene Spannung und ein hierdurch gegebenes Gesamtfeld ein Läuferfeld mit größerem Betrag nötig als bei einem gleich hohen Betrag des mit der Spannung phasengleichen Ständerstromes.

Bei kapazitiver Belastung eilt der Strom der Spannung voraus (Bild 19.40). Das Läuferfeld hat bei kapazitiver Belastung für gleiche Ständerspannung einen geringeren Betrag als bei Leerlauf. Hier steigt also die Spannung bei ungeänderter Erregung mit zunehmender Belastung an.

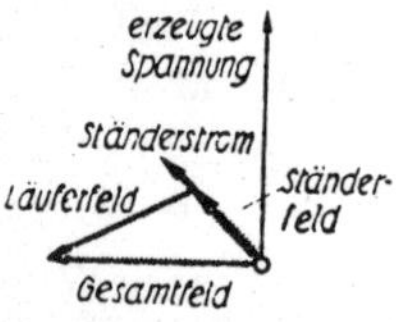

Bild 19.40:

Bei voreilendem Ständerstrom und damit voreilendem Ständerfeld hat das Läuferfeld für eine gegebene Spannung einen kleineren Betrag als bei einem gleich großen, mit der Spannung phasengleichen Ständerstrom und sogar als bei Leerlauf.

Der zwischen Ständerstrom und Ständerspannung für gleichbleibende Erregung geltende Zusammenhang ist in Bild 19.41 für verschiedene Belastungsfälle veranschaulicht. Die Spannungsänderung, die eintritt, wenn man die Maschine von Nennlast aus völlig entlastet, wird in Prozenten der Nennspannung angegeben und beträgt etwa (5...50) %. Letzterer Wert gilt für große Generatoren bei einem cos φ etwa gleich 0,8 nacheilend.

Bild 19.41:

Ständerspannung abhängig vom Ständerstrom für gleichbleibendes Läuferfeld zu verschiedenen Phasenverschiebungen zwischen Ständerstrom und Ständerspannung.

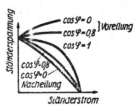

Generator und Phasenverschiebung

Beim Speisen eines Netzes müssen wir unterscheiden zwischen dem Fall, in dem ein einziger Generator auf ein Netz arbeitet, und dem Fall, in dem mehrere Generatoren einander parallel geschaltet sind.

Ein einzelner Generator kann von sich aus lediglich Spannung bereitstellen. Strom fließt erst, wenn der Generator belastet wird. Die Art der Belastung bestimmt Betrag und Phase des Stromes. Der Generator hat hierbei nicht den geringsten Einfluß auf die Phasenverschiebung.

Auf mehrere nebeneinander arbeitende Generatoren kann die Belastung einigermaßen willkürlich verteilt werden, weil Ausgleichsströme zwischen den Generatoren möglich sind. Deshalb kann hierbei einer der Generatoren für die anderen Generatoren eine Blindlast darstellen, womit die Phasenverschiebungen für die einzelnen Generatoren willkürlich eingestellt werden können. Das Einstellen geschieht, wie wir bei dem Studium des Synchronmotors erkennen werden, mit Hilfe des Erregerstromes.

Synchronismus während des Betriebes

Zusammenarbeitende Synchrongeneratoren halten sich gegenseitig „in Tritt". Wir wollen verfolgen, worauf dieses Bestreben, gleich schnell zu laufen, beruht.

Wir nehmen an, eine der Maschinen werde stärker angetrieben. Das bedeutet ein Voreilen ihres Läufers und im Zeigerbild ein Vordrehen des Läuferfeldzeigers. Die anderen Maschinen halten die Klemmenspannung des Netzes fest. Zu gegebener Klemmenspannung gehört unverändertes Gesamtfeld. Mit dem Voreilen des Läuferfeldes würde das Gesamtfeld geändert. Bei gleichbleibender Klemmenspannung ist das nicht möglich. Daher muß das Voreilen des

Läuferfeldes durch ein Ändern des Ständerfeldes ausgeglichen werden (Bild 19.42). Demzufolge liefert der Ständer den zum auszugleichenden Feld gehörenden Strom zusätzlich. Dieser Strom hat gemäß Bild 19.42 einen wesentlichen Wirkanteil. Das Liefern von zusätzlichem Wirkstrom bei gleicher Klemmenspannung bedeutet erhöhte Belastung des Generators und damit seiner Antriebsmaschine. Durch die höhere Belastung wird diese abgebremst. Der stärker angetriebene Läufer wird mit der höheren Belastung am Vorauslaufen gehindert.

Bild 19.42:

Bei stärker angetriebenem Läufer liefert ein — anderen Synchrongeneratoren nebengeschalteter — Synchrongenerator zusätzlichen Wirkstrom. Der stärkere mechanische Antrieb verursacht somit die Übernahme eines größeren Teiles der Gesamtbelastung.

Dem Leser sei empfohlen, ähnliche Überlegungen für den Fall anzustellen, daß eine Maschine schwächer angetrieben wird als die andere und daß der Läufer dieser Maschine deshalb zum Nacheilen veranlaßt wird.

Aus diesen Überlegungen folgt, daß der Läufer stets in den Synchronismus hineingezogen wird. Es ist so, als ob eine Federkraft wirksam wäre.

Der Läufer und die mit ihm gekuppelten Teile haben gemeinsam eine Masse. Federkraft und Masse bilden insgesamt ein schwingungsfähiges Gebilde. Bei Belastungsstößen kann der Läufer also zum Pendeln kommen. Wenn etwa von der Antriebsmaschine her die Stöße im Takt der Läuferpendelungen erfolgen, können diese immer größer werden (Resonanz). Um das zu vermeiden, versieht man die Polschuhe des Läufers mit Dämpferwicklungen. In diesen werden — sobald der Läufer zu pendeln beginnt — auf Grund der Pendelbewegungen Spannungen erzeugt, die in ihnen Ströme mit beträchtlichen Werten bewirken, wobei in den Dämpferwicklungen Wärme entsteht. Die Arbeit, aus der sich die Wärme bildet, wird den Schwingungen entzogen und dämpft sie dadurch ab.

Der Synchrongenerator wird in Betrieb genommen

Soll ein Synchrongenerator an ein Netz angeschaltet werden, das bereits Spannung hat, so muß seine Spannung auf den Betrag der Netzspannung gebracht und seine Umlaufgeschwindigkeit so eingestellt werden, daß Maschinen- und Netzfrequenz nahezu miteinander übereinstimmen. Ist das erreicht, so hat man den Augenblick abzupassen, in dem Netz- und Maschinenspannung in Phase kommen. Um festzustellen, ob alle Bedingungen zum Zusammenschalten erfüllt sind, kann man eine Lampe benutzen. Das geschieht z. B. so: Eine **Maschinenklemme** wird unmittelbar angeschlossen. Eine zweite Klemme verbindet man mit der zugehörigen Netzleitung über eine **Lampe, die für die doppelte Spannung** bemessen sein muß. Die Lampe leuchtet periodisch auf. Je näher man dem Synchronismus ist, desto langsamer folgen Aufleuchten und Verlöschen der Lampe aufeinander. Bei längerer Dauer des Verlöschens wird, während die Lampe dunkel ist, eingeschaltet. Das Einstellen der richtigen Umlaufgeschwindigkeit und das daran anschließende Einschalten nennt man „**Synchronisieren**" und die beschriebene Lampenschaltung „**Dunkelschaltung**".

Das Wichtigste

1. Die Ein- und Dreiphasen-Wechselspannungsgeneratoren sind meistens Synchrongeneratoren.

2. Die Synchronmaschine ist — außer als Generator — (von den Kleinstmotoren abgesehen) seltener auch als Motor in Gebrauch.

3. Die Synchronmaschine besteht aus dem mit der Ein- oder Mehrphasenwicklung versehenen „Ständer" (oder „Anker") und dem für mittlere und große Maschinen stets als Gleichstrom-Elektromagnet, für Kleinstmaschinen auch als Dauermagnet ausgeführten „Läufer" (oder „Polrad").

4. Das Magnetfeld des umlaufenden Läufers durchsetzt die Ständerwicklungen wechselweise mit den verschiedenen Vorzeichen, so daß das Läuferfeld für die Ständerwicklung als Wechselfeld wirkt und so in ihr eine Wechselspannung erzeugt.

5. Der Zusatz „Synchron" bedeutet, daß die Drehgeschwindigkeiten aller an ein gemeinsames Wechselstromnetz angeschlossenen Synchronmaschinen entweder gleich sind oder zueinander in festen Verhältnissen stehen. (Gleichheit besteht für das Produkt aus Umlaufgeschwindigkeit und Polpaarzahl.)

6. Dieser Synchronismus ist darin begründet, daß das vom umlaufenden Läufer auf den Ständer einwirkende Wechselfeld dieselbe Frequenz haben muß wie die Netzspannung.

Drei Fragen

1. Ein „Fahrraddynamo" hat meist einen umlaufenden mehrpoligen Dauermagneten als Läufer und eine feststehende Wicklung. Was ist das für eine Maschine?

2. Welche Voraussetzung muß erfüllt sein, wenn Synchronmotoren als Uhrenantrieb benutzt werden sollen?

3. Wie viele Polpaare müßte ein Synchronmotor haben, wenn er bei 50 Hz Netzfrequenz 150 Umläufe je Minute machen sollte?

20. Das Drehfeld und der Synchronmotor

Vorbemerkung

Im Kapitel 19 haben wir uns mit der Synchronmaschine im allgemeinen und mit dem Synchrongenerator im besonderen beschäftigt. Die Wirkungsweise des Synchronmotors übergingen wir, weil uns das Drehfeld noch fremd war. Das Drehfeld ist die Grundlage für den Betrieb sowohl des Synchronmotors wie auch der Asynchronmaschinen. Mit dem Drehfeld und dann mit dem Synchronmotor wollen wir nun nähere Bekanntschaft schließen. Das Drehfeld ist ein umlaufendes Magnetfeld. Lassen wir z. B. den in Bild 20.01 den Läufer umschließenden, gleichstromerregten Magneten umlaufen, so entsteht ein Drehfeld, das den innen angeordneten Läufer unter dafür geeigneten Bedingungen mitzudrehen sucht. Wie das Drehfeld den Läufer durchsetzt, veranschaulichen die Bilder 20.02 und 20.03.

Bild 20.01:
Ersatz des Ständers mit seinem Drehfeld durch einen umlaufenden, gleichstromerregten Magneten. Das Drehfeld möge zweipolig sein. Demgemäß muß der umlaufende Magnet zwei Pole haben. Mit diesen umschließt er den Läufer.

Bild 20.02:
Das von dem umlaufenden Magneten herrührende Feld durchsetzt den Läufer. Die Magnetfeldlinien sind nur in den Luftspalt und in den Läufer eingetragen. Das Magnetfeld schließt sich über die Pole und die beiden Joche des Magneten.

Bild 20.03:
Das den Läufer durchsetzende Magnetfeld läuft mit dem Magneten um (vgl. hierzu das Bild 20.02).

Überblick über Drehstrom und Drehfeld

Der Dreiphasenstrom, den man für elektrische Antriebe vielfach mit besonderem Vorteil verwendet, wird häufig „D r e h s t r o m" genannt, weil man mit ihm Drehfelder bequem ohne mechanische Drehung erzeugen kann. Dies ist übrigens einer der wesentlichen Vorteile des Dreiphasenstromes.

In Bild 20.04 sehen wir den Ständer und den Läufer einer Dreiphasenmaschine. Der Läufer ist rund — also ohne ausgeprägte

Bild 20.04:

Ständer und Läufer einer Dreiphasenmaschine. Mit den kleinen Kreisen und den über Eck gestellten Kreuzen sind in den Ständerspulen die jeweils geltenden konventionellen Stromrichtungen gekennzeichnet.

Pole — dargestellt. Der Ständer besteht aus einem ringförmigen Eisenblechpaket, das an seiner Innenseite mit Nuten versehen ist. In den Nuten liegt die Ständerwicklung. Bild 20.04 zeigt der Einfachheit halber zu jeder „Phase" nur ein Nutenpaar und demnach auch nur eine Spule. Die drei Spulen liegen z. B. in Dreieckschaltung an einem Dreiphasennetz und werden daher von drei einander um jeweils ein Drittel einer Periode nacheilenden Strömen durchflossen.

In Wirklichkeit verteilt man die zu jeder Phase gehörende Wicklung auf mehrere Nuten, um so einerseits eine bessere Verteilung des Magnetfeldes zu erhalten und anderseits den inneren Umfang des Ständereisens möglichst gut auszunutzen. Die Wicklung des Läufers ist hier nicht dargestellt, da ihre Gestalt für das Zustandekommen des Drehfeldes keine prinzipielle Bedeutung hat.

Bild 20.05:

Die drei Phasenwicklungen des (zweipoligen) Ständers, von Bild 20.04 vereinfacht dargestellt, und zwar so, wie es Bild 19.03 entspricht.

Die drei Phasenwicklungen des Ständers sind in Bild 20.05 — dem allgemeinen Gebrauch entsprechend — mit R, S und T bezeichnet. Der in der Wicklung S fließende Strom eilt dem in der Wicklung R fließenden Strom um ein Drittel einer Periode nach. Ebenso eilt der in der Wicklung T fließende Strom gegen den in der Wicklung S fließenden Strom um ein Drittel einer Periode nach. Die in die Wicklungsquerschnitte eingetragenen Kreuze und Punkte geben die Stromrichtungen an, die wir für die Wicklungen als positiv bezeichnen wollen.

Bild 20.06 zeigt das Magnetfeld, das auftritt, wenn lediglich die Spule R im positiven Sinn von Strom durchflossen wird. Dieser Strom möge im gegenwärtigen Augenblick seinen positiven Scheitelwert aufweisen.

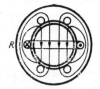

Bild 20.06:

Das Feld, das von dem positiven Scheitelwert des die Phasenwicklung R durchfließenden Stromes herrührt. Dieses Feld durchdringt den Läufer von oben nach unten.

In Bild 20.07 wird nur die Spule S im positiven Sinn von Strom durchflossen. Er möge im dargestellten Augenblick seinen Scheitelwert aufweisen. Dabei hat das Magnetfeld denselben Wert wie in Bild 20.05 und ist diesem gegenüber um ein Drittel einer Umdrehung verdreht.

Bild 20.07:
Das Feld, das von dem positiven Scheitelwert des die Phasenwicklung S durchfließenden Stromes herrührt. Das jetzt auftretende Ständerfeld ist gegen das Feld gemäß Bild 20.06 um 120° verdreht.

In Bild 20.08 durchfließt der Strom ausschließlich die Spule T, und zwar mit seinem Scheitelwert im positiven Sinn. Das Feld ist gegenüber Bild 20.07 wiederum um ein Drittel einer Umdrehung verdreht.

Bild 20.08:
Das Feld, das von dem positiven Scheitelwert des die Phasenwicklung T durchfließenden Stromes herrührt.

Betrachten wir die Bilder 20.06, 20.07 und 20.08 im Zusammenhang, so erkennen wir, daß man schon mit Hilfe dreier abwechselnd von **Strom durchflossener Spulen** ein Drehfeld hervorrufen kann. Somit geben uns diese Bilder einen ersten Begriff von dem Erzeugen eines **Drehfeldes mit Hilfe ruhender Wicklungen.**

Das Entstehen des Drehfeldes

An Hand der Bilder 20.09, 20.10 und 20.11 wollen wir uns eingehender mit der Bildung des Drehfeldes beschäftigen. Wir beachten dabei, daß augenblicksweise zwei, sonst aber alle drei Wicklungen von Strom durchflossen werden.

Bild 20.09:

Das Drehfeld für den Augenblick, in dem der Strom der Phase R seinen positiven Scheitelwert hat. Die Augenblickswerte der Ströme der Phasen S und T haben einander gleiche negative Augenblickswerte (vergleichen Sie das mit Bild 20.05).

Bild 20.09 zeigt uns den Zeitpunkt, in dem der Strom R seinen positiven Scheitelwert aufweist, während die Ströme S und T mit geringeren **Augenblickswerten** in negativer Richtung fließen (vgl. hierzu Bild 20.05, S. 322). Die Stromverteilung ist in Bild 20.09 gleichseitig:

Links fließt der Strom durch alle drei Wicklungsquerschnitte in die Zeichenebene so hinein, wie er rechts aus ihnen herauskommt. Wir können uns deshalb die drei Wicklungen als eine einzige Spule vorstellen, deren Achse in der Zeichenebene liegt und deren Strom ein im Läufer senkrecht verlaufendes Feld bewirkt.

Bild 20.10:

Das Drehfeld für den Augenblick, in dem der Strom der Phase *T* seinen negativen Scheitelwert hat. Wie ein Vergleich mit Bild 20.05 erkennen läßt, sind die Augenblickswerte der Ströme der Phasen *R* und *S* einander gleich und negativ.

In Bild 20.10 ist der Augenblick festgehalten, der ein Sechstel einer Periode später liegt als der zu Bild 20.09 gehörende. Der Strom *R* hat abgenommen. Der Strom *T* weist seinen negativen Scheitelwert auf. Der Strom *S* fließt nun in positiver Richtung und zeigt denselben Wert wie vorhin. Vergleichen wir Bild 20.09 mit Bild 20.10, so erkennen wir, daß die Achse der gedachten Spule und damit das im Läufer verlaufende Feld beim Übergang von Bild 20.09 auf Bild 20.10 eine Verdrehung von einem Sechstel eines Umlaufes durchgeführt hat.

Nach einer weiteren Sechstelperiode erreicht das Magnetfeld die in Bild 20.11 dargestellte Lage.

Bild 20.11:

Das Drehfeld für den Augenblick, in dem der Strom der Phase *S* seinen positiven Scheitelwert hat. Die Ströme der Phasen *R* und *T* haben einander gleiche, negative Augenblickswerte.

Ein Gesamtüberblick über die Bilder 20.09, 20.10 und 20.11 läßt erkennen, wie mit Hilfe der ruhenden Dreiphasenwicklungen ein Drehfeld entsteht, dessen Betrag stets gleichbleibt.

Ersatz des Motorständers

Für das Betrachten der Wirkungsweise des Synchronmotors ist es nicht immer zweckmäßig, sich vorzustellen, daß das Drehfeld von Wechselströmen in ruhenden Wicklungen erzeugt wird. Für viele Zwecke ist es günstiger, sich zu denken, daß es zu einem umlaufenden Magneten gehört.

Wir ersetzen daher für viele Überlegungen den ruhenden Ständer mit seinen von Dreiphasenstrom durchflossenen Wicklungen durch einen umlaufenden, gleichstromerregten Magneten oder Dauermagneten (Bilder 20.01, 20.02 und 20.03).

Drehgeschwindigkeit des Drehfeldes und des Drehmagneten

Die in Bild 20.04 gezeigte Wicklung ist zweipolig, weil zu jeder „Phase" nur eine einzige Spule gehört. Dabei macht das Drehfeld (vgl. die Bilder 20.06, 20.07 und 20.08) für jede Periode eine volle Umdrehung. Die Frequenz 50 bedeutet somit, daß sich das Drehfeld hier in der Sekunde 50mal voll herumdreht. Kleinere Drehgeschwindigkeiten werden erreicht, indem man für jede Phase (an Stelle einer einzigen Spule) mehrere in sinnvoller Weise am Ankerumfang verteilte Spulen verwendet und damit eine Wicklungsanordnung mit mehr als einem Polpaar gewinnt.

Die Wirkungsweise des Synchronmotors

Wir denken uns also den Ständer des Synchronmotors mit seinem Drehfeld durch einen mit der Geschwindigkeit des Drehfeldes umlaufenden Magneten ersetzt. Dieser übt mit seinen Polen Kräfte auf die Pole des Läufers aus. Immer sucht der Nordpol des einen Magneten den Südpol des anderen Magneten anzuziehen und dessen Nordpol abzustoßen. Mittels dieser Kräfte nimmt der umlaufende Magnet den Läufer mit. Dabei stimmen die Umlaufgeschwindigkeiten des Läufers und des Drehfeldes überein.

Die Pole des unbelasteten Läufers werden den entgegengesetzten Polen des Drehfeldes ziemlich genau gegenüberstehen. Bei Belastung hinkt der Läufer dem Drehfeld nach. Die Pole des Läufers sind dabei gegen die Pole des Drehfeldmagneten etwas zurückverschoben (vgl. hierzu auch Bild 23.21). Der Nacheilwinkel nimmt mit der Belastung zu, ohne daß sich die Umlaufgeschwindigkeit des Läufers ändert. Bei weiter wachsender Belastung wird der Winkel zwischen Läufer und Drehfeld schließlich so groß, daß die Anziehungskräfte zwischen den bisher zusammenwirkenden Polen nicht mehr ausreichen, um den Läufer durchzuziehen. Die magnetische Verbindung reißt ab. Jetzt kommen ungleiche Pole einander gegenüber. Diese stoßen sich gegenseitig ab; der Läufer rutscht durch; treffen dann wieder ungleichnamige Pole zusammen, so genügen die Anziehungskräfte nicht mehr, um den Läufer mitzunehmen; der Motor ist damit außer Tritt gefallen.

Anlauf des Synchronmotors

Der Synchronmotor läuft von sich aus nicht ohne weiteres an. Ein Selbstanlauf läßt sich mit der schon erwähnten „Dämpferwicklung" erzielen. Sie liegt in Nuten der Polschuhe und besteht aus dicken, zu beiden Seiten des Läufers kurzgeschlossenen leitenden Stäben. Solange der Motor noch nicht synchron läuft, werden in diesen Kurzschlußwindungen durch das Ständerdrehfeld Ströme hervorgerufen, die mit dem Ständerdrehfeld zusammenwirken und den **Motor** antreiben (siehe die im nächsten Kapitel folgenden Ausführungen über den Asynchronmotor). Ist der Motor auf Touren, so schaltet man die Erregung des Läufers ein. Das Magnetfeld des Läufers zieht nun den Anker vollends in Synchronismus.

Man kann aber den Motor auch durch einen besonderen Anwurfmotor „**anwerfen**". Hierzu dient manchmal die angebaute Erregermaschine, die den Gleichstrom zur Läufermagnetisierung liefert.

Bei Anschluß des Ständers an das Netz entsteht ein Stromstoß. Diesen kann man folgendermaßen herabsetzen: Man bemißt die **Ständerwicklung** für Dreieckschaltung, schaltet sie aber beim Anschluß **an** das Netz zunächst in Stern, um sie erst bei der richtigen Läufer-Umlaufgeschwindigkeit auf Dreieck umzuschalten. Hat das Netz z. B. 380/220 V, so liegen die drei für 380 V bemessenen Wicklungen während des „A n l a s s e n s" nur an 220 V.

Drehfeld ohne Dreiphasenwechselstrom

Die Klein-Synchronmotoren arbeiten oft mit Einphasenstrom, wobei aber zumindest ihr Anlauf meist auf einem Drehfeld beruht. Solche Drehfelder gewinnt man mit zwei magnetischen Wechselfeldern, die gegeneinander verdreht und außerdem phasenverschoben sind. Wie man die Phasenverschiebung erreicht, wollen wir erst gegen Ende dieses Abschnittes betrachten.

Bild 20.12:

Die beiden Wicklungen eines Zweiphasenständers. Die waagerechte Wicklung wollen wir mit I und die senkrechte Wicklung mit II bezeichnen.

Bild 20.13:

Das Feld der waagerechten Wicklung des Ständers von Bild 20.12.

Zunächst beschäftigen wir uns mit dem Zustandekommen des Drehfeldes: In Bild 20.12 sehen wir einen Ständer mit zwei Wicklungen I und II sowie einen vom Ständer umschlossenen Läufer. Die Kreuze und Punkte in den Wicklungsquerschnitten deuten die positive Stromrichtung an. Beide Felder verlaufen so, wie es Bild 20.13 für die **waagerechte Wicklung** zeigt. Erst weise der die waagerechte Wicklung durchfließende Wechselstrom seinen Scheitelwert auf, während der Strom in der anderen Wicklung gerade den Wert Null habe. Das Feld durchsetzt den Läufer von oben nach unten (Bild 20.13). Nun **möge** der Strom in I ab- und in II zunehmen. Das Feld des Stromes **in II** ist im Läufer von rechts nach links gerichtet und überlagert **sich dem abnehmenden** Feld von I. Das Gesamtfeld geht also von rechts oben nach links unten durch den Läufer. Nimmt der Strom in I ab und der in II zu, so dreht sich das Feld immer mehr in die waagerechte Lage und verläuft waagerecht, wenn der Strom in I zu Null wird und der Strom in II seinen Scheitelwert erreicht. Gleich darauf beginnt der Strom in II abzunehmen, während der Strom in I in negativer Richtung anwächst. Dazu gehört ein den Läufer von unten nach oben durchsetzendes Feld, das sich dem abnehmenden Feld von II überlagert. Das zugehörige Läuferfeld ist von rechts unten nach links oben gerichtet und erreicht die senkrechte Lage, wenn der Strom in II zu Null wird und der Strom in I seinen negativen Scheitelwert annimmt.

Das Ständerfeld läuft somit bei Vorhandensein einer Phasenverschiebung von einem Viertel einer Periode zwischen beiden Ständerströmen gleichmäßig um und macht dabei in der zweipoligen Anordnung (für jeden Strom nur eine Spule) in der Sekunde die der Frequenz gleiche Anzahl von Umdrehungen.

Wie aber gewinnen wir die Phasenverschiebung der Ströme? Zwei Möglichkeiten werden ausgenutzt:

Vor allem bei g r ö ß e r e n , aber sogar auch bei vielen ganz kleinen Motoren schaltet man mit einer der beiden Wicklungen einen Kondensator in Reihe, wobei der Strom dieses Stromzweiges dem Strom in dem anderen Stromzweig vorauseilt (siehe Seite 197).

Bei den anderen K l e i n s t - Synchronmotoren verzichtet man auf den Kondensator. Hierbei spaltet man das von einer einzigen Wicklung herrührende Wechselfeld in zwei Teile auf. Den einen Feldteil umgibt man mit einer Kurzschlußwindung. In diesem entsteht ein Kurzschlußstrom, der ein zusätzliches Magnetfeld erzeugt, das sich den beiden Feldteilen überlagert, und zwar dem einen Feldteil mit positivem und dem anderen mit negativem Vorzeichen. Der Kurzschlußstrom ist ungefähr phasengleich mit der vom Magnetfeld in der Kurzschlußwindung erzeugten Spannung. Der Kurzschlußstrom eilt deshalb dem Magnetfeld nach. Infolge dieses Nacheilens entsteht zwischen dem „unbelasteten" und dem mit der Kurzschlußwindung „belasteten" Feldteil eine Phasenverschiebung. Wenn diese auch ein Viertel einer Periode nicht erreicht, so genügt sie doch, um ein Drehfeld entstehen zu lassen.

Synchronmotor und Blindstrom

Der Synchronmotor kann außer dem Wirkstrom, der zur Abgabe der mechanischen Leistung notwendig ist, einen Blindstrom aufnehmen, wobei sich Vorzeichen und Wert des Blindstromes mit der Erregung des Läufers willkürlich ändern lassen: Beim Synchronmotor ist die Umlaufgeschwindigkeit mit der Frequenz festgelegt. Der Erregerstrom kann also auf sie keinen Einfluß haben. Der Motor dreht sich gleich schnell, ob wir ihn stark oder schwach erregen. Auch die Leistungsabgabe des Synchronmotors ist von der Erregung unabhängig. Sie wird von dem zu überwindenden Drehmoment bestimmt, wobei die vom Motor abgegebene Leistung das Produkt aus Drehmoment und Drehgeschwindigkeit ist: Wird der Motor stärker belastet, so wächst seine Wirkstromaufnahme. Die Klemmenspannung des Motors liegt als Netzspannung gleichfalls fest. Also läßt sich auch die Klemmenspannung durch Ändern der Erregung nicht beeinflussen.

Es bleiben beim Verändern des Erregerstrom-Wertes demnach gleich: Umlaufgeschwindigkeit, Wirkleistung und Klemmenspannung.

Wenn Klemmenspannung und Wirkleistung ihre Werte beibehalten, ändert sich auch der Wirkstrom nicht. Der Wert des Wirkstromes folgt nämlich daraus, daß wir die Wirkleistung durch die Spannung teilen.

Aus wirtschaftlichen Gründen müssen die Spannungen für die Drahtwiderstände und die Streu-Induktivität der Ankerwicklung klein gehalten werden. Deshalb dürfen wir diese Spannungen bei unseren Überlegungen außer acht lassen. Damit setzen wir die Ständer-Urspannung wieder gleich der Klemmenspannung (siehe Seite 315). Mit der Klemmenspannung ist dann also auch die Ständer-Urspannung (d. h. die Gegenspannung, die sich im Ständer bildet) unabhängig von der Erregung.

Wir nehmen an, der Erregerstrom werde erhöht. Dazu würde ein Magnetfeld mit größerem Wert gehören. Gleiche Gegenspannung, unveränderte Umlaufgeschwindigkeit und g r ö ß e r e r Wert des Magnetfeldes sind unvereinbar. Irgend etwas hat nachzugeben. Die Klemmenspannung kann es nicht, die Gegenspannung deshalb auch nicht und die Umlaufgeschwindigkeit noch weniger. Deshalb muß auch das Magnetfeld seinen ursprünglichen Wert beibehalten. Das ist nur möglich, wenn die vom Erregerstrom verursachte Erhöhung des Magnetfeldes durch einen zusätzlich aufgenommenen Ständerstrom ausgeglichen und so rückgängig gemacht wird.

Wir betrachten den Einfluß der Erregung auf das Verhalten des Synchronmotors nochmals: Der Erregerstrom des Läufers und der aus dem Netz stammende Ständerstrom bewirken gemeinsam das Magnetfeld der Maschine. Zu einem Wechselmagnetfeld gehört ein nacheilender Blindstrom. Wenn das Läuferfeld als Gesamtfeld der Maschine nicht genügt, entnimmt der Motor aus dem Netz außer dem mit der Belastung gegebenen Wirkstrom als zusätzlichen Magnetisierungsstrom einen nacheilenden Blindstrom. Wenn das Läuferfeld einen größeren Wert hat als das benötigte Gesamtfeld, muß der Ständer aus dem Netz einen Strom aufnehmen, der entmagnetisierend wirkt, der dem Magnetisierungsstrom also entgegengesetzt gerichtet ist und deshalb einen voreilenden Blindstrom darstellt.

Wir überschauen jetzt den Zusammenhang zwischen Ständer-Blindstrom und dem Erregerstrom: Bei zu geringem Erregerstrom ist der Betrag des Läuferfeldes kleiner als der benötigte Betrag des Gesamtfeldes. Folglich entnimmt der Ständer aus dem Netz einen zusätzlichen Magnetisierungsstrom, der mit wachsendem Erregerstrom kleiner wird. Der Ständerstrom erreicht seinen tiefsten Betrag, wenn der Erregerstrom allein das Gesamtfeld der Maschine bewirkt. Er steigt wieder an, wenn der Überschuß des Läuferfeldes durch einen voreilenden Ständer-Blindstrom ausgeglichen werden muß. Die Blindströme fallen natürlich für den Gesamtstrom um so stärker ins Gewicht, je geringer die Belastung und damit der Wirkstrom ist.

Das Wichtigste

1. Ein Drehfeld ist ein Feld, das z. B. in einer elektrischen Maschine ebenso umläuft wie das Feld eines umlaufenden, gleichstromerregten Elektromagneten oder eines umlaufenden Dauermagneten.

2. Ein Drehfeld gewinnt man recht einfach mit Dreiphasenwicklungen, die am Umfang eines Ständers gleichmäßig verteilt sind und mit Dreiphasenstrom gespeist werden.

3. Drehfelder lassen sich auch mit Zweiphasen- oder Einphasenspeisung erreichen.

4. Bei Zweiphasenspeisung sollen die beiden Phasen um 90 ° gegeneinander phasenverschoben sein, wobei man den zwei Phasen am Ständerumfang gegeneinander um die Hälfte einer Polteilung verdrehte Wicklungen zuordnet.

5. Bei Einphasenspeisung kann man entweder die eine Phase oder das von einer Phase herrührende Gesamtfeld in zwei gegeneinander phasenverschobene Anteile aufgliedern.

6. Das Aufgliedern in zwei Phasen erreicht man, indem man die eine Phasenwicklung direkt und die andere Phasenwicklung unter Zwischenschaltung eines Kondensators an die Einphasen-Speisespannung anschließt.

7. Zwei gegeneinander phasenverschobene Teilfelder erhält man, indem man das Einphasenwechselfeld aufspaltet und einen Teil mit einer Kurzschlußwindung „belastet".

8. Richtig erregte Synchronmotoren erhalten ihr gesamtes Magnetfeld von dem umlaufenden, gleichstromerregten Läufer.

9. Untererregte Synchronmotoren nehmen den fehlenden Magnetisierungsstrom als nacheilenden Blindstrom aus dem Netz auf.

10. Übererregte Synchronmotoren geben Magnetisierungsstrom an das Netz ab, wodurch sie den (nacheilenden) Gesamtblindstrom des Netzes vermindern und damit den cos φ verbessern.

Drei Fragen

1. Im Zusammenhang mit der Abhängigkeit der Stromaufnahme des Synchronmotors von seinem Erregerstrom (vor allem für Leerlauf) spricht man von V-Kurven. Was könnte damit gemeint sein?

2. Ist es möglich, Synchronmotoren zu bauen, deren Umlaufgeschwindigkeit geändert werden kann?

3. Welche Umlaufgeschwindigkeit hat ein vierpoliger Synchronmotor an einem Netz mit 60 Hz?

21. Asynchronmaschinen

Vorbemerkung

Asynchronmaschinen werden hauptsächlich als Motoren verwendet. Neuerdings gewinnen sie jedoch auch als Generatoren ständig an Bedeutung. Diese Generatoren haben denselben Aufbau wie die Motoren.

Gewissermaßen als Bindeglied zwischen den Asynchronmotoren und den Synchronmotoren sind die aus den Asynchronmotoren abgeleiteten Reluktanzmotoren zu betrachten. Asynchrongeneratoren und Reluktanzmotoren werden anschließend an die Asynchronmotoren behandelt.

Bedeutung der Asynchronmotoren

Diese Motoren sind einfach im Aufbau, daher billig und widerstandsfähig. Vor allem kleinere, aber auch mittlere Asynchronmotoren können unmittelbar eingeschaltet werden. Auch die größeren Asynchronmotoren lassen sich ohne Schwierigkeiten in Betrieb nehmen. Das Verhalten der Asynchronmotoren ist so, wie es für viele Betriebsfälle gewünscht wird. Deshalb sind die Asynchronmotoren sehr verbreitet. Der Dreiphasenstrom verdankt seine vielfache Verwendung nicht zum wenigsten den Asynchronmotoren.

Im Folgenden werden die ganz kleinen Asynchronmotoren zunächst außer acht gelassen. Ihnen ist ein Teil des Kapitels 23 gewidmet.

Der Aufbau

Der Asynchronmotor hat einen fast immer mit Dreiphasenwicklung versehenen Ständer, der sich von dem des Synchronmotors kaum unterscheidet, und einen Läufer, der entweder mit einer Kurzschlußwicklung oder — wie der Ständer — mit einer Dreiphasenwicklung ausgerüstet ist.

Der „Kurzschlußläufer" hat keine Stromzuführungen. Bei dem mit Dreiphasenwicklung versehenen „Schleifringläufer" ist die Wicklung an drei Schleifringe geführt. Diese Schleifringe dienen nicht zum Speisen des Läufers, sondern zum Anschluß der Anlaßwiderstände, die während des Betriebes kurzgeschlossen sind. Also arbeiten sowohl Kurzschluß- wie Schleifringmotoren mit kurzgeschlossener Läuferwicklung, weswegen Kurzschluß- und Schleifringmotoren in ihrer Wirkungsweise übereinstimmen. Ausnahmsweise nutzt man die mit Schleifringläufern gegebene Möglichkeit einer Beeinflussung der Drehgeschwindigkeit mit Widerständen im Läuferstromkreis aus.

Läufer und Ständer sind aus Blechen geschichtet. Die Wicklungen befinden sich in Nuten. Ausgeprägte Pole und Polschuhe fehlen beim Ständer wie beim Läufer.

Überblick über die Wirkungsweise

Bei Anschluß der Ständerwicklungen an das Netz bildet sich ein Drehfeld aus. Dieses können wir uns durch einen umlaufenden, gleichstromerregten Magneten ersetzt denken, der mit seinen Polschuhen den Läufer umschließt (Bild 21.01). Der Läufer sei zunächst festgehalten. Das Feld des umlaufenden Magneten „schneidet" die Leiter der Läuferwicklung. Auf diese Weise entstehen darin Spannungen. Da das Feld unter den Polen des umlaufenden Magneten am dichtesten ist, haben hier die Spannungen die höchsten Werte. In der Mitte zwischen zwei Polen, also in Bild 21.01 bei A und B, werden die Leiter der Läuferwicklung vom umlaufenden Magnetfeld nicht geschnitten, weshalb hier keine Spannungen entstehen. Die Richtungen der Läuferspannungen und die Richtungen der Erregerströme des Magneten werden in Bild 21.01 mit Kreuzen und Pfeilen angedeutet.

Bild 21.01:

Der Läufer eines Asynchronmotors und der ihn umschließende, umlaufende Magnet, der das Drehfeld des Ständers ersetzt. Die in der Läuferwicklung erzeugten Spannungen sind mit Kreuzen und Punkten veranschaulicht. Die Spannungen sind bei A und B gleich Null. Wegen des Ersatzes des Drehfeldes durch einen umlaufenden Magneten siehe Seite 321.

An beiden Stirnseiten sind die Leiter der Läuferwicklung miteinander verbunden, weshalb die Spannungen in diesen Leitern Ströme bewirken. (Wir betrachten einen Kurzschlußläufer!) Die Ströme ergeben zusammen mit dem Drehfeld die Antriebskraft des Motors.

Phasenverschiebung zwischen Spannung und Strom im festgehaltenen Läufer

Die Spannung im festgehaltenen Läufer ist eine Wechselspannung mit der durch die Umlaufgeschwindigkeit des Drehfeldes gegebenen Frequenz. Jeder Leiter des festgehaltenen Läufers kommt bei jedem Umlauf des Drehfeldes unter den Einfluß beider Drehfeldpole,

Bild 21.02:

Hätte der Läuferstromkreis lediglich einen induktiven Widerstand, so würde der Läuferstrom, der hier durch Punkte und Kreuze angedeutet ist, der Läuferspannung (Bild 21.01) um ein Viertel einer Periode und damit in der zweipoligen Maschine um ein Viertel einer Umdrehung nacheilen.

wobei während einer Umdrehung in jedem Läuferleiter eine positive und eine negative Spannungshalbwelle entsteht. Läuft das Drehfeld 50mal in der Sekunde um, so hat die Läuferspannung bei Stillstand des Läufers die Frequenz 50. Die Induktivität der in das Leitereisen eingebetteten Läuferwicklung ist verhältnismäßig groß. Folglich ergibt sich bei einer Frequenz von 50 Hz ein beachtlicher induktiver Widerstand. Seinetwegen eilt der im Läufer auftretende Wechselstrom der Läuferspannung stark nach. Wäre kein Läuferwirkwiderstand vorhanden, so würde die Nacheilung des Läuferstromes genau ein Viertel einer Periode betragen (Bild 21.02). Wegen des Wirkwiderstandes ist sie geringer (Bild 21.03).

Das auf den festgehaltenen Läufer ausgeübte Drehmoment

Bild 21.04 wiederholt das, was in dem Bild 21.03 allgemein gezeigt wurde, für den besonderen Fall zweier Leiter des Asynchronmotors, die sich gerade mitten unter den Polen des umlaufenden „Drehfeldmagneten" befinden. Wir sehen hier, wie der Läufer durch das Drehfeld mitgenommen wird. (Vgl. Seite 299.)

Bild 21.03:
Der der Läuferspannung (Bild 21.01) um weniger als ein Viertel einer Periode nacheilende Läuferstrom.

Bild 21.04:
Kraftentwicklung nach Bild 18.40 und damit Drehmomentbildung.

Nun wollen wir auch die übrigen Leiter des Läufers in unsere Betrachtungen einbeziehen. Hierfür denken wir der Einfachheit halber, der Übergang von einer Stromrichtung auf die andere möge — im Gegensatz zu Bild 21.02 — nicht allmählich, sondern schroff erfolgen (Bild 21.03). Dabei lassen sich die Phasenverschiebungen beson-

Bild 21.05:
Der drehmomentbildende Teil der Läuferströmung. Die Umlaufrichtung des Magneten sowie die Richtungen der beiden Teildrehmomente sind durch Pfeile angegeben.

Bild 21.06:
Der Teil der Läuferströmung, der nichts zum Drehmoment beiträgt. Die Umlaufrichtung des Magneten sowie die Richtungen der vier Teildrehmomente sind durch Pfeile angegeben.

ders leicht ablesen und ihre Einflüsse deutlich erkennen. Wegen des Leitungswiderstandes eilt der Strom der Spannung um weniger als ein Viertel einer Periode nach. Wir teilen die in Bild 21.03 dargestellte

Strömung nun mit Rücksicht auf ihre Lage zum Drehfeld in zwei Teile auf: Bild 21.05 zeigt von der gesamten Läuferströmung nur den Anteil, der zu den Polen gleichseitig liegt, während Bild 21.06 den restlichen Strömungsteil sehen läßt. Der in Bild 21.05 dargestellte Strömungsteil wirkt gemäß Bild 21.04 drehmomentbildend. Der in Bild 21.06 veranschaulichte Strömungsteil hingegen trägt zum Drehmoment nichts bei, da sich die im einzelnen bei C und D entstehenden Drehmomente ebenso gegenseitig aufheben wie die Drehmomente, die bei E und F entstehen.

Einfluß der Läuferströme auf das Magnetfeld des Motors

Bild 21.04 weist darauf hin, daß der Läuferstrom einen Einfluß auf den Verlauf des Motormagnetfeldes hat. Das Motormagnetfeld ist, wie wir ebenfalls aus Bild 21.04 entnehmen können, mit der Ständerwicklung verkettet. Es stellt deshalb auch das Ständerfeld selbst dar. Wenn schon der Feldverlauf im Motor vom Läuferstrom abhängt, so bleibt aber der Wert des Ständerfeldes davon unbeeinflußt. Der Wert des Ständerfeldes wird mit dem Wert und der Frequenz der Netzspannung sowie mit der Windungszahl der Ständerwicklung festgelegt: Die magnetisierende Wirkung der Läuferströme gleicht sich daher selbsttätig durch eine zusätzliche Netzstromaufnahme des Ständers aus. Demgemäß dürfen und müssen wir sogar die Beeinflussung, die das Magnetfeld unseres umlaufenden Magneten durch die Läuferströme erfahren könnte, hier außer acht lassen. Nach Kenntnisnahme der in diesem Zusammenhang recht erfreulichen Tatsache wenden wir uns wieder dem Läufer zu.

Der Läufer dreht sich

Lassen wir ihn bei eingeschaltetem Ständer los, so folgt er unter dem Zwang des schon betrachteten Drehmomentes dem umlaufenden Drehfeld. Seine Umlaufgeschwindigkeit wächst, erreicht aber die des Drehfeldes nicht ganz. Dies hat ihm die Bezeichnung „Asynchronmotor" eingetragen. „Asynchron" heißt „nicht gleichzeitig" und bedeutet, daß Drehfeld und Läufer nicht gleich schnell umlaufen. Wir verfolgen nun die Zusammenhänge:

Weil der Läufer im Drehsinn des Drehfeldes umläuft, werden die Leiter der Läuferwicklung vom Drehfeld mit geringerer Geschwindigkeit geschnitten als im Stillstand. Folglich nimmt die Läuferspannung mit wachsender Läufer-Umlaufgeschwindigkeit ab.

Dies soll durch ein Beispiel erläutert werden: Das Drehfeld einer zweipoligen Maschine läuft bei der Frequenz 50 Hz in der Sekunde 50mal oder in der Minute $50 \cdot 60 = 3000$mal um. Jeder Leiter der stillstehenden Läuferwicklung wird somit in jeder Minute 3000mal vom gesamten Drehfeld geschnitten. Läuft der Läufer 2000mal in der

Minute um, so überholt ihn das Drehfeld nicht mehr 3000mal, sondern nur mehr (3000 — 2000 = 1000)mal, wobei es jeden Leiter der Läuferwicklung 1000mal in der Minute schneidet. Demgemäß hat die Spannung des mit 2000 Umdrehungen je Minute umlaufenden Läufers nur ein Drittel des für den Läuferstillstand geltenden Wertes. Liefe der Läufer synchron mit dem Drehfeld, und zwar gleichsinnig mit ihm um, so würde das Drehfeld die Leiter der Läuferwicklung überhaupt nicht schneiden (3000 — 3000 = 0). In diesem Fall entstünde keine Läuferspannung. Der asynchrone Lauf ist somit prinzipiell bedingt!

Mit dem Wert der Läuferspannung geht auch ihre Frequenz zurück. Bei 2000 Läuferumdrehungen je Minute wird jeder Leiter der Läuferwicklung statt 3000mal nur mehr 3000 — 2000 = 1000mal in jeder Minute geschnitten. Deshalb sinkt die Frequenz der Läuferspannung in diesem Fall auf ein Drittel der für den Läuferstillstand geltenden Netzfrequenz, also z. B. von 50 Hz auf $16^2/_3$ Hz.

Die Frequenzabnahme der Läuferspannung beeinflußt die Phasenverschiebung zwischen ihr und dem Läuferstrom. Die Phasenverschiebung wird mit wachsender Läufer-Umlaufgeschwindigkeit geringer, weil der die Phasenverschiebung bewirkende induktive Widerstand mit sinkender Frequenz der Läuferspannung abnimmt, während der in Reihe mit ihm wirksame Leitungswiderstand der Läuferwicklung nur wenig von der Frequenz beeinflußt wird.

Mit abnehmender Phasenverschiebung zwischen Läuferstrom und Läuferspannung wächst der in Bild 21.05 veranschaulichte Läuferstromanteil, was, für sich genommen, eine Erhöhung des Drehmomentes bedeutet.

Hand in Hand mit der Frequenz aber sinkt, wenn auch zunächst nur wenig, der Wert des Läuferstromes, da die Läuferspannung der Frequenz verhältnisgleich ist, während der im Gesamtwiderstand des Läufers enthaltene Leitungswiderstand einigermaßen frequenzunabhängig bleibt.

B e i s p i e l : Leitungswiderstand des Läufers 0,05 Ω, induktiver Widerstand des Läufers bei 50 Hz 0,5 Ω, Spannung bei Stillstand des Läufers 100 V. Bei 0,5 Ω Blindwiderstand spielt der Wirkwiderstand von 0,05 Ω keine nennenswerte Rolle. Demgemäß beträgt der Strom im stillstehenden Läufer rund 100 V : 0,5 Ω = 200 A.

Macht der Läufer je Minute 2700 Umdrehungen, so gehen die Frequenz auf

$$50\,\text{Hz} \cdot \frac{3000 - 2700}{3000} = 50\,\text{Hz} \cdot \frac{300}{3000} = 5\,\text{Hz}$$

und die Spannung auf

$$100\,\text{V} \cdot \frac{300}{3000} = 10\,\text{V}$$

zurück. Der induktive Widerstand sinkt im selben Verhältnis wie die Frequenz, also auf

$$0,5 \ \Omega \cdot \frac{300}{3000} = 0,05 \ \Omega.$$

Den Betrag des Gesamtwiderstandes (genauer der Impedanz) können wir daraus gewinnen, daß wir den Wirkwiderstand und den Blindwiderstand durch Strecken ausdrücken und diese rechtwinklig zusammensetzen. Hiermit erhalten wir als Impedanzbetrag 0,07 Ω, womit der Läuferstrom einen Betrag von 10 V : (0,07 Ω) ≈ 140 A annimmt.

Bei zunehmender Umlaufgeschwindigkeit des Läufers ist zunächst die Abnahme der Phasenverschiebung von größerem Einfluß auf das Drehmoment als das Sinken der Läuferspannung: Der Strom nimmt zwar ab, aber gleichzeitig wird infolge der geringeren Phasenverschiebung der dem Bild 21.05 entsprechende Stromanteil größer, so daß das Drehmoment wächst. Steigt die Umlaufgeschwindigkeit des Läufers immer weiter, so wirkt sich die von der Spannungsverminderung herrührende Stromabnahme mehr und mehr aus, weshalb das Drehmoment schließlich sinkt. In diesem Bereich arbeitet der Motor.

Der Schlupf

Den Unterschied zwischen Läufer- und Drehfeldumlaufgeschwindigkeit gibt man vielfach in Prozenten oder in Bruchteilen der Synchron-Drehgeschwindigkeit an und bezeichnet ihn als „Schlupf". Die Synchron-Drehgeschwindigkeit ist die für Synchronismus geltende Zahl der Umdrehungen je Minute.

B e i s p i e l : Synchron-Drehgeschwindigkeit 1500 Umdrehungen je Minute, Betriebs-Drehgeschwindigkeit 1440 Umdrehungen je Minute. Daraus folgt: Schlupf

$$= \frac{1500 - 1440}{1500} = 0,04 \ \text{oder} \ 4 \ \%.$$

Der Schlupf fällt natürlich um so größer aus, je stärker der Motor belastet wird, je höher also das von dem Motor verlangte Drehmoment ist. Zum Nenndrehmoment gehört ein Schlupf von einigen Hundertstel, d. h. von einigen Hundertteilen.

Der Läufer vom Ständer aus betrachtet

Der Ständer liegt am Netz. Er nimmt Netzstrom auf, und an ihm sind die Netzspannungen unmittelbar wirksam. Der Läufer erhält Spannung und Strom über das Magnetfeld der Maschine aus dem Ständer. Der Asynchronmotor ist also eine Abart des belasteten Transformators. Wie wir den Transformator vielfach von seinem Eingang aus betrachten, so können wir das auch beim Asynchronmotor tun. Hierbei erweist es sich sogar als besonders nützlich, den Ständer als Grundlage der Betrachtungen zu wählen, weil an ihm Netzspannung und Netzfrequenz unmittelbar wirksam sind.

Der Läufer ist von Wechselstrom durchflossen und läuft um. Die Frequenz des Läuferstromes und die Läuferumlaufgeschwindigkeit hängen von den Betriebsverhältnissen ab. Auf den Ständer wirkt der Läufer jedoch immer mit der Netzfrequenz zurück: Im stillstehenden Läufer tritt die Netzfrequenz auf. In einem mit 4 % Schlupf umlaufenden Läufer ist die Umlaufgeschwindigkeit um 4 % geringer als die Umlaufgeschwindigkeit des Drehfeldes. Wäre dieser mit 4 % Schlupf umlaufende Läufer mit Gleichstrom magnetisiert, so hätte das vom Läufer auf den Ständer einwirkende Drehfeld eine um 4 % geringere Umlaufgeschwindigkeit als das vom Ständer herrührende Drehfeld, dessen Drehgeschwindigkeit durch die Netzfrequenz bestimmt wird. Das Läuferdrehfeld würde also bei Gleichstrommagnetisierung des Läufers im Ständer eine um 4 % zu geringe Frequenz verursachen. Der Läufer ist aber nicht mit Gleichstrom, sondern mit Wechselstrom magnetisiert, dessen Frequenz 4 % der Netzfrequenz beträgt. Das sind die eben an der Drehgeschwindigkeit des Läuferdrehfeldes vermißten 4 %! (Bitte, nochmal lesen und genau überlegen!)

Das Läuferfeld wirkt somit auf den Ständer mit der Netzfrequenz ein. Wir dürfen deshalb im folgenden Abschnitt den Läuferstrom in das für den Ständer geltende Zeigerbild einbeziehen.

Zeigerbild des Asynchronmotors

Das Zeigerbild stellt die Zusammenhänge zwischen den Strömen und Spannungen mit ihren Phasenverschiebungen übersichtlich dar — und zwar sowohl für den Anlauf wie für den Betrieb. Außerdem läßt sich aus dem Zeigerdiagramm auch Wesentliches über das mechanische Verhalten des Motors ablesen.

Wir nehmen an, daß die am Netz liegende Ständerwicklung völlig widerstandlos sei. Unter dieser Annahme dient die Klemmenspannung ausschließlich dazu, der vom Magnetfeld herrührenden Gegenspannung das Gleichgewicht zu halten. Die Gegenspannung ist also der Klemmenspannung entgegengesetzt gleich. Das zu der Gegenspannung gehörende Magnetfeld eilt ihr um ein Viertel einer Periode voraus und demgemäß der Klemmenspannung um ein Viertel einer Periode nach. Bei gleichbleibender Klemmenspannung liegen die Werte der Gegenspannung und damit auch des die Ständerwicklung des Asynchronmotors durchsetzenden Magnetfeldes fest. Es bleibt somit bestehen, gleichgültig, was wir mit dem Motor unternehmen. Zu dem Magnetfeld gehört ein Strom, der das Magnetfeld erzeugt.

Diesen Strom, der das Magnetfeld hervorzurufen hat, nennen wir den Feldstrom. Er besteht aus dem eigentlichen Magnetisierungsstrom und dem Strom zum Decken der Eisenverluste. Der Magnetisierungsstrom liegt in Phase mit dem Magnetfeld; der Strom zum Decken der Eisenverluste ist der Klemmenspannung phasengleich

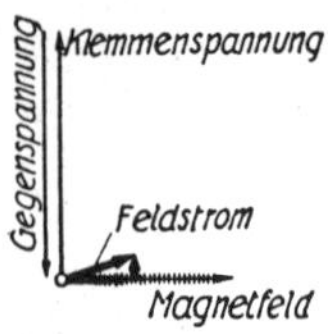

Bild 21.07:

Die Klemmenspannung des Ständers, die zugehörige Gegenspannung, die vom Magnetfeld herrührt, das Magnetfeld sowie der aus Wirk- und Blindanteil bestehende Ständerstrom, der zu dem Magnetfeld gehört. Ein Läuferstrom fließt hier nicht. Somit ist der Ständerstrom gleich dem das Magnetfeld verursachenden Feldstrom. Der Fall des fehlenden Läuferstromes entspricht dem Synchronismus.

(Bild 21.07). Der Wert des gesamten Feldstromes hängt davon ab, wie das Eisen des Motors und der von dem Feld durchsetzte Luftspalt bemessen sind. Weder Eisen noch Luftspalt ändern sich, wenn der Läufer vom Stillstand zur Drehung übergeht. Dabei wird nur die Ummagnetisierungsfrequenz im Läufer geringer. Demgemäß hat der Feldstrom einen ungefähr gleichbleibenden Wert. Dieser Feldstrom bleibt somit unabhängig vom Betriebszustand einigermaßen erhalten. Ströme, die im Betrieb sonst noch auf den magnetischen Kreis einwirken, müssen also durch entgegenwirkende Ständerströme ausgeglichen werden:

Die Ströme, die das Ständerfeld im Läufer erzeugt, würden von sich aus den Wert des Maschinen-Magnetfeldes beeinflussen. Das hätte eine Änderung des Ständerfeldes zur Folge. Dessen Wert liegt aber durch die Klemmenspannung und die Windungszahl fest. Das Ständerfeld behält daher seinen Wert. Das kann es nur, wenn zusätzliche Amperewindungen die Läufer-Amperewindungen kompensieren. Im Sinne dieser Kompensation nimmt der Ständer zusätzlich zum Feldstrom einen weiteren Strom auf.

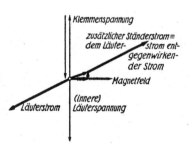

Bild 21.08:

Fließt ein Läuferstrom, so nimmt der Ständer zusätzlich zu dem Feldstrom den Strom auf, der die magnetisierende Wirkung des Läuferstromes gerade ausgleicht. Dieser zusätzliche Strom hat denselben Betrag wie der auf den Ständer umgerechnete Läuferstrom und ist mit ihm in Gegenphase. Die Läufer-Urspannung wird ebenso von dem Magnetfeld hervorgerufen wie die Ständer-Gegenspannung (links neben der Klemmenspannung eingetragen).

Der Wert dieses zusätzlichen Ständerstromes ist engegengesetzt gleich dem auf den Ständer umgerechneten Läuferstrom.

(Der Läuferstrom ist in den folgenden Bildern — wie der Transformator-Sekundärstrom — auf den Ständer umgerechnet. D. h.: für die folgenden Zeigerbilder wurde als Strom- und damit auch Spannungswandlungsverhältnis 1:1 vorausgesetzt.)

Wir betrachten das nun in der Zeigerdarstellung. Bild 21.08 zeigt unten die von dem Magnetfeld der Maschine im Läufer erzeugte Urspannung und links unten den von dieser Läuferspannung bewirkten Läuferstrom. Strom und Spannung sind auf die Ständerwicklung umgerechnet. Wegen der hohen Induktivität des Läufers eilt der **Läuferstrom der zugehörigen Spannung stark nach.** Rechts sehen wir in Bild 21.08 den zusätzlichen Ständerstrom, der die magnetisierende Wirkung des Läuferstromes aufhebt, und sehen außerdem den gesamten Ständerstrom, der aus Feldstrom und zusätzlichem Ständerstrom besteht. Bild 21.09 wiederholt Bild 21.08 ohne Gegenspannung, Läuferspannung und Läuferstrom aber mit dem Ständer-Gesamtstrom. Diese **Darstellung** soll dann auch für die weiteren Bilder benutzt werden.

Bild 21.09:
Zeigerbild eines Asynchronmotors. Dieses Bild ist aus Bild 21.08 dadurch entstanden, daß Läuferstrom sowie Läuferspannung weggelassen wurden und der gesamte Ständerstrom als Zeigersumme aus Feldstrom und zusätzlichem Ständerstrom eingetragen wurde.

Wir verfolgen nun die Werte des Ständerstromes für weitere Betriebsfälle:

Bei Übereinstimmung zwischen den Umlaufgeschwindigkeiten des Läufers und des Drehfeldes (also bei Synchronismus) gäbe es keine Läuferspannung und deshalb auch keinen Läuferstrom, wobei der Feldstrom den gesamten Ständerstrom darstellen würde (Bild 21.07).

Bei Stillstand des Läufers werden seine Leiter vom Drehfeld mit dessen voller Umlaufgeschwindigkeit geschnitten. Folglich ist die im Läufer auftretende Spannung im stillstehenden Läufer höher als in dem gleichsinnig mit dem Drehfeld umlaufenden Läufer. Zu der bei Stillstand hohen Läuferspannung gehört auch ein hoher Läuferstrom.

Hätte die Läuferwicklung keinen Wirkwiderstand, so wäre nur ein induktiver Widerstand wirksam. Folglich würde der im Stillstand hohe Läuferstrom der Läuferspannung um ein Viertel einer Periode nacheilen. Zu einem hohen, um ein Viertel einer Periode nacheilenden Läuferstrom gehört aber ein zusätzlicher Ständerstrom, der ebenfalls einen hohen Wert hat und der der Ständerspannung um ein Viertel einer Periode nacheilt (Bild 21.10).

Bei umlaufendem Läufer fallen Läuferspannung und auch induktiver Läuferwiderstand kleiner aus als bei stillstehendem Läufer. Die Werte dieser beiden Größen nehmen im selben Maße ab wie die

Frequenz der Läuferspannung geringer wird. Wie wir bereits wissen, sinkt diese Frequenz mit wachsender Läufer-Drehgeschwindigkeit immer weiter ab. Der Läufer-Wirkwiderstand behält, von den Einflüssen der Stromverdrängung abgesehen, seinen Wert bei. Daher werden Nacheilung und Wert des Läuferstromes immer kleiner (Bild 21.11). Nimmt die Umlaufgeschwindigkeit weiter zu, so haben Phasenverschiebung, Läuferstrom und zusätzlicher Ständerstrom noch geringere Werte (Bild 21.12).

Bild 21.10:
Der Läuferwirkwiderstand ist hier vernachlässigt. Der Läufer stehe still. Die Läuferspannung hat eine dem induktiven Widerstand entsprechende Höhe.

Bild 21.11:
Gegen Bild 21.10 sind der induktive Widerstand und auch die Läuferspannung gesunken. Der Wirkwiderstand des Läufers wirkt sich aus. Der Läufer läuft nämlich jetzt um.

Bild 21.12:
Sowohl der induktive Widerstand wie auch die Läuferspannung haben gegen Bild 21.11 weiter abgenommen. Somit kommt der Läufer-Wirkwiderstand noch stärker zur Geltung (geringerer Wert des zusätzlichen Ständerstromes und bedeutend weniger Nacheilung gegen die Klemmenspannung).

Alle für gleichbleibende Klemmenspannung geltenden Endpunkte des Gesamtstromzeigers liegen im Idealfall auf einem Halbkreis. Der Durchmesser dieses Halbkreises ist der Zeiger des zusätzlichen Ständerstromes, der zu stillstehendem, widerstandslosem Läufer gehörte (Bild 21.13). In das **Kreisdiagramm** von Bild 21.13 sind einige Punkte eingetragen. Links unten liegt der Punkt für Synchronismus. Etwas über ihm befindet sich der Leerlaufpunkt. Damit

Bild 21.13:

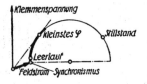

Das „Kreisdiagramm" des Asynchronmotors. Der Halbkreis enthält die Endpunkte (Spitzen) der Gesamtstromzeiger für alle Betriebsfälle (von links nach rechts, also auch für die Fälle der Bilder 21.12, 21.11, 21.09, 21.17 und 21.10). Länge des Gesamtstromzeigers jeweils vom Nullpunkt des Diagramms bis zu einem Halbkreispunkt.

der Läufer leer umläuft, braucht er bereits einen kleinen Strom. Dieser Strom entspricht der senkrechten Entfernung zwischen Synchronismus- und Leerlaufpunkt. Schreiten wir auf dem Halbkreis weiter fort, so gelangen wir an einen Punkt, für den die Phasenverschiebung zwischen Klemmenspannung und Gesamtstrom den geringsten Wert aufweist. Später folgt der nicht besonders gekennzeichnete Punkt für den größten Wirkstrom. Dieser Punkt liegt senkrecht über dem zum Halbkreis gehörenden Mittelpunkt. Da dem Wirkstrom die Leistung und damit auch das Drehmoment entsprechen, ist der Punkt für höchsten Wirkstrom ganz ungefähr auch der Punkt für größtes Drehmoment. Dieses wird auch „Kippmoment" genannt. Im letzten Punkt erkennen wir schließlich den Punkt für den Stillstand des Läufers. Der betriebsmäßig ausgenutzte Bereich des Halbkreises ist stark gezeichnet.

Wir haben hier den Ständerwiderstand vernachlässigt. Deshalb stimmt z. B. das mit dem Drehmoment und Wirkstrom nur ungefähr!

Bild 21.14:

Die Strom- und die Drehmoment-Kennlinie des Asynchronmotors. Darin sind 0 % der synchronen Drehzahl = Stillstand und nahezu 100 % der synchronen Drehzahl = Leerlauf. Der Strom stimmt in den aufgetragenen Längen mit den Längen der Gesamtstromzeiger von Bild 21.09 . . . 21.13 überein. Die Drehmomente entsprechen etwa den über den Wirkanteil des Feldstromes hinausgehenden Wirkanteilen der Gesamtströme von Bild 21.09 . . . 21.13, sind aber gegen diese überhöht.

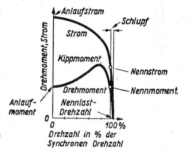

Bild 21.14 zeigt — abhängig von der Läufer-Drehgeschwindigkeit — den aufgenommenen Strom und das vom Motor abgegebene Drehmoment. Wir sehen, daß der Anlaufstrom viel höher liegt als der Betriebsstrom und daß das Anlaufmoment beträchtlich geringer ist als das Kippmoment. In Wirklichkeit hat das Anlaufmoment eines Asynchronmotors, der nicht besonders für hohes Anlaufmoment gebaut ist, tatsächlich einen wesentlich geringeren Wert als das Nennmoment. Das Nennmoment ist das Drehmoment für Normalbetrieb.

Bei praktisch ausgeführten Motoren erhält man an Stelle eines Kreises häufig einen davon abweichenden Verlauf. Im üblichen Betrieb wird jedoch nur ein derart kurzes Stück des „Kreises" gebraucht, daß die Abweichungen des übrigen Verlaufes keine allzu große Rolle spielen.

Wir vergleichen das, was wir hier über die Phasenverschiebung des Läuferstromes gegen die Läuferspannung erfahren haben, mit den Bildern 21.03, 21.05 und 21.06. Bild 21.03 zeigt den der Läuferspannung (Bild 21.01) nacheilenden Läuferstrom. Bild 21.05 läßt den drehmomentbildenden, mit der Läuferspannung phasengleichen Wirkanteil des Läuferstromes erkennen, und Bild 21.06 veranschaulicht den nicht drehmomentbildenden, der Läuferspannung um 90 ° nacheilenden Blindanteil des Läuferstromes. Wir ersehen aus diesen Bildern, daß die mit wachsender Läuferumlaufgeschwindigkeit erfolgende Abnahme der Phasenverschiebung zwischen Läuferstrom und Läuferspannung drehmomenterhöhend wirken muß.

Anlassen, Stern-Dreieckschaltung, Anlaßkupplung

Wie wir gesehen haben, werden Synchronmotoren in der Regel „angeworfen" — d. h. von einem besonderen Motor angetrieben und so auf die notwendige Umlaufgeschwindigkeit gebracht. Dann erst schließt man sie an das Netz an.

Im Gegensatz zum Synchronmotor schaltet man den Asynchronmotor entweder ohne weiteres an das Netz oder man „läßt ihn an".

Um den Sinn des Anlassens zu verstehen, denken wir an den vorhergehenden Abschnitt zurück. In ihm erfuhren wir, daß beim Stillstand des Läufers ein hoher Läuferstrom auftritt, der der Läuferspannung stark nacheilt. Zu dem hohen Läuferstrom gehört ein hoher Ständerstrom und damit ein hoher Netzstrom. Die große Phasenverschiebung zwischen Ständerstrom und Ständerspannung bedingt ein trotz des hohen Stromes nur geringes Drehmoment. Hoher Strom und geringes Drehmoment bei Stillstand sind gleichermaßen unerwünscht. Die verschiedenen Anlaßverfahren haben den Zweck, den „A n l a u f s t r o m" gering zu halten und das „A n l a u f d r e h - m o m e n t" zu erhöhen oder auch den Nachteil eines geringen Drehmomentes auszugleichen. Eigentliches Anlassen gestattet der Schleifringläufermotor (siehe folgenden Abschnitt).

Um den Kurzschlußläufermotor mit verhältnismäßig geringem Anlaufstrom in Betrieb zu setzen, kann man die Ständerwicklung beim Anlassen zunächst in Stern und dann in Dreieck schalten. Bei Sternschaltung liegen die drei Wicklungsteile an einer geringeren Spannung als bei Dreieckschaltung. Infolgedessen erreicht der Anlaßstrom nicht den Wert, den er bei Dreieckschaltung annehmen würde. Die Ströme haben in den Zuleitungen bei Sternschaltung nur ein Drittel der bei Dreieckschaltung auftretenden Werte. Da die Motordrehmomente den Strömen (bei gleicher Phasenverschiebung) verhältnisgleich sind, geht mit dem Anlaufstrom auch das an sich oft schon geringe Anlaufdrehmoment zurück. Das ist der Nachteil des Anlassens in S t e r n - D r e i e c k s c h a l t u n g.

Ein Mittel, das zwar nicht den Wert des Anlaufstromes herabsetzt, ihn aber rasch abnehmen läßt, ist die „A n l a ß k u p p l u n g", die die Belastung erst ankuppelt, wenn der Läufer bereits eine höhere Umlaufgeschwindigkeit hat. Solche Kupplungen hat man schon oft in Riemenscheiben eingebaut. Man ist aber wieder von ihnen abgekommen, da sie die Einfachheit des Kurzschlußläufermotors beeinträchtigen und mit steigender Leistungsfähigkeit der Netze mehr und mehr entbehrlich wurden.

Durch Verwenden eines Läuferstromkreises mit hohem Widerstand könnte der Wert des Anlaufstromes herabgesetzt und seine Phasenverschiebung gegen die Spannung vermindert werden. Damit ließe sich bei kleinerem Anlaufstrom ein höheres Anlaufdrehmoment erzielen. Der hohe Widerstand des Läuferstromkreises wäre für den Betrieb allerdings ungünstig, weil durch ihn die Verluste erhöht würden, was eine Verminderung des Wirkungsgrades bedeutete.

Auch die in den beiden folgenden Abschnitten behandelten Sonderausführungen der Asynchronmotoren sind vor allem unter dem Gesichtspunkt des Anlassens entwickelt worden.

Schleifringläufermotoren

Um lediglich im Anlauf mit einem hohen Widerstand des Läuferstromkreises günstige Verhältnisse zu schaffen und betriebsmäßig doch einen geringen Läuferwiderstand zur Verfügung zu haben, kann man den Läufer statt mit einer auf beiden Läuferseiten kurzgeschlossenen Wicklung (d. h. mit einem „Kurzschlußkäfig") mit einer eigentlichen Wicklung versehen, deren drei Anfänge im Läufer zusammengeschaltet sind und deren Enden zu Schleifringen geführt werden. An den Schleifringen liegen über Bürsten in Stern geschaltete Widerstände. Beim Anlassen des Motors schaltet man diese verhältnismäßig hohen Widerstände voll ein und vermindert sie dann in dem Maße, in dem die Läufer-Drehgeschwindigkeit steigt. Wenn der Motor „auf Touren gekommen" ist, schließt man die Schleifringe innerhalb des Motors kurz und hebt gleichzeitig die Bürsten ab. Das geschieht mit Hilfe eines an dem Motor angebrachten Handgriffes.

Die „Schleifringläufermotoren" weisen etwas geringere Wirkungsgrade und außerdem größere Phasenverschiebungen auf als die Kurzschlußläufermotoren.

Stromverdrängungsmotoren

Wenn schon nicht in dem Maße wie bei den Schleifringläufermotoren, wird auch bei diesen Motoren während des Anlassens mit einer Widerstandserhöhung im Läuferstromkreis gearbeitet — aber selbsttätig und ohne Schleifringe nur mit entsprechenden Kurzschlußläufern.

In Stromverdrängungsmotoren sind folgende Läufer gebräuchlich: Doppelkäfig-, Doppelstab- oder Doppelnut- sowie Hochstab- und auch Keilstab-Läufer. Die Ständer sind in der sonst üblichen Weise ausgeführt. Die Läufer zeigen die durch die eben genannten Namen angedeuteten Besonderheiten. Deren Sinn liegt in folgendem:

Für den Anlauf soll die Läufer-Kurzschlußwicklung einen hohen Widerstand und eine geringe Induktivität aufweisen, damit bei geringem Anlaufstrom ein hohes Anlaufdrehmoment entsteht. Für den Betrieb ist mit Rücksicht auf einen hohen Wirkungsgrad ein geringer Wirkwiderstand erwünscht, während die Induktivität wegen der im Betrieb niedrigen Läuferstromfrequenz groß sein darf. Somit sollte der Läufer zwei Wicklungen aufweisen.

1. eine Wicklung mit verhältnismäßig hohem Wirkwiderstand und kleiner Induktivität und
2. eine mit geringem Wirkwiderstand und größerer Induktivität.

Solange der Läufer erst langsam umläuft, bildet sich in der zweiten Wicklung wegen ihrer hohen Induktivität nur ein geringer Strom aus, während in der ersten Wicklung ein mäßig hoher Strom entsteht, der infolge des großen Wirkwiderstandes der Spannung nur wenig nacheilt. Dieser Strom bewirkt das Anlaufdrehmoment. Mit wachsender Drehgeschwindigkeit sinkt die Frequenz des Läuferstromes und damit auch der erst hohe Wert des induktiven Widerstandes der zweiten Wicklung. Demgemäß beteiligt sich die zweite Wicklung bei wachsender Drehgeschwindigkeit immer mehr an dem Bilden des Drehmomentes.

Hochstäbe   Doppelkäfig

Bild 21.15:
Nuten und Ankerleiterquerschnitte für Stromverdrängungsläufer.

Kurzschlußläufer mit zwei Wicklungen (zwei „K ä f i g e n") werden vielfach ausgeführt. Zwei getrennte Käfige sind aber für die eben erläuterte Wirkung nicht unbedingt notwendig: Man kann auch mit entsprechendem Ausbilden der Nuten und der in ihnen untergebrachten Läuferstäbe (Bild 21.15 und 21.16) erreichen, daß wäh-

Bild 21.16:
Weiteres Beispiel für die Nuten und Ankerleiter eines Stromverdrängungsläufers. Der untere Teil der Läuferstäbe ist mit hoher Induktivität behaftet.

rend des Anlaufens der mit der höheren Induktivität behaftete Teil des Leiters nahezu unausgenutzt bleibt, daß also der Strom während des Anlaufens aus einem größeren Teil des Leiterquerschnittes weitgehend verdrängt wird (Stromverdrängungsläufer). Man erreicht die Stromverdrängung am einfachsten mit sehr tiefen, mit leitendem Werkstoff ausgefüllten Nuten (Hochstabläufer): Die Induktivität ist für die am Nutengrund gelegenen Leiterschichten wesentlich größer als für die Schichten, die weiter oben liegen. Gibt man den Nuten eine besondere Form, d. h. verengt man sie so, daß der Querschnitt unten breiter ist als oben und beide Querschnittsteile durch einen dünnen Steg verbunden sind, so wird die Induktivität für den unteren Teil der Läuferstäbe noch wesentlich vergrößert. Der Motor bekommt ein noch kräftigeres Anzugsmoment und noch geringeren Anlaufstrom.

Bild 21.17:

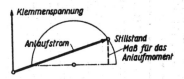

„Kreisdiagramm" mit dem Zeigerbild des Asynchronmotors für 100 % Schlupf (= Stillstand des Läufers). (Das Maß für das Anlaufmoment stimmt nur ungefähr, da hier der Ständerwiderstand vernachlässigt ist.)

Wir wollen die Zusammenhänge nun im Zeigerbild betrachten. Bild 21.17 zeigt den Anlaufstrom und das Maß für das Anlauf-Drehmoment gemäß Bild 21.13. Um auf einen geringeren Anlaufstrom zu kommen, brauchen wir mehr Widerstand und erhalten dazu, wenn wir hierfür einen Doppelkäfig verwenden, etwas höhere Induktivität auch des Teiles mit dem höheren Widerstand. Das gibt im Zeigerbild einen kleineren Kreis, von dem — wegen des im Vergleich zur Induktivität hohen Widerstandes — nur der linke Teil ausgenutzt wird. Der un-

Bild 21.18:

„Kreisdiagramm" eines Asynchronmotors für großen Widerstand der Läuferwicklung sowie für großen Feldstrom.

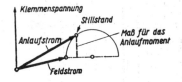

Bild 21.19:

„Kreisdiagramm" für Motoren ohne und mit Stromverdrängung in den Läuferleitern. Die beiden für den Stromverdrängungsläufer geltenden Halbkreise entsprechen den Bildern 21.17 und 21.18.

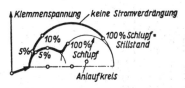

tere Käfig bildet für das Läuferfeld im Anlauf eine Sperre. Demgemäß wird ein Feldverlauf erzwungen, der einen höheren Magnetisierungsstrom erfordert. So ergeben sich die durch Bild 21.18 veranschaulichten Zusammenhänge: Wir erkennen den geringeren Anlaufstrom und den besseren cos φ bei etwa gleichem Anlaufmoment gegenüber Bild 21.17. In Bild 21.19 ist Bild 21.18 zu einem vollständigen Betriebsdiagramm ergänzt. Links von dem besprochenen Kreis erscheint hier der eigentliche Betriebskreis, der sich auf die gesamten Querschnitte der Kurzschlußwicklung bezieht.

In Bild 21.20 sind einige Drehmoment-Kennlinien und die zugehörigen Anlaufmoment-Kennlinien zusammengestellt. Wie man leicht sehen kann, ist bei den Stromverdrängungsläufern die Überlastbarkeit geringer als bei normalen Motoren. Auch haben sie, wie wir aus Bild 21.19 entnehmen können, einen schlechteren cos φ als normale Motoren.

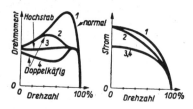

Bild 21.20:

Drehmoment- und Strom-Drehgeschwindigkeits-Kennlinien für verschiedene Stromverdrängungsmotore. Zum Vergleich sind auch die entsprechenden Kennlinien eines Asynchronmotors ohne Stromverdrängung (1) (mit überhöhtem Drehmoment- und verringertem Strom-Maßstab) eingetragen.

Stromverdrängungsmotoren werden entweder für unmittelbares Einschalten oder für Stern-Dreieckschaltung gebaut.

Ändern und Einstellen der Drehgeschwindigkeit

Soll die Umlaufgeschwindigkeit lediglich in einzelnen Stufen geändert werden, so kann man „polumschaltbare" Motoren benutzen. Bei ihnen läßt sich die Ständerwicklung z. B. von zwei auf vier Polpaare umschalten (Bilder 21.21 mit 21.24). Die Drehzahl wird dadurch von etwa 1450 auf ungefähr 720 herabgesetzt. Mit der Polumschaltung sind nur die Drehgeschwindigkeits-Stufen erreichbar, die zu den Polpaarzahlen gehören. Der Vorzug der polumschaltbaren Motoren liegt darin, daß der mit der Polumschaltung erreichbare Wechsel der Drehgeschwindigkeit verlustfrei ist.

Bild 21.21:

Die Ständerwicklung eines polumschaltbaren Motors. Eine Phase der Wicklung ist hervorgehoben. Die in diese Phase eingetragenen Vorzeichen deuten an, daß die Wicklung vierpolig geschaltet ist.

Bild 21.22:

Die Ständerwicklung von Bild 21.21 ist hier von vier auf acht Pole umgeschaltet. Während in Bild 21.21 in der hervorgehobenen Phase jeweils dasselbe Vorzeichen zweimal nebeneinander erscheint, wechseln hier die Vorzeichen einander ständig ab.

Bild 21.23:

Eine zweipolig geschaltete Ständerwicklung für Dreieckschaltung mit den Wicklungssträngen dem Zeigerdiagramm gemäß dargestellt.

Bild 21.24:

Die Wicklung von Bild 21.24 vierpolig geschaltet. Diese zwei- und vierpolig umschaltbare Wicklung nennt man Dahlanderschaltung.

346

Ein stetiges Ändern der Umlaufgeschwindigkeit kann mit Einschalten von Widerständen in den Läuferstromkreis erreicht werden, was aber Schleifringläufer vorausgesetzt. Je höher man den Wert des an die Schleifringe angeschalteten Widerstandes macht, desto größer wird der Schlupf des Motors, desto kleiner also bei gegebenem Drehmoment die betriebsmäßige Umlaufgeschwindigkeit.

Erhöhen wir den Läuferwiderstand durch Zuschalten eines Widerstandes z. B. auf das Doppelte und blieben dabei die Umlaufgeschwindigkeit sowie die Läuferspannung ungeändert, so würden der Strom und mit ihm das Drehmoment ungefähr auf die Hälfte heruntergehen. Das Drehmoment ist aber nicht von dem Motor bestimmt, sondern von dessen Belastung. Bleibt das verlangte Drehmoment ungeändert, so nimmt die Umlaufgeschwindigkeit des Läufers ab, weil dieser das verlangte Drehmoment bei der ursprünglichen Umlaufgeschwindigkeit infolge des verminderten Läuferstromes nicht mehr hergeben kann. Mit abnehmender Umlaufgeschwindigkeit steigt die im Läufer entstehende Spannung. Mit ihr wächst der Läuferstrom, bis sich schließlich bei etwa doppeltem Schlupf wieder der frühere Stromwert einstellt.

Asynchron-Generatoren

Ein Asynchron-Generator ist eine elektrische Maschine, deren Aufbau dem eines Asynchronmotors mit Kurzschlußläufer völlig entspricht.

Da der Asynchron-Generator elektrische Leistung zur Verfügung zu stellen hat, muß er wie jeder andere Generator angetrieben werden, wobei die Läuferdrehgeschwindigkeit um einige Hundertstel über der Synchrondrehgeschwindigkeit liegt, die von der Frequenz bestimmt ist.

Bild 21.25:
Dreiphasen-Asynchron-Generator mit ihm parallel geschaltetem Kondensatorsatz. Ebenso sieht der Schaltplan aus, wenn es sich um einen Dreiphasenmotor mit Blindstromkompensation handelt.

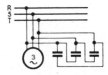

Zum Asynchron-Generator gehört aber außerdem auch noch ein Kondensatorsatz (Bild 21.25). Dieser hat den Zweck, den für den Generator notwendigen Magnetisierungs-Blindstrom zu liefern: Ein Kondensator nimmt voreilenden Blindstrom auf. Da ein voreilender Blindstrom nichts anderes ist als ein um 180° phasenverschobener nacheilender Blindstrom und da eine Phasenverschiebung um 180° einer Vorzeichenumkehr gleichgesetzt werden kann, bedeutet Aufnahme von voreilendem (kapazitivem) Blindstrom dasselbe wie Abgabe von nacheilendem Blindstrom.

Das nutzt man übrigens zur **Blindstrom-Kompensation** in Ein- und Dreiphasennetzen sehr viel aus. An diese Netze sind zahlreiche Maschinen und Transformatoren angeschlossen. Diese benötigen Magnetisierungs-Blindströme. Somit fließen in solchen Netzen außer den Wirkströmen nacheilende Blindströme. Diese erhöhen die Gesamtstromwerte und verursachen so in den Leitungs- sowie Wicklungswiderständen Verluste, die mit der Blindstrom-Kompensation vermieden werden.

Für den Asynchron-Generator ist das Parallelschalten von Kondensatoren da, wo dieser Generator mit Synchron-Generatoren gemeinsam dasselbe Netz zu speisen hat, nichts anderes als eine solche Blindstrom-Kompensation.

Da, wo der Asynchron-Generator als alleinige Quelle auftritt, werden die ihm parallel geschalteten Kondensatoren prinzipiell wichtig:

Die Antriebsmaschine kann wohl Wirkleistung, aber keinen Blindstrom liefern. Dieser ist aber für die Funktion des Generators notwendig. Er bedarf eines Wechselfeldes. Dazu gehört ein Blindstrom. Das Erzeugen eines Wechselfeldes mittels eines gleichstromerregten Magneten oder eines Dauermagneten wie bei der Synchronmaschine ist hier nicht möglich, weil für den Asynchron-Generator kein Synchronismus besteht.

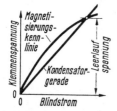

Bild 21.26:

Zusammenhang der Klemmenspannung mit dem Kondensator-Blindstrom und mit dem Magnetisierungs-Blindstrom des Asynchron-Generators. Das Bild betrifft den Leerlauf-Fall.

Bild 21.26 enthält zwei Spannungs-Blindstrom-Kennlinien. Die gekrümmte Kennlinie zeigt den Zusammenhang zwischen der Generator-Klemmenspannung und dem Magnetisierungs-Blindstrom des Generators. Die andere, gerade Kennlinie betrifft den Zusammenhang zwischen der Klemmenspannung und dem Kondensator-Blindstrom. Es stellt sich die Klemmenspannung ein, für die die Beträge beider Blindströme übereinstimmen.

Mit dem Kondensatorsatz allein ist es jedoch noch nicht getan. Das zeigt sich beim Betrachten des Bildes 21.27. In ihm sind die Kondensatorgerade und (dünn) die Leerlauf-Magnetisierungsstrom-Kennlinie von Bild 21.26 wiederholt. Zusätzlich ist in Bild 21.27 ein Stück der Magnetisierungsstrom-Kennlinie zu einem Belastungsfall eingetragen. Die für die Belastung geltende Magnetisierungsblindstrom-Klemmenspannungs-Kennlinie weicht von der entsprechenden für Leerlauf geltenden Kennlinie vom Standpunkt der Klemmenspannung nur wenig ab. Doch gilt auch hier wieder für den sich einstellenden Betriebszustand der Schnittpunkt der Kondensatorgeraden mit der Magnetisierungsstrom-Kennlinie. Dieser Schnittpunkt liegt reichlich tief. Das bedeutet, daß in einer Schaltung nach Bild 21.25 die Generator-Klemmenspannung mangels ausreichendem Blindstrom bei Belastung stark absinkt.

Bild 21.27:

Hier ist das Bild 21.26 mit einem Stück einer Belastungs-Kennlinie ergänzt. Bei Belastung ergeben sich mit gleichem Magnetisierungs-Blindstrom etwas niedrigere Klemmenspannungswerte. Dabei aber rutscht der Schnittpunkt der Magnetisierungs-Kennlinie mit der Kondensatorgeraden weit nach unten.

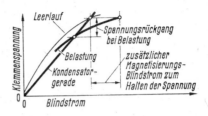

Dieser Mangel läßt sich auf ziemlich einfache Weise beheben: Man legt parallel zu dem Kondensator eine Drosselspule mit Eisenkern und sorgt dafür, daß die Drossel bei Klemmenspannungen um den Nennwert herum im Sättigungsgebiet arbeitet. Außerdem wählt man einen Kondensator mit so hoher Kapazität, daß hiermit außer dem Magnetisierungs-Blindstrom für den Generator auch noch der betriebsmäßig erforderliche Blindstrom für die **Sättigungsdrossel** geliefert wird. Bild 21.28 zeigt eine dementsprechende Einphasen-Schaltung.

Mit Sättigungsdrossel zusätzlich zum Kondensator ergibt sich statt des mit der Kondensatorgeraden dargestellten Zusammenhanges (siehe Bilder 21.26 und 21.27) eine Beziehung, wie sie mit der gekrümmten Kennlinie in Bild 21.29 zum Ausdruck kommt. Der Verlauf dieser Kennlinie ergibt sich so:

Bild 21.28:

Ein Einphasen-Asynchron-Generator mit der Parallelschaltung eines Kondensators und einer Sättigungsdrossel.

Bild 21.29:

Noch einmal Klemmenspannungs-Blindstrom-Kennlinien für einen Asynchron-Generator mit Kondensator und Sättigungsdrossel gemäß Bild 21.28. Der Kondensator hat hier eine höhere Kapazität als in den Fällen nach Bild 21.26 und Bild 21.27.

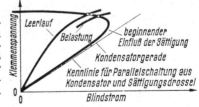

Bei niedrigen Klemmenspannungswerten ist das Drosseleisen noch ungesättigt. Folglich hat die Drossel eine hohe Induktivität. Der von ihr durchgelassene Blindstrom fällt somit noch nicht ins Gewicht, weshalb die Kennlinie der Parallelschaltung von Drossel und Kondensator noch nahezu mit der Kondensatorgeraden übereinstimmt.

Mit steigendem Wert der Klemmenspannung sinkt die Induktivität der Drossel erst wenig und dann immer schroffer ab. Damit steigt der von ihr durchgelassene (nacheilende) Blindstrom immer stärker an. Folglich weicht die Kennlinie der Parallelschaltung des Kondensators mit der Sättigungsdrossel ständig mehr von der Kondensatorgeraden ab und biegt bei Erreichen der Sättigung ihres Eisenkerns nach der Klemmenspannungsachse hin um.

Mit der Sättigungsdrossel erreicht man statt der Kondensatorgeraden so im Klemmenspannungs-Betriebsbereich eine nach links nur ganz flach ansteigende Kennlinie. Diese läßt erkennen, daß sich hierbei nurmehr eine recht geringe Belastungsabhängigkeit der Klemmenspannung ergibt.

Reluktanz-Motor

Reluktanz ist eine Bezeichnung für den magnetischen Widerstand. Im Reluktanzmotor werden dieser Bezeichnung gemäß Unterschiede im magnetischen Widerstand ausgenutzt: Der Reluktanzmotor hat einen Asynchronmotor-Ständer und einen Kurzschlußläufer. Dieser ist an seinem Umfang mit Ausschnitten versehen, so daß der Läufer gewissermaßen Magnetpole aufweist. Hiermit wird erreicht, daß sich der Läufer in den Synchronismus hineinzieht und deshalb mit einer belastungsunabhängigen Drehgeschwindigkeit umläuft.

Das Wichtigste

1. **Der Asynchronmotor** besteht aus einem an das Netz angeschlossenen Ständer und einem Läufer, der seine Leistung aus dem Ständer über das von Netzspannung mit Hilfe der Ständerwicklung bewirkte Drehfeld erhält.

2. **Man** unterscheidet Kurzschlußläufer oder Käfigläufer und Schleifringläufer.

3. Bei den Kurzschlußläufern besteht die Läuferwicklung aus leitenden Stäben, die an den Läuferstirnseiten miteinander kurzgeschlossen sind.

4. Bei Schleifringläufern sind die Anfänge der aus isolierten Leitern gewickelten Läuferwicklungsteile miteinander verbunden und die Enden dieser Wicklungsteile an Schleifringe geführt.

5. Die Schleifringe ermöglichen ein Einfügen von Widerständen in den Läuferstromkreis.

6. Der Läufer des Asynchronmotors dreht sich etwas langsamer **als das Drehfeld.**

7. Der Unterschied zwischen Läufer- und Drehfeld-Umlaufgeschwindigkeit heißt „Schlupf" und wird in % (in Hundertstel) der synchronen Umlaufgeschwindigkeit angegeben.

8. Der betriebsmäßige Schlupf beträgt nur wenige Hundertstel.

9. Die synchrone Umlaufgeschwindigkeit ist dasselbe wie die Drehfeld-Umlaufgeschwindigkeit.

10. Kleinere und mittlere Kurzschlußläufermotoren werden unmittelbar an das Netz gelegt, womit besondere Anlaßmaßnahmen entfallen.

11. Größere Kurzschlußläufermotoren werden zum Anlassen in Stern angeschlossen und für den Betrieb auf Dreieck umgeschaltet, womit Anlaufstrom und Anlaufdrehmoment gegenüber Einschalten in Dreieck auf ca. ein Drittel herabgedrückt sind.

12. Wird ein hohes Anlaufdrehmoment bei geringem Anlaufstrom gefordert, so wählt man statt eines gewöhnlichen Kurzschlußläufermotors einen Stromverdrängungsmotor (Wirbelstrom-, Doppelnut-, Hochstab- oder Keilstabläufer).

13. Schleifringläufer läßt man an, indem man an die auf den Schleifringen aufliegenden Bürsten in Stern geschaltete einstellbare Anlaßwiderstände anschließt, deren Werte während des Anlassens verringert und die nach dem Anlassen kurzgeschlossen werden.

14. Die Umlaufgeschwindigkeit des Schleifringläufers kann durch die in den Läuferstromkreis gelegten Stellwiderstände herabgesetzt werden.

15. Stufenweises Drehgeschwindigkeitsumstellen im Verhältnis 2 : 1 oder 4 : 2 : 1 ist möglich mit den polumschaltbaren Asynchronmotoren. Die hierzu gehörende Schaltung heißt Dahlanderschaltung.

Drei Fragen

1. Wie hoch ist die Läuferstromfrequenz für 60 Hz Netzfrequenz und 5 % Schlupf?

2. Weshalb sind die in den Bildern 21.17 und 21.18 gestrichelt eingetragenen Wirkströme nur ungefähre Maße für die Anlaufmomente?

3. Was ist unter dem Kippmoment zu verstehen?

22. Gleichstrommaschinen

Verwendung

Die Gleichstrommaschine wird wie die Wechselstrommaschine sowohl als Generator wie als Motor benutzt. Die Hauptbedeutung des Gleichstromes liegt darin, daß die Gleichstrommotoren sich vor den anderen, einfachen Motoren durch besonders gute Stellbarkeit auszeichnen. Die Gleichstromgeneratoren sind durch die aus den Wechselstromnetzen gespeisten Gleichrichter zum Teil verdrängt worden. Unter den Gleichstrommaschinen spielen somit die Gleichstrommotoren die Hauptrolle. Zu den Gleichstrommotoren kann man auch die kleinen „Universalmotoren" rechnen, die wahlweise mit Einphasenwechselstrom oder mit Gleichstrom betrieben werden können, und schließlich die Batterie-Kleinstmotoren, wie sie z. B. in Spielzeugen und in der Automatik verwendet werden.

Die Hauptteile

Die Hauptteile der Gleichstrommaschine sind der „Feldmagnet", der „Anker" und der „Stromwender". Der Feldmagnet steht fest und wird mit Gleichstrom erregt. Er hat zwei, vier, sechs oder mehr Pole. Die Polzahl ist stets gerade. Der Anker läuft um und ist eine aus Blech geschichtete Eisenwalze, die in Nuten die Ankerwicklung trägt und gemeinsam mit dem Stromwender auf einer Welle sitzt. Zum Stromwender gehören die auf ihm aufliegenden, feststehenden Bürsten.

Wir erinnern uns daran, daß auch die Synchronmaschine einen gleichstromerregten Feldmagneten und einen mit verteilter Wicklung ausgerüsteten Anker hat.

Bei der Gleichstrommaschine läuft der Anker um, während der Feldmagnet feststeht. Bei der Synchronmaschine steht der Anker still und der Läufer dreht sich. Das ist kein wesentlicher Unterschied.

Überlegen wir uns das, so erkennen wir, daß im Anker der Gleichstrommaschine ebenso wie im Anker der Synchronmaschinen Wechselspannungen entstehen. Da der Anker der Gleichstrommaschine aber an das Gleichstromnetz angeschlossen wird, muß hier zwischen Anker und Netz der Stromwender eingefügt sein, der die Wicklung ständig gegen das Netz umpolt, so daß aus den im Anker vorhandenen Wechselspannungen für das Netz eine Gleichspannung wird.

Der Stromwender

Für den „Stromwender" benutzt man gelegentlich noch das einigermaßen passende Fremdwort „Kommutator" oder das aus nebelhaften Vorstellungen hervorgegangene Fremdwort „Kollektor" (etwas ganz anderes ist der Collector des Transistors!).

Um einen ersten Einblick in die Wirkungsweise des Stromwenders zu bekommen, stellen wir für den einfachsten Fall des Stromerzeugers mit nur einer einzigen Ankerwindung eine Gleichstrommaschine und eine Synchronmaschine einander gegenüber. Hierbei setzen wir auch für die Synchronmaschine voraus, daß der Anker umläuft und der Feldmagnet stillsteht.

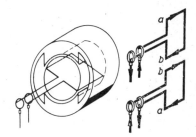

Bild 22.01:

Synchronmaschine, deren Feldmagnet stillsteht und deren Anker umläuft. Die Wechselspannung und der Wechselstrom werden über Schleifringe abgenommen.

Bei einer solchen Synchronmaschine geschieht die Stromabnahme vom Anker mittels Schleifringen (Bild 22.01). Da der Leiter a während der einen Hälfte einer Ankerumdrehung unter dem Einfluß des Feldmagnet-Nordpoles und während der anderen Hälfte unter dem Einfluß des Feldmagnet-Südpoles steht, wechselt in ihm das Vorzeichen der Spannung. Dieser Vorzeichenwechsel findet auch an dem mit ihm verbundenen Schleifring und an der auf diesem schleifenden „Bürste" statt, so daß der Vorzeichenwechsel der Spannung für den an die Maschine angeschlossenen Stromkreis wirksam wird.

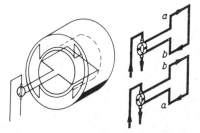

Bild 22.02:

Gleichstrommaschine, deren einziger Unterschied gegenüber der Synchronmaschine von Bild 22.01 darin besteht, daß die beiden Schleifringe durch zwei gegeneinander isolierte Schleifringhälften ersetzt sind.

Bei der Gleichstrommaschine wird der Ankerstrom über den Stromwender abgenommen, der hier aus zwei voneinander isolierten Teilen besteht (Bild 22.02). Auf diesen Teilen schleifen die Bürsten. Auch hier wechseln die Spannungsvorzeichen in beiden Ankerleitern. Mit dem Stromwender aber wird bei jedem Vorzeichenwechsel umgepolt. Das gleicht den Vorzeichenwechsel der Ankerspannung für den an die Maschine angeschlossenen Stromkreis aus.

Der Stromwender ist bei den in der Praxis benutzten Gleichstrommaschinen nicht nur aus zwei, sondern aus vielen leitenden **Lamellen** zusammengesetzt, die voneinander — meist mit Glimmer — isoliert sind. An den einzelnen Stromwenderlamellen liegen die Enden der Ankerspulen. Der Stromwender arbeitet mit den auf ihm aufliegenden **Bürsten** zusammen, die die Gleichstromabnahme von dem umlaufenden Anker ermöglichen. Die heutigen Bürsten bestehen aus Kohle oder, selten, aus Metallgewebe und stecken in **Bürstenhaltern,** die sie federnd an den Stromwender andrücken. Es gibt **Schräghalter** für eine bestimmte Drehrichtung und **Radialhalter** für beide Drehrichtungen. Die Bürstenhalter sitzen bei kleineren Maschinen einzeln, bei größeren oft zu mehreren auf **Bürstenbolzen.** Alle Bürstenbolzen einer Gleichstrommaschine sind in einem gemeinsamen **Bürstenträger (Bürstenbrille, Bürstenhaltestern, Bürstenjoch)** isoliert eingesetzt. Von den Bürstenbolzen wird der Strom zum **Klemmbrett** geführt. Die Bezeichnung Brett stammt von früher. Heute wird Holz für das Klemmbrett üblicherweise nicht mehr benutzt.

Die Ankerwicklungen

Zwei Lamellen des Stromwenders sind jeweils mit den Enden einer Ankerspule verbunden (Bild 22.02). Am einfachsten wäre es, die einzelnen Ankerspulen getrennt zu lassen (Bild 22.03). Leider würde dabei für die Spannungserzeugung und für den Stromdurchgang immer nur die Spule verwertet, deren zugehörige Lamellen gerade Verbindung mit den Bürsten haben.

Bild 22.03:
Gleichstrommaschinenanker mit zwei Ankerspulen und mit einem vierteiligen Stromwender. Die beiden Ankerspulen sind hier nicht miteinander verbunden.

Um stets alle Ankerspulen ausnutzen zu können, muß man sie im Anker zusammenschalten. Mit diesem Zusammenschalten werden wir uns nun näher beschäftigen.

Damit sich die Summe der in den einzelnen Ankerleitern erzeugten Spannungen auszuwirken vermag, müssen die Ankerleiter hintereinandergeschaltet werden. Dabei tritt eine Schwierigkeit auf:

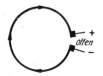

Bild 22.04:
Wollten wir die Summe sämtlicher in den Ankerleitern erzeugten Spannungen an dem Anker abnehmen, so müßte die Wicklung jeweils an der Abnahmestelle zwischen beiden Bürsten offen sein.

Jede Hintereinanderschaltung hat zwei Enden, zwischen denen die Gesamtspannung herrscht. Diese Enden müßten jeweils dort auftreten, **wo** die Bürsten aufliegen. Mit einem einzigen Stromzweig geht das kaum. Bild 22.04 veranschaulicht dies. In ihm deutet der Kreis die **Ankerwicklung** an. Sie läuft mit dem Anker um. Die Bürsten bleiben **stehen.** Zwischen den Bürsten müßte die aus einem einzigen Stromzweig gebildete Wicklung aufgetrennt sein. Die aufgetrennte Stelle dürfte aber nicht mit dem Anker umlaufen. Das wäre nur sehr umständlich zu erreichen.

Bild 22.05:

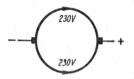

In Wirklichkeit verzichten wir auf die volle Spannungssumme und nehmen die Hälfte oder einen anderen Bruchteil von ihr ab. Bei Abnahme der halben Spannung liegen jeweils zwei Hälften der Ankerwicklung bezüglich der Bürsten nebeneinander.

Man hilft sich folgendermaßen: Man führt die Wicklung so aus, daß in den mit den Bürsten gegeneinander abgegrenzten beiden Hälften entgegengesetzt gleiche Spannungen entstehen (Bild 22.05). **Dabei arbeiten die zwei Wicklungsteile wie nebeneinandergeschaltete Stromquellen.** Entsteht in jeder Wicklungshälfte eine **Spannung von z. B. 230 V, so sind auch zwischen den beiden Bürsten 230 V vorhanden.**

Die Befürchtung, daß in der nicht aufgetrennten, also „**geschlossenen" Wicklung** ein Ausgleichstrom entstehen könnte, ist ungerechtfertigt. Wenn die in den zwei Wicklungsteilen auftretenden Spannungen einander gleich sind, ist jeder Ankerstrom bei unbelasteter Maschine unmöglich.

Die Ankerwicklung kann statt in nur zwei auch in mehrere nebeneinanderliegende Stromzweige gegliedert sein. Stets handelt es sich dabei um eine gerade Zahl solcher Stromzweige. Bild 22.06 veranschaulicht eine Ankerwicklung mit vier nebeneinanderliegenden Stromzweigen.

Bild 22.06:

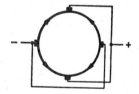

Hier wird ein Viertel der Ankerspannungssumme abgenommen. Die vier Viertel der Wicklung liegen nebeneinander. Sowohl die zwei positiven Bürsten wie auch die zwei negativen Bürsten sind jeweils miteinander verbunden.

In Wirklichkeit ist die Ankerwicklung kein einfacher Kreis, sondern jeder der zwei, vier oder mehr Stromzweige verteilt sich über den gesamten Ankerumfang.

Wir betrachten Bild 22.07. In ihm sehen wir die vereinfachte Seitenansicht einer vierpoligen Gleichstrommaschine. Die Feldwicklungen und die Ankerleiter sind als kreisförmige Querschnitte angedeutet.

Der Erregerstrom ergibt mit den in die Querschnitte der Feldwicklung eingetragenen Stromrichtungen (gemäß Seite 234) oben und unten je einen Nordpol sowie rechts und links je einen Südpol. (Das Kreuz bedeutet die Richtung in die Zeichenebene, der Punkt die Richtung aus der Zeichenebene heraus zum Beschauer hin.) Die Ankerleiter sollen zunächst unverbunden sein. Wenn der Anker umläuft, entstehen in den Ankerleitern Spannungen. Während ein Ankerleiter vom Bereich eines Poles in den des anderen übergeht, durchschneidet er keine Feldlinien und ist daher spannungslos. Der Spannungswert geht hierbei durch Null, womit das Spannungsvorzeichen wechselt. Die Spannungsrichtungen sind in Bild 22.07 ebenso wie die Richtungen des Erregerstroms mit Punkten und Kreuzen veranschaulicht.

Bild 22.07:

Vereinfachtes Bild einer Gleichstrommaschine mit durchgeschnittenen Wicklungen. In die Wicklungsquerschnitte sind bei der Feldwicklung die Stromrichtungen und bei der Ankerwicklung die Spannungsrichtungen eingetragen.

Was wir in Bild 22.07 sehen, zeigte uns übrigens schon Bild 18.36 in der Abwicklung. An Hand der dorther stammenden weiteren Bilder 18.37 und 18.38 erkannten wir, daß man — zum Herstellen der Wicklung — von einer Spulenseite erst einen Schritt um etwa eine Polteilung in einer Richtung nach einer zweiten Spulenseite machen muß und daß man dann den folgenden Schritt — wiederum um etwa eine Polteilung — entweder in derselben Richtung (also vorwärts) oder in der entgegengesetzten Richtung (also zurück) machen kann. (Vgl. hierzu Seite 295.)

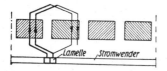

Bild 22.08:

Zweiter Schritt in der dem ersten Schritt entgegengesetzten Richtung, also „rückwärts", ergibt eine Schleifenwicklung.

Beide Möglichkeiten: Zweiter Schritt rückwärts und zweiter Schritt **vorwärts** werden ausgenutzt. Zweiter Schritt rückwärts ergibt **Schleifenwicklung** (Bild 22.08), zweiter Schritt vorwärts **Wellenwicklung** (Bild 22.09). Wellenwicklung ist üblich für Maschinen bis zu etwa 200 A.

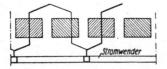

Bild 22.09:

Zweiter Schritt in derselben Richtung wie der erste Schritt, also „vorwärts", ergibt eine Wellenwicklung.

356

Wie die beiden Bilder 22.08 und 22.09 erkennen lassen, geht es mit dem dritten Schritt in derselben Richtung und ebenso weit wie mit dem ersten Schritt.

In Bild 22.10 wird als Beispiel das vollständige Wicklungsschema einer Schleifenwicklung gebracht. In jeder Nut liegen je zwei Spulenseiten. Die linke Spulenseite ist jeweils dick gezeichnet. Das soll andeuten, daß diese Spulenseite in der Nut oben liegt.

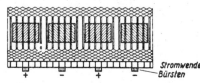

Bild 22.10:
Gleichstrom-Ankerwicklung einer vierpoligen Maschine. In jeder Nut befinden sich zwei Spulenseiten.

In den folgenden zwei Abschnitten machen wir Bekanntschaft mit den beiden üblichen Wicklungs-Ausführungsarten: Handwicklung und Formspulenwicklung.

Handwicklung

Bei Handwicklung wickelt man den Draht unmittelbar in die Ankernuten ein. Handwicklung wird manchmal noch für ganz kleine zweipolige Maschinen ausgeführt. Ihre Nachteile sind: Zeitraubende Herstellung, schwierige Reparatur und schlechte Kühlung an den Stirnseiten des Ankers, wo viele Drähte übereinanderliegen.

Bild 22.11:
Durchmesserwicklung eines Kleinstankers. Die beiden Seiten einer Ankerspule liegen in einander gegenüberliegenden Nuten, die um genau eine Polteilung voneinander entfernt sind.

Wir betrachten als Beispiele Kleinstmotor-Anker, bei denen die Zahl der Stromwenderlamellen gleich der Nutenzahl ist und bei denen infolgedessen in jeder Nut zwei Spulenseiten (siehe Seite 312) untergebracht sind. Für die Wicklungen solcher Anker ergeben sich zum hierfür üblichen zweipoligen Motor die drei in den Bildern 22.11, 22.12 und 22.13 dargestellten Möglichkeiten.

Bild 22.12:
Sehnenwicklung eines Kleinstankers. Die beiden Spulenseiten sind hier wie bei jeder Sehnenwicklung um etwas weniger als eine Polteilung voneinander entfernt.

Bild 22.13:
Eine andere Art der Sehnenwicklung eines Kleinstankers. Eine solche Wicklung wird mitunter als V-Wicklung bezeichnet. Auch hier sind die beiden Spulenseiten um etwas weniger als eine Polteilung voneinander entfernt.

357

Bild 22.11 zeigt eine **Durchmesserwicklung,** bei der die Spulenseiten zweier Spulen in zwei einander gegenüberstehenden Nuten liegen. Die Bilder 22.12 und 22.13 veranschaulichen **Sehnenwicklungen.** In der Anordnung nach Bild 22.13 sind die vier Spulenseiten zweier Spulen auf drei Nuten verteilt. Diese Wicklung wird wegen der V-förmigen Anordnung der Spulen auch **V-Wicklung** genannt. In der Sehnenwicklung nach Bild 22.12 liegen die Spulenseiten zweier benachbarter Spulen hingegen in vier Nuten. Bei Durchmesserwicklungen (Bild 22.11) müssen die Stirnverbindungen um die Welle herumgeführt werden, was bei den Sehnenwicklungen nicht nötig ist. Folglich benötigen die Sehnenwicklungen weniger Kupfer und in der Achsrichtung weniger Raum als die Durchmesserwicklung. Bei Sehnenwicklungen sind Ankerrückwirkung (siehe Seite 359) und Neigung zur Funkenbildung geringer. Kleinere Ankerrückwirkung ergibt unter sonst gleichen Umständen eine niedrigere Umlaufgeschwindigkeit.

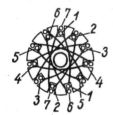

Bild 22.14:
V-Wicklung eines Kleinstankers für einen zweipoligen Kleinstmotor. Die Ziffern deuten die Reihenfolge an, in der die Spulen eingewickelt werden. Es sind nur die vorderen Stirnverbindungen eingetragen. In der sechsten Spule erfolgt der Übergang von der unteren auf die obere Schicht.

Bild 22.14 zeigt als Wicklungsbeispiel für zweipolige Kleinstmotoren eine Sehnenwicklung mit V-Anordnung. Ist die erste Spule eingewickelt, so wird der Anker um 180° gedreht, worauf man die zweite Spule einwickelt.

Formspulenwicklung

Die Form- oder Schablonenspulen stellt man außerhalb des Ankers mit Hilfe von „Scheren" her, die sich auf verschiedene Spulengrößen einstellen lassen. Die in die Nuten eingelegten und auf dem Anker zusammengeschalteten Spulen bilden gemeinsam die Formspulenwicklung.

Bild 22.15:
Die Formspule einer Gleichstrom-Ankerwicklung.

Bild 22.16:
Zwei Formspulen aus je einem Wicklungselement mit je einer Windung mit Stromwender dargestellt.

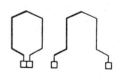

Diese Wicklung wird üblicherweise zweischichtig ausgeführt (siehe Bild 22.10). Dabei kommt immer die eine Seite der Formspule oben, die andere Seite unten in eine Nut. Eine solche Anordnung der Ankerspulen hat entfernte Ähnlichkeit mit übereinandergreifenden Dachziegeln. Der Übergang von der Außenschicht auf die Innenschicht ist in der Form der Spule mit gekröpften Übergangsstellen berücksichtigt (Bild 22.15).

Eine Formspule kann in einem einzigen Wicklungselement bestehen. Sie kann aber auch mehrere Wicklungselemente umfassen.

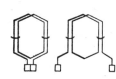 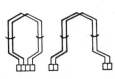

Bild 22.17: Zwei Formspulen aus je einem Wicklungselement mit je zwei Windungen mit Stromwender dargestellt.

Bild 22.18: Zwei Formspulen aus je zwei Wicklungselementen mit je einer Windung mit Stromwender dargestellt.

Das Bild 22.16 stellt zwei Formspulen mit nur einem Wicklungselement von je einer Windung für Schleifen- und für Wellenwicklung dar. Das Bild 22.17 veranschaulicht zwei Formspulen mit je einem Wicklungselement von je zwei Windungen. Das Bild 22.18 zeigt zwei Formspulen mit jeweils zwei Wicklungselementen, deren jedes aus einer Windung besteht.

Ein **Wicklungselement** hat eine oder mehrere Windungen und ist der zwischen zwei Lamellen liegende Teil einer Ankerwicklung. Das Wicklungselement wird auch „Spule" genannt. Das Wicklungselement besteht aus zwei Seiten und umfaßt doppelt so viele Ankerleiter wie Windungen. Jede Windung hat nämlich zwei Ankerleiter. Der Unterschied zwischen „Formspule" und „Spule" ist zu beachten.

Die Rückwirkung des Ankerstromes und ihre Bekämpfung

Die Pole des Feldmagneten sind vom Erregerstrom umflossen, der das Magnetfeld der Maschine zu erzeugen hat (Bild 22.19). Außer

Bild 22.19:
Von der Feldwicklung herrührendes Feld. Es durchdringt, den eingetragenen Stromrichtungen gemäß, den Anker von oben nach unten.

Bild 22.20:
Vom Feld der Feldwicklung bei umlaufendem Anker in den Ankerleitern erzeugte Spannungen.

Bild 22.21:
Der Ankerstrom zu den Spannungen in den Ankerleitern und das von ihm herrührende „Ankerfeld", das quer zu dem Erregerfeld (Bild 22.19) verläuft.

359

dem Erregerstrom fließt ein Ankerstrom (Bild 22.20), der ebenfalls ein Magnetfeld bewirkt. Dieses verläuft nach Bild 22.21 und überlagert sich dem Erregerfeld, was mit den etwas vereinfachten Bildern 22.22, 22.23 und 22.24 veranschaulicht wird. Den Einfluß des Ankerstromes auf das Feld der Maschine bezeichnet man als **Ankerrückwirkung.** Bild 22.25 läßt erkennen, daß die Vorzeichenumkehr der Ankerleiterspannung wegen der Ankerrückwirkung nicht in der Mitte

Bild 22.22   Bild 22.23   Bild 22.24   Bild 22.25

Bild 22.22: Noch einmal das zu der Feldwicklung gehörende Feld (vgl. hiermit das Bild 22.19).

Bild 22.23: Und hier noch einmal das zu der Ankerwicklung gehörende Feld (vgl. hiermit das Bild 22.21).

Bild 22.24: Durch Überlagerung der Felder von Bild 22.22 und Bild 22.23 sich ergebendes Feld mit dazu passend verschobenen Bürsten.

Bild 22.25: Durch ein Feld nach Bild 22.25 erzeugte Ankerleiterspannungen.

der Polzwischenräume stattfindet. Die **„neutrale Zone",** d. h. die Umkehrstelle des Spannungsvorzeichens wird durch die Ankerrückwirkung verschoben.

Bei der hierzu gehörenden Bürstenstellung (Bild 22.26) fließen die Ankerströme gemäß Bild 22.27.

Bild 22.26   Bild 22.27   Bild 22.28   Bild 22.29

Bild 22.26: In der gemäß Bild 22.25 verschobenen „neutralen Zone" angeordnete Bürsten.

Bild 22.27: Zu der Bürstenstellung von Bild 22.26 gehörende Ankerstromrichtungen.

Bild 22.28: Die hier mit Punkten und Kreuzen gekennzeichneten Anker-Amperewindungen erzeugen ein Gegenfeld: Sie wirken denen der Feldwicklung entgegen.

Bild 22.29: Die hier mit Punkten und Kreuzen gekennzeichneten Anker-Amperewindungen erzeugen ein Querfeld, das das Feld der Maschine verzerrt.

Um die Rückwirkung der Ankerströme auf das Magnetfeld zu ergründen, denken wir uns die Ankerströmung des Bildes 22.27 zerlegt in die in den Bildern 22.28 und 22.29 dargestellten Teile. Der in Bild 22.28 gezeigte Teil der Ankerströmung wirkt den Amperewindungen der Feldwicklung entgegen und schwächt dadurch das Magnetfeld der Maschine. Das zugehörige Ankerfeld heißt demnach „Gegenfeld". Der im Bild 22.29 gezeigte Teil der Ankerströmung bildet ein quer zur Feldwicklung verlaufendes Magnetfeld, ein „Querfeld" (Bild 22.23). Dieses schwächt das Magnetfeld der Maschine auch, allerdings nur indirekt: Wir erkennen in Bild 22.24, daß es auf der einen Seite die Magnetfelddichte erhöht (oben rechts und unten links), auf der anderen Seite hingegen vermindert. Bei hoher Felddichte im Eisen fällt gemäß der Krümmung der Magnetisierungskurve (siehe Seite 235) die Magnetfelderhöhung weniger ins Gewicht als die Schwächung auf der anderen Seite. Das bedeutet insgesamt eine Magnetfeldschwächung.

Ankerstrom und Stromwendung

Wir sehen in den Bildern 22.30, 22.31 und 22.32 eine Ankerspule, die sich gerade zwischen zwei Polen bewegt. Die beiden zur Ankerspule gehörenden Lamellen passieren dabei eine Bürste. Diese Bürste möge positiv sein. Von ihr aus fließt also der Strom nach dem äußeren Stromzweig. Zunächst ist nur die rechte der zur Spule gehörenden Lamellen mit der Bürste in Berührung gekommen (Bild 22.30). Der

Bild 22.30:
Eine Ankerspule kurz vor der Stromwendung. Die Stromrichtungen sind durch Pfeile gekennzeichnet. Die Spule bewegt sich gemeinsam mit dem Stromwender von links nach rechts. Die Bürste und die schraffiert dargestellten Magnetpole bleiben stehen.

Bild 22.31:
Die Ankerspule im Augenblick der Stromwendung. Die Spule ist durch die Bürste kurzgeschlossen. Infolge der Spuleninduktivität fließt der Spulenstrom in der ursprünglichen Richtung weiter.

Bild 22.32:
Die Ankerspule kurz nach der Stromwendung. Der Strom fließt nun der Bürste von der Ankerwicklung her über die linke Lamelle zu. Die Stromrichtung in der Spule hat gegenüber Bild 22.31 gewechselt.

Strom fließt zu dieser Lamelle hin und weist deshalb in der Spule die dort eingezeichnete Richtung auf. Im nächsten Augenblick (Bild

22.31) hat die linke Lamelle die Bürste erreicht. Die Spule ist nun kurzgeschlossen. Hierauf verläßt die rechte Lamelle die Bürste (Bild 22.32). Der Strom fließt der Bürste jetzt über die linke Lamelle zu. Damit hat in der betrachteten Spule die Stromrichtung gegenüber Bild 22.31 gewechselt. Man stellt die Bürsten so, daß der Ankerspulen- kurzschluß an der Stelle auftritt, an der die in ihr vom Magnetfeld der Spule herrührende Spannung verschwindet. Gut wäre es, wenn dabei in der kurzgeschlossenen Ankerspule auch der Strom zu Null würde. Leider tut er das nicht ohne weiteres. Das erklärt sich folgen- dermaßen:

Weil die Ankerspule im Ankereisen eingebettet ist, entwickelt der Spulenstrom ein kräftiges magnetisches Feld. Dieses kann nicht plötzlich verschwinden. Es hat einen Arbeitsinhalt, der irgendwie aufgebraucht werden muß. Die Arbeit, die im Magnetfeld steckt, hält den Strom auch bei kurzgeschlossener Spule aufrecht. Der Kurz- schlußstrom schließt sich über die Bürsten so, wie es in Bild 22.31 durch einen Pfeil angedeutet ist. Wenn das Magnetfeld der kurz- geschlossenen Spule nicht aufgezehrt oder ausgelöscht wird, bevor die rechte Lamelle die Bürste verläßt, entstehen an der rechten Bür- stenkante Funken, da hier außer dem erwünschten Ankerstrom der unerwünschte Kurzschlußstrom im gleichen Sinn zur Bürste über- geht. Um das Magnetfeld der kurzgeschlossenen Spule auszulöschen, muß man auf die Spule ein ihrem Feld entgegengesetztes Feld ein- wirken lassen.

Bei einem Gleichstromerzeuger, der keine besonderen Einrichtun- gen zum Löschen des Feldes der kurzgeschlossenen Spule hat, kann man zu diesem Zweck die Bürsten etwas über die neutrale Zone hin- aus verschieben. Dadurch kommt der von der Bürste kurzgeschlossene Wicklungsteil schon in den Bereich des entgegengesetzt wirkenden Feldes. Leider wird auf diese Weise das vom Ankerstrom abhängige Spulenfeld nur für einen bestimmten Wert des Ankerstromes, d. h. für eine bestimmte Belastung ganz ausgelöscht.

Ein viel besseres Mittel zum Löschen des Feldes der kurzgeschlos- senen Spule sind die „Wendepole". Sie stehen zwischen den „Haupt- polen" und sind sehr schmal (Bild 22.33). Um für alle Belastungen

Bild 22.33:
Eine zweipolige, mit Wendepolen ausgerüstete Maschine in Achsrichtung gesehen. Zwischen je zwei (breiten) Hauptpolen steht jeweils ein (schmaler) Wendepol.

wirksam sein zu können, müssen die Wendepole von dem Ankerstrom erregt werden und deshalb mit dem Anker in Reihe liegen. Außerdem darf im Wendepol-Eisen keine übermäßig hohe Felddichte zustandekommen, da das Wendepol-Eisen sonst bei hohen Ankerströmen bis in das „Sättigungsgebiet" hinein magnetisiert würde. Hiermit ergäbe sich ein zu schwaches Auswirken der Wendepole. Gleichstrommaschinen für Drehzahländerung in weiten Grenzen oder für beide Drehrichtungen werden nicht mehr ohne Wendepole ausgeführt.

Die Wendepole beseitigen den ungünstigen Einfluß, den der Ankerstrom auf die Stromwendung hat. Sie können aber die in Bild 22.24 veranschaulichte Magnetfeldverzerrung nicht ausgleichen. Ein Vergleich der Bilder 22.22 und 22.24 zeigt, wie die Magnetfelddichte unter den Polen wegen des Ankerstromes ungleich wird. Gemäß Bild 22.24 z. B. ergibt sich rechts oben und links unten eine übermäßige Dichte. Diese Verzerrung des Maschinenfeldes tritt natürlich um so stärker zutage, je mehr man den Erregerstrom schwächt, was z. B. zum Senken der Spannung des Generators und vor allem zum Steigern der Motor-Umlaufgeschwindigkeit notwendig ist. Bild 22.24 läßt erkennen, daß bei sehr starker Feldverzerrung fast das gesamte Feld den Luftspalt der Maschine jeweils in der nächsten Umgebung einer Polkante durchsetzt. Dabei beschränkt sich die Spannungserzeugung nahezu auf diesen kleinen Teil des Ankerumfanges. Die ungleiche Spannungsverteilung zeigt sich nicht nur an den Ankerleitern, sondern auch am Stromwenderumfang. Die Spannungsunterschiede zwischen zwei benachbarten Lamellen können hierbei das zulässige Maß übersteigen, was Überschlagsgefahr bedeutet. Die von der Ankerrückwirkung verursachte Feldverzerrung ist somit schädlich.

Um sie zunichte zu machen, kann man Polschuhe mit Nuten verwenden und in diese eine vom Ankerstrom durchflossene, der Ankerwicklung entgegengeschaltete Wicklung legen (Bild 22.34). Eine solche „Kompensationswicklung", die ein dem Ankerquerfeld (Bild 22.23) entgegengesetzt gleiches Magnetfeld bewirkt, ist teuer und wird daher nur in Sonderfällen ausgeführt.

Bild 22.34:
Die an den Polflächen angeordnete, vom Ankerstrom durchflossene Kompensationswicklung wirkt dem Ankerquerfeld entgegen. Die Kompensationswicklung liegt in Reihe mit der Ankerwicklung.

Die Ankerspannung

Die in der Ankerwicklung erzeugte Spannung ist verhältnisgleich:

1. der Zahl z der in Reihe liegenden Ankerleiter;
2. der durchschnittlichen Felddichte B im Luftspalt der Maschine;
3. der wirksamen Länge l des einzelnen Ankerleiters;
4. der Umfangsgeschwindigkeit v des Ankers.

363

Zu 1: Die Zahl der in Reihe liegenden Leiter erhalten wir, wenn wir die Gesamtzahl aller wirksamen Ankerleiter durch die Zahl der nebeneinanderliegenden Ankerstromzweige teilen. Die Zahl aller wirksamen Ankerleiter ist zweimal so groß wie das Produkt aus Spulenzahl und Windungen je Spule.

Zu 2: Die durchschnittliche Felddichte im Luftspalt hat bei ganz kleinen Maschinen einen Wert von 0,2 Tesla und wächst mit der Maschinengröße bis etwa 0,8 Tesla. Maschinen mittlerer Größe haben Felddichten von ungefähr 0,3 ... 0,6 Tesla.

Zu 3: Die wirksame Länge des einzelnen Ankerleiters ist gleich der Ankerlänge, die üblicherweise mit dem Ankerdurchmesser ungefähr übereinstimmt. Sie wird in cm angegeben.

Zu 4: Die Ankerumfangsgeschwindigkeit liegt meist zwischen 1000 und 3000 cm/s. Wenn Ankerdurchmesser und Ankerumlaufgeschwindigkeit (= Drehzahl je min) bekannt sind, gilt:

Ankerumfangsgeschwindigkeit in cm/s =

$$\frac{\text{Ankerdurchmesser in cm} \times 3,14 \times \text{Drehzahl je min}}{60 \text{ s/min}}$$

oder

$$\frac{\text{Ankerdurchmesser in cm} \times \text{Drehzahl je min}}{19 \text{ s/min}}$$

In Übereinstimmung mit den vorstehenden vier Punkten können wir schreiben, wenn wir die folgenden, schon erwähnten Formelzeichen verwenden:

z Zahl der in Reihe geschalteten Ankerleiter;
B durchschnittliche Felddichte im Luftspalt der Maschine in Tesla;
l wirksame Ankerleiterlänge in m;
v Ankerumfangsgeschwindigkeit in m/s:

$$\text{Erzeugte Ankerspannung in V} = z \cdot B \cdot l \cdot v$$

Beispiel: Gegeben sind: Ankerdurchmesser 20 cm, Ankerlänge 18 cm, Drehzahl je min 1500, im Anker erzeugte Spannung 230 V,

Felddichte am Ankerumfang 0,4 Tesla. Wie viele in Reihe geschaltete Ankerleiter sind notwendig?

$$\text{Ankerumfangsgeschwindigkeit} = \frac{0,2\,\text{m} \cdot 3,14 \cdot 1500\,\text{U/min}}{60\,\text{s/min}} = 15,5\,\text{m/s}.$$

Setzen wir nun alle uns bekannten Zahlenwerte in die obenstehende Beziehung ein und bezeichnen darin die Zahl der in Reihe geschalteten Leiter mit z, so gibt das:

$$230\,\text{V} = z \cdot 0{,}4\,\frac{\text{v} \cdot \text{s}}{\text{m}^2} \cdot 0{,}18\,\text{m} \cdot 15{,}5\,\text{m/s}$$

Daraus folgt:

$$z = \frac{230\,\text{V}}{0{,}4 \cdot \text{V} \cdot \text{s/m}^2 \cdot 0{,}18\,\text{m} \cdot 15{,}5\,\text{m/s}} = 206$$

Die Gleichstrommaschine als Generator

Wird die Gleichstrommaschine als Generator verwendet, so muß der Anker von einer Arbeitsmaschine, einer Turbine, einem Dieselmotor oder einer Dampfmaschine in Drehung versetzt werden. Hierbei ist es nötig, durch die Wicklungen des Feldmagneten einen Strom zu schicken und so das Magnetfeld der Maschine hervorzurufen. Die in den Nuten des Ankers eingebetteten Leiter durchschneiden dann das Magnetfeld der Maschine. Dadurch entstehen in der Ankerwicklung Wechselspannungen. Diese werden über den Stromwender an den Bürsten als Gleichspannung abgenommen.

Der Erregerstrom, der durch die Wicklungen des Feldmagneten fließt, stammt entweder aus einer fremden Stromquelle oder aus dem Gleichstromgenerator selbst. Für das Speisen der Feldwicklung gibt es somit mehrere Möglichkeiten. Diese sind im folgenden dargestellt und erläutert. Dabei werden die Feldwicklungen nicht, wie üblich, mit dicken Balken, sondern mit Zickzacklinien veranschaulicht. Das bietet den Vorteil einer Unterscheidung von Nebenschluß- und Hauptschlußwicklung (dünner und dicker Draht) im Schaltplan.

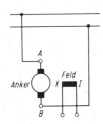

Bild 22.35:
Der Schaltplan der fremderregten Maschine. Die eingetragenen Buchstaben sind die festgelegten Klemmenbezeichnungen.

Bild 22.36:

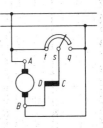

Schaltplan einer Nebenschlußmaschine mit dem zugehörigen Feldsteller, der einen Kurzschlußkontakt aufweist. Mit diesem wird die Nebenschlußwicklung beim Abschalten kurzgeschlossen.

365

Wird die Feldwicklung aus einer fremden Stromquelle gespeist (Bild 22.35), so spricht man von einer **fremderregten Maschine**. Belasten wir eine solche Maschine, d. h. entnehmen wir ihr einen Strom, so fällt der Wert ihrer Klemmenspannung etwas ab.

Bei **Nebenschlußmaschinen** liegt die Feldwicklung an den Ankerklemmen und damit neben dem Anker sowie neben der Belastung (Bild 22.36). Bei dieser besonders häufig angewandten Generatorschaltung fällt die Ankerspannung mit zunehmender Belastung etwas stärker ab als bei Fremderregung, weil mit der Ankerspannung auch der Erregerstrom geringer wird.

Bei **Reihenschlußmaschinen** hat die Feldwicklung statt vieler Windungen dünnen Drahtes nur wenige Windungen dicken Drahtes und ist mit dem Anker in Reihe geschaltet (Bild 22.37). In dieser Schaltung steigt die Ankerspannung bei zunehmender Belastung, d. h. mit wachsendem Ankerstrom, weil hier das Magnetfeld vom Belastungsstrom herrührt und daher gemeinsam mit ihm wächst. Reihenschlußgeneratoren werden nur ausnahmsweise benutzt.

Bei **Doppelschluß-** oder **Kompoundmaschinen** besteht die Feldwicklung aus einem Reihenschlußteil und einem Nebenschlußteil (Bild

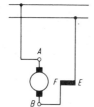

Bild 22.37:
Schaltplan einer Reihenschluß-maschine (Hauptschlußmaschine), bei der Anker und Feldwicklung in Reihe liegen.

Bild 22.38:

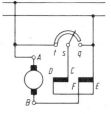

Schaltplan der Doppelschlußmaschine mit Feldsteller für die Nebenschluß-wicklung.

22.38). Das gibt bei passendem Verhältnis beider Wicklungsteile eine ziemlich gleichbleibende, also belastungsunabhängige Ankerspannung. Überwiegt die Reihenschlußwicklung etwas, so steigt bei wachsender Belastung die Spannung schwach an, was zum Decken der Spannungsverluste in den Leitungen erwünscht sein kann. Doppelschlußmaschinen mit Spannungserhöhung bei Belastung nennt man **„überkompoundiert"**. Die Doppelschlußmaschinen werden an Stelle der Nebenschlußmaschinen benutzt, wenn eine belastungsunabhängige oder eine mit der Belastung schwach ansteigende Ankerspannung verlangt wird. „Kompound" wird Kompaund gesprochen.

Die Gleichstrommaschine als Motor

Dient die Gleichstrommaschine als Motor, so legt man sie an **die** Netzspannung, die Strom durch die Ankerwicklung und durch **die** Feldwicklung treibt. Der in der Feldwicklung fließende Strom bewirkt das **Magnetfeld** der Maschine. Dieses übt auf die stromdurchflossenen

Ankerleiter Kräfte aus, unter deren Einfluß der Anker sich dreht und dabei die mit dem Motor gekuppelte Einrichtung antreibt.

Während sich der Anker dreht, durchschneiden die Ankerleiter das von dem Erregerstrom herrührende Magnetfeld. Dabei entstehen in den Ankerleitern Gegenspannungen. Diese wachsen mit der Ankerumlaufgeschwindigkeit und demnach mit der Ankerdrehzahl je min (siehe Seite 364). Um bequem in die Zusammenhänge eindringen zu können, nehmen wir an:

1. Der Anker liege unmittelbar am Netz, und der Ankerstromzweig sei völlig widerstandslos. Unter diesen Annahmen ist die im Anker erzeugte Gegenspannung gleich der Netzspannung (Klemmenspannung).

2. Die Feldwicklung sei an das Netz über einen Stellwiderstand angeschlossen, so daß wir den Wert des Magnetfeldes willkürlich ändern können.

Vorerst habe das vom Strom in der Feldwicklung herrührende Magnetfeld einen konstanten Wert.

Wir betrachten zunächst das Gleichgewicht zwischen Netzspannung und Gegenspannung des Ankers. Wäre die Gegenspannung nur etwas kleiner als die Klemmenspannung, so würde das einen Spannungsüberschuß bedeuten, der den Strom zunehmen ließe. Damit stiege das Drehmoment, wodurch die Drehgeschwindigkeit erhöht würde, was ein Anwachsen der Gegenspannung zur Folge haben müßte. Die Gegenspannung müßte also sofort so weit ansteigen, daß sie mit der Klemmenspannung wieder ins Gleichgewicht kommt.

Die Gegenspannung ist dem Produkt aus Ankerumlaufgeschwindigkeit und Magnetfelddichte verhältnisgleich (siehe Seite 364). Bei gegebener Magnetfelddichte gehört somit zu jeder Gegenspannung und folglich auch zu jeder Klemmenspannung eine ganz bestimmte Umlaufgeschwindigkeit.

Bei geringer Belastung entsteht die mit der Klemmenspannung festliegende Drehgeschwindigkeit mit einem, der geringen Belastung gemäß, kleinen Drehmoment, wozu ein schwacher Ankerstrom gehört.

Wird die Motorbelastung, d. h. das vom Motor zu überwindende Drehmoment, erhöht, so muß die Umlaufgeschwindigkeit bei ungeänderter Klemmenspannung und fehlendem Widerstand im Ankerstromzweig gleichbleiben. Die Motor-Umlaufgeschwindigkeit wird somit durch die höhere Belastung nicht vermindert. Der Motor entwickelt das Drehmoment, das zu dieser Belastung gehört. Er nimmt hierfür einen höheren Ankerstrom auf.

Nun betrachten wir die Folgen, die aus Änderungen des vom Strom in der Feldwicklung herrührenden Magnetfeldes erwachsen:

Oben wurde erwähnt, daß die Gegenspannung und damit, bei widerstandsfreiem Ankerstromkreis, auch die Klemmenspannung des Mo-

tors dem Produkt aus Umlaufgeschwindigkeit und Felddichte verhältnisgleich sind. Für eine Maschine, die an einer gegebenen Spannung
liegt, hat somit das Produkt aus Felddichte und Anker-Umlaufgeschwindigkeit einen gleichbleibenden Wert. Demnach gehört z. B.
zu halber Drehzahl die doppelte Felddichte. Folglich läuft der Anker
um so rascher um, je mehr man das Magnetfeld schwächt. Also:
F e l d s c h w ä c h u n g   gibt   D r e h g e s c h w i n d i g k e i t s -
z u n a h m e , F e l d v e r s t ä r k u n g gibt D r e h g e s c h w i n -
d i g k e i t s a b n a h m e.

Das Anlassen

Kleine Gleichstrommotoren können unmittelbar an das Netz angeschlossen werden, weil ihre Wicklungswiderstände verhältnismäßig
hohe Werte haben.

Der mittlere und größere Hauptstrommotor wird mit Hilfe eines
Anlaßwiderstandes angelassen (Bild 22. 39). Würden wir den stillstehenden Motor unmittelbar an das Netz anschließen, so erhielten
wir einen sehr hohen Strom. Sein Wert ergibt sich, wenn man die
Netzspannung durch den vielleicht nur zehntel oder hundertstel Ohm
betragenden Leitungswiderstand des Motors teilt. Der Anlaßwiderstand muß den aus dem Netz entnommenen Strom begrenzen, solange
der Motoranker noch steht oder nur langsam läuft. In dem Maße, in
dem die Umlaufgeschwindigkeit des Motorankers wächst, wird der
Anlaßwiderstand mehr und mehr vermindert, bis der Motor schließlich unmittelbar am Netz liegt.

Drehsinn

Der D r e h s i n n des Ankers läßt sich durch Umpolen des Ankers
oder der Feldwicklung umkehren. Hierbei ändern Ankerstrom und
Magnetfeld ihre Richtung zueinander. Gemeinsames Umpolen des
Ankers und der Feldwicklung ändert den Drehsinn natürlich nicht.

Einfluß des Widerstandes im Ankerstromzweig

Wir nahmen bisher an, der Ankerstromzweig habe überhaupt
keinen Widerstand. Das taten wir, um uns zunächst nicht um Neben-
sächlichkeiten kümmern zu müssen. Natürlich hat der Ankerstromzweig einen Widerstand. Die darauf entfallende Spannung darf aber,
schon aus wirtschaftlichen Gründen, nur einem geringen Bruchteil
der Netzspannung gleichkommen. Deshalb kann das Vorhandensein
dieses Widerstandes an den Ergebnissen unserer vorstehenden Betrachtungen nichts Prinzipielles ändern: Bei gleichgehaltener Klemmenspannung und gleichbleibendem Magnetfeld sinkt die Drehgeschwindigkeit mit zunehmender Belastung etwas ab, weil ja die
Gegenspannung um die als Folge des Belastungsstroms am Wicklungswiderstand auftretende Spannung kleiner ausfällt als die Klemmenspannung.

Der Hauptstrommotor

Wie bei den Gleichstromgeneratoren kann man auch bei den Gleichstrommotoren Feldwicklung und Anker hintereinander oder nebeneinander oder gemischt schalten:

Beim Hauptstrommotor (**Reihenschluß**- oder **Serienmotor**) liegen Anker und Feldwicklung in Reihe (Bild 22.39). Während des Betriebes herrscht an den Klemmen dieser Reihenschaltung die gleichbleibende Netzspannung.

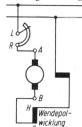

Bild 22.39:
Schaltplan einer Reihenschlußmaschine mit Wendepolwicklung und Anlaßwiderstand.

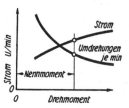

Bild 22.40:
Diese beiden Kennlinien zeigen das Betriebsverhalten des Reihenschlußmotors (vgl. Bild 22.42).

Bei Belastung gibt hierbei die Motor-Umlaufgeschwindigkeit nach. Der Motor läuft also langsamer. Zu der geringeren Umlaufgeschwindigkeit gehört eine kleinere Gegenspannung. Weniger Gegenspannung **bedeutet einen Überschuß an Spannung** und damit einen höheren Strom. Dieser durchfließt die Feldwicklung. Die Felddichte wird somit erhöht, was ein Ansteigen der Gegenspannung bewirkt. Bei höherer Felddichte ist die Drehgeschwindigkeit kleiner, außerdem folgt aus dem höheren Strom ein größeres Drehmoment. D e r H a u p t - s c h l u ß m o t o r h a t d a h e r e i n e m i t z u n e h m e n d e r B e - l a s t u n g s t a r k a b f a l l e n d e D r e h g e s c h w i n d i g k e i t u n d e n t w i c k e l t b e i g e r i n g e r D r e h g e s c h w i n d i g - k e i t s e h r g r o ß e D r e h m o m e n t e , ohne hierzu einen übermäßigen Strom aus dem Netz zu beanspruchen (Bild 22.40, Stromkennlinie).

Die für große Drehmomente verhältnismäßig geringen Ströme erklären sich daraus, daß der Hauptstrommotor bei hoher Belastung **langsam läuft.** Da die Leistung des Motors dem Produkt aus Drehmoment und Umlaufgeschwindigkeit verhältnisgleich ist, handelt es sich wegen der hier bei hohen Drehmomenten geringen Umlaufgeschwindigkeiten um verhältnismäßig geringe Leistungen.

Wir können das auch so betrachten: Bei geringer Umlaufgeschwindigkeit nimmt der Motor mehr Strom auf als bei raschem Lauf. Der höhere Strom fließt auch durch die Feldwicklung und bewirkt ein starkes Feld, weshalb die Gegenspannung bei geringer Drehzahl entstehen kann.

Die Umlaufgeschwindigkeit des Hauptstrommotors kann man durch Ändern der Motorklemmenspannung und durch Ändern des Magnetfeldes beeinflussen. Schaltet man einen Widerstand vor den Motor, so verringert man seine Klemmenspannung und setzt so die Umlaufgeschwindigkeit herab. Legt man einen Widerstand neben die Feldwicklung, so schwächt man das Magnetfeld und erhöht so die Umlaufgeschwindigkeit.

Entlasten wir den Hauptstrommotor, so wird er zunächst noch von einem starken Strom durchflossen. Dieser beschleunigt den Motoranker. Der Anker dreht sich immer schneller und schneller. Er sucht von sich aus eine hohe Gegenspannung zu erzeugen. Gleichzeitig drosselt er den Erregerstrom ab. Damit wird das Feld geschwächt. Zu schwächerem Feld gehört bei gegebener Spannung eine höhere Umlaufgeschwindigkeit, die die Gegenspannung erhöht und damit Strom sowie Feld weiter schwächt. Die Umlaufgeschwindigkeit steigt weiter. Dabei kann der Motor unter dem Einfluß der Zentrifugalkräfte zerrissen werden. Ein Hauptstrommotor darf deshalb niemals unbelastet laufen! Wie Strom und Umlaufgeschwindigkeit des Ankers mit dem Drehmoment zusammenhängen, ist in Bild 22.40 gezeigt.

Der Nebenschlußmotor

Die von der Belastung stark abhängige Umlaufgeschwindigkeit des Hauptstrommotors ist für viele Fälle störend. Soll die Umlaufgeschwindigkeit von der Belastung möglichst unabhängig sein, so verwendet man Nebenschlußmotoren (Bild 22.41). Bei diesen liegt die Feldwicklung neben dem Anker unmittelbar am Netz. Das Magnetfeld ist deshalb belastungsunabhängig. Weist der Anker, wie es geringer Verluste zuliebe meist der Fall ist, einen nur kleinen Widerstand auf, so muß die Gegenspannung fast ganz durch den Ankerumlauf hervorgerufen werden. Zu gleichbleibenden Werten des Feldes und der Gegenspannung gehört eine ebenfalls gleichbleibende Umlaufgeschwindigkeit. Weil es völlig widerstandslose Anker nicht gibt, sinkt die Umlaufgeschwindigkeit des Ankers mit zunehmender Belastung doch ein wenig ab (Bild 22.42).

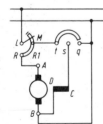

Bild 22.41:
Der Schaltplan eines Nebenschlußmotors mit Anlaßwiderstand und Nebenschluß-Feldsteller.

Bild 22.42:
Diese beiden Kennlinien zeigen das Betriebsverhalten des Nebenschlußmotors (vgl. Bild 22.40).

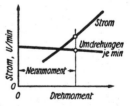

Die Anker-Umlaufgeschwindigkeit ist beim Nebenschlußmotor nicht nur von dem Drehmoment, sondern auch von der Netzspannung ziemlich unabhängig. Mit der Spannung sinkt der Erregerstrom, wobei das Magnetfeld der Maschine schwächer wird. Bei gleichbleibender Spannung würde zu schwächerem Magnetfeld eine höhere Umlaufgeschwindigkeit gehören. Das Sinken der Spannung aber bewirkt von sich aus eine Abnahme der Umlaufgeschwindigkeit. Beides gleicht sich ziemlich aus.

Zum Anlassen des Nebenschlußmotors dient ein vor dem Anker liegender Stellwiderstand. Diesen darf man nicht vor den gesamten Motor legen. Sonst erhält die Feldwicklung zu wenig Spannung, was ein schwaches Magnetfeld und damit ein nur geringes Drehmoment zur Folge hätte. Beim Einschalten legt man die Feldwicklung vielfach an die volle Netzspannung. Ist der Motor angelaufen, so kann man den Magnetisierungsstrom schwächen und erreicht damit ein Erhöhen der Anker-Umlaufgeschwindigkeit. Eingestellt wird beim Nebenschlußmotor vorzugsweise durch Ändern des Magnetisierungsstromes, d. h. des Erregerstromes. Da er einen verhältnismäßig geringen Wert hat, braucht man hierzu keine hoch belastbaren Widerstände und kommt auch mit geringen Verlusten aus.

Bei Belastung läuft der Nebenschlußmotor, wie oben erwähnt, nur wenig langsamer. Da die Leistung dem Produkt aus Umlaufgeschwindigkeit und Drehmoment verhältnisgleich ist, entnimmt der Nebenschlußmotor bei großem Drehmoment eine hohe Leistung aus dem Netz. Deshalb steigt der vom Nebenschlußmotor aufgenommene Strom mit zunehmender Belastung wesentlich stärker an als beim Reihenschlußmotor (Bild 22.42).

Die Feldwicklung des Nebenschlußmotors hat eine hohe Induktivität. Würden wir die Feldwicklung plötzlich abschalten, so ergäbe sich auf Grund ihrer hohen Induktivität ein sehr kräftiger Öffnungsfunke, der die Kontakte verschmoren könnte. Außerdem entstünden Überspannungen, die die Wicklung vielleicht durchschlügen. Damit dies nicht vorkommt, baut man die Anlaßgeräte so, daß der Feldstromkreis beim Abschalten nicht unterbrochen wird. Bild 22.41 zeigt, wie die Enden der Erregerwicklung auch nach dem Abschalten des Motors noch über R_1, R_2 und den Anker (AB) verbunden sind. R_1 ist der Anlaßwiderstand, R_2 der Widerstand zum Einstellen des Feldwertes und damit der Drehgeschwindigkeit.

Der Doppelschlußmotor

Wie beim Gleichstromgenerator kann man auch beim Gleichstrommotor die Feldwicklung teilen und den mit großem Querschnitt auszuführenden Teil in Reihe mit dem Anker sowie den mit geringerem Querschnitt zu wickelnden Teil unmittelbar an das Netz legen. Damit gewinnt man Motoren, die bei üblicher Polung der Wicklungen in ihrem Verhalten zwischen Reihen- und Nebenschlußmotor liegen. Solche Motoren werden „Doppelschluß"- oder „Kompoundmotoren" genannt. Wird der Reihenschlußteil der Feldwicklung, die „K o m -

p o u n d w i c k l u n g", mit entgegengesetzter Polung angeschlossen, so ist der Motor „gegenkompoundiert". Hiermit läßt sich eine belastungsunabhängige oder sogar eine mit der Belastung ansteigende Ankerumlaufgeschwindigkeit erreichen.

Einankerumformer

Der Einankerumformer ist eine Gleichstrommaschine, deren Ankerwicklungen außer an den Stromwender auch an Schleifringe angeschlossen sind. Je nach der Zahl der Schleifringe unterscheidet man Zwei-, Drei-, Vier- und Sechs-Phasen-Umformer. Bild 22.43 zeigt die Schaltung eines Drehstrom-Gleichstrom-Einankerumformers mit Nebenschluß- und Wendepolwicklung sowie mit drei Schleifringen. Der Anschluß an das Dreiphasennetz geschieht über einen Transformator.

F ü r d i e W e c h s e l s t r o m s e i t e stellt der Einankerumformer eine gewöhnliche Synchronmaschine dar mit dem belanglosen Unterschied, daß sich statt des Feldmagneten der Anker dreht. Der Stromwender spielt hierfür keine Rolle.

F ü r d i e G l e i c h s t r o m s e i t e ist der Einankerumformer eine gewöhnliche Gleichstrommaschine.

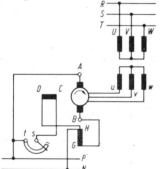

Bild 22.43:

Drehstrom - Gleichstrom - Einankerumformer, der drehstromseitig über einen Dreiphasenumspanner angeschlossen ist.

Der Einankerumformer kann sowohl wechsel- wie gleichstromseitig als Motor laufen. Im ersten Fall formt er Wechselstrom- in Gleichstromleistung und im zweiten Fall Gleichstrom- in Wechselstromleistung um.

In den Einankerumformern entstehen Gleich- und Wechselspannung von demselben Magnetfeld bei derselben Drehgeschwindigkeit. Hierbei ist der Scheitelwert der Wechselspannung ebenso groß wie der Wert der Gleichspannung. Folglich beträgt der wirksame Wert der Wechselspannung 70,7 % des Gleichspannungswertes.

Bei Dreiphasenumformern ergibt sich ein noch geringerer Wert der Wechselspannung (61 %), weil hier als Spannungs-Scheitelwert nicht die volle Gleichspannung ausgenutzt werden kann, sondern nur 86,6 % davon.

Das Wichtigste

1. Die Hauptteile der Gleichstrommaschine sind: der stillstehende, mit Gleichstrom gespeiste Feldmagnet, der umlaufende Anker, der mit ihm fest verbundene Stromwender und die zu diesem gehörenden, feststehenden Bürsten.

2. Im umlaufenden Anker entstehen unter dem Einfluß des mittels der Feldwicklung bewirkten Magnetfeldes Wechselspannungen, die über den Stromwender und die Bürsten als Gleichspannung abgegriffen werden.

3. Die Ankerspannung ist dem Produkt aus Felddichte und Anker-Umlaufgeschwindigkeit verhältnisgleich.

4. Die Feldwicklung wird entweder an eine besondere Spannung angeschlossen oder mit dem Anker in Reihen-, Neben- oder gemischter Schaltung verbunden (fremderregte Maschine, Reihen-, Neben- und Doppelschlußmaschine).

5. Als Gleichstromgeneratoren verwendet man fremderregte Maschinen, Nebenschluß- und Doppelschlußmaschinen.

6. Als Gleichstrommotoren kommen Reihenschluß-, Nebenschluß- und Doppelschlußmaschinen in Betracht.

7. Bei Reihenschlußmotoren nimmt mit zunehmendem Drehmoment die Umlaufgeschwindigkeit erheblich ab und die Stromaufnahme nur wenig zu.

8. Bei Nebenschlußmotoren nimmt mit zunehmendem Drehmoment die Umlaufgeschwindigkeit nur wenig ab und die Stromaufnahme erheblich zu.

Vier Fragen

1. Warum haben sogar ganz kleine Batteriemotoren mehr als zwei (meist drei) Stromwenderlamellen?

2. Welcher Feldwicklungsschaltung (Erregung) entspricht in seinen Betriebseigenschaften ein mit Dauermagneten erreichtes Magnetfeld?

3. Warum wird man auch in Zukunft Dauermagnete für das Feld von größeren Gleichstrommotoren kaum verwenden?

4. Was läßt sich über die Zahl der parallelen Ankerstromzweige allgemein aussagen?

23. Klein- und Kleinstmotoren

Vorbemerkung

Den Klein- und Kleinstmotoren ist hier ein besonderes Kapitel gewidmet. Das hat drei wichtige Gründe:

Einerseits gibt es über Klein- und Kleinstmotoren trotz ihrer weiten Verbreitung nur verhältnismäßig wenig einführendes Schrifttum. Anderseits gewinnen diese Motoren im Rahmen der Elektrotechnik und Automatik immer mehr an Bedeutung.

Schließlich gibt es für Kleinmotoren und Kleinstmotoren Bauarten in einer weit größeren Vielfalt als für größere Motoren.

Im vorliegenden Kapitel sollen die Klein- und Kleinstmotoren nach verschiedenen Gesichtspunkten eingeteilt und in ihren wesentlichsten Eigenheiten dargestellt werden.

Einteilung nach dem grundsätzlichen Aufbau

Größere Motoren werden fast durchweg als **Innenläufermotoren** gebaut (Bild 23.01). Wie mit der Bezeichnung Innenläufer angedeutet ist, umschließt der Ständer den innen angeordneten Läufer. Auch Klein- und Kleinstmotoren werden vielfach als Innenläufermotoren gebaut.

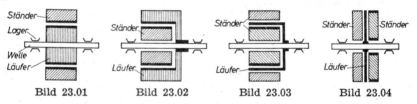

| Bild 23.01 | Bild 23.02 | Bild 23.03 | Bild 23.04 |

Bild 23.01: Innenläufermotor.
Bild 23.02: Außenläufermotor.
Bild 23.03: Zwischenläufermotor mit Glockenläufer (Trommelläufer).
Bild 23.04: Zwischenläufermotor mit Scheibenläufer.

Wenn bei größeren Motoren das Schwungmoment nicht ausreicht, wenn also in dem rotierenden Läufer die für die speziellen Betriebsumstände erforderliche Arbeit nicht in vollem Maß gespeichert werden kann, kuppelt man den Motor mit einem Schwungrad. Die Wirkung eines angekuppelten Schwungrades erreicht man bei Klein- und Kleinstmotoren mit deren Ausführung als **Außenläufermotoren** (Bild 23.02). Bei diesen Motoren wirkt der den Ständer umschließende Läufer als Schwungrad.

Für viele Zwecke der Automatik und der Regeltechnik braucht man kleine Motoren mit möglichst geringem Schwungmoment. Dafür gibt es Zwischenläufermotoren (Bilder 23.03 und 23.04). Die Zwischenläufer enthalten kein Eisen. Sie bestehen nur aus dem leitenden Läufermaterial und gegebenenfalls aus dem hierzu gehörenden Isoliermaterial. Man bezeichnet sie deshalb auch als **eisenlose Läufer.**

Gleichstrommotoren mit Dauermagnetanordnung

Solche Motoren werden vielfach wie größere Motoren mit Innenläufer ausgeführt (Bild 23.05). Die Dauermagnetanordnung bildet hierbei den Ständer.

Wo es auf geringes Schwungmoment ankommt, verwendet man Motoren mit Zwischenläufer. Bild 23.06 zeigt einen Schnitt durch einen solchen Motor mit glockenförmigem Läufer. Meistens befindet sich hier die Dauermagnetanordnung im Innern des Läufers, wozu außerhalb des Läufers ein Eisenblechzylinder gehört. Dieser hält das Dauermagnetfeld zusammen und erleichtert sein Entstehen. Beim scheibenförmigen Zwischenläufer sind die Dauermagnetanordnungen entweder auf einer Seite des Läufers oder auf dessen beiden Seiten angebracht (Bild 23.07). Bei einseitiger Anbringung befindet sich auf der anderen Seite eine Eisenplatte.

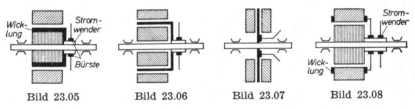

Bild 23.05   Bild 23.06   Bild 23.07   Bild 23.08

Bild 23.05: Gleichstrommotor mit Innenläufer und Dauermagnetständer.
Bild 23.06: Gleichstrommotor mit glockenförmigem Zwischenläufer und Dauermagnetteil des Ständers im Innern des Läufers.
Bild 23.07: Gleichstrommotor mit scheibenförmigem Zwischenläufer und Dauermagnetanordnung auf einer Seite oder auf beiden Seiten des Läufers.
Bild 23.08: Gleichstrommotor mit Dauermagnetläufer und über den Stromwender gespeister Ständerwicklung.

Es gibt auch kleine Gleichstrommotoren mit Dauermagnetläufern, wobei der Stromwender mit zwei Bürstensätzen zusammenarbeitet und die Ständerwicklung über Bürsten am Stromwender liegt (Bild 23.08).

Gleichstrommotoren mit Läufer- und Ständerwicklung

Solche Motoren werden wie die Modelle für größere Leistungen fast immer mit Innenläufer ausgeführt (Bild 23.09) und mit den auch bei größeren Motoren gebräuchlichen Zusammenschaltungen der Ständerwicklung mit der Läuferwicklung verwendet (Bilder 23.09 bis 23.13).

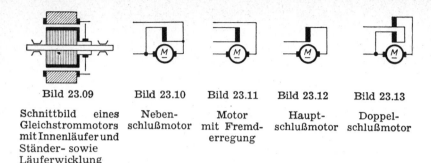

Bild 23.09	Bild 23.10	Bild 23.11	Bild 23.12	Bild 23.13
Schnittbild eines Gleichstrommotors mit Innenläufer und Ständer- sowie Läuferwicklung	Neben- schlußmotor	Motor mit Fremd- erregung	Haupt- schlußmotor	Doppel- schlußmotor

Universalmotoren

Ganz kleine Hauptstrommotoren sind für Gleich- und Wechselstrom verwendbar. Sie heißen deshalb U n i v e r s a l m o t o r e n. Als einzige Änderung, die man meist beim Übergang von einer Stromart auf

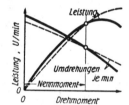

Bild 23.14:

Vergleich zwischen Gleichstromspeisung (gestrichelt) und Wechselstromspeisung (ausgezogen) eines kleinen Reihenschlußmotors. Der Motor ist für Nennlast auf gleiche Drehgeschwindigkeit bei Gleich- und Wechselstrombetrieb abgeglichen, und zwar durch die Wahl der Anzapfung an der Feldentwicklung.

die andere vornimmt, schaltet man für Wechselstrom einen größeren Teil der Feldwicklung ein als für Gleichstrom, wodurch sich für beide Stromarten gleiche Umlaufgeschwindigkeiten ergeben. Solch kleine Motoren haben weder Kompensations- noch Wendepolwicklungen. Die Umlaufgeschwindigkeit fällt beim Speisen mit Wechselstrom mit zunehmendem Drehmoment rascher ab als beim Speisen mit Gleichstrom (Bild 23.14). Wenn auch diese Motoren ihre Umlaufgeschwindigkeit wegen des verhältnismäßig hohen Wicklungswiderstandes bei Entlastung nicht so weit erhöhen wie große Hauptschlußmotoren, soll doch auch hier eine völlige Entlastung vermieden werden. Die üblichen Umlaufgeschwindigkeiten der kleinen Universalmotoren liegen nämlich sehr hoch; sie betragen 3000 bis weit über 4500 Umdrehungen je Minute. Die Universalmotoren können wegen ihres hohen Wicklungswiderstandes unmittelbar eingeschaltet werden.

Motoren ohne Stromwender

Motoren ohne Stromwender sind nur für Wechselstrom- bzw. Drehstromspeisung verwendbar. Drehstrom scheidet für kleine Leistungen fast stets aus. Beim Speisen mit Einphasenstrom wird meistens (im

Prinzip ebenso wie beim Speisen mit Drehstrom) ein umlaufendes Ständermagnetfeld, d. h. ein Drehfeld (siehe Seite 321) zustande gebracht, das den Läufer mitnimmt und ihn so zum Umlaufen veranlaßt. Der Wert des Drehfeldes bleibt im Idealfall konstant. Er kann sich aber bei jedem Umlauf in stets gleicher Weise ändern. Das gilt insbesondere für Wechselstromspeisung und ist als gewisser, nicht vermeidbarer Mangel anzusehen. Ein Drehfeld mit einem solchen Verhalten nennt man elliptisch.

Auch ein Wechselfeld allein kann einen Läufer in Umlauf halten, wenn dieser Läufer die dem Wechselfeld entsprechende Umlaufgeschwindigkeit schon auf irgendeine Weise erreicht hat. Dabei ist es für ein Studium einer derartigen Arbeitsweise nützlich, zu wissen, daß sich ein in einem Motor ausbildendes Wechselfeld als Summe zweier gegensinnig umlaufender Drehfelder auffassen läßt.

Mit entsprechend ausgebildetem Ständer erreicht man je Periode des speisenden Wechselstromes oder Drehstromes einen Wellenumlauf des Drehfeldes bzw. die Hälfte, ein Drittel, ein Viertel usw. eines vollen Umlaufes. Im allgemeinen werden die hier in Frage kommenden Klein- und Kleinstmotoren für einen vollen oder halben Drehfeldumlauf je Periode (als Schnelläufer) und z. B. für ein Achtel des Umlaufes je Periode (als Langsamläufer) gebaut. Das bedeutet bei 50 Hz Netzfrequenz an Drehfeldumläufen:

für Schnelläufer (3000 bzw. 1500) Umdrehungen je Minute, und
für Langsamläufer (250, 300, 375) Umdrehungen je Minute

Die Ständer der Motoren ohne Stromwender

Diese Ständer können in zweierlei Weise unterteilt werden, und zwar
einerseits hinsichtlich des vom Ständer zu erzeugenden Feldes in

● Ständer für Wechselfelder und
● Ständer für Drehfelder sowie

anderseits bezüglich der Polpaarzahl, die für die Umlaufgeschwindigkeit maßgebend ist, in

● zweipolige Ständer (ein Polpaar),
● vierpolige Ständer (zwei Polpaare),
● vielpolige Ständer (mehr als zwei Polpaare).

Auf Ständer für Wechselfelder braucht hier nicht eingegangen zu werden.

Für kleine Motoren, die mit Einphasen-Wechselstrom betrieben werden, erzeugt man die Drehfelder meistens mit **Spaltpolen** oder mit **Kondensatorhilfsphase**. Beides beruht darauf, daß zwei gegeneinander räumlich verdrehte und zeitlich gegeneinander phasenverschobene Wechselfelder zustande kommen, die, einander überlagert, ein elliptisches Drehfeld ergeben.

Der Spaltpolmotor

Der Spaltpolmotor hat den Vorzug des einfacheren Aufbaues und des billigeren Preises. Seine Bezeichnung rührt daher, daß jeder seiner Pole gespalten ist. Damit in den sich so ergebenden beiden Polabschnitten gegeneinander phasenverschobene Magnetfelder entstehen, ist jeweils einer der beiden Polabschnitte mit wenigstens einer Kurzschlußwindung versehen (Bilder 23.15 ... 23.17). Mit der

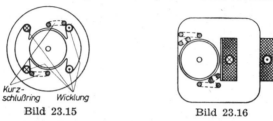

Bild 23.15   Bild 23.16

Bild 23.15: Spaltpolmotor mit rundem Ständer und zwei die Pole umschließenden Wicklungshälften.

Bild 23.16: Spaltpolmotor mit nur einer Spule.

Anordnung der Kurzschlußwindungen liegt der Umlaufsinn des Drehfeldes und damit des Läufers fest. Will man mit Spaltmotoren von einem Drehsinn auf den anderen umschalten, so muß man auf dieselbe Welle zwei Spaltmotoren mit entgegengesetztem Drehsinn wirken lassen und jeweils den Motor, dessen Drehsinn nicht gewünscht wird, abschalten, so daß er nur mitläuft, ohne ein Drehmoment zu entwickeln (Doppelmotor).

Bild 23.17:

Ein Spaltpolmotor mit jeweils zwei gegeneinander phasenverschobenen Feldteilen „unter" jedem der zwei Ständerpole. Die Hälfte jedes Poles ist von je einem Kurzschlußring umschlossen.

Auch Langsamläufermotoren werden mit Spaltpolständern ausgeführt. Sämtliche Pole eines solchen Ständers sind aus Blech gestanzt und so abgebogen, daß sie gemeinsam einen zylindrischen Rand einer Blechscheibe bilden. Dabei sind die Kurzschlußwindungen der einen Polhälfte zu einem Kupferring oder zu einem ausgestanzten Kupferblech zusammengefaßt.

Für diejenigen Leser, die daran Interesse haben, zeigt Bild 23.18 an Hand einer Abwicklung eines Ständers nach Bild 23.15 wie im Spaltpolmotor mit Hilfe der Kurzschlußringe zwei gegeneinander phasenverschobene Feldanteile gewonnen werden.

Bild 23.18:

Oben die zwei Pole des Ständers nach Bild 23.15 in der Abwicklung. Jeder senkrechte Pfeil bedeutet eine Hauptfeldhälfte. Diesen Feldteilen überlagert sich das Feld des im Kurzschlußring fließenden Stromes. Das Zeigerbild unten links zeigt die Zuordnung der Spannung im Kurzschlußring zu der Hauptfeldhälfte und die des Stromes im Kurzschlußring zu der darin auftretenden Spannung. Rechts unten ist die Zusammensetzung der Felder veranschaulicht. Man beachte die Bezugsstriche!

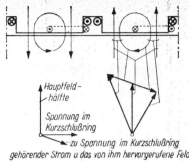

Hauptfeld-hälfte

Spannung im Kurzschlußring

zu Spannung im Kurzschlußring gehörender Strom u. das von ihm hervorgerufene Feld

Der Kondensatormotor

Der **Kondensatormotor**, d. h. der „Motor mit Kondensator-Hilfsphase", hat einen Ständer, an dem anstelle eines gespaltenen Pols jeweils zwei einander gleiche ganze Pole vorhanden sind (Bild 23.19). Trotz ihrer vier Pole sind das Ständer von zweipoligen Kondensatormotoren, worin jeweils ein Pol und ein Hilfspol so zusammenwirken

Bild 23.19:

Aufbau-Prinzip eines Kondensatormotors. Dieser Motor hat zwei Pole für die Hauptphase und zwei Pole für die Hilfsphase. Es handelt sich somit um einen zweipoligen Motor!

Bild 23.20:

Kondensatormotor mit einpoligem Umschalter für den Wechsel der Umlaufrichtung.

wie ein Spaltpol. Hier wird die gegenseitige Phasenverschiebung der Feldteile mit einem Kondensator erreicht, der dem einen der beiden Wicklungssträng vorgeschaltet ist. Bild 23.20 zeigt, daß ein einfacher Umschalter genügt, um den Kondensator wahlweise von den einen oder anderen Wicklungsstrang zu schalten und so den Umlaufsinn des Motors zu wechseln.

Die Läufer der Motoren ohne Stromwender

Zunächst ein etwas ausgefallener Läufer: Er besteht aus einem eisernen Zahnrad und gehört zu einem Langsamläufermotor. Dessen Ständer entwickelt nur ein Wechselfeld und hat eine gezahnte Innenseite mit der Winkelteilung, die mit der des Zahnrades übereinstimmt (Bild 23.21). Ein solcher Läufer muß angeworfen werden, um dann synchron weiterzulaufen. Bei jeder Wechselstrom-Halbwelle werden die Zähne des Läufers an die des Ständers herangezogen, wonach sich der Läufer, sobald der Zug nachläßt, auf Grund seines Schwungmomentes weiterdreht.

Bild 23.21:

Bei größerer Belastung hinkt der Läufer erheblich nach. Das Magnetfeld spannt sich dabei aus. Der Läufer wird entgegen dem Uhrzeigersinn gedreht.

Für Schnelläufermotoren (bei 50 Hz entweder 3000 oder 1500 Synchronumläufe je Minute) hat man eine große Auswahl verschiedener Läufer, und zwar:

- Magnetläufer für Synchronlauf,
- Hysteresisläufer für Synchronlauf,
- Kurzschlußläufer mit Eisen für Asynchronlauf,
- Reluktanzläufer für Synchronlauf,
- Kurzschlußläufer ohne Eisen für Asynchronlauf.

Magnetläufer sind quer zur Zylinderachse magnetisierte scheibenförmige oder zylindrische Dauermagnete. Sie werden, wenn sie durch Anwerfen bzw. mit asynchronem Anlauf auf entsprechend hohe Umlaufgeschwindigkeit gebracht sind, vom Ständerdrehfeld synchron mitgenommen und laufen deshalb mit der Synchrongeschwindigkeit um (bei 50 Hz 3000 1/min bzw. 1500 1/min).

Die Bilder 23.22 ... 23.24 zeigen drei Magnetläufer von Synchronkleinmotoren für Uhrenantrieb. Bild 23.22 veranschaulicht einen

Bild 23.22:

Ein leichter, kleiner Stahlanker für einen Synchron-Uhrenmotor.

Bild 23.23:

Dieser Anker ist zur Gewichtsverminderung mit Ausschnitten versehen.

Bild 23.24:

Ein walzenförmiger Anker eines Kleinst-Synchronmotors.

Stahlscheibenläufer, der vormagnetisiert ist und wie ein dem schraffierten Teil entsprechender Dauermagnet wirkt. Die Ausschnitte des Läufers von Bild 23.23 verringern sein Gewicht und machen die durch die Magnetisierung ausgebildeten Läuferpole wirksamer. Der Rand, den man stehen läßt, ist für den Selbstanlauf des Motors notwendig. Bild 23.24 stellt einen walzenförmigen Läufer dar, der in Betracht kommt, wenn größere Drehmomente verlangt werden. Auch dieser Läufer besteht aus Stahl, der so magnetisiert ist wie die beiden vorher erwähnten Läufer.

Hysteresisläufer unterscheiden sich von Magnetläufern nur durch üblicherweise fehlende Vormagnetisierung. Sie werden deshalb vom Ständerdrehfeld leichter als die Magnetläufer aus der Ruhestellung mitgenommen und fallen dann in Synchronismus. Die Hysteresisläufer der Langsamläufermotoren sind üblicherweise Stahlblechteller mit hochgestelltem zylindrischem, ziemlich niedrigem Rand, der vielfach mit Durchbrüchen versehen ist und so beinahe zum Reluktanzläufer (siehe unten) wird. Solche Läufer werden als Innen- und Außenläufer benutzt.

Kurzschlußläufer mit Eisen sind aus genuteten Blechen geschichtet und als Innenläufer oder auch als Außenläufer ausgeführt. Die Nuten enthalten (ohne Isolierung) Kupfer- oder Aluminiumstäbe, die an den Stirnseiten des zylindrischen Läufereisens mit je einem Ring aus Kupfer bzw. Aluminium untereinander leitend verbunden sind. Hierzu ist uns bereits bekannt: Wenn der Kurzschlußläufer, wie das im Betrieb der Fall ist, langsamer umläuft als das Drehfeld, treten in dem Kurzschlußkäfig Spannungen auf, die dort Ströme bewirken. Diese Ströme ergeben mit dem Ständerdrehfeld das Motordrehmoment. Voraussetzung ist hierfür der Schlupf, d. h. die gegenüber dem Drehfeld langsamere Umlaufgeschwindigkeit des Läufers. Der Schlupf beträgt im allgemeinen bei Nennlast einige Hundertstel bis ungefähr ein Zehntel der Synchronumlaufgeschwindigkeit, d. h. der Umlaufgeschwindigkeit des Drehfeldes.

Reluktanzläufer sind Kurzschlußläufer mit Ausfräsungen des Eisens genau oder einigermaßen parallel zur Wellenachse. Diese Ausfräsungen ergeben Läuferpole. Mit ihnen erreicht man, daß diese Läufer ebenso wie die Hysteresisläufer in Synchronismus fallen. Reluktanz bedeutet dasselbe wie magnetischer Widerstand.

Kurzschlußläufer ohne Eisen verwendet man als Zwischenläufer, falls geringe Werte des Schwungmomentes des Motorankers erwünscht sind und Gleichstrommotoren nicht in Frage kommen. Motoren mit Kurzschlußläufern ohne Eisen arbeiten nach demselben Prinzip wie Motoren, deren Kurzschlußläufer Eisenkerne haben. Motoren mit eisenlosen Kurzschlußläufern in Zylinder- oder Scheibenform aus Aluminium- oder Kupferblech nennt man „**Ferrarismotoren**".

Ferrarismotoren und die übrigen Asynchronmotoren faßt man häufig unter der Bezeichnung **Induktionsmotoren** zusammen, weil ihre Funktion auf den im Läufer „induzierten" Spannungen beruht.

Umlaufgeschwindigkeit und Gegendrehmoment

Den Zusammenhang zwischen den Werten dieser beiden Größen bezeichnet man kurz und schlecht als Drehzahlverhalten. (Eine Umlaufgeschwindigkeit „Drehzahl" zu nennen, ist nicht besser als eine Fahrgeschwindigkeit von 100 km/h als „hundert Sachen" zu bezeichnen.) In den Bildern 23.25 ... 23.33 sind die wichtigsten Umlaufgeschwindigkeits-Drehmoment-Kennlinien aufgetragen. Da der Kennlinienverlauf im einzelnen von der Motorbemessung abhängt, können die hier gezeigten Kennlinien nur als ungefähr gelten. In den Bildern bedeuten:

n jeweilige Umlaufgeschwindigkeit,

M jeweiliges Drehmoment,

n_0 Synchronumlaufgeschwindigkeit,

n_l Leerlaufumlaufgeschwindigkeit,

M_n Nennlastdrehmoment,

M_A Anzugsmoment (Moment im Stillstand),

M_a Anlaufmoment (Mindestwert des Momentes während des Anlaufvorganges).

Es sind folgende vier Fälle zu unterscheiden:

● Vom Gegendrehmoment innerhalb des Betriebsbereiches unabhängige Umlaufgeschwindigkeit, und zwar

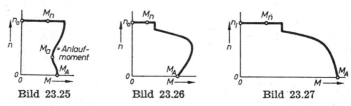

Bild 23.25   Bild 23.26   Bild 23.27

Bild 23.25: selbstanlaufende Synchronmotoren (Hysteresismotoren),

Bild 23.26: Reluktanzmotoren,

Bild 23.27: auf konstante Umlaufgeschwindigkeit geregelte Gleichstrom-Dauermagnetmotoren.

● Vom Gegendrehmoment innerhalb des Betriebsbereiches nur wenig abhängende Umlaufgeschwindigkeit (Nebenschlußverhalten), und zwar

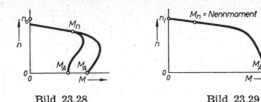

Bild 23.28   Bild 23.29

Bild 23.28: Kurzschlußläufermotoren,

Bild 23.29: Gleichstrom - Nebenschlußmotoren, Gleichstrom - Dauermagnetmotoren, fremderregte Gleichstrommotoren.

● Vom Gegendrehmoment innerhalb des Betriebsbereiches stärker abhängende Umlaufgeschwindigkeit (Doppelschlußverhalten), und zwar

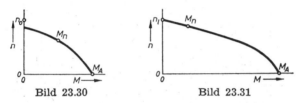

Bild 23.30   Bild 23.31

Bild 23.30: Kurzschlußläufermotoren mit einem (zum Zwecke eines hohen Anzugsmomentes) erhöhten Kurzschluß-käfig-Widerstand,

Bild 23.31: Gleichstrom-Doppelschlußmotoren.

● Vom Gegendrehmoment stark abhängige Umlaufgeschwindig-keit, die sich bei Vermindern des Gegendrehmomentes so stark erhöht, daß die Leerlaufumlaufgeschwindigkeit meistens nicht mehr ausnutzbar ist (Reihenschluß verhalten), und zwar

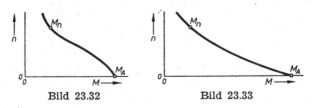

Bild 23.32   Bild 23.33

Bild 23.32: Universalmotoren,

Bild 23.33: Gleichstrom-Reihenschlußmotoren.

Beeinflußbarkeit der Drehgeschwindigkeit

Die Drehgeschwindigkeit von Universalmotoren kann man mit Hilfe von Vorwiderständen herabsetzen. Im übrigen sind von den Kleinstmotoren nur die Gleichstrom-Nebenschlußmotoren (Bilder 23.34 und 23.35) sowie die Kondensatormotoren (Bilder 23.36 und 23.37) hinsichtlich beeinflußbarer Umlaufgeschwindigkeit prinzipiell von Bedeutung. Manchmal rechnet man zu den Motoren mit beeinflußbarer

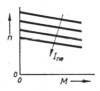

Bild 23.34:

Drehgeschwindigkeits-Drehmoment-Kennlinien eines Gleichstromnebenschlußmotors für mehrere Werte des Erregerstromes.

Bild 23.35:

Der zu Bild 23.34 gehörende Schaltplan eines Gleichstrom-Nebenschlußmotors mit stufenweise veränderbarem Erregerstrom.

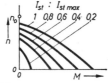

Bild 23.36:

Drehgeschwindigkeits-Drehmoment-Kennlinien eines Kondensatormotors für mehrere Werte des Hauptphasen-Stromes.

Bild 23.37:

Der zu Bild 23.36 gehörende Schaltplan eines Kondensatormotors mit stufenweise veränderbarem Strom der Hauptphase.

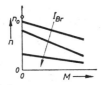

Bild 23.38:

Drehgeschwindigkeits-Drehmoment-Kennlinien eines Asynchronmotors mit angekuppeltem zweiten, als Bremse dienenden Motor für mehrere Werte des Erregerstromes des als Bremse dienenden Motors.

Bild 23.39:

Der zu Bild 23.38 gehörende Schaltplan eines Asynchronmotors (links) mit einem als Wirbelstrombremse dienenden zweiten solchen Motor gekuppelt. Die Ständerwicklung des zweiten Motors ist von Gleichstrom durchflossen.

Umlaufgeschwindigkeit auch noch die Asynchron-Doppelmotoren, wobei deren einer Motor als gleichstromgespeiste Wirbelstrombremse dient (Bilder 23.38 und 23.39). Wie man sieht, hat man für Kleinstmotoren zum Teil ganz andere Methoden zum Beeinflussen der Umlaufgeschwindigkeit als für größere Motoren.

Die Wirkungsgrade der Klein- und Kleinstmotoren

Im allgemeinen erwartet man für Motoren kleiner Leistung nur geringe Wirkungsgrade. Tatsächlich steigen die Wirkungsgrade mit der Motorleistung an. Sie sind aber für Gleichstrom-Kleinstmotoren mit Dauermagnetfeld immerhin erstaunlich hoch (Bild 23.40).

Bild 23.40:

Wirkungsgrad-
Leistungs-Kennlinien
von Kleinstmotoren

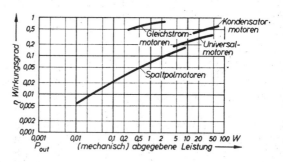

Das Wichtigste

1. Kleinstmotoren gibt es als Innenläufer-, Außenläufer- und Zwischenläufermotoren.

2. Die Innenläufermotoren, die in der prinzipiellen Bauart den meisten größeren Motoren ähneln, haben mittlere Schwungmomente.

3. Die Außenläufermotoren haben besonders große Schwungmomente. Der Außenläufer wirkt nebenbei als Schwungrad. Man verwendet Außenläufermotoren da, wo gleichbleibende Drehgeschwindigkeit auch bei stoßweiser Belastung gefordert wird.

4. Zwischenläufermotoren haben Läufer ohne Eisen und deshalb besonders kleine Schwungmomente. Man setzt sie da ein, wo sprunghafte Drehgeschwindigkeitsänderungen notwendig sind.

5. Zwischenläufermotoren werden mit Glockenläufern bzw. mit Scheibenläufern ausgeführt.

6. Gleichstrom-Kleinstmotoren enthalten als Feldmagneten meistens einen Dauermagneten.

7. Bei Gleichstrom-Dauermagnetmotoren mit Zwischenläufer befindet sich der feststehende Dauermagnet meistens im Inneren des Glockenläufers, wobei dieser von einem feststehenden Eisenzylinder umgeben ist.

8. Zu den Kleinstmotoren gehören auch die Universalmotoren, die, mit Stromwender ausgerüstet, sowohl an Gleichspannung wie an Wechselspannung betrieben werden können.

9. Kleinstmotoren ohne Stromwender sind Einphasen-Wechselstrommotoren bzw. ausnahmsweise Dreiphasen-Wechselstrommotoren.

10. Die meisten Einphasen-Wechselstrom-Kleinstmotoren arbeiten ebenso wie die Drehstrommotoren mit Drehfeldern.

11. In Einphasen-Wechselstrommotoren erzeugt man das Drehfeld entweder mit Spaltpolmotorständern oder mit Kondensatorhilfsphase.

12. Als Läufer von Wechsel- (und Drehstrom-)Kleinstmotoren hat man für Synchronlauf Magnetläufer, Hysteresisläufer und Reluktanzläufer.

13. Als Läufer von Wechsel- (und Drehstrom-)Kleinstmotoren verwendet man für Asynchronlauf Kurzschlußläufer mit Eisen (Innen- oder Außenläufer) bzw. Kurzschlußläufer ohne Eisen (Zwischenläufer).

Fragen

1. Welche Kleinstmotoren werden mit Außenläufern gebaut?
2. Welche Kleinstmotoren führt man mit Zwischenläufern aus?
3. Welche Kleinstmotoren kommen in Betracht, wenn die Drehgeschwindigkeit veränderbar sein soll?
4. Inwiefern unterscheiden sich die Motoren nach Bild 23.15 und 23.16 hinsichtlich der magnetischen Ausstreuung?

24. Elektrische Ventile und Gleichrichter

Vorbemerkung

Der Begriff „elektrisches Ventil"

Das Wort „Ventil" bezeichnet ursprünglich eine mechanische Absperrvorrichtung, mit der eine Strömung unterbunden werden kann. Dabei handelte es sich wohl durchweg um Strömungen, die nur in einer Richtung stattfinden. So verhindert beispielsweise ein Sicherheitsventil selbsttätig das Überschreiten des höchstzulässigen Überdruckes in einem Kessel, indem es einen Ausgang freigibt, wenn der Überdruck-Grenzwert erreicht ist.

Ein mechanisches Ventil, dem selbst eine Richtwirkung zukommt, ist das Rückschlagventil, das eine Strömung in der einen Richtung durchläßt und sie in der entgegengesetzten Richtung sperrt. Das, was man mit elektrischen Ventilen bezeichnet, entspricht dem Prinzip des Rückschlagventils:

Ein elektrisches Ventil läßt den elektrischen Strom in der einen Richtung durch und sperrt den Strom für die entgegengesetzte Richtung.

Im Idealfall hat das elektrische Ventil somit für die eine Stromrichtung (die **Durchlaßrichtung**) den Widerstandswert Null und für die entgegengesetzte Richtung (die **Sperrichtung**) den Leitwert Null.

Wegen der Stromrichtungsabhängigkeit des Widerstands- bzw. Leitwertes bezeichnet man elektrische Ventile auch als **Richtleiter.**

Schaltzeichen, Durchlaßrichtung, Sperrichtung

Bild 24.01 zeigt das Schaltzeichen eines Halbleiterventils. Es besteht aus einem Dreieck und einem Querstrich.

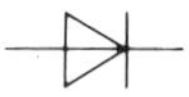

Bild 24.01:
Schaltzeichen für ein elektrisches Ventil (auch Diode genannt)

Das Dreieck der Schaltzeichen nach Bild 24.01 deutet, als Pfeilspitze aufgefaßt, die Durchlaßrichtung für den Strom an. Dabei handelt es sich um die konventionelle Stromrichtung, d. h. um die der Elektronenbewegung entgegengesetzte Richtung.

Man unterscheidet die bei Stromdurchgang positive Elektrode (die **Anode**) von der bei Stromdurchgang negativen Elektrode (der **Katode**).

Die Bezeichnungen „Elektrode", Anode und Katode hat man für die Halbleiterventile übernommen.

Für Durchlaß ist, wie schon bemerkt, die Anode positiv gegen die Katode, wobei der Ventilstrom das Ventil von der Anode nach der Katode passiert. Das ist der **Durchlaßstrom.** Für Sperrung ist die Katode positiv gegen die Anode, wobei ein Strom von sehr geringem Wert das Ventil von der Katode nach der Anode passiert. Diesen Strom, der von der in Sperrichtung gepolten Spannung herrührt, nennt man **Sperrstrom.** Die in Sperrichtung gepolte Spannung bezeichnet man als **Sperrspannung.**

Ventilkennlinien

Für den Durchlaßzustand trägt man den Durchlaßstrom über der Durchlaßspannung so auf, wie Bild 24.02 das erkennen läßt.

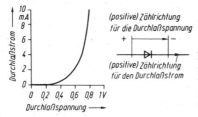

Bild 24.02:
Links die Durchlaß-Kennlinie eines Ventils, rechts die hierzu gehörenden Zählrichtungen. Es handelt sich hier um eine Silizium-Diode.

Für den Sperrzustand hat man mehrere Möglichkeiten: Eine Möglichkeit ist damit gegeben, daß man den Sperrstrom über der Sperrspannung aufträgt (Bild 24.03).

Bild 24.03:
Links die Sperr-Kennlinie des dem Bild 24.02 zugrunde liegenden Ventils, rechts die hierzu gehörenden Zählrichtungen.

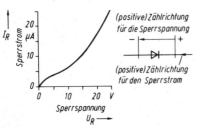

Man beachte, daß die Strom- und Spannungsmaßstäbe der Bilder 24.02 und 24.03 stark voneinander abweichen!

Man beachte außerdem, daß die Zählrichtungen für Strom und Spannung in beiden Bildern einander entgegengesetzt sind.

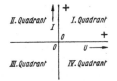

(positive) Zählrichtung für die Ventilspannung

(positive) Zählrichtung für den Ventilstrom

Bild 24.04:

Zählrichtungen für Ventilspannung und Ventilstrom in Übereinstimmung mit der Durchlaßrichtung.

Lassen wir für beide Fälle, nämlich für den Durchlaßzustand und Sperrzustand dieselben Zählrichtungen gelten, so müssen wir beide Zustände mit den Vorzeichen der Zahlenwerte unterscheiden. Zweckmäßig und auch üblich ist es, die positiven Zahlenwerte der Durchlaßrichtung zuzuerkennen, d. h. den **Ventilstrom** und die **Ventilspannung** für die Durchlaßrichtung positiv zu zählen (Bild 24.04 im Vergleich zu Bild 24.02, rechter Teil). Wenn die positiven Zahlenwerte nach rechts bzw. oben aufgetragen werden, gehören zu den negativen Zahlenwerten die Richtungen nach links bzw. nach unten. Das bedeutet die Verlängerungen der beiden Achsen von Bild 24.02 über den gemeinsamen Nullpunkt hinaus. Mit diesen Verlängerungen ergibt sich ein aus Stromachse und Spannungsachse gebildetes **Achsenkreuz,** das die Zeichenebene in vier Viertel teilt. Diese Viertel nennt man **Quadranten.** Sie werden entgegen dem Uhrzeigersinn mit römischen Zahlen gekennzeichnet (Bild 24.05).

II. Quadrant   *I. Quadrant*

III. Quadrant   *IV. Quadrant*

Bild 24.05:

Die vier Quadranten, die von zwei sich senkrecht kreuzenden Achsen gegeneinander abgegrenzt werden.

In Bild 24.06 sind die in den Bildern 24.02 und 24.03 dargestellten Zusammenhänge den Bildern 24.04 und 24.05 gemäß gemeinsam aufgetragen.

Man beachte, daß darin z. B. — 20 V Ventilspannung nicht als — 20 V Sperrspannung gelesen werden dürfen, sondern daß — 20 V Ventilspannung gleichbedeutend sind mit + 20 V Sperrspannung. Wem das nicht einleuchtet, der studiere nochmals das Bild 24.03 und dazu auch das Bild 24.04.

Um deutlich erkennen zu lassen, daß es sich für die beiden **Kennlinien-Äste** des Bildes 24.06, d. h. für den positiven Ast und für den negativen Ast, um voneinander abweichende Maßstäbe handelt, wählt man oft die in Bild 24.07 gezeigte Darstellungsweise.

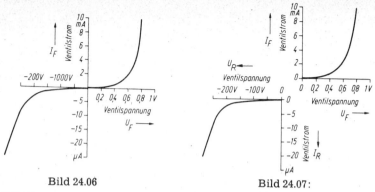

Bild 24.06

Bild 24.07:

Bild 24.06: Zusammenfassung der Kennlinienäste aus den Bildern 24.02 und 24.03 auf Grund der mit Bild 24.04 festgelegten Zählrichtungen.

Bild 24.07: Die Kennlinien-Darstellung von Bild 24.06 auseinandergerückt, um die Maßstabs-Unterschiede zu betonen.

Vom Durchbruch

Ein elektrisches Ventil sperrt, wie wir nun wissen, in der einen Richtung. Diese Sperrfähigkeit ist jedoch nicht unbegrenzt: Erhöht man den Betrag der Sperrspannung, so nimmt der Sperrstrombetrag (nach einem anfangs etwas stärkeren Anstieg im **Anlaufbereich**) vorerst nur langsam zu. Diesen Bereich der langsamen Zunahme des Sperrstrombetrages bezeichnet man als **eigentlichen Sperrbereich** (Bild 24.08). Daran schließt sich der **Übergangsbereich** an, der mit dem Durchbruch des Ventils, d. h. mit dem Steilanstieg des Sperrstrombetrages endet. Die Spannung, die den Durchbruch bewirkt, heißt Durchbruchspannung. Nach erfolgtem Durchbruch geht mit ansteigendem Sperrstrombetrag der Betrag der Sperrspannung zurück (Bild 24.09).

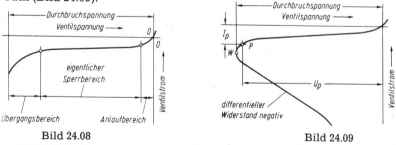

Bild 24.08

Bild 24.09

Bild 24.08: Der für die Sperrung geltende Zusammenhang zwischen Spannung und Strom, dem Bild 24.04 gemäß aufgetragen.

Bild 24.09: Die Kennlinie von Bild 24.08 mit gleichem Spannungsmaßstab und kleinerem Strommaßstab. Dieser ermöglicht das Darstellen des jenseits des Durchbruchs geltenden Zusammenhanges.

390

In Bild 24.09 ist auf den negativen differentiellen Widerstand hingewiesen. Mit **differentiellem Widerstand** ist der Widerstandswert gemeint, der sich nur auf die Änderungen von Spannung und Strom bezieht. **Negativ** besagt, daß zu einer Zunahme des Strombetrages eine Abnahme des Spannungsbetrages gehört.

Nenn-Durchlaßspannung und Nenn-Sperrspannung

Die Nenn-Durchlaßspannung ist die Durchlaßspannung, die am Ventil zum Nennwert des Durchlaßstromes gehört.

Unter der Nenn-Sperrspannung ist von einer zeitlich sinusförmig verlaufenden Spannung entweder

a) der höchstzulässige Scheitelwert der in Sperrichtung wirkenden Spannungshalbwelle (bei einzelnen Ventilen bzw. Dioden) oder

b) der höchstzulässige Effektivwert der Wechselspannung in einer Brücken-Gleichrichter-Schaltung (siehe Seite 394)

gemeint, wobei die Nenn-Sperrspannung nach b) ungefähr gleich $0{,}63 \times$ Nenn-Sperrspannung nach a) ist.

Die Ventilarten

Als Ventile verwendet man im wesentlichen folgende Arten:

● **Quecksilberdampf-Ventile,** in denen eine Elektronenbewegung nur von der Quecksilber-Katode auf die Graphit-Anode möglich ist, wobei der Stromdurchgang mit dem Erzeugen eines „**Brennflecks**" auf der Quecksilber-Oberfläche eingeleitet werden muß (diese werden nur für sehr hohe Spannungen verwendet),

● **Hochvakuum-Ventile** mit geheizter Katode und kalter Anode (diese werden heute nicht mehr verwendet und haben daher nur historische Bedeutung),

● **Selen-Ventile,** in denen eine Zone zwischen einer Selenschicht und einer Kadmium-Selenid-Schicht zum stromrichtungsabhängigen Sperren ausgenutzt wird,

● **Silizium-Ventile,** in denen die Schicht zwischen zwei entgegengesetzt präparierten Zonen eines Siliziumplättchens zum Sperren dient,

● **Germanium-Ventile,** die in Aufbau und prinzipieller Wirkungsweise den Silizium-Ventilen entsprechen.

Man kann die Ventile auch ihrer grundsätzlichen Struktur gemäß unterteilen, womit die beiden ersten Gruppen erhalten bleiben. Mit dieser Unterteilung ergeben sich:

● **Dampf-Ventile** (Quecksilberdampfventile),

● **Hochvakuum-Ventile,**

● **Sperrschicht-Ventile** (Halbleiter-Ventile), nämlich Selen-, Silizium- und Germanium-Ventile gemeinsam. Dabei ist mit der **Sperrschicht** die zwischen den zwei Zonen sich bildende Schicht gemeint, die das Sperren für die eine Stromrichtung bewirkt.

Im Hinblick auf die Betriebseigenschaften gibt es weiterhin zwei Gruppen: die

- **nicht steuerbaren Ventile.** Hierbei handelt es sich um einfache Silizium-, Germanium- oder Selenventile, die für Gleichrichterzwecke verwendet werden. Siliziumventile, d. h. Siliziumdioden gibt es heute für fast alle Anwendungsbereiche, sei es z. B. als kleine HF-Demodulatoren in der Unterhaltungselektronik oder als Leistungsventile in der Starkstromtechnik für Ströme bis zu mehreren 100 A und für Spannungen bis weit über 1000 V. Germaniumdioden werden nur für sehr kleine Ströme und Spannungen in der Unterhaltungselektronik verwendet. Sie haben einen hohen Wirkungsgrad. Selenventile werden für hohe Ströme bei geringen Spannungen (z. B. in der Galvanotechnik) eingesetzt. Für große Leistungen bei Spannungen bis 20 kV stehen in der Starkstromtechnik noch die Quecksilberdampfventile zur Verfügung.

- **steuerbaren Ventile.** Sie werden **Thyristoren** genannt. Halbleitermaterial ist Silizium. Thyristoren besitzen einen zusätzlichen Anschluß (Steuerelektrode, Gate, Starter) zum Anlegen einer Starter-(Zünd-) Spannung (Bild 24.10). Liegt keine Starterspannung an, so sperrt der Thyristor zunächst in beiden Richtungen. Wird eine Starterspannung (Impuls) von einigen Volt angelegt, so fließt über die Starterstrecke ein Strom, der den Thyristor in einer Richtung durchschaltet. Er wirkt nun wie ein normales Ventil. Der Thyristor sperrt erst dann wieder, wenn der Ventilstrom unter einen gewissen Haltewert sinkt. Wird an den Thyristor z. B. eine Wechselspannung angelegt (Bild 24.11), so kann der Stromdurchgang durch Startimpulse zu einem beliebigen Zeitpunkt der in Durchlaßrichtung anliegenden Halbwellen der Wechselspannung gestartet werden (Anschnittsteuerung, Bild 24.12). Bei Nulldurchgang des Stromes sperrt der Thyristor wieder. Man kann auch jeweils im Nulldurchgang der Spannung für eine beliebige Anzahl der Perioden starten und erhält dann eine Nullspannungsschaltung bzw. Wellenpaketsteuerung (Bild 24.13). Ein **Triac** ist ein steuerbarer Wechselspannungsschalter. Hier sind zwei steuerbare Ventile parallel, aber in unterschiedlicher Polung geschaltet, womit beide Halbwellen der Wechselspannung nach dem Starten durchgelassen werden (Bilder 24.14 und 24.15).

Bild 24.10:
Schaltzeichen des Thyristors mit katodenseitigem Starter.

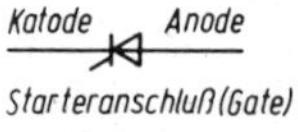

Katode ◄ᅡ Anode

Starteranschluß (Gate)

Bild 24.11:
Schaltung des Thyristors mit Last und Starterimpuls.

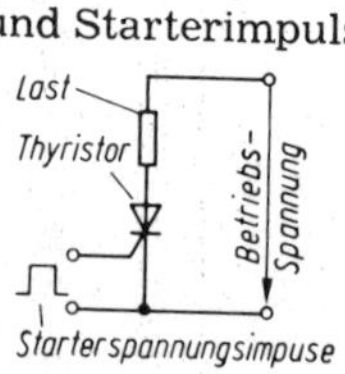

Starterspannungsimpuse

392

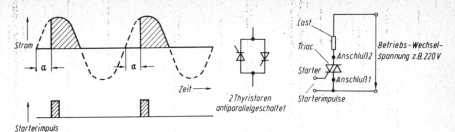

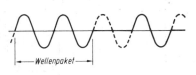

Bild 24.12:
Anschnittsteuerung mit Thyristor,
α = Zündwinkel.

Bild 24.14:
Schaltzeichen und Schaltung
des Triacs.

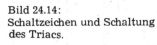

Bild 24.13:
Beispiel einer Wellenpaketsteuerung.

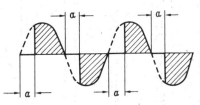

Bild 24.15:
Anschnittsteuerung mit Triac.

Hinsichtlich Überlastbarkeit sind Quecksilberdampf-Ventile besonders günstig. Auch die Selenventile vertragen Überlastungen gut. Einkristall-Ventile hingegen müssen sowohl gegen Überspannungen wie auch gegen Überströme besonders sorgsam geschützt werden.

Bild 24.16 zeigt ein Siliziumventil für 600 V und 400 A (lineare Verkleinerung etwa 1:3).

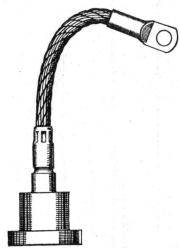

Bild 24.16:

Vielfach anzutreffende Bauform eines Silizium-Leistungsventils. Als der eine der beiden Anschlüsse dient der Kabelschuh, der am Ende des Kupferseiles sitzt. Der andere Anschluß ist die ebene Grundfläche des Ventilgehäuses. Das eigentliche Ventilsystem befindet sich auf der Gehäusegrundplatte im Innern dieses Gehäuses und hat ganz ungefähr die Abmessungen eines Pfennigstückes.

393

Einige Fachausdrücke

Ein Gleichrichter ist eine Anordnung, an deren Ausgang bei Wechselstromspeisung Gleichstromleistung zur Verfügung gestellt wird. Die Gleichrichter bilden eine Untergruppe der **Stromrichter.** Das sind Anordnungen, die es mit Hilfe von Ventilen ermöglichen, elektrische Arbeit einer Form in elektrische Arbeit anderer Form überzuführen. Die Stromrichter-Arten sind:

Stromrichter-Art	Leistungs-Umwandlung
Gleichrichter	Wechselstrom in Gleichstrom
Wechselrichter	Gleichstrom in Wechselstrom
Umkehr-Stromrichter	Wechselstrom in Gleichstrom und umgekehrt
(Wechsel-)Umrichter	Wechselstrom in Wechselstrom anderer Frequenz
Gleich-Umrichter	Gleichstrom in Gleichstrom anderer Spannung

Gleichumrichter werden in der Praxis häufig **Gleichspannungswandler** genannt.

Übrigens: Die Bezeichnungen „Ventil" und „Gleichrichter" werden vielfach durcheinandergebracht: Ein Gleichrichter ist eine ganze Anordnung. Ein Ventil ist ein einzelnes Bauelement. Leute, die den Ausdruck „elektrisches Ventil" nicht lieben, haben dafür das Wort „Gleichrichterzelle" geprägt.

Gleichrichter-Schaltungen

Die Bilder 24.17 bis 24.19 zeigen die Einphasen-Gleichrichterschaltungen, nämlich die

Einweg-Gleichrichterschaltung (auch **Halbweg-Gleichrichterschaltung** genannt, Bild 24.17), die

Mittelpunkt-Gleichrichterschaltung
(Bild 24.18) und die

Brücken-Gleichrichterschaltung (Bild 24.19).

bei Bild 24.18 und 24.19 handelt es sich um **Zweiweg-** oder **Doppelweg-** oder **Vollweg-Gleichrichterschaltungen**

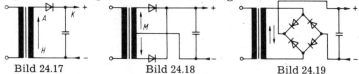

Bild 24.17	Bild 24.18	Bild 24.19

Bild 24.17: Einphasen-Transformator mit Einweg-Gleichrichter, bestehend aus dem Ventil und dem Ladekondensator.

Bild 24.18: Zweiweg-Gleichrichterschaltung, wofür ein Transformator benötigt wird, dessen Ausgangswicklung eine Mittelanzapfung hat.

Bild 24.19: Einphasen-Brücken-Gleichrichterschaltung.

Diese Schaltungen werden — entsprechend ausgebaut — auch für Mehrphasenbetrieb verwendet.

Im Grunde ist die Schaltung nach Bild 24.18 bereits eine **Zwei-phasen-Gleichrichterschaltung**: Dabei handelt es sich am Transformator-Ausgang um zwei Phasen mit 180° gegenseitiger Phasenverschiebung. Zwei Einphasen-Gleichrichterschaltungen nach Bild 24.17 sind hier im Sternpunkt zusammengeschlossen. Man bezeichnet sie, da der Sternpunkt auch Mittelpunkt heißt, als **Mittelpunkt-Gleichrichterschaltung.**

Eine Schaltung nach Bild 24.19 ist zwar eine Einphasenschaltung. Sie wirkt aber so, als ob es sich um eine Zweiphasenschaltung handeln würde: In ihr wird jede der beiden Wechselspannungs-Halbwellen ausgenutzt. Hierbei liegt der vom Gleichstrom durchflossene Teil der Schaltung gewissermaßen als Brückenzweig in der aus den vier Ventilen gebildeten Brückenanordnung. Man bezeichnet auf diesem Prinzip aufgebaute Gleichrichterschaltungen — insbesondere solche für Mehrphasenbetrieb — deshalb als **Brücken-Gleichrichterschaltungen.**

Zwei übliche Dreiphasenschaltungen zeigen die Bilder 24.20 und 24.21.

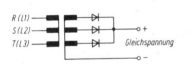

Bild 24.20:
Drehstrom-Sternschaltung

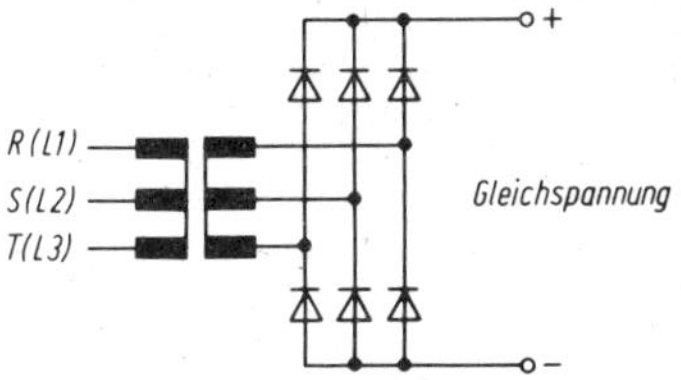

Bild 24.21:
Drehstrom-Brückenschaltung

Arbeitsweise der Gleichrichterschaltungen

Jede Gleichrichterschaltung enthält wenigstens ein Ventil, eine Wechselstromquelle (hier mit der Transformator-Ausgangswicklung gegeben) und einen Kondensator, den **Ladekondensator.** Der Kondensator kann notfalls weggelassen werden. Die Wechselstromquelle muß einen Gleichstrom-Leitwert haben.

Wir betrachten nun die Arbeitsweise der Schaltung nach Bild 24.17. Jedesmal, wenn das im Schaltplan obere Ende der Transformator-Ausgangswicklung eine positive Spannung gegen das untere Ende dieser Wicklung annimmt, kommt es bei Gleichstrom-„Entnahme" wenigstens kurzzeitig dazu, daß der Augenblickswert U_{AH} der Wechselspannung den Wert U_{KH} der Kondensatorspannung übersteigt. Damit hat dann die Ventilspannung U_{AK} einen positiven Wert. Dem entspricht die Ventil-Durchlaßrichtung. Somit wird während dieser Zeitspanne einerseits der Kondensator nachgeladen und gleichzeitig anderseits auch der Gleichstrom-Verbraucher über das Ventil gespeist. Während des übrigen Teiles einer jeden Periode der Wechselspannung erhält der Verbraucher den Strom aus dem Kondensator, der sich dabei entsprechend entlädt. Man bemißt die Kondensator-Kapazität meistens so, daß die Kondensatorspannung bis zum nächsten Nachladen nur um einige Hundertstel abnimmt.

In der Schaltung nach Bild 24.18 muß für denselben Gleichspannungswert wie im Falle des Bildes 24.17 jede Hälfte der Transformator-Ausgangswicklung eine ebenso hohe Wechselspannung liefern wie die ganze Ausgangswicklung des Transformators nach Bild 24.17.

Hierbei kommt es während jeder halben Periode der Wechselspannung zum Aufladen des Kondensators. Im übrigen arbeitet diese Schaltung ebenso wie die Schaltung nach Bild 24.17.

Wenn wir uns die in den Bildern 24.17 und 24.18 gezeigten Schaltpläne näher ansehen, erkennen wir, daß hierin der Pluspol des Gleichstrom-Ausganges mit der Katode des Ventils und der Minuspol des Gleichstrom-Ausganges (unter Vermittlung der Transformator-Ausgangswicklung) mit der Anode des Ventils in Verbindung stehen. Daher kommt es, daß gelegentlich an das Ventilschaltzeichen anodenseitig ein Minuszeichen und katodenseitig ein Pluszeichen eingetragen werden. Diese Vorzeichen sind innerhalb von Gleichrichterschaltungen sinnvoll, stiften aber, an ein einzelnes Ventilschaltzeichen angefügt, nur Verwirrung!

Daß in der Gleichrichterschaltung die Ventilanode im Mittel eine gegen die Ventilkatode negative Spannung hat, ist gar nicht verwunderlich:

Für einen negativen Wert der Anoden-Katoden-Spannung ist das Ventil gesperrt, so daß sich diese Spannung nicht durch das Ventil hindurch ausgleichen kann. Wenn die Anoden-Katoden-Spannung des Ventils, wie wir erfahren haben, jeweils kurzzeitig einen positiven Wert annimmt, fließt durch das Ventil ein dementsprechender Strom, wobei am Ventil jeweils (wegen seines hohen Durchlaß-Leitwertes) nur ein geringer Spannungswert auftritt.

In der Schaltung nach Bild 24.19 werden, wie in der Schaltung nach Bild 24.18, beide Wechselspannungs-Halbwellen ausgenutzt, wozu hier keine Mittelanzapfung an die Transformator-Ausgangswicklung notwendig ist:

Hat das im Schaltplan (Bild 24.19) obere Ende der Transformator-Ausgangswicklung gerade eine positive Spannung gegen das dort untere Ende dieser Wicklung, so fließt bei einem die Kondensator-spannung übersteigenden Augenblickswert der Wechselspannung ein Strom über das linke obere Ventil und über das rechte untere Ventil. Während der entgegengesetzt gepolten Wechselspannungs-Halbwelle kommt ein Strom über die beiden anderen Ventile zustande.

Für diejenigen Leser, die das genau verfolgen wollen, ist das in Bild 24.22 nochmals herausgezeichnet.

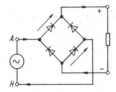

Bild 24.22:
Wirkungsweise des Brückengleichrichters. Der Ladekondensator ist hier der Übersichtlichkeit wegen weggelassen. Die Wechselstromquelle (links) hat einen Gleichstromleitwert. Die Pfeile und Pfeilspitzen zeigen die Richtung des Stromes an, der sich ergibt, wenn die Spannung U_{AH} einen positiven Wert hat.

Das Wichtigste

1. Ein elektrisches Ventil ist ein Richtleiter, der für die eine Strom-richtung einen hohen Leitwert und für die andere Richtung einen hohen Widerstandswert hat.

2. Die Richtung, für die der Leitwert des Ventils hoch ist, wird dessen Durchlaßrichtung genannt.

3. Die Richtung, für die der Widerstandswert des Ventils hoch ist, bezeichnet man als dessen Sperrichtung.

4. Mit Richtung meint man beim Ventil wie auch sonst die kon-ventionelle Stromrichtung, die der Richtung der Elektronen-bewegung entgegengesetzt ist.

5. Die beiden mit den zwei Ventilanschlüssen verbundenen Teile des Ventilsystems bezeichnet man als dessen Elektroden.

6. Die Elektrode, die im Durchlaßzustand gegen die andere Elek-trode eine positive Spannung hat, nennt man (Ventil-)Anode.

7. Die andere (d. h. die im Durchlaßzustand negative) Ventil-Elektrode heißt (Ventil-)Katode.

8. Im Schaltzeichen des Halbleiter-Ventils und im allgemeinen Ventil-Schaltzeichen entspricht das Dreieck (als Pfeilspitze auf-gefaßt) der zur konventionellen Stromzählrichtung gehörenden Durchlaßrichtung.

9. Das Dreieck des Schaltzeichens bedeutet daher die Ventil-Anode.

10. Das wichtigste Ventil ist das Silizium-Ventil.

11. Ein Ventil wird vor allem gekennzeichnet mit seiner Nenn-

Sperrspannung, seiner Nenn-Durchlaßspannung und seinem Nennstrom.

12. Hochvakuum-Ventile und Quecksilberdampf-Ventile sperren in der Sperrichtung praktisch ideal. Ihre Sperrströme haben damit den Wert Null.

13. Durch Halbleiter-Ventile (Selen-Ventil, Germanium-Ventil und Silizium-Ventil) fließen (wenn auch mit nur sehr geringen Werten) Sperrströme.

14. Ein Ventil ist ein Bauelement einer Gleichrichterschaltung, aber selbst noch kein Gleichrichter. Manchmal nennt man ein Ventil auch Gleichrichterzelle.

15. Ein Gleichrichter enthält je Phase wenigstens ein Ventil und häufig einen Kondensator. Die Wechselstromquelle, die den Gleichrichter speist, muß (je Phase) einen Gleichstrom-Leitwert haben.

16. Für Einphasen-Gleichrichtung hat man Einweg-Gleichrichter (mit nur einem Ventil), Zweiweg-Gleichrichter (mit zwei Ventilen und Mittelanzapfung der Wechselstromquelle) sowie Brücken-Gleichrichter (mit vier Ventilen).

17. Einphasen-Brücken-Gleichrichtern entsprechend, gibt es Mehrphasen-Brücken-Gleichrichter.

Vier Fragen

1. Wie kann man Durchlaßstrom und Sperrstrom eines Ventils mit dem Wort „Ventilstrom" bezeichnen?

2. Inwiefern kann z. B. in der Schaltung nach Bild 24.17 der Gleichspannungswert höher ausfallen als der Effektivbetrag der Ausgangs-Wechselspannung des Transformators?

3. Was bedeuten die Pfeile in den Bildern 24.17 . . . 24.19?

4. In einer Schaltung nach Bild 24.17 schwankt der Spannung am Ladekondensator bei einer bestimmten Gleichstrombelastung um 10 V. Der Ladekondensator habe eine Kapazität von 25 µF. Welche Kapazitäten gelten unter gleichen Bedingungen für die Ladekondensatoren in den Schaltungen nach Bild 24.18 und Bild 24.19?

25. Antworten auf die Fragen

Zu Kapitel 1

1. 6 A = 6000 mA. Der zwischen zwei Teilstrichen liegende Skalenabschnitt bedeutet somit 6000 mA : 120 = 50 mA. Zu 67 Skalenteilen gehören deshalb $67 \cdot 50$ mA = 3350 mA oder 3,35 A. Man kann auch zusammengefaßt rechnen: $6 \, A \cdot 67 : 120 = 3,35 \, A$.

2. Ausschalten oder, wenn der Strommesser-Meßbereich während der Messung umschaltbar ist, Umschalten auf höheren Meßbereich. Sonst nach dem Abschalten Wahl eines größeren Meßbereiches und wieder Einschalten.

3. 20 kA = 20 000 000 mA. Daraus folgt: 20 kA ist 4 000 000mal soviel wie 5 mA. Statt 4 000 000 kann man auch schreiben $4 \cdot 10^6$. Mit Zehnerpotenzen ausgedrückt sind 20 kA = $20 \cdot 10^3$ A und 5 mA = $5 \cdot 10^{-3}$ A. Daraus folgt das gewünschte Verhältnis zu
$$20 \cdot 10^3 : (5 \cdot 10^{-3}) = 4 \cdot 10^6.$$

Zu Kapitel 2

1. Der vierte Leiter des Drehstrom-Vierleitersystems dient für unsymmetrische Belastung als Rückleitung.

2. Bei einer Frequenz von $16^2/_3$ Hz entfallen auf eine Sekunde $33^1/_3$ Halbperioden oder Halbwellen. Zu jeder Halbwelle gehört ein Vorzeichenwechsel. Beginnt man das Zählen kurz vor einem Richtungswechsel, so ergeben sich 34 Richtungswechsel je Sekunde. Beginnt man das Zählen kurz nach einem Richtungswechsel, so erhält man dafür nur die Zahl 33.

3. Hiermit ist der wirksame Wert, also der Effektivwert gemeint.

4. Bei 200 Hz entfallen auf eine Periode
$$(^1/_{200}) \, s = (^{1000}/_{200}) \, ms = 5 \, ms.$$

5. Der Strommesser ist verkehrt gepolt. Man muß die beiden Anschlüsse miteinander vertauschen.

Zu Kapitel 3

1. Wir haben einen Spannungsmesser benutzt, der nicht zur Stromart paßt, also für eine Wechselspannung einen Gleichspannungsmesser (mit Drehspulmeßwerk) bzw. für eine Gleichspannung einen Wechselspannungsmesser (mit Induktionsmeßwerk).

2. In dem Elektrogerät fließt Wechselstrom, aber kein Drehstrom. Der das Gerät durchfließende Strom bildet dennoch einen Anteil der Drehstrombelastung des Netzes.

3. 220 V : 0,707 $\approx$ 310 V.

4. Für Sternschaltung 380 V, für Dreieckschaltung
$$380 \, V \cdot 1,73 \approx 660 \, V.$$

Zu Kapitel 4

1. Für Ströme, die so gering sind, daß sie den Glühdraht der Lampe noch nicht merklich erwärmen.

2. 15 mΩ sind 15 Milliohm oder 0,015 Ω.

3. Wir benötigen einen Vorwiderstand, mit dem der Meßbereich von 600 V auf 6000 V zu erweitern ist. Da für 1 V ein Widerstand von 2000 Ω = 2 kΩ vorzusehen ist, erhalten wir für die zusätzliche Spannung von 6000 V — 600 V = 5400 V den Wert des Vorwiderstandes mit 10 800 kΩ = 10,8 MΩ.

4. Bei einer solchen Messung soll das Instrument möglichst wenig Spannung gegen Erde aufweisen. Wir legen also den Vorwiderstand zwischen den nicht geerdeten Meßpunkt und das Instrument.

5. Für die Doppelleitung beträgt die Spannung 240 V — 215 V = 25 V. Der Widerstand errechnet sich hiermit zu 25 V : (50 A) = 0,5 Ω.

6. Wir messen den Strom hier indirekt, in dem wir die Spannung an einem Widerstand mit passendem Wert bestimmen. Der Wert des Widerstandes muß so groß sein, daß bei einem Strom von 300 A eine Spannung von 60 mV auftritt. Der Widerstand ergibt sich zu 60 mV : (300 A) = 0,2 mΩ. Wir können auch so rechnen:
$$60 \cdot 10^{-3} \text{ V} : (300 \text{ A}) = 0,2 \cdot 10^{-3} \text{ Ω}.$$

Zu Kapitel 5

1. 12,5 mS = $12,5 \cdot 10^{-3}$ S = (12,5 : 1000) S. Der Widerstand ergibt sich als Kehrwert des Leitwertes zu 1000 : (12,5 mS) = 80 Ω.

2. Um den Widerstand zu ermitteln, rechnen wir zunächst den Querschnitt aus. Dazu ziehen wir von dem zum Außendurchmesser (5 mm) gehörenden Querschnitt den im Rohr fehlenden Querschnitt (zu 4,6 mm) ab. Die beiden Querschnitte ergeben sich zu 5 mm mit 19,6 mm² und zu 4,6 mm mit 16,6 mm². Der Widerstand folgt also mit einem Querschnitt von 19,6 mm² — 16,6 mm² = 3 mm² zu

$$\frac{12 \text{ m} \cdot 0,0175 \text{ Ω} \cdot \text{mm}^2 : \text{m}}{3 \text{ mm}^2} = 4 \cdot 0,0175 \text{ Ω} \cdot \frac{\text{m} \cdot \text{mm}^2}{\text{m} \cdot \text{mm}^2} = 0,07 \text{ Ω}.$$

3. Die Drahtlänge beträgt 1000 · 6 cm = 60 m. Den spezifischen Widerstand müssen wir der Temperatur gemäß umrechnen. 80 °C ist 60 °C mehr als 20 °C. Das bedeutet eine Erhöhung des spezifischen Widerstandes um rund 6 · 4 % = 24 % oder um rund 0,24. Daraus folgt als spezifischer Widerstand

$$0,0175 \text{ Ω} \cdot \frac{\text{mm}^2}{\text{m}} \cdot 1,24 = 0,0217 \text{ Ω} \cdot \frac{\text{mm}^2}{\text{m}}$$

Der Querschnitt ergibt sich zu

$$\frac{60 \text{ m} \cdot 0,0217 \text{ Ω} \cdot \text{mm}^2 : \text{m}}{200 \text{ Ω}} = \frac{3 \cdot 0,0217}{10} \frac{\text{m} \cdot \text{mm}^2}{\text{m}} \approx 0,0065 \text{ mm}^2.$$

4. Wir rechnen zunächst den Widerstand für + 20 °C aus. Die Leiterlänge beträgt 1000 m. Der Widerstand ergibt sich zu

$$\frac{1000 \text{ m} \cdot 0,0175 \, \Omega \cdot \text{mm}^2 : \text{m}}{25 \text{ mm}^2} = \frac{17,5}{25} \, \Omega \cdot \frac{\text{m} \cdot \text{mm}^2}{\text{m} \cdot \text{mm}^2} = 0,7 \, \Omega.$$

Für — 20 °C ist der spezifische Widerstand um $4 \cdot 4 \% = 16 \%$ geringer. Er beträgt also $0,7 \cdot (1 - 0,16) \, \Omega \approx 0,59 \, \Omega$. Bei + 40 °C ist der Widerstand um 8 % höher. Das gibt 0,756 Ω. Die Spannungen für die Leitung betragen zu — 20 °C $50 \text{ A} \cdot 0,59 \, \Omega = 29,5 \text{ V}$ und zu + 40 °C $50 \text{ A} \cdot 0,756 \, \Omega = 38 \text{ V}$.

5. Widerstand 220 V : 15 A = 14,66 Ω. Aus

$$14,66 \, \Omega = \frac{l \cdot \varrho}{A} \quad \text{folgt mit} \quad \varrho = 1,2 \, \Omega \cdot \frac{\text{mm}^2}{\text{m}} : \frac{l}{A} \approx 12,22 \, \frac{\text{m}}{\text{mm}^2}$$

Nun ist aber

$$1 \, \frac{\text{m}}{\text{mm}^2} = \frac{100 \text{ cm}}{(1/100) \text{ cm}^2} = 10\,000 \, \frac{1}{\text{cm}}$$

D. h. mit l in cm und A in cm²:

$$\frac{l}{A} = 122\,200 \, \frac{1}{\text{cm}} \quad \text{oder} \quad A = l \cdot \frac{\text{cm}}{122\,200}$$

Jetzt nennen wir die in cm auszudrückende Breite des Bandes b und erhalten so mit der Banddicke = 0,2 mm = 0,02 cm

$$A = b \cdot 0,02 \text{ cm}.$$

Beide Ausdrücke für A gleichgesetzt gibt:

$$l \cdot \frac{\text{cm}}{122\,200} = b \, \frac{\text{cm}}{50} \quad \text{oder} \quad \frac{l}{b} = \frac{122\,200}{50} = 2444.$$

Die mit 200 cm² angegebene einseitige Gesamtoberfläche des Bandes ist nichts anderes als $l \cdot b$, d. h. $l \cdot b = 200 \text{ cm}^2$. Indem wir beide Gleichungen miteinander vervielfachen, erhalten wir: $l \cdot l = 488\,000 \text{ cm}^2$. Wir probieren, mit welchem l die Gleichung stimmt. Wir erhalten $l \approx 700 \text{ cm}$. Damit wird

$$b = 200 \text{ cm}^2 : (700 \text{ cm}) \approx 0,285 \text{ cm}.$$

Zur Probe rechnen wir den Widerstand aus:

$$R = \frac{l \cdot \varrho}{A} = 7 \text{ m} \cdot 1,2 \, \Omega \cdot \frac{\text{mm}^2}{\text{m}} : (2,85 \cdot 0,2 \text{ mm}^2) \approx 14,7 \, \Omega$$

Zu Kapitel 6

1. Eine Tonne entspricht 1000 kg, das bedeutet eine Auflagekraft von $9,81 \text{ m/s}^2 \cdot 1000 \text{ kg} = 9810 \text{ N}$. Daraus folgt bei 10 m Höhe eine Arbeit von 98 100 N · m. Die Leistung beträgt somit

$$\frac{98\,100 \text{ N} \cdot \text{m}}{25 \text{ s}} = 3924 \, \frac{\text{N} \cdot \text{m}}{\text{s}} = 3924 \text{ W}$$

Davon gilt hier das Doppelte, nämlich ca. 7,8 kW.

2. Hier wird das Vierfache der Normalleistung in Wärme umgesetzt.

3. 3,5 kW · h.

4. 100 Ω · 12 A · 12 A = 14 400 W = 14,4 kW.

5. 0,9 Ω · (20 min · 100 A² + 50 min · 64 A² + 30 min · 144 A²) = 9520 W · min ≈ 159 W · h.

6. Arbeit: 2 · 3,5 kW · h = 7 kW · h, Verlustarbeit: 4 · 159 W · h = 636 W · h.

Zu Kapitel 7

1. Wenn zu 3 min 94 Umläufe gehören, bedeutet das zu einer Stunde, d. h. zum Zwanzigfachen von 3 min

$$94 \text{ Umläufe} \times 20 = 1880 \text{ Umläufe.}$$

Damit ergeben sich als Arbeit für eine Stunde

1 kW · h · 1880 : 1200 ≈ 1,57 kW · h und deshalb als Leistung 1,57 kW. Der bei 220 V hierzu gehörende Wirkstrom beträgt 1570 W : 220 V = 7,13 A. Der tatsächliche Strom ist wahrscheinlich höher, da zu dem Wirkstrom in der Regel noch ein Blindstrom kommt.

2. 380 W · h = 380 W · h · 60 min : h = 22 800 W · min. Die Leistung beträgt also 22 800 W · min : 2 min = 11 400 W = 11,4 kW. Scheinleistung 3 · 22 A · 220 V ≈ 14 520 V · A = 14,52 kV · A. Leistungsfaktor = 11,4 : 14,5 ≈ 0,78.

3. Wirkleistung je Phase 4,5 kW : 3 = 1,5 kW. Scheinleistung je Phase 220 V · 8 A = 1760 V · A. Daraus Blindleistung je Phase 920 V · A.

4. Die den Meßbereichen entsprechende Wirkleistung beträgt 3000 W. Mit 10 A, 220 V und Leistungsfaktor = 0,6 ergibt sich eine Wirkleistung von 1320 W. Dazu gehört ein Ausschlag von

$$150 \text{ Skt} \cdot 1320 : 3000 = 66 \text{ Skt.}$$

Größerer Ausschlag bedeutet hierbei Überstrom in der Stromspule.

5. Ein Skalenteil bedeutet 20 A · 600 V : 150 = 80 W. Für die Leistung ist insgesamt ein Ausschlag von 60 Skalenteilen maßgebend. Dieser bedeutet 60 · 80 W = 4800 W = 4,8 kW.

Zu Kapitel 8

1. Der Gesamtwiderstand der Reihenschaltung ergibt sich, indem man die den Widerständen entsprechenden Strecken rechtwinklig zusammensetzt, zu 23,4 Ω. Den Gesamtwiderstand der Parallelschaltung erhält man so: Man berechnet aus den Widerständen die Leitwerte und fügt die ihnen entsprechenden Strecken wiederum rechtwinklig zusammen. Daraus bestimmt man dann den Widerstand. Es ergeben sich 10,35 Ω. Wenn der Gesamtwiderstand zweier Widerstände berechnet werden soll, handelt es sich in der Regel um Reihenschaltung.

2. Wir zeichnen einen rechten Winkel auf, machen z. B. den einen Schenkel 25 mm lang und schlagen um dessen Endpunkt mit 80 mm einen Kreisbogen. Dieser schneidet auf dem andern Schenkel des Winkels eine Strecke von 76,6 mm ab. Dazu gehört ein Leitwert von 383 mS. Dies ist der gesuchte Wert.

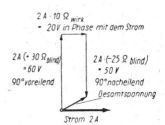

3. Hier ist das Zeigerbild dargestellt.

4. Zu den in Bild 8.18 gezeigten Zeigern gehört die Parallelschaltung aus zwei Zweigen, deren jeder die Hintereinanderschaltung eines Wirkwiderstandes mit einem Blindwiderstand ist. Es handelt sich um 47,5 Ω Wirkwiderstand und + 37 Ω Blindwiderstand sowie um 18,7 Ω Wirkwiderstand und + 29,2 Ω Blindwiderstand.

Zu Kapitel 9

1. Der Betrag der Impedanz ist gegeben mit

$$|Z| = 220\,\text{V} : (11\,\text{A}) = 20\,\Omega.$$

2. Wir erhalten als Beträge sowohl für die Wirkspannung wie für die Blindspannung 155,5 V. Damit ergeben sich als Beträge von R und X

$$155,5\,\text{V} : (11\,\text{A}) \approx 14,1\,\Omega.$$

Der Zahlenwert von X ist, da der Strom nacheilt, positiv. Daher ist:

$$R = 14,1\,\Omega, \quad X = 14,1\,\Omega.$$

3. Wir erhalten als Beträge sowohl für den Wirkstrom wie für den Blindstrom 7,78 A. Damit ergeben sich als Beträge von G und B.

$$7780\,\text{mA} : (220\,\text{V}) \approx 35,4\,\text{mS}.$$

Da der Strom nacheilt, ist der Zahlenwert von B negativ. Folglich gilt:

$$G = 35,4\,\text{mS}, \quad B = -35,4\,\text{mS}.$$

4. Den Betrag der Admittanz bekommen wir so:

$$|Y| = 11\,000\,\text{mA} : (220\,\text{V}) \approx 50\,\text{mS}.$$

1. 50 000 Tonnen bedeuten auf der Erdoberfläche eine Masse von $50 \cdot 10^6$ kg. Hieraus folgen $50 \cdot 10^6$ kg $\cdot$ 9,3 kW $\cdot$ h/kg $= 465 \cdot 10^6$ kW $\cdot$ h. Davon werden lediglich 11 % in elektrische Arbeit umgewandelt, also $465 \cdot 10^6$ kW $\cdot$ h $\cdot$ 0,11 $= 51,15 \cdot 10^6$ kW $\cdot$ h.

2. Um 0,5 l Wasser von $14\,°\mathrm{C}$ auf $60\,°\mathrm{C}$ zu erhitzen, werden $(60\,°\mathrm{C} - 14\,°\mathrm{C}) \cdot 0,5$ kg $\cdot$ 0,00116 kW $\cdot$ h/($°\mathrm{C} \cdot$ kg) $= 0,0267$ kW $\cdot$ h benötigt. Das sind 26,7 W $\cdot$ h in 1 s. Der Durchlauferhitzer benötigt somit

$$26,7 \text{ W} \cdot \text{h/s} \cdot 3600 \text{ s/h} = 96\,120 \text{ W} = 96,12 \text{ kW}$$

3. Wir rechnen mit einer Wärmeabgabezahl von 0,15 W : ($°\mathrm{C} \cdot$ dm^2). Das bedeutet hier für 20 cm^2 $= 0,2$ dm^2 und für eine Übertemperatur von 60 $°\mathrm{C}$ eine in Wärme umgesetzte Leistung von

$$0,15 \; \frac{\text{W}}{°\mathrm{C} \cdot \text{dm}^2} \cdot 60 \; °\mathrm{C} \cdot 0,2 \text{ dm}^2 = 1,8 \text{ W}.$$

Die Leistung ergibt sich zu $I^2 \cdot R$. Hier ist $R = 100 \; \Omega$. Folglich gilt $I^2 = 1,8$ W : ($100 \; \Omega$). Daraus folgt $I \approx 0,13$ A.

4. Mit der Lüfterkühlung wird das Wärmeabgabevermögen erhöht und so die Zeitkonstante herabgesetzt. Das größere Wärmeabgabevermögen erhöht die Belastbarkeit von 14 A auf mehr als 20 A. Wenn 20 A erst 90 % der zulässigen Übertemperatur bewirken, so gehört zu 100 % eine in Wärme umgesetzte Leistung, die im Verhältnis 100 % : 90 % $= 10 : 9 = 1,11 : 1$ größer ist als die zu 20 A. das 1,11fache von der Leistung zu 20 A verhält sich zu der Leistung zu 14 A wie $(1,11 \cdot 20 \cdot 20) : (14 \cdot 14) = 444 : 196 = 2,26$. Das Wärmeabgabevermögen wird durch den Lüfter somit auf das 2,26fache gesteigert. Das bedeutet eine $(1 : 2,26)$fache $= 0,442$fache Zeitkonstante, also 20 min $\cdot$ 0,442 $= 8,2$ min.

Zu Kapitel 11

1. In der Stromquelle wird für einen Strom von 0,5 A eine Spannung von $200 \; \Omega \cdot 0,5$ A $= 100$ V gebraucht. Die Klemmenspannung der Stromquelle beträgt demgemäß 250 V $-$ 100 V $= 150$ V. Der Belastungswiderstand hat einen Wert von 150 V : 0,5 A $= 300 \; \Omega$. Als Kurzschlußstrom erhielten wir 250 V : $200 \; \Omega = 1,25$ A.

2. Den Gesamtwiderstand bekommt man durch rechtwinkliges Zusammenfügen von $(10 + 100) \; \Omega$ Wirkwiderstand und $30 \; \Omega$ Blindwiderstand zu $114 \; \Omega$. Daraus folgt der Strom zu 300 V : 114 Ω = 263 A. An den 100 Ω bedeutet das eine Klemmenspannung von 263 V. Die Klemmenspannung der Stromquelle stimmt hiermit überein.

3. Den gesamten Wert der Inneimpedanz erhält man durch rechtwinkliges Zusammenfügen von 10 Ω und 30 Ω zu 31,7 Ω. Dazu gehört der Kurzschlußstrom 300 V : (31,7 Ω) = 9,5 A.

4. Der Belastungs-Blindwiderstand von —30 Ω und der innere Blindwiderstand von + 30 Ω liegen in Reihe. Sie heben sich gegenseitig auf. Wirksam bleibt allein der Wirkwiderstand mit 10 Ω. Dazu gehören ein Belastungsstrom von 300 V : (10 Ω) = 30 A. Hiermit haben wir den merkwürdigen Fall, den es nur für Wechselstrom gibt, daß der Strom bei Belastung der Stromquelle mit einem Blindwiderstand erheblich größer ausfällt als der Kurzschlußstrom. (Resonanz zwischen den + 30 Ω Blindwiderstand innen und den Blindwiderstand —30 Ω außen.)

Zu Kapitel 12

1. Die Leitung ist die Verbindung z. B. zwischen einem Speisepunkt und einem Verbraucher. Der Leiter ist der einzelne Stromweg der Leitung.

2. An einem schlechten Kontakt besteht ein Widerstand mit einem Wert, der zwar geringer ist als der Wert des Verbraucherwiderstandes, aber doch so hoch, daß sich die Kontaktstelle bei Durchgang eines Stromes mit höherem Wert stark erwärmen kann.

3. Man bezweckt mit dem Schutzkontaktstecker die gut leitende Verbindung eines Leiters, der gegen Erde nur wenig Spannung führt, mit dem Gehäuse oder den einer Berührung zugänglichen leitenden Teilen des über den Stecker an das Netz angeschlossenen ortsveränderbaren Gerätes. Die Verbindung geschieht mittels der grüngelben Schutzleitung.

4. Man erdet die Netze, damit ihre Leiter nicht beliebige Spannungen gegen die Erde annehmen können.

Zu Kapitel 13

1. Es gilt: Leitfähigkeit = Strömungsfeld-Dichte : Spannungsgefälle. Daraus folgt:
Strömungsfeld-Dichte = Leitfähigkeit × Spannungsgefälle,
d. h. hier:
Strömungsfeld-Dichte = 25 S · cm^{-1} · 10 V · cm^{-1}

$$= 25 \frac{A}{V \cdot cm} \cdot 10 \frac{V}{cm} = 250 \frac{A \cdot V}{V \cdot cm^2} = 250 \frac{A}{cm^2}.$$

2. Der Wert der Strömungsfeld-Dichte ergibt sich, wenn wir den Wert des Strömungsfeldes durch den Querschnitt teilen:
$$200 \text{ A} : (4 \text{ cm}^2) = 50 \text{ A} : cm^2.$$

Hieraus folgt mit der Leitfähigkeit $\varkappa$ das Spannungsgefälle zu

$$50\,\frac{A}{cm^2}\cdot\frac{1}{\varkappa} = 50\,\frac{A}{cm^2}\cdot\frac{1\,cm}{5\,S} = 50\,\frac{A}{cm^2}\cdot\frac{1\,V\cdot cm}{5\,A} = 10\,\frac{V}{cm}$$

Diesen Spannungsgefällewert vervielfachen wir mit der Feldlänge und erhalten so den Spannungsbetrag

$$U = 10\,\frac{V}{cm}\cdot 15\,cm = 150\,V.$$

Zu Kapitel 14

1. $12\,pF = 12\cdot 10^{-12}\,F$; $88\,MHz = 88\cdot 10^6\,Hz$. Hiermit rechnen wir

$$X_c = \frac{1}{6,28\cdot 88\cdot 10^6\,Hz\cdot 12\cdot 10^{-12}\,F} = \frac{1\,000\,000}{6,28\cdot 88\cdot 12}\,\Omega \approx 151\,\Omega.$$

2. $100\,\mu F = 100\cdot 10^{-6}\,F = 10^{-4}\,F$. Dazu gehört bei 50 Hz ein Widerstand von 32 Ω und zu 350 Hz ein Widerstand von 4,6 Ω. Mit diesen Widerständen erhält man für 220 V einen Strom von 6,9 A und für 25 V einen Strom von 5,4 A.

3. Bei 50 Hz bedeutet 1 μF einen kapazitiven Widerstand von rund 3200 Ω. Für 10 μF gilt hiervon $^1/_{10}$, also 320 Ω. Dieser Widerstand wird mit den 500 Ω rechtwinklig zusammengesetzt. So ergeben sich 590 Ω.

$$380\ V : (590\ \Omega) = 0,64\ A.$$

4. Die Isolationswiderstände sind hoch und die Kapazitäten verhältnismäßig groß. Demgemäß teilt sich die Wechselspannung im Verhältnis der kapazitiven Widerstände auf. Diese stehen im umgekehrten Verhältnis zu den Kapazitäten. Das umgekehrte Kapazitätsverhältnis ergibt sich mit 2 : 10 = 1 : 5. Auf die 10 μF entfallen somit 220 V : 6 = 36,7 V. An den 2 μF herrschen 183,3 V.

5. Eine Gleichspannung teilt sich im selben Verhältnis auf wie die Isolationswiderstände. Diese verhalten sich wie 1 : 3. Also entfallen auf die 10 μF eine Spannung von 220 V : 4 = 55 V und auf die 2 μF eine Spannung von 165 V.

Zu Kapitel 15

1. Der induktive Widerstand beträgt $6,28\cdot 50\cdot 10\ \Omega = 3140\ \Omega$. Dieser Widerstand ergibt, mit den 2000 Ω rechtwinklig zusammengefaßt, 3700 Ω. Das ist der Betrag der Spulen-Impedanz.

2. Zur Hälfte der Windungen gehört ¼ der Induktivität und damit ein induktiver Widerstand von 3140 Ω : 4 = 785 Ω. Der Drahtwiderstand geht auf etwa die Hälfte zurück. Das bedeutet 1000 Ω. Hieraus folgt der Gesamtwiderstand zu 1270 Ω. Genau genommen sinkt die Induktivität nicht genau auf ein Viertel, weil mit dem Verringern der Windungszahl der Wicklungsquerschnitt und der

mittlere Windungsdurchmesser kleiner werden. Der Drahtwiderstand nimmt etwas mehr ab als die Hälfte, da die mittlere Windungslänge für die äußeren, nun abgewickelten Drahtlagen größer ist als für die inneren Drahtlagen. Genaue Angaben hierüber lassen sich ohne entsprechende Unterlagen nicht machen.

3. Den gegebenenfalls vorhandenen Eisenkern zu verstärken, hätte keinen Zweck, da das Wechselfeld aus Wechselspannung und Windungszahl festgelegt ist. Um ein Feld mit höherem Wert zu bekommen, müssen wir die Windungszahl verringern: Wir gehen auf etwa 80 % der Windungen zurück. (Je größer der Drahtwiderstand ist, desto weiter müssen wir die Windungszahl reduzieren.)

Zu Kapitel 16

1. Die zwei magnetischen Spannungen betragen $200 \cdot 1,2 \, A = 240$ $A \cdot w$ und $500 \cdot 0,8 \, A = 400 \, A \cdot w$. Da beide magnetischen Spannungen entgegenwirken, kommt hier nur deren Differenz mit $160 \, A \cdot w$ zur Geltung.

2. Für Luft gilt Felddichte: Spannungsgefälle $= 1,25 \cdot 10^{-4}$ Tesla : $(A \cdot w/cm)$. Demgemäß ergibt sich das Spannungsgefälle zu $(1,2 : 1,25 \cdot 10^{-4} = 9600) \, A \cdot w/cm$. Der Luftspalt hat eine Länge von $0,5 \, mm = 0,05 \, cm$. Hiermit bekommen wir die dafür notwendige magnetische Spannung zu $(9600 \, A \cdot w/cm) \cdot 0,05 \, cm = 480 \, A \cdot w$.

3. Die Verluste steigen mit dem Quadrat der Felddichte, also hier auf das $(1,3^2 = 1,69)$fache. Die Verluste für die 8 kg belaufen sich damit auf $1,69 \cdot 8 \, kg \cdot 1,7 \, W/kg = 23 \, W$.

Zu Kapitel 17

1. Mit A_{Fe} = Eisenquerschnitt gilt gem. S. 266 folgende Beziehung:
$$0,4 \, V = \frac{222}{s} \cdot A_{Fe} \cdot 1,2 \, T \cdot \frac{10^{-4} \, V \cdot s}{T \cdot cm^2}$$
Das gibt $0,4 \, V = A_{Fe} \cdot 0,0266 V : cm^2$ oder $A_{Fe} \approx 15 \, cm^2$.

2. Wegen der Spannung für Wicklungswiderstand und Induktivität der Eingangswicklung ist die Eingangsspannung statt mit 500 V mit $500 \, V \cdot 0,95 = 475 \, V$ einzusetzen. Damit ergeben sich
$$475 \, V : (0,4 \, mV) = 4750 : 4 = 1187 \text{ Windungen.}$$

3. Das Windungszahlenverhältnis ergibt sich zu 1 : 5,5.

4. Das Windungszahlenverhältnis ist mit Rücksicht auf schätzungsweise 10 % Spannung für Wicklungswiderstände und Induktivitäten mit 380 : 6,6 zu wählen. Dazu gehört für 200 A Ausgangsstrom ein zusätzlicher Eingangsstrom von $200 \, A \cdot 6,6 : 380 = 3,48 \, A$. Diesem muß der Feldstrom dem Phasenunterschied gemäß zugefügt werden.

Zu Kapitel 18

1. Der Betrag der Spannung ergibt sich als Betrag der Änderungsgeschwindigkeit des Magnetfeldes in Voltsekunden. Mit den angegebenen Zahlen erhalten wir:
   $$4 \cdot 10^{-6} \text{ V} \cdot \text{s} : 10^{-6} \text{ s} = 4 \text{ V}.$$

2. Insgesamt ergeben sich für die beiden Ankerleiter
   $1,5 \text{ T} \cdot 30 \text{ cm} \cdot 500 \text{ cm/s} \cdot 10^{-4} \text{ V} \cdot \text{s} : (\text{T} \cdot \text{cm}^2) = 2,25 \text{ V}.$

3. Wir berechnen zunächst die Umfangskraft. Sie ist gegeben mit
   $15 \text{ A} \cdot 0,5 \text{ T} \cdot 0,3 \text{ m} \cdot 200 = 450 \text{ N}.$

   Aus der Umfangskraft folgt mit dem Ankerhalbmesser das
   Drehmoment zu $450 \text{ N} \cdot 0,16 \text{ m} = 72 \text{ N} \cdot \text{m}$.
   Die mechanische Leistung berechnen wir als Produkt aus Kraft
   und Geschwindigkeit. Die Kraft beträgt 450 N. Die Geschwindig-
   keit ergibt sich, wenn wir den Ankerumfang mit der Zahl der
   Ankerumläufe je Sekunde $= 50 \text{ 1/s}$ vervielfachen, zu
   $3,14 \cdot 32 \text{ cm} \cdot 50/\text{s} \approx 5000 \text{ cm/s} = 50 \text{ m/s}$. Mit der Kraft von 450 N
   erhalten wir mit $450 \text{ N} \cdot 50 \text{ m/s} = 22\,500 \text{ N} \cdot \text{m/s} = 22,5 \text{ kW}$.
   Die Spannung ergibt sich zu
   $0,5 \text{ T} \cdot 0,3 \text{ m} \cdot 0,32 \text{ m} \cdot 3,14 \cdot 50 \text{ (1/s)} \cdot 100 = 753,5 \text{ V}.$

Zu Kapitel 19

1. Eine Synchronmaschine, wenn auch eine solche von etwas
   ungewöhnlicher Bauart.

2. Vor allem muß der zeitliche Mittelwert der Frequenz sehr genau
   eingehalten werden. Außerdem müssen aber auch die Schwankungen, die die Frequenz um diesen Mittelwert ausführt, klein
   bleiben.

3. $150 \text{ 1/min} = 2,5 \text{ 1/s}$. Zu 50 Hz gehören also $50 : 2,5 = 20$ Polpaare.

Zu Kapitel 20

1. Trägt man den Ständerstrom abhängig vom Erregerstrom auf,
   so ergibt sich eine Kurve, die von hohen Werten zunächst absinkt und dann wieder auf hohe Werte ansteigt. Die Kurve hat
   die Form eines V. Daher stammt die Bezeichnung „V-Kurve".
   Der Ständerstrom ist für geringen Erregerstrom hoch, weil er
   hier zum Erzeugen des Ständerfeldes einen Beitrag leisten muß.
   Er ist gering für den Erregerstrom, der das Feld selbständig
   zustande bringt. Er wird wieder groß für hohen Feldstrom, weil
   dessen Wirkung damit teilweise kompensiert werden muß.

2. Die Umlaufgeschwindigkeit von Synchronmotoren kann ge-

ändert werden, und zwar im Verhältnis 1 : 2 oder 1 : 2 : 4, aber nur, falls der Ständer mit einer entsprechend polumschaltbaren Wicklung ausgeführt ist.

3. Zu 60 Hz und 4 Polen, also 2 Polpaaren, gehören je Sekunde 30 Umläufe. Das gibt (30 1/s) · 60 s/min = 1800 1/min.

Zu Kapitel 21

1. 5 % von 60 Hz sind 3 Hz.

2. In den Bildern sind z. B. die für den Leitungswiderstand und die Induktivität der Ständerwicklung benötigten Spannungen vernachlässigt.

3. Das Kippmoment eines Motors ist das Drehmoment, bei dem der Motor abkippt, bei dem er also das Gegendrehmoment der anzutreibenden Einrichtung nicht mehr überwinden kann und damit durch dieses Gegendrehmoment abgebremst wird. Das Kippmoment ist das unter den jeweiligen Bedingungen größte Motordrehmoment.

Zu Kapitel 22

1. Mit nur zwei Stromwenderlamellen gibt es Ankerstellungen, für die beim Einschalten des Motors kein Selbstanlauf möglich ist.

2. Für Motoren: Nebenschlußerregung, für Generatoren: Fremderregung.

3. Dauermagnete haben hier den Nachteil, keine (bequemen) Einstellmöglichkeiten für das Feld zu bieten.

4. Die Zahl der einander parallelen Ankerstromzweige ist stets gerade und ist wenigstens gleich 2.

Zu Kapitel 23

1. An Kleinstmotoren werden mit Außenläufern gebaut: Induktionsmotoren, deren Läufer Eisenkörper haben.

2. Als Motoren mit Zwischenläufern gibt es Gleichstrommotoren und Ferrarismotoren.

3. Für veränderbare Drehgeschwindigkeit kommen vorwiegend in Betracht: Gleichstrom-Nebenschlußmotoren, Universalmotoren, Kondensatormotoren und Asynchrondoppelmotoren, wobei einer der Motoren als einstellbare Wirbelstrombremse dient.

4. Die magnetische Ausstreuung ist bei Motoren nach Bild 23.16 weit größer als bei Motoren nach Bild 23.15, weil bei Motoren nach Bild 23.16 die beiden Magnetpole große Außenflächen haben, während die Pol-Oberflächen im Falle des Bildes 23.15 nur klein sind.

Zu Kapitel 24

1. Man kann den Durchlaßstrom als positiven Ventilstrom (Ventilstrom mit positivem Zahlenwert) und den Sperrstrom als negativen Ventilstrom (Ventilstrom mit negativem Zahlenwert) bezeichnen.

2. Im Leerlauf, d. h. bei fehlender Gleichstrombelastung, wird der Kondensator bis auf den Wechselspannungs-Scheitelwert aufgeladen. Dieser ist bei zeitlich sinusförmigem Verlauf etwa das 1,4fache des Wechselspannungs-Effektivbetrages.

3. Die Pfeile bedeuten die Stromrichtungen in der Transformator-Ausgangswicklung. Sie zeigen, daß nur mit der Brückenschaltung die Ausgangswicklung gut ausgenutzt wird und daß bei der Einweggleichrichtung der Eisenkern in einer Richtung vormagnetisiert ist.

4. Da die Ladestromstöße in den Schaltungen nach den Bildern 24.18 und 24.19 zweimal je Periode und in der Schaltung nach Bild 24.17 nur einmal je Periode auftreten, kommt man in den Schaltungen nach Bild 24.17 und Bild 24.19 mit ungefähr der Hälfte der Ladekondensator-Kapazität aus wie in der Schaltung nach Bild 24.17.

Die wichtigsten Schaltzeichen

Symbol	Bedeutung
————	Leitung allgemein, Außenleiter R, S, T (L 1, L 2, L 3)
— — — —	Mittelleiter Mp (M)
—·—·—	Schutzleiter SL (PE) Nulleiter SL + Mp (PEN)
⌇⌇⌇⌇	Bewegliche Leitung
- - - - -	mechanische Wirkverbindung (nicht leitend)
—∘╱∘—	Arbeitskontakt (in Ruhestellung offen)
—∘╱∘—	Ruhekontakt (in Ruhestellung geschlossen)
—∘╱∘—	Drucktaster
—∘╱∘—	Schalter allgemein, Handschalter
—⊏⊐—	Schützspule, Relaisspule
—▭—	Sicherung
(M)	Motor
(G)	Generator
(V)	Spannungsmesser (Voltmeter)
—(A)—	Strommesser (Amperemeter)
—(W)—	Leistungsmesser (Wattmeter)
Wh	Zähler
—✕—	Leuchte, allgemein, mit Glühlampe
⊂—✕—⊃	Leuchte mit Leuchtstofflampe
—[E]	Elektrogerät, allgemein
—▥	Elektroheizung
—▣	Elektroherd
—(•)+	Heißwasserbereiter
—[✳]	Kühlschrank

⊏▭⊐	Widerstand (allgemein, insbes. ohmscher Widerstand)
	Einstellbarer Widerstand (Trimmer)
	Verstellbarer Widerstand (Potentiometer)
	Kondensator, allgemein
	Kondensator, gepolt (Elektrolytkondensator, Elko)
	Induktivität, Drossel, Spule, Trafowicklung
	Element, Sammler, Batterie
	Diode, allgemein
	Thyristor
	Triac
	Transistor (NPN-Transistor)
	Röhre
	Lautsprecher
	Mikrofon
	Wecker, Klingel
	Türöffner
	Rundfunkgerät
	Fernsehgerät
	Antenne
	Dipol-Antenne (für UKW, Fernsehen)
	Masse
	Erdung

Sachverzeichnis

415

Aus unserem weiteren Programm

Fritz Bergtold

**Grundbegriffe
der Gleichstromtechnik**

1960, 390 Seiten mit 373 Abb., Plastik,
DM 24.60
ISBN 3-7905-0104-2

Fritz Bergtold

**Grundbegriffe
der Wechselstromtechnik**

1964, 520 Seiten mit 60 Abb., Kart.,
DM 43.50
ISBN 3-7905-0115-8

Fritz Bergtold

Die große Rundfunk-Fibel

1964, 11., erweiterte Auflage, 544 Seiten
mit 633 Abbildungen, Leinen DM 38.–
ISBN 3-7905-0113-1

Fritz Bergtold

Antennen-Handbuch

Bauelemente, Planung, Bau und Technik
der Fernseh- und Rundfunk-Empfangs-
Antennenanlagen.
1965, 368 Seiten mit 428 Abbildungen
und 30 Tabellen, Plastikeinband,
DM 36.–
ISBN 3-7905-0119-0

Werner H. Bartak

**Elektrische Meßgeräte und ihre
Anwendung in der Praxis**

1973, 300 Seiten mit 220 Abb., Leinen
DM 28.–
ISBN 3-7905-0192-1

Hösl, Zähe, Aumeier

Blitzschutz-Fibel

Planung, Errichtung, Prüfung und
Kalkulation von Blitzschutzanlagen
für Gebäude aller Art.
1970, 136 Seiten mit 97 Abbildungen,
kartoniert, DM 14.–
ISBN 3-7905-0154-9

Rudolph Wessel

Elektromotoren in der Praxis

1967, 2., neubearbeitete und erweiterte
Auflage, 148 Seiten mit 97 Abbildungen
und zahlreichen Tafeln, Halbleinen,
DM 13.20
ISBN 3-7905-0134-4

Rudolph Wessel

Praktische Meßtechnik für Elektriker

1966, 208 Seiten mit 136 Abbildungen,
Halbleinen, DM 19.80
ISBN 3-7905-0130-1

Rudolph Wessel

Schule des Elektromaschinenbauers
**Grundband: Vom Lehrling bis zum
Meister**

1963, 3., überarbeitete Auflage,
466 Seiten mit 210 Abbildungen
und über 100 Aufgaben mit Lösungen,
Halbleinen, DM 24.60
ISBN 3-7905-0112-3

**Ergänzungsband:
Aus Praxis und Prüfung**

1961, 230 Seiten mit 130 Abbildungen,
über 60 Aufgaben mit Lösungen und
4 Tafeln, Halbleinen, DM 20.70
ISBN 3-7905-0106-9

Richard Pflaum Verlag KG · München

Elektronik · Elektrotechnik
Ausbildung + Fortbildung

Heinz-Piest-Institut für Handwerkstechnik an der Techn. Universität
Hannover (Hrsg.)

Elektronik-Testaufgaben
Elektrotechnische Grundlagen
der Elektronik, Teil I

1972, 200 Testaufgaben als Loseblatt-
sammlung im Plastik-Ringordner,
DIN A 5, Querformat, DM 19.60
ISBN 3-7905-0180-8

Elektrotechnische Grundlagen
der Elektronik, Teil II

1973, 200 Testaufgaben als Loseblatt-
sammlung zur Ergänzung für Teil I,
DIN A 5, Querformat, DM 12.60
ISBN 3-7905-0199-9

Beide Teile, zusammen in einem Ringordner, DM 29.60

Bauelemente der Elektronik, Teil I

1972, 2., verbesserte Aufl., 200 Testaufgaben als Loseblattsammlung
im Plastik-Ringordner, DIN A 5,
Querformat, DM 19.60
ISBN 3-7905-0175-1

Bauelemente der Elektronik, Teil II

1972, 200 Testaufgaben als Loseblatt-
sammlung zur Ergänzung für Teil I,
DIN A 5, Querformat, DM 12.60
ISBN 3-7905-0179-4

Beide Teile, zusammen in einem
Ringordner, DM 29.60

Praktische Elektronik, Teil I

Arbeitsblätter und Bauanleitungen für
die überbetriebliche Lehrlingsunter-
weisung. Bearbeitet von Dipl.-Ing. H. A.
Künstler und Dipl.-Ing. W. Oberthür.
Herausgegeben vom Heinz-Piest-
Institut für Handwerkstechnik an der
Techn. Universität Hannover.

1973, 3., wesentlich verbesserte
Auflage, 80 Seiten mit zahlreichen
Bildern, Schaltplänen, Verdrahtungs-
plänen und Tabellen, kartoniert, DM 7.–
ISBN 3-7905-0202-2

Praktische Elektronik, Teil II

1973, 80 Seiten mit zahlreichen Bildern,
Schaltplänen, Verdrahtungsplänen und
Tabellen, kartoniert, DM 7.–
ISBN 3-7905-0203-0

Anton Knilling

Testaufgaben Elektrotechnik

1972, 2 x 210 Testaufgaben mit Lösungen
als Loseblattsammlung im Plastik-Ringordner, DIN A 5, Querformat, DM 24.80
ISBN 3-7905-0182-4

Neben Grundlagen der Elektrotechnik
werden in den Aufgaben unter anderem
Lichttechnik, Kraft, Wärme, elektrische
Maschinen, Leitungen, Steuerungen und
Schutzmaßnahmen behandelt.

Richard Pflaum Verlag KG · München